中国机械工程学科教程配套系列教材

教育部高等学校机械类专业教学指导委员会规划教材

微型计算机原理
及接口技术
（第2版）

王　芳　聂伟荣　编著

U0361956

清华大学出版社

北京

内 容 简 介

本书以 Intel 80x86 微处理器和 IBM PC 系列微机为主,全面介绍了微机相关基础知识、微处理器的内部结构和工作原理、8088/8086 指令系统、汇编语言程序设计基础、存储器及其扩展电路、输入/输出接口技术基础、中断技术以及各种常用的可编程的接口电路等。

全书内容精炼,层次清楚,通俗易懂,并附有大量的例题和习题。本书可作为普通高等院校理工科非计算机专业本科生的学习教材,也是一本具有较强参考价值的微型计算机应用基础书籍。

图书在版编目(CIP)数据

微型计算机原理及接口技术 / 王芳,聂伟荣编著. —2 版. —北京:清华大学出版社,2022.12
中国机械工程学科教程配套系列教材 教育部高等学校机械类专业教学指导委员会规划教材
ISBN 978-7-302-61538-5

Ⅰ. ①微… Ⅱ. ①王… ②聂… Ⅲ. ①微型计算机—理论—高等学校—教材 ②微型计算机—接口技术—高等学校—教材 Ⅳ. ①TP36

中国版本图书馆 CIP 数据核字(2022)第 144395 号

责任编辑:赵从棉 苗庆波
封面设计:常雪影
责任校对:王淑云
责任印制:刘海龙

出版发行:清华大学出版社
　　　　网　　　址:http://www.tup.com.cn, http://www.wqbook.com
　　　　地　　　址:北京清华大学学研大厦 A 座　　邮　　编:100084
　　　　社 总 机:010-83470000　　　　　　　　邮　　购:010-62786544
　　　　投稿与读者服务:010-62776969, c-service@tup.tsinghua.edu.cn
　　　　质量反馈:010-62772015, zhiliang@tup.tsinghua.edu.cn
印 装 者:北京嘉实印刷有限公司
经　　销:全国新华书店
开　　本:185mm×260mm　　印　张:24　　　　　　字　　数:584 千字
版　　次:2014 年 6 月第 1 版　2022 年 12 月第 2 版　　印　次:2022 年 12 月第 1 次印刷
定　　价:69.80 元

产品编号:090760-01

　　我曾提出过高等工程教育边界再设计的想法,这个想法源于社会的反应。常听到工业界人士提出这样的话题:大学能否为他们进行人才的订单式培养。这种要求看似简单、直白,却反映了当前学校人才培养工作的一种尴尬:大学培养的人才还不是很适应企业的需求,或者说毕业生的知识结构还难以很快适应企业的工作。

　　当今世界,科技发展日新月异,业界需求千变万化。为了适应工业界和人才市场的这种需求,也即是适应科技发展的需求,工程教学应该适时地进行某些调整或变化。一个专业的知识体系、一门课程的教学内容都需要不断变化,此乃客观规律。我所主张的边界再设计即是这种调整或变化的体现。边界再设计的内涵之一即是课程体系及课程内容边界的再设计。

　　技术的快速进步,使得企业的工作内容有了很大变化。如从20世纪90年代以来,信息技术相继成为很多企业进一步发展的瓶颈,因此不少企业纷纷把信息化作为一项具有战略意义的工作。但是业界人士很快发现,在毕业生中很难找到这样的专门人才。计算机专业的学生并不熟悉企业信息化的内容、流程等,管理专业的学生不熟悉信息技术,工程专业的学生可能既不熟悉管理,也不熟悉信息技术。我们不难发现,制造业信息化其实就处在某些专业的边缘地带。那么对那些专业而言,其课程体系的边界是否要变?某些课程内容的边界是否有可能变?目前不少课程的内容不仅未跟上科学研究的发展,也未跟上技术的实际应用。极端情况甚至存在有些地方个别课程还在讲授已多年弃之不用的技术。若课程内容滞后于新技术的实际应用好多年,则是高等工程教育的落后甚至是悲哀。

　　课程体系的边界在哪里?某一门课程内容的边界又在哪里?这些实际上是业界或人才市场对高等工程教育提出的我们必须面对的问题。因此可以说,真正驱动工程教育边界再设计的是业界或人才市场,当然更重要的是大学如何主动响应业界的驱动。

　　当然,教育理想和社会需求是有矛盾的,对通才和专才的需求是有矛盾的。高等学校既不能丧失教育理想、丧失自己应有的价值观,又不能无视社会需求。明智的学校或教师都应该而且能够通过合适的边界再设计找到适合自己的平衡点。

　　我认为,长期以来,我们的高等教育其实是"以教师为中心"的。几乎所有的教育活动都是由教师设计或制定的。然而,更好的教育应该是"以学生为中心"的,即充分挖掘、启发学生的潜能。尽管教材的编写完全是由教师完成的,但是真正好的教材需要教师在编写时常怀"以学生为中心"的教育理念。如此,方得以产生真正的"精品教材"。

　　教育部高等学校机械设计制造及其自动化专业教学指导分委员会、中国机械工程学会与清华大学出版社合作编写、出版了《中国机械工程学科教程》,规划机械专业乃至相关课程的内容。但是"教程"绝不应该成为教师们编写教材的束缚。从适应科技和教育发展的需求而言,这项工作应该不是一时的,而是长期的,不是静止的,而是动态。《中国机械工程学科教程》只是提供一个平台。我很高兴地看到,已经有多位教授努力地进行了探索,推出了新的、有创新思维的教材。希望有志于此的人们更多地利用这个平台,持续、有效地展开专业的、课程的边界再设计,使得我们的教学内容总能跟上技术的发展,使得我们培养的人才更能为社会所认可,为业界所欢迎。

　　是以为序。

2009 年 7 月

前言
FOREWORD

本书包括微机系统的软硬件组成及工作原理和微机接口技术两大块内容。微型计算机原理以 16 位微处理器和微型计算机系统为主线，主要介绍微机系统的组成、工作原理、指令系统、汇编语言程序设计基础、存储器的工作原理及扩展设计、输入/输出接口技术基础等知识，使学生理解微机系统的结构、工作原理，掌握汇编语言程序设计。随着微机应用日益广泛和深入，接口技术成为直接影响微机功能推广应用的关键技术，从硬件角度来讲，微机的发展与应用，在很大程度上就是接口电路的开发与应用，因此接口技术相关知识已成为现代理工科学生必不可少的基本技能。

本书从传授基础知识和培养学生动手能力出发，使学生建立起微机系统的整体概念，掌握微型计算机的组成和工作原理，掌握汇编语言程序设计和微机常用接口技术，能够完成微机系统中典型接口电路的分析及设计工作，为前面的专业基础课程和专业课程提供了消化、理解和应用的条件，也为学生在今后的工作中能够设计实际的微机应用系统提供了有利的条件。

本书修订的内容主要包括：①紧密围绕微机系统的软硬件组成及接口技术的核心内容，删除了一些相对不重要的知识点，以适应目前课程学时缩减的现状；②对每章后的练习题仔细斟酌，增加或删除了部分习题，以便学生检验知识的掌握程度；③结合实际应用增加了一些实例，对重要知识点讲深讲透，使内容通俗易懂；④介绍汇编语言程序设计时加入了和高级语言 C 语言的对比，使学生将汇编语言和高级语言的学习融会贯通，更好地理解编程语言的本质；⑤修正了原书中的一些错误。

本书共 11 章，由王芳和聂伟荣共同完成，并由王芳统稿。在本书的编写过程中，课程组徐骏善、商飞、张卫、王茂森、何博侠、丁立波、皮大伟、卞雷祥和徐群老师对本书的内容提出了很多宝贵的意见，在此一并表示衷心感谢。

本书在编写过程中，参考了许多微机原理及接口技术方面的书籍以及厂商的芯片手册，在此表示衷心感谢。由于笔者水平有限，书中难免有疏漏和不妥之处，敬请同行和读者朋友批评指正。

编　者

2022 年 10 月

目　　录
CONTENTS

第 1 章

微 机 基 础

本章重点内容

◇ 微机的发展历程
◇ 微机的基本结构
◇ 微机的基本概念和重要术语
◇ 微机中数的表示和编码

本章学习目标

通过本章的学习,了解微机的历史发展进程,掌握微机的基本组成结构和工作过程,明确微处理器、微机系统等概念的内涵,熟悉二进制、十六进制数的运算规则及不同进制的数据之间的相互转换,掌握带符号整数的补码表示方法,熟悉 BCD 码和 ASCII 码。

1.1 微型计算机发展概述

随着人类科学发展过程中对计算速度和计算精度的要求不断提高,计算机作为一种计算工具出现了。按计算机处理信息形式的不同,有模拟计算机和数字计算机之分。模拟计算机是处理模拟信号的计算机,模拟信号是指用连续变化的物理量(如电流、电压等)来模拟实际物理量,如梁的应力变化、刀具的运行轨迹等。模拟计算机 19 世纪初就在工业生产控制中有所应用,模拟计算机中所有的处理过程均通过模拟电路来实现,电路结构复杂,抗外界干扰能力差。随着数字计算机的发展,作为计算工具和通用仿真设备的模拟计算机被数字计算机所取代。但是,作为专用仿真设备、教学与训练工具,模拟计算机还将继续发挥作用。数字计算机是指对离散的数字信号进行算术和逻辑运算处理的计算机。数字计算机以数字电路为基础,信息采用二进制代码 0 和 1 表示。数字计算机与模拟计算机相比,具有许多突出的特点,如运算速度快,精度高,信息便于表示、处理、存储及传输等。数字计算机通用性强,可以适应各种应用领域。因此,自从 1946 年第一台电子数字式计算机(electronic number integrated arithmetic computer,ENIAC)问世以来,计算机技术不断发展,性能越来越高,计算机的应用也从科学计算发展到人类社会生活的方方面面。

电子数字计算机的诞生和发展是 20 世纪最重要的科技成果之一。进入 20 世纪 70 年代以后,随着微电子学科在理论上和制造工艺技术上的发展和成熟,相继出现了大规模集成电路(large scale integrated circuit,LSIC)和超大规模集成电路(very large scale integrated circuit,VLSIC)技术,以此为基础,计算机的运算器和控制器能够集成在一块芯片上,微型计算机开始登上历史舞台,并且从技术到应用迅猛发展,成为计算机发展的一个主流方向。当前,以微型计算机为代表的计算机已日益普及,其应用已深入到人类社会生活的各个方面,极大地改变着人们的工作、学习和生活方式,成为信息时代的主要标志。本书后续介绍的内容都是针对电子数字式计算机而言的。

1.1.1　电子数字式计算机的发展历程

计算机系统由硬件和软件两大部分组成。所谓计算机硬件是指构成计算机的物理设备的总称,包括电子的、电磁的、机电的、光学的元器件和装置。计算机软件则是指在硬件上运行的程序、相关数据及文档资料的总称。

按照构成电子数字式计算机的主要元器件的制作材料和制作工艺水平来划分,计算机的发展经历了"四代"。这四个发展阶段以硬件进步为主要标志,同时也包括了软件技术的发展。

第一代(1946—1958 年)——采用真空电子管为逻辑电路部件,以超声波汞延迟线、阴极射线管、磁芯和磁鼓等为存储手段;软件采用机器语言,后期采用汇编语言。

第二代(1958—1964 年)——采用晶体管为逻辑电路部件,用磁芯、磁盘作内存和外存;软件广泛采用高级语言,并出现了早期的操作系统。

第三代(1964—1971 年)——采用中小规模集成电路为主要功能部件,以磁芯、半导体存储器和磁盘为内、外存储器;软件广泛使用操作系统,产生了分时、实时等操作系统和计算机网络。

第四代(1971 年至今)——采用大规模、超大规模集成电路为主要部件,以半导体存储器和磁盘为内、外存储器;在软件方法上产生了结构化程序设计和面向对象程序设计的思想,并得到广泛应用。本书将要介绍的微处理器(microprocessor,μP)和微型计算机(microcomputer,MC)在这一阶段诞生并获得飞速发展。此外,网络操作系统、数据库管理系统得到广泛应用,并进一步产生了图形界面操作系统和可视化编程工具。

电子数字式计算机经过 70 多年的发展,出现了规模多样、性能完善、功能强大的计算机。1989 年,电气与电子工程师协会(IEEE)提出了一个计算机的分类报告,其中按照规模和功能,把计算机分为巨型机、小巨型机、大型机、小型机、工作站和个人计算机六类。

(1)巨型机又称超级计算机,它采用大规模并行处理的体系结构,运算速度快、存储容量大,有极强的运算处理能力。它是所有计算机类型中价格最高、功能最强、速度最快的一类计算机,其浮点运算速度已达每秒 10^8 亿次。目前,巨型机主要用于战略武器的设计、空间技术、石油勘探、航空航天、长期天气预报以及社会模拟等领域。

(2)小巨型机是 20 世纪 80 年代出现的新机种,也称桌上超级计算机,其运算速度略低于巨型机(超过每秒几十亿次),在技术上采用高性能的微处理器组成并行多处理器系统,使巨型机小型化,主要用于计算量大、速度要求高的科研机构。

(3)大型机,国外习惯上称之为主机,相当于国内常说的大型机和中型机。近年来大型机采用了多处理、并行处理等技术,它具有很强的管理和处理数据的能力,一般在大企业、银行、高校和科研院所等单位使用。

(4)小型计算机规模较小,结构简单,操作简便,维护容易,成本较低。小型机用途广泛,既可用于科学计算、数据处理,也可用于生产过程自动控制和数据采集及分析处理等,适合于中小型企事业单位使用。

(5)工作站是介于微型计算机和小型计算机之间的一种高档微型机。它通常配有高档 CPU、高分辨率的大屏幕显示器和大容量的内外存储器,具有高速运算能力、较强的数据处理能力和高性能的图形功能,具有大型机或小型机的多任务、多用户能力,且兼有微型机操作便利的特点和良好的人机界面,主要用于数据运算、图像处理、计算机辅助设计等领域。

(6)个人计算机即平常所说的微型计算机,也称 PC。个人计算机又分为台式机和便携机(也称为笔记本电脑)。个人计算机软件丰富,价格便宜,功能齐全,主要用于办公场所、联网终端、家庭等。

1.1.2　微型计算机的发展历程

在计算机的发展历史上,如果说 1946 年诞生的世界上第一台电子数字式计算机(electronic numerical integrator and computer,ENIAC)是计算机学科发展的第一次革命,那么微型计算机(以下简称微机)的诞生就是计算机学科发展的第二次革命。微机的出现,使计算机的应用从高深奥妙的科技领域普及到人类社会生活的各个方面,开辟了计算机普及应用的新纪元。

微机是第四代计算机的主要代表,它是以大规模、超大规模集成电路为主要部件,以微处理器为核心构造出的计算机系统。微型计算机的发展主要表现在其核心部件——微处理器的发展上,每出现一款新型的微处理器,就会带动微机系统的其他部件相应发展,如微机体系结构的进一步优化,存储器存取容量的不断增大、存取速度的不断提高,外围设备的不断改进以及新设备的不断出现等。

根据微处理器的字长及微型计算机的性能,可将微型计算机的发展划分为以下五个阶段:以 4 位或低档 8 位微处理器为主的第一代微型机(4 位机);以 8 位微处理器为主的第二代微型机(8 位机);以 16 位微处理器为主的第三代微型机(16 位机);以 32 位微处理器为主的第四代微型机(32 位机);以 64 位或更高位微处理器为主的第五代微型机(64 位及以上的微型机)。下面简要介绍微型计算机的发展历史。

第一代(1971—1973 年)——主要产品是 4 位和低档 8 位微机。1971 年,世界上第一台微型计算机随着第一个微处理器芯片 4004 的出现而诞生。该芯片字长 4 位,集成了约 2300 个晶体管,每秒可进行 6 万次运算。以它为核心组成的 MCS-4 计算机是世界上第一台微型计算机。1972 年 Intel(英特尔)公司研制出 8 位微处理器芯片 8008,并出现了由它组成的 MCS-8 微型计算机。8008 采用 PMOS 工艺,字长 8 位,基本指令 48 条,基本指令周期为 $20\sim50\mu s$,时钟频率为 500kHz,晶体管集成度约 3000 个/片,用于简单的控制场合。

第二代(1973—1977 年)——主要产品为中、高档 8 位微机。其典型产品有 Intel 公司的 8080/8085、Motorola(摩托罗拉)公司的 MC6800、Zilog(齐洛格)公司的 Z80 等。它们的特点是采用 NMOS 工艺,字长 8 位,集成度提高约 4 倍,运算速度提高 $10\sim15$ 倍。以 8080 为例,其基本指令 70 多条,指令周期 $2\sim10\mu s$,时钟频率高于 1MHz,晶体管集成度约 6000 个/片。这一时期的指令系统比较完善,具有典型的计算机体系结构和中断、DMA 等控制功能。软件方面除了汇编语言外,还有 BASIC、FORTRAN 等高级语言和相应的解释程序及编译程序,在后期还出现了操作系统。

第三代(1978—1984 年)——16 位微处理器时代,其典型产品是 Intel 公司的 8086/8088/80286、Motorola 公司的 MC68000、Zilog 公司的 Z8000 等。此外,一些成功的小型机也进行了"微型化"改造,如 DEC 公司的 LSI-11 系列就是将著名的小型机 PDP-11 进行微型化改造的结果。其特点是采用 HMOS 工艺,集成度和运算速度都比第二代提高了一个数量级,指令系统更加丰富、完善,采用多级中断、多种寻址方式、段式存储结构、硬件乘除部件,并配置了软件系统。这一时期的著名微机产品有 IBM 公司的个人计算机。1981 年 IBM 公司推出的个人计算机采用 8088CPU。紧接着于 1982 年又推出了扩展型的个人计算机 IBM PC/XT,它对内存进行了扩充,并增加了一个硬磁盘驱动器。1984 年,IBM 公司推出了以 80286 处理器为核心组成的 16 位增强型个人计算机 IBM PC/AT。IBM 公司在发展个人计算机时采用了技术开放的策略,使个人计算机风靡世界。

第四代(1985—1999 年)——32 位微处理器时代。1985 年,Intel 公司首次推出 32 位微处理器芯片 80386,其集成度达到 27.5 万晶体管/片,每秒钟可完成 500 万条指令。80386 在结构上有重大进步,在 Intel 的产品内核序列中它处于 P3 级。随后,Intel 公司先后发布了 P4 级的 80486,属于 P5 级的 Pentium(奔腾)和 MMX Pentium(多能奔腾),属于 P6 级的 Pentium Pro(高能奔腾)、Pentium Ⅱ Celeron(赛扬)/Xeon(至强)和 Pentium Ⅲ/Celeron Ⅱ/Xeon,属于 P7 级的 Pentium 4。每个级别的内核结构较前都有重大进步。以 1989 年推出的 80486 芯片为例,其内部除 CPU 外,还集成了浮点运算协处理器 FPU(相当于 80387)、8KB 高速缓存(cache)及存储管理单元(MMU),并在指令译码单元和高速缓存之间采用 128 位总线,在浮点处理单元(FPU)和高速缓存之间采用两条 32 位的总线,提高了指令和浮点数据的传送速度。32 位微处理器都采用 IA-32(Intel architecture-32)指令架构,并逐步增加了面向多媒体数据处理和网络应用的扩展指令,如 Intel 的 MMX、SSE 指令集和 AMD 的 3Dnow! Plus 指令集。人们将自 8086 CPU 以来一直延续的这种指令体系通称为 x86 指令体系。这一时期比较出名的微机产品还有 1987 年由 IBM 公司推出的 PS/2(CPU 为 80386),它首次采用 3.5 英寸软盘、VGA 视频标准及微通道结构(micro-channel architecture,MCA)总线,并提供即插即用(plug and play,PnP)功能。由于 IBM PS/2 在技术路线上又退回到了封闭模式,所以未能得到推广。

第五代(2000—2005 年)——随着因特网和电子商务的发展,人们对服务器的性能提出更高的要求,32 位的微处理器已不能适应这一要求。包括 Intel、AMD、IBM、Sun 在内的一批厂商陆续设计并推出 64 位微处理器,如 2000 年 Intel 推出的微处理器 Itanium(安腾),它采用由 Intel 和 HP 公司联合定义的全新指令架构"显式并行指令计算"(explicitly parallel instruction computing,EPIC),该指令架构又被称为 IA-64,以区别于原来的 IA-32 架构。64 位微处理器推出时主要面向服务器和工作站等高端应用,之后随着应用程序越来越丰富,很快进入台式机应用。

第六代(2005 年至今)——多核处理器时代。单核处理器在主频接近 4GHz 时,仅靠提高单核芯片的速度会产生过多热量,已经无法明显提升系统的整体性能。2005 年,Intel 公司和 AMD 公司先后推出了双核处理器。2005 年 4 月,Intel 的第一款双核处理器平台包括采用 Intel 955X 高速芯片组、主频为 3.2 GHz 的 Intel 奔腾处理器至尊版 840,此款产品的问世标志着一个新时代的来临。AMD 在之后也发布了双核皓龙(Opteron)和速龙(Athlon)64 X2 处理器。但真正的"双核元年"则被认为是 2006 年 7 月 23 日,Intel 发布了具有革命性意义的全新一代酷睿(Core)双核处理器。双核和多核处理器设计用于在一个处理器中集成两个或多个完整执行内核,以支持同时管理多项活动。当前主流的 CPU 多采用多核、多线程,通过采用新的架构、增加更多内核、采用更新的工艺、提升单线程性能等不断提高 CPU 的性能。

　　在讨论和展望微型计算机的发展历程时,我们可以借用著名的"摩尔定律",即集成电路芯片的集成度每 18~24 个月就会翻一番。以集成电路为基础的微型计算机,近 40 年的发展历程也不断印证了摩尔定律,即每隔一年半到两年,微型计算机发展就会有一次更新换代。从单核到双核,再到多核的发展,证明了摩尔定律还是非常正确的,因为"从单核到双核,再到多核的发展,可能是摩尔定律问世以来在芯片发展历史上速度最快的性能提升过程"。表 1-1 所列为各代微处理器和微型计算机的主要技术指标。

表 1-1　各代微处理器和微型计算机的比较

代别	年份	典型产品	工艺 (线宽)	集成度/ (管数/片)	时钟频率	字长
第一代	1971—1973	Intel 4004,4040,8008	PMOS ($10\mu m$)	0.2 万	1MHz	4/8 位
第二代	1973—1977	Intel 8080,MC6800 Intel 8085,Z80	NMOS ($6\mu m$)	0.3 万~1 万	2~4MHz	8 位
第三代	1978—1984	Intel 8086/8088, Z8000,MC68000 Intel 80286	HMOS ($3\mu m$)	2 万~6 万 13.5 万	4~10MHz	16 位
第四代	1985—1999	Intel 80386,80486, MC68020,68030,68040 Z80000	CHMOS ($1.2\mu m$)	32 万~120 万	16~66MHz	32 位
第五代	2000—2004	Pentium,Power PC,P6 Alpha 21164,Pentium 4	CMOS (0.6~ $0.18\mu m$)	310 万~930 万 4200 万	66~133MHz 1.4~3.2GHz	32 位
	2000—2004	Itanium(安腾)	CMOS $0.18\mu m$	2.14 亿	733MHz~ 2.53GHz	64 位
第六代	2005 年至今	酷睿 i3/i5/i7	CMOS 14nm	数十亿	2.6~3.9GHz	64 位

1.1.3　微型计算机的应用领域

　　微型计算机具有体积小、价格低、工作可靠、使用方便、通用性强等特点,其应用领域非常广泛,可划分为两个主要方向。

1. 数值计算、数据处理及信息管理方向

　　这一应用方向包括科学和工程计算、图形图像处理、文字图表处理、计算机辅助设计、计

算机辅助教育、网络及数据库管理、电子商务和电子政务、远程服务和家庭娱乐等。从事这类工作的一般是通用微机,其主要应用形式有服务器(server)、工作站(workstation)、个人台式机和个人便携机等。从应用角度来看,要求这类微机有较快的工作速度、较高的运算精度、较大的内存容量和较完备的输入/输出设备。此外,还要能为用户提供方便友好的操作界面和简便快捷的维护扩充手段。

其中,服务器主要用于网络和数据库管理,并为网络用户提供共享的软硬件资源。工作站主要用于图形、图像、音视频处理和计算机辅助设计。而个人PC则主要面向个人单机使用或联网使用,因其社会拥有量最大、使用最为普及,因而是这类微机最典型的代表。

2. 过程控制及嵌入应用方向

应用于这一方向的主要是一些专用微机和专用系统,如工业PC、STD总线工控机、PC/104总线工控机、可编程逻辑控制器(programmable logical controller,PLC)以及由通用微处理芯片、微控制器(国内多称为"单片机")、数字信号处理器(digital signal processor,DSP)等构成的各种宿主应用系统。在软件方面,各种组态软件和嵌入式操作系统都可以以模块裁剪拼接的方式提供开发上的便利。

对控制类微机,重点要求其能抵御各种干扰、适应应用现场的恶劣环境,可以长时间稳定地工作;同时,也要求其实时性好,对各种随机事件的响应处理速度快。此外,对嵌入式应用强调其体积要小,对便携式应用则强调其省电。

1.2 微型计算机的基本结构和工作过程

1.2.1 微型计算机的基本结构

1946年,美籍匈牙利数学家冯·诺依曼(John Von Neumann)提出了存储程序计算机的设计思想,奠定了现代计算机的结构基础。半个多世纪以来,随着计算机技术的不断发展以及应用领域的不断扩大,计算机体系结构发生了非常大的变化,如巨型机、大型机和微型计算机,它们的规模不同,性能差距很大,但从本质上讲,存储程序仍是这些计算机的结构基础,因此将其统称为冯·诺依曼型计算机。

冯·诺依曼型计算机由运算器、控制器、存储器、输入设备和输出设备5个基本部分组成,现在的微型计算机就采用这种结构,如图1-1所示。

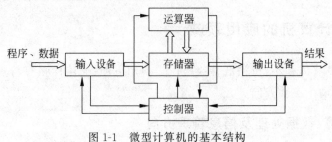

图1-1 微型计算机的基本结构

1. 运算器

运算器由算术逻辑单元(arithmetic logical unit，ALU)、累加器、状态寄存器、通用寄存器组等组成。核心部件 ALU 的功能是实现数据的算术运算和逻辑运算，包括加、减、乘、除等算术运算，与、或、非、异或等逻辑操作，以及移位、求补等操作。累加器是专门存放算术或逻辑运算的一个操作数和运算结果的寄存器。状态寄存器用来保存指令执行的状态信息和控制信息。通用寄存器组一般用来保存程序的中间结果，为随后的指令快速提供操作数，从而避免把中间结果存入内存、再读取内存的操作。

2. 控制器

控制器是整个计算机系统的指挥中心，其基本功能如下：

(1) 指令控制。计算机的工作过程就是连续执行指令的过程。一般情况下，按照顺序一条条地取出指令并执行，只有在碰到转移类指令时才会改变顺序。控制器应根据指令所在的地址按顺序或在遇到转移指令时按照转移地址取出指令，分析指令(指令译码)，传送必要的操作数，并在指令执行结束后存放运算结果。总之，要保证计算机中的指令流的正常工作。

(2) 时序控制。指令的执行是在时钟信号的严格控制下进行的，一条指令的执行时间称为指令周期，不同指令的指令周期中所包含的时钟节拍数是不同的。时序信号用于计算机的工作基准，使系统按一定的时序关系进行工作。

(3) 操作控制。操作控制是根据指令流程，确定在指令周期的各个节拍中要产生的微操作控制信号，以有效地完成各条指令的操作过程。

通常将运算器和控制器合称中央处理器(control processing unit，CPU)或微处理器，是构成计算机最核心的部件。

3. 存储器

存储器是用来存储程序和数据的部件。根据存储器和 CPU 的关系，存储器分为主存储器(内存)和辅助存储器(外存)两大部分。主存储器是 CPU 可以直接从中读出或写入数据的存储器，用来存放当前正在使用或经常使用的程序和数据，它的容量较小，但存储速度快，通常由半导体存储器组成。辅助存储器不能被 CPU 直接访问(读出或写入)，用来存放相对来说不经常使用的程序和数据，在需要时调入内存使用。它的容量大，但存储速度慢，常用的有硬磁盘、光盘、Flash 存储器等。

4. 输入设备

输入设备是指向计算机输入数据和信息的设备，它是计算机与用户或其他设备之间进行信息交换的桥梁。键盘、鼠标是最常用的输入设备，其他输入设备有扫描仪、数码相机、摄影机、麦克风、光笔(lightpen)等。

5. 输出设备

输出设备把各种计算结果或信息以数字、字符、图像、声音等形式表示出来，常用的输出设备有显示器、打印机、绘图仪等。

通常将输入设备和输出设备统称为外围设备(peripheral),又称 I/O 设备。

图 1-1 表明,程序和数据通过输入设备送入存储器中;程序启动执行时,在控制器的控制下从相应的存储单元取出指令并被译码执行,控制器输出对应操作的各种控制信号。运算后的结果可送回存储器中,或送到输出设备显示或打印。5 个基本组成部分分工明确、协调配合,自动完成程序的所有指令直至结束。

1.2.2　微型计算机的工作过程

应用微机处理实际任务时,一般包括以下 3 个步骤。

(1) 编制程序:当人们用计算机完成某项工作时,比如解算一道数学题,首先要把解算方法表达成计算机能识别并能执行的基本操作命令。这些基本操作命令按一定顺序排列起来,就组成了程序。因此,程序是实现既定任务的指令序列,其中的每条指令都规定了计算机执行的一种基本操作。计算机按程序安排的顺序执行指令,便可完成解算任务。

(2) 存储程序:就是把已编制好的程序和数据送入存储器中保存起来。

(3) 启动执行程序:执行一条指令可分为①取出指令;②分析指令;③执行指令;④为执行下一条指令做好准备,即让指令指针寄存器指向下一条指令的地址。CPU 从程序第一条指令的存储地址开始,按指令顺序周而复始进行取出指令、分析指令、执行指令的操作,直至完成全部指令操作。

由此可见,冯·诺依曼型计算机的基本工作原理可概括为"存储程序"和"程序控制",其基本结构和工作过程可以简要地概括为以下三点:

(1) 计算机应包括运算器、控制器、存储器、输入设备和输出设备 5 大基本部件;

(2) 计算机内部采用二进制来表示指令和数据;

(3) 编好的程序首先送入内存中,然后启动计算机工作,计算机自动逐条取出指令和分析执行指令。

1.3　微机的基本概念和术语

1.3.1　微机的一些基本概念

1. 微处理器

采用大规模和超大规模集成电路技术将运算器和控制器集成在一块芯片上,构成微型计算机的中央处理单元(CPU)。其功能是执行算术、逻辑运算和控制整个计算机自动、协调地完成操作。

2. 微型计算机

以 CPU 为核心,配上存储器(RAM、ROM)、I/O 接口和相应外设,并通过系统板上的总线有机连接构成的微型化的计算机装置即为微型计算机。

有的厂家把 CPU、存储器和 I/O 接口电路集成在单块芯片上,使之具有完整的计算机功能,这种计算机称为单片微型计算机,即单片机。它具有超小型化、高可靠性和价廉等优点,在智能仪器仪表、工业实时控制设备、智能终端和家用电器等众多领域有广泛的用途。目前国内较流行的单片机有 MCS-51 系列、96 系列和 AVR 系列、STM32 系列、MSP430 系列、PIC 系列等。

还有一种微型计算机,是将 CPU、存储器、I/O 接口以及简单的输入设备如键盘、输出设备如 LED 显示器集成于一块印制电路板上,这种微型计算机称为单板机。

3. 微型计算机系统

微型计算机系统由硬件和软件两大部分组成。即微型计算机硬件必须辅以软件,包括系统软件、程序设计语言、应用软件等,才能构成实用的微型计算机系统(micro computer system,MCS)。

1.3.2　微机中一些重要术语

位(bit):是计算机所能表示的最小数据单位,用一个二值电路的状态来表示,只有"0"和"1"两种状态。

字节(byte):按顺序排列的 8 个二进制位称为一个字节。字节是计算机处理数据的基本单位,即以字节为单位存储和解释信息。8 个二进制位按从左到右的顺序可依次表示为 $D_7 D_6 D_5 D_4 D_3 D_2 D_1 D_0$,其中 D_7 是字节最高位,D_0 是字节最低位。有时将高 4 位 $D_7 D_6 D_5 D_4$ 叫作高半字节,低 4 位 $D_3 D_2 D_1 D_0$ 叫作低半字节。字节表示示意图如图 1-2 所示。

图 1-2　字节表示示意图

字(word):计算机处理数据时,CPU 通过数据总线一次存取、加工和传送的一组二进制位表示的数。一个字通常由一个字节或若干字节组成。如 8 位机的一个字就是一个字节,16 位机的一个字由 2 个字节组成,32 位机的一个字由 4 个字节组成,64 位机的一个字由 8 个字节组成。注意:在表示数据时,由于计算机表示数的逐步发展过程,习惯上称 16 位二进制数为一个字,32 位二进制数为双字。

字长:指字的二进制位的个数。8 位微处理器的字长为 8,16 位微处理器的字长为 16,32 位微处理器的字长为 32,64 位微处理器的字长为 64。字长是衡量计算机性能的一个重要指标。一般来讲,字长越长,计算机的精度越高、性能越好。

1.4　微机中数的表示和编码

现代微型计算机是在微电子学高速发展和计算数学日益完善的基础上形成的,可以说微型计算机是微电子学与计算数学相结合的产物。微电子学的基本电路元件及其逐步向大规模和超大规模发展的集成电路是现代计算机的硬件基础,而计算数学的数值计算方法与数据结构是现代计算机的软件基础。

数据是计算机处理的对象。计算机中的"数据"是一个广义的概念,包括数值、字母、符号、文字、图形、图像、声音、视频等各种形式。而计算机内部只能采用二进制编码表示数据,因为计算机的构成以二值电路为基础。一个二值电路是指具有两种不同的稳定状态且能相互转换的电子器件,两种不同状态如二极管的导通与阻塞、三极管的饱和与截止等。计算机用器件的稳定物理状态来表示数据。因此,二值电路只能表示出两个数码,如用高电平表示二进制的1,则低电平表示二进制的0。二进制数码的表示和运算是最简单且最可靠的,而且有较强的逻辑性,所以计算机中采用二进制数码系统。凡是需要由计算机处理的各种信息,无论其表现形式是数值、文本、图形,还是声音、图像,都必须以二进制数码的形式来表示。

1.4.1 进位计数制

数制是人们利用符号来进行科学计数的方法。进位计数制是指用一组固定的数码和特定的规则表示数的方法。数制所使用的数码的个数称为基。数中每一位所具有的值称为权。因此,在一个数中,每个数码表示的值不仅取决于数码本身,还取决于它所处的位置。

在日常生活中,人们通常使用十进制表示数,而计算机内部采用的是二进制表示法。通常为了简化二进制数据的书写,也采用八进制和十六进制表示法。

为了区别不同进制的数据,在书写时可用后缀或下标标注。一般用 B(binary)或 2 表示二进制数,O(octal)或 8 表示八进制数,H(hexadecimal)或 16 表示十六进制数,D(decimal)或 10 表示十进制数。如果省略进制字母,则默认为十进制数。

十进制、二进制、八进制和十六进制都是进位计数制且可以相互转换。

人们习惯使用的十进制数有以下特点:

(1) 用 10 个符号表示数,即用 0、1、2、…、9 共 10 个阿拉伯数字符号来表示。这些符号叫作数码,数码的个数叫作基,十进制数的基是 10。

(2) 在一个数中,每个数码表示的值不仅取决于数码本身,还取决于它所处的位置,即处于个位、十位,还是百位等,每一位有各自的权。例如 $123D = 1 \times 10^2 + 2 \times 10^1 + 3 \times 10^0$。其中 10^2、10^1 和 10^0 分别对应为百位、十位和个位的权。

(3) 遵从逢十进一规则。

任何一个十进制数 N 均可表示为

$$N = \pm (a_{n-1} \times 10^{n-1} + a_{n-2} \times 10^{n-2} + \cdots + a_0 \times 10^0 + a_{-1} \times 10^{-1} + \cdots + a_{-m} \times 10^{-m})$$

$$= \pm \sum_{i=-m}^{n-1} a_i \times 10^i \qquad (1-1)$$

式中,n 为整数位数,m 为小数位数,a_i 可以是 0~9 这 10 个数码中的任意一个。

式(1-1)可以推广到任意进位计数制。设进位计数制的基用 R 表示,则任意数 N 为

$$N = \pm \sum_{i=-m}^{n-1} a_i \times R^i \qquad (1-2)$$

对于二进制,$R = 2$,a_i 为 0 或 1,逢二进一。

$$N = \pm \sum_{i=-m}^{n-1} a_i \times 2^i \qquad (1\text{-}3)$$

对于八进制，$R = 8$，a_i 为 $0\sim7$ 中的任何一个，逢八进一。

$$N = \pm \sum_{i=-m}^{n-1} a_i \times 8^i \qquad (1\text{-}4)$$

对于十六进制，$R = 16$，a_i 为 $0\sim9$、A、B、C、D、E、F 这 16 个数码中的任何一个，逢十六进一。

$$N = \pm \sum_{i=-m}^{n-1} a_i \times 16^i \qquad (1\text{-}5)$$

上述几种进位计数制有以下共同点：

（1）每种计数制有·个确定的基 R，每一位的系数 a_i 有 R 种可能的取值。

（2）按"逢 R 进一"的方式计数。在混合小数中，小数点右移一位相当于乘以 R；反之，小数点左移一位相当于除以 R。

（3）各位的权是以 R 为底的幂，从小数点左边第一位起依次为 0 次幂、1 次幂、2 次幂、…、n 次幂，从小数点右边第一位起依次为 -1 次幂、-2 次幂、…、$-m$ 次幂。

如：

同理，对于八进制数和十六进制数，它们的数码、基、权表示见表 1-2。

表 1-2　进位计数制的表示

计数制	基（R）	所用数码 a_i	位权	进位规律
十进制数	10	0，1，2，3，4，5，6，7，8，9	10^i	逢十进一
二进制数	2	0，1	2^i	逢二进一
八进制数	8	0，1，2，3，4，5，6，7	8^i	逢八进一
十六进制数	16	0，1，2，3，4，5，6，7，8，9，A，B，C，D，E，F	16^i	逢十六进一

1.4.2　数制之间的相互转换

1. R 进制数转换为十进制数

其基本方法是按权展开式（1-2）计算出 N。例如：

$$(11.01)_2 = 1 \times 2^1 + 1 \times 2^0 + 0 \times 2^{-1} + 1 \times 2^{-2} = (3.25)_{10}$$

2. 十进制数转换为 R 进制数

需对整数和小数部分分别进行转换。

(1) 对于十进制整数的转换,可将式(1-2)改写为

$$N = \sum_{i=0}^{n-1} a_i \times R^i = a_{n-1} \times R^{n-1} + a_{n-2} \times R^{n-2} + \cdots + a_1 \times R + a_0 \qquad (1-6)$$

因此,可以采用将十进制整数 N 不断除以 R 取其余数的方法得到 a_i,首先得到的是 a_0,然后依次得到 a_1、a_2、$\cdots$、a_{i-1},直到商为 0。这种方法简称为"除 R 逆序取余"法。

【例 1-1】 把十进制整数 123 转换为二进制数。

整数 123 的转换采用除 2 逆序取余法,如图 1-3 所示。

结果为 1111011,即 $(123)_{10} = (1111011)_2$。

(2) 对于十进制小数的转换,可将式(1-2)改写为

$$N = \sum_{i=-m}^{-1} a_i \times R^i = a_{-1} \times R^{-1} + a_{-2} \times R^{-2} + \cdots + a_{-m} \times R^{-m} \qquad (1-7)$$

因此,可以将十进制小数不断乘以 R,取其乘积的整数作为 a_i,首先得到的是 a_{-1},然后依次得到 a_{-2}、a_{-3}、$\cdots$、a_{-m},直到小数部分为 0 为止。这种方法简称为"乘 R 正序取整"法。

【例 1-2】 把十进制小数 0.625 转换成二进制数。

小数 0.625 的转换采用乘 2 正序取整法,如图 1-4 所示。

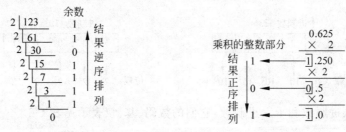

图 1-3 十进制整数转换为二进制数   图 1-4 十进制小数转换为二进制数

结果为 101,即 $(0.625)_{10} = (0.101)_2$。

因此,如将十进制数 123.625 转换为二进制数,在将整数部分和小数部分分别转换后,组合起来得到: $(123.625)_{10} = (1111011.101)_2$。

注意:当十进制小数转换成 R 进制数时,有可能乘法的结果永远不为 0,即运算可能会无限地进行下去,此时,根据转换要求的精度截取适当的位数即可。

3. 二进制数与八进制数、十六进制数的相互转换

由于二进制数基数太小,导致数据位数太长,不利于书写和阅读,因此,在程序或文档中,常常利用十六进制数或八进制数来代替二进制数。这是因为十六进制数或八进制数与二进制数的转换不需要计算,十分方便。

由于 $8 = 2^3$,$16 = 2^4$,因此二进制数与八进制数和十六进制数之间的转换很简单。将二进制数从小数点位开始,向左每 3 位产生一个八进制数字,不足 3 位的左边补 0,这样得到整数部分的八进制数;向右每 3 位产生一个八进制数字,不足 3 位的右边补 0,得到小数部分的八进制数。同理,将二进制数转换成十六进制数时,只要按每 4 位分割即可。例如

$$(10110011.0010101)_2 = (263.124)_8 = (B3.2A)_{16}$$

反之,将八进制数和十六进制数转换为二进制数时,将每一位八进制数码按 3 位二进制

数码展开，每一位十六进制数码按 4 位二进制数码展开。如 $(327)_8 = (011\ 010\ 111)_2$，$(45FA)_{16} = (0100\ 0101\ 1111\ 1010)_2$。

1.4.3　整数在计算机中的表示及运算

1. 机器数与真值

计算机中只能表示 0 和 1 两种数码。为了区分正数和负数，专门选择 1 位作为符号位来表示数的符号，通常选择最高位作为符号位，该位上的 0 表示正号，1 表示负号。即正数最高位为 0，负数最高位为 1。这就是说，数的符号在机器（计算机）中也数码化了，即用数码 0、1 分别表示正号"＋"、负号"－"。

为了区分一般书写时表示的数和机器（即计算机）中表示的数，引入如下概念：一个数在机器中的表示形式称为机器数，其正负号已数码化了。机器数所表达的实际数值称为真值。真值可以用二进制数表示，也可以用十进制数表示，但根据习惯，常用十进制数表示。如十进制数 ＋91 和 －91，在 8 位计算机中，它们的机器数分别为 01011011、10100101。

机器数有如下特点：

（1）机器数正负号已经数码化；

（2）机器数按确定字长表示数，所能表示数的范围受到机器字长的限制；

（3）机器数中小数点不能直接标出，需要按一定方式约定小数点的位置。

2. 带符号数的机器数形式——原码、反码、补码、移码

在计算机中，一个带符号数的符号和数值都是用二进制数码 0 和 1 表示的，那么当对这种机器数进行运算时，符号位按什么规则运算和处理？能不能也和数值位一样按同样的规则进行运算呢？为了解决上述问题，在计算机中常用数的符号与数值部分一起编码的方法表示数。常用的有原码、反码、补码表示法，分别记为 $[X]_{\text{原}}$、$[X]_{\text{反}}$ 和 $[X]_{\text{补}}$。

1）原码

最高位即符号位以 0 表示正数，以 1 表示负数，后面所有位表示数值，这种数的表示法称为原码。如在 8 位机中：

$$X1 = +105D = +1101001B,\qquad [X1]_{\text{原}} = 01101001$$
$$X2 = -105D = -1101001B,\qquad [X2]_{\text{原}} = 11101001$$
$$X3 = +0D = +0000000B,\qquad [X3]_{\text{原}} = 00000000$$
$$X4 = -0D = -0000000B,\qquad [X4]_{\text{原}} = 10000000$$

原码表示法具有简单直观的优点，而且与真值转换方便。但原码表示法不便于计算机计算，因为对两个原码数进行运算时，首先要判断它们的符号，然后再决定用加法还是减法，这样致使机器结构复杂化，从而增加运算时间。

为了把加法、减法运算统一为加法运算，从而简化计算机的结构，在计算机内部，带符号整数实际上都是以补码形式进行运算和存储的。为得到补码，我们先介绍一下反码。

2）反码

对于正数，反码表示与原码相同；对于负数，最高位是符号位"1"，其余位是将原码数值

位按位取反。如在8位机中：

$$X1 = +105D = +1101001B, \quad [X1]_反 = 01101001$$

$$X2 = -105D = -1101001B, \quad [X2]_反 = 10010110$$

$$X3 = +0D = +0000000B, \quad [X3]_反 = 00000000$$

$$X4 = -0D = -0000000B, \quad [X4]_反 = 11111111$$

3) 补码

正数的补码表示与原码、反码相同；负数的补码是在其反码的最低位加1形成的。如在8位机中：

$$X1 = +105D = +1101001B, \quad [X1]_补 = 01101001$$

$$X2 = -105D = -1101001B, \quad [X2]_补 = 10010111$$

$$X3 = +0D = +0000000B, \quad [X3]_补 = 00000000$$

$$X4 = -0D = -0000000B, \quad [X4]_补 = 00000000$$

引入补码的概念，目的在于将加减运算简化为统一的加法运算，简化计算机的内部结构，而且符号位也可以用相同的规则一起参加运算。这是如何实现的呢？我们先看一个日常生活中化减为加的例子。

例如，时钟是逢12进位，12点也可看作0点。当将时针从10点调整到5点时有以下两种方法：

一种方法是将时针沿逆时针方向拨5格，相当于做减法：$10-5=5$。

另一种方法是将时针沿顺时针方向拨7格，相当于做加法：$10+7=12+5=5(\text{MOD }12)$。

这是由于时钟以12为模，在这个前提下，当和超过12时，可将12舍去。于是，减5相当于加7。同理，减4可表示成加8，减3可表示成加9，……。

在数学中，用"同余"概念描述上述关系，即若两整数A、B用同一个正整数M（M称为模）去除而余数相等，则称A、B对M同余，记作

$$A = B \quad (\text{MOD M}) \tag{1-8}$$

这里模的物理意义是指一个计量系统所能表示的最大量程。具有同余关系的两个数为互补关系，其中一个称为另一个的补数（在计算机中称为补码）。当M=12时，-5和$+7$、-4和$+8$、-3和$+9$就是同余的，它们互为补码。

根据同余的概念和上述时钟的例子，不难得出结论：对于某一确定的模，用某数减去小于模的另一个数，总可以用加上"模减去该数绝对值的差"来代替。因此，在有模运算中，减法就可以化作加法来做。

例如，若M=10，算式$8-3$结果为5，也可以用8加上模减去该数绝对值的差$10-|3|=7$（3的补数为7），即$8+7=15=10+5$，此时，10为系统的最大量值，溢出不计，所以结果也为5。也就是说，在以10为模时，减法运算$(8-3)$可以通过加法运算$(8+7)$来进行，所得结果是相同的。

同余和补码的概念可以推广到计算机表示的二进制数。当数字都采用补码运算时，不仅可以把加减法统一成加法运算，而且符号位一起参与运算，自动获得补码表示的正确结果。

【例 1-3】　X＝ 64－10＝64＋(－10)＝54

$$[X]_补 ＝[64]_补 ＋[－10]_补$$

$$[64]_补 ＝01000000$$

$$[＋10]_补 ＝00001010$$

$$[－10]_补 ＝11110110$$

用原码作减法运算过程如下：

```
    0100 0000
−   0000 1010
────────────
    0011 0110
```

用补码相加过程如下：

```
    0100 0000
＋  1111 0110
────────────
  1 0011 0110
```

结论：由上面的运算结果可以看出，按机器字长表示两种运算的结果是相同的。补码相加最高位向前有进位，但机器字长限制使进位自然丢失。又如：

【例 1-4】　X＝34－ 68＝34＋(－68)＝－34

$$[X]_补 ＝[34]_补 ＋[－68]_补$$

$$34＝00100010,\quad [－34]_补 ＝11011110$$

$$68＝01000100,\quad [－68]_补 ＝10111100$$

用原码作减法运算过程如下：

```
    0010 0010
−   0100 0100
────────────
  1 1101 1110
```

用补码相加过程如下：

```
    0010 0010
＋  1011 1100
────────────
    1101 1110
```

同样，由上面的运算结果可以看出，按机器字长表示两种运算的结果是相同的。原码相减最高位向前有借位，但机器字长限制使借位自然丢失。

在微型机中，凡是带符号整数一律是用补码表示的，运算的结果也用补码表示。

对于用原码、反码、补码表示的机器数，小结如下：

(1) 三种编码的最高位都是符号位。

(2) 对于同一个正数，三种编码表示形式是一样的；对于同一个负数，三种编码表示形式各不相同。

(3) 原码、补码、反码所能表示数的范围不完全相同。如在 8 位机中，原码表示的数的范围为－127～＋127，反码表示的数的范围也为－127～＋127，而补码表示的数的范围是－128～＋127。而在 16 位机中，原码和反码表示的数的范围均为－32767～＋32767，而补码表示的数的范围是－32768～＋32767。

(4) 原码、补码、反码对数值−0 和+0 的表示不同,原码和反码分别有两种表示形式,而−0 和+0 的补码表示形式是统一的。

(5) 在微机中带符号数都以补码的形式存放和进行运算,这主要是因为采用补码表示可以使微机的运算器结构简化,补码表示的数是符号位和数值位一起参加运算并可自动获得正确结果。

8 位二进制数的原码、反码和补码列于表 1-3 中。

表 1-3　8 位二进制数的原码、反码和补码

二进制数码表示	十进制数值				
	无符号数	原码	反码	补码	移码
00000000	0	+0	+0	0	−128
00000001	1	+1	+1	+1	−127
00000010	2	+2	+2	+2	−126
⋮	⋮	⋮	⋮	⋮	⋮
01111110	126	+126	+126	+126	−2
01111111	127	+127	+127	+127	−1
10000000	128	−0	−127	−128	0
10000001	129	−1	−126	−127	+1
10000010	130	−2	−125	−126	+2
⋮	⋮	⋮	⋮	⋮	⋮
11111101	253	−125	−2	−3	+125
11111110	254	−126	−1	−2	+126
11111111	255	−127	−0	−1	+127

从表 1-3 中可以看出,补码表示的数具有以下特点:

(1) 0 的补码只有一种形式: $[+0]_补 = [−0]_补 = 00000000$。

(2) 在 8 位机中,原码、反码和补码三种表示法中,唯有补码可以表示 $−2^7 = −128$。

(3) 对于负数,已知补码求真值的方法为:除符号位外,对补码各数值位按位取反,然后在最低位上加 1 即得到对应的二进制数。例如,若某数的补码为 $[X]_补 = 10010101$,则对应的真值为

$$X = −(1101011)_2 = −107$$

需要注意的是,当进行补码运算时,若运算结果超出补码表示数的范围,则运算结果就不能被正确表示了,这种情况称为溢出。例如在 8 位机中进行 $[64]_补 + [67]_补$ 的运算,$[64]_补 + [67]_补 = (10000111)_补$。而补码为 10000111 的数其真值为 $−(01111001) = −121$,显然出错了。因为 64+67=131 超过了 8 位数补码表示的范围 $−128 \sim +127$。

还应注意,补码运算的结果仍为补码。

4) 移码

由于原码、反码、补码表示数的大小顺序与其对应的真值大小顺序不完全一致(见表 1-3),因此为了方便比较数的大小,引入移码表示法。

移码的符号位表示与原码、反码和补码相反,符号位为 1 表示正数、为 0 表示负数,其余

数值位与补码相同。因此要得到一个数的移码,只需将其二进制补码的符号位取反即可。例如:

$$[+5]_\text{补} = 00000101, \quad [+5]_\text{移} = 10000101$$
$$[+127]_\text{补} = 01111111, \quad [+127]_\text{移} = 11111111$$
$$[0]_\text{补} = 00000000, \quad [0]_\text{移} = 10000000$$
$$[-128]_\text{补} = 10000000, \quad [-128]_\text{移} = 00000000$$

移码也被称为偏移二进制码,常用来表示浮点数的阶码,在 A/D、D/A 等外围接口电路中,也常用到移码。

注意:对于无符号数,没有原码、反码和补码一说。无符号数的最高位不表示符号位,而是直接表示该值的大小。如无符号数 $(11111111)_2 = (255)_{10}$,最高位 1 表示 1×2^7。

3. 二进制数的算术运算

二进制数的算术运算包括加、减、乘、整除、取余等基本运算。基本运算规则为"逢二进一"。计算机对无符号数进行运算,结果按无符号数表示;对带符号数进行运算,结果按带符号数表示。这表明参与运算的数与运算结果的表示方法必须是一致的。

微机对机器数用补码表示,进行运算时符号位也参与运算,运算结果要根据最后结果的数值位、符号位、进位/借位、溢出等标志位来判别。计算机的运算器中设置有这些标志位,标志位的值由运算过程自动设定。

n 位二进制带符号数补码所能表示的数的范围为 $-2^{n-1} \sim (2^{n-1}-1)$。

那么,计算机如何判断带符号数运算结果有无溢出呢?

设符号位向进位位的进位为 C_Y,数值部分向符号位的进位为 C_S,则有 $OF = C_Y \oplus C_S$,即次高位产生的进位与最高位产生的进位相异或,其中 $\oplus$ 称为异或运算符,其运算规则为 $0 \oplus 1 = 1, 1 \oplus 0 = 1, 1 \oplus 1 = 0, 0 \oplus 0 = 0$。

若 $OF = 1$,表示运算结果有溢出;若 $OF = 0$,表示运算结果无溢出。

例如,8 位带符号数的范围是 $-128 \sim +127$,如果超出此范围则会产生溢出。

$$
\begin{array}{r}
0110\ 1001 \\
+\quad 0011\ 0010 \\
\hline
1001\ 1011
\end{array}
\qquad
\begin{array}{r}
1001\ 0111 \\
+\quad 1100\ 1110 \\
\hline
1\ 0110\ 0101
\end{array}
\qquad
\begin{array}{r}
1100\ 1110 \\
+\quad 1111\ 1011 \\
\hline
1\ 1100\ 1001
\end{array}
$$

$C_Y = 0$, $C_S = 1$, 溢出 $\qquad$ $C_Y = 1$, $C_S = 0$, 溢出 $\qquad$ $C_Y = 1$, $C_S = 1$, 无溢出

4. 二进制数的逻辑运算

逻辑运算是按位进行的,基本的逻辑运算有"与"、"或"、"非"、"异或"等几种。

逻辑"与":有 0 出 0,全 1 才 1。逻辑"与"的运算符号为"$\wedge$"。

逻辑"或":有 1 出 1,全 0 才 0。逻辑"或"的运算符号为"$\vee$"。

逻辑"非":1 非为 0,0 非为 1。逻辑"非"的运算符号为"—"。

逻辑"异或":相同出 0,不同出 1。逻辑"异或"的运算符号为"$\oplus$"。

逻辑运算真值表见表 1-4。

表 1-4　逻辑运算真值表

A	B	A∧B	A∨B	$\overline{A}$	A⊕B
0	0	0	0	1	0
0	1	0	1	1	1
1	0	0	1	0	1
1	1	1	1	0	0

1.4.4　实数(浮点数)在计算机中的表示

在计算机中表示实数时,涉及小数点的位置,有定点和浮点两种表示数的方法。顾名思义,定点数指小数点的位置是固定不变的,而浮点数则指小数点的位置是浮动的。在定点数表示法中,小数点固定地位于实数所有数字中间的某个位置,小数点位置固定使得小数点前面的整数部分和小数点后面的小数部分的位数也是固定的,这不利于同时表达特别大的数或者特别小的数,因此现代计算机系统大多采用浮点数来表示实数。浮点数表示法来源于数学中的科学计数法表示形式,例如:

$$526.84 = 0.52684 \times 10^3 = 0.052684 \times 10^4 = 52684 \times 10^{-2} = \cdots$$

由此可见,在十进制数中小数点的位置可以通过 10 的幂次来调整。同理,在二进制数中也是类似的,如

$$0.01001 = 0.1001 \times 2^{-1} = 0.001001 \times 2^1$$

这就是浮点数表示的原理。浮点数可以在计算机位数有限的情况下扩大数的表示范围,同时又保持数的有效精度。

目前计算机大多采用 IEEE 754 规定的浮点数表示方法。在没有制定 IEEE 754 标准之前,很多计算机制造商根据自己的需要来设计浮点数表示规则,以及浮点数的执行运算细节,也常常不太关注运算的精确性,而把实现的速度和简易性看得比数字的精确性更重要,这给代码的可移植性造成了巨大的障碍。直到 1976 年,Intel 公司打算为其 8086 微处理器引进一种浮点数协处理器时,才开始进行浮点数格式的设计。1985 年,IEEE 以此格式为基础,制定了二进制浮点运算标准 IEEE 754(IEEE Standard for Binary Floating-Point Arithmetic,ANSI/IEEE Std 754-1985),IEEE 754 的出现大大改善了科学应用程序的可移植性。

目前计算机中浮点数格式表示成如下形式:

$$(-1)^S 2^E (b_0. b_1 b_2 b_3 \cdots b_{p-1})$$

式中,$(-1)^S$ 是该数的符号位,$S=0$ 表示正数,$S=1$ 表示负数;E 为指数,也称阶码;指数的底为 2;$(b_0. b_1 b_2 b_3 \cdots b_{p-1})$ 是尾数,一般表示成规格化形式,即尾数的最高位 b_0 总是 1,且和小数点一起隐含,在机器中并不明确表示出来。尾数规格化后使得尾数表示范围比实际存储的多一位,既可以提高数据的表示精度,也使得数据表示具有唯一性。

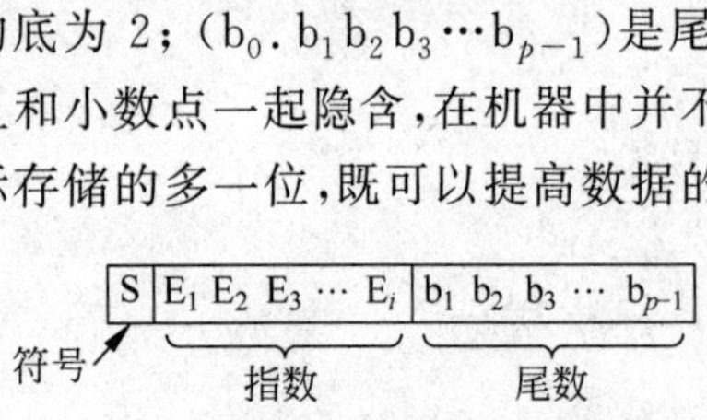

图 1-5　IEEE 规格化实数的表示形式

在微机系统中,常用的浮点数有三种类型:①单精度浮点数,字长 32 位;②双精度浮点数,字长 64 位;③扩展精度浮点数,字长 80 位。实数的表示格式如图 1-5 所示。

　　不同类型的浮点数的指数长度、尾数长度、指数偏移量都有具体的规定。表 1-5 所示为三种不同类型浮点数的格式。其中,符号位始终用 1 位二进制位表示,1 表示正数,0 表示负数。尾数采用规格化的二进制形式,用原码表示。指数用移码表示,即将实际的指数值加一个偏移量作为保存在指数域中的值,单精度数的偏移量为 127,双精度数的偏移量为 1023。指数采用移码的原因如下:因实际的指数值有正有负,通常带符号整数用补码表示,但采用补码表示指数将使浮点数的比较变得困难,采用移码表示后可将负指数变为正指数,由于指数都是正数,在进行两个浮点数的大小比较时,只需从高位到低位依次比较即可。同时由于指数是正数,也为浮点数的对阶提供了方便。

表 1-5　微机中常用的三种不同类型浮点数的格式

参数	单精度浮点数	双精度浮点数	扩展精度浮点数
浮点数长度	32 位	64 位	80 位
符号位	1 位	1 位	1 位
尾数长度	23 位	52 位	64 位
指数长度	8 位	11 位	15 位

　　【例 1-5】　将十进制小数-1020.125 表示成单精度浮点数的形式。

　　该十进制数为负数,故符号位 S=1。

　　将该十进制小数的绝对值转化为二进制形式:1111111100.001B。

　　转化成规格化的形式为:$1.111111100001 \times 2^9$。尾数是其小数部分:111111100001;实际指数为 9,加上指数部分的偏移量 127,指数部分为 $127+9=136=10001000$B。

　　因此,其单精度的表示形式如图 1-6 所示,尾数不足部分在右侧补 0。

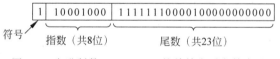

符号　　指数(共8位)　　尾数(共23位)

图 1-6　十进制数-1020.125 的单精度浮点数表示

　　【例 1-6】　已知某单精度浮点数在计算机中的二进制形式为 01000001101101110001000000000000,求其对应的十进制数。

　　由规格化的单精度格式知 S=0,该数为正数,指数部分是符号位后 8 位,E=10000011B=131,其实际指数值为 $131-127=4$。

　　尾数部分为后 23 位:01101110001000000000000B,加上规格化的 1.,并去掉后面的零,尾数为 1.01101110001B。

　　实际数值为:

$$1.01101110001 \times 2^4 = 10110.1110001B = 22.8828125$$

1.4.5　计算机中常用的编码

　　计算机中常用的编码有表示十进制数字的 BCD 码、美国信息交换标准代码 ASCII 码和处理汉字时用到的汉字编码。

1. BCD 码

数字电路采用的基本数制是二进制,而人们熟悉和习惯使用的数制是十进制,因此有必要在二进制与十进制之间建立一种转换机制,以方便数字电路的解读和分析。BCD 码就是一种用二进制数码表示十进制数的码制,一位十进制数用 4 位二进制数码表示,称为二进制编码的十进制数,简称 BCD(binary coded decimal)码。它用 0000~1001 共 10 个 4 位二进制码来表示十进制中 0~9 这 10 个数码。表 1-6 列出了 BCD 码和十进制数的对应关系。

表 1-6　BCD 码和十进制数的对应关系

十进制数	BCD 码	十进制数	BCD 码
0	0000	5	0101
1	0001	6	0110
2	0010	7	0111
3	0011	8	1000
4	0100	9	1001

对于两位及两位以上的十进制数,每一位分别用其 BCD 码表示,例如:

$$891.45 = (1000\ 1001\ 0001.0100\ 0101) BCD$$

BCD 码具有二进制编码的形式,但本质上是十进制数,而计算机内部只能按二进制运算规则进行运算,因此用 BCD 码表示的数在采用二进制规则进行运算后,需要进行调整才能得到正确的结果。许多计算机有 BCD 码运算调整指令,有专门的逻辑电路,在 BCD 码运算时使每 4 位二进制之间的运算按十进制来处理。

1) BCD 码的加法运算

BCD 数的低位与高位之间是"逢十进一",而 4 位二进制数之间是"逢十六进一"。故若用二进制的运算法则进行 BCD 码的运算则需要进行调整。调整规则为:

当两个 BCD 数相加的结果在 0~9 之间时,其加法运算规则与二进制的加法规则完全相同;若结果大于 9 或低 4 位向高 4 位有进位,则应对其进行加 6 调整。

【例 1-7】　BCD 数 48+59,结果应为 BCD 数 107:

```
      0100 1000
  +   0101 1001
  ─────────────
      1010 0001      即 A1,结果错误,高 4 位和低 4 位都需要加 6 调整
  +   0110 0110
  ─────────────
  1   0000 0111      即(107)BCD,结果正确
  1    0     7
```

2) BCD 码的减法运算

两个 BCD 数相减,若本位的被减数大于或等于减数,则减法规则和二进制数相同。反之,要向高位借位,十进制数向高位借 1 作 10,而十六进制数向高位借 1 作 16,因此要进行减 6 调整。例如:BCD 数 28-19:

$$
\begin{array}{r}
0010\ 1000 \\
-\quad 0001\ 1001 \\
\hline
0000\ 1111 \\
-\quad 0000\ 0110 \\
\hline
0000\ 1001 \\
\end{array}
$$

即 0FH，错误，应调整

即（9）BCD，结果正确

2. ASCII 码

ASCII 码（American Standard Code for Information Interchange）即美国信息交换标准代码，是计算机中用来表示西文字符和常用符号等的一种通用编码，如表 1-7 所示。ASCII 码用 7 位二进制数表示一个字母或字符信息，共能表示 $2^7=128$ 种不同的字符，其中包括数字字符 0~9（10 个），英文大小写字母 52 个，功能符 32 个，专用字符 34 个。一个 ASCII 码字符占一个字节，最高位为 0。小于 20H 的是不可显示字符，通常是命令代码。

表 1-7　美国信息交换标准代码（ASCII 码）

低四位 \ 高三位	000	001	010	011	100	101	110	111
0000	NUL	DLE	SP	0	@	P	`	p
0001	SOH	DC1	!	1	A	Q	a	q
0010	STX	DC2	"	2	B	R	b	r
0011	ETX	DC3	#	3	C	S	c	s
0100	EOT	DC4	$	4	D	T	d	t
0101	ENQ	NAK	%	5	E	U	e	u
0110	ACK	SYN	&	6	F	V	f	v
0111	BEL	ETB	'	7	G	W	g	w
1000	BS	CAN	(	8	H	X	h	x
1001	HT	EM	)	9	I	Y	i	y
1010	LF	SUB	*	:	J	Z	j	z
1011	VT	ESC	+	;	K	[	k	{
1100	FF	FS	,	<	L	\	l	|
1101	CR	GS	-	=	M	]	m	}
1110	SO	RS	.	>	N	^	n	~
1111	SI	US	/	?	O	_	o	DEL

注：NUL 表示空字符；SOH 表示标题开始；STX 表示正文开始；ETX 表示正文结束；EOT 表示传输结束；ENQ 表示查询；ACK 表示应答；BEL 表示响铃；BS 表示退格；HT 表示水平制表符；LF 表示换行；VT 表示垂直制表符；FF 表示换页；CR 表示回车；SO 表示移出；SI 表示移入；DLE 表示数据链路转义；DC1 表示设备控制 1；DC2 表示设备控制 2；DC3 表示设备控制 3；DC4 表示设备控制 4；NAK 表示否定应答；SYN 表示同步空闲；ETB 表示块传输结束；CAN 表示取消；EM 表示介质中断；SUB 表示替换；ESC 表示换码；FS 表示文件分隔符；GS 表示组分隔符；RS 表示记录分隔符；US 表示单元分隔符；SP 表示空格；DEL 表示删除。

计算机中表示基本字符和符号时均采用 ASCII 码，如字符"A"的 ASCII 码共由 7 位二进制数组成，高三位为 100，低四位为 0001，组合起来为 100 0001，在计算机中用一个字节存储，存储形式为：0100 0001。

例如，字符串"China"在计算机中用 5 个字节表示，内容如图 1-7 所示。

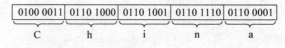

图 1-7　字符串"China"的 ASCII 码表示

又如,字符串"123"在计算机中用 3 个字节表示,内容如图 1-8 所示。

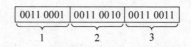

图 1-8　字符串"123"的 ASCII 码表示

3. 汉字的编码

计算机处理汉字时,汉字信息也用若干位二进制编码来表示。编码的二进制位数取决于要处理的汉字的个数。常用的汉字编码有国标码、机内码等。

1) 国标码(GB/T 2312—1980)

我国根据汉字的常用程度定出了一级和二级汉字字符集,并规定编码。这就是中华人民共和国国家标准《信息交换用汉字编码字符集 基本集》(GB/T 2312—1980)中的汉字的编码。该标准编码字符集收录汉字(6763 个)和图形符号(682 个)共 7445 个。其中 6763 个汉字分为两级,第一级汉字 3755 个,第二级汉字 3008 个。该字符集中的字符和图形都用两个 7 位编码表示,在计算机中要用 2 个字节表示,每个字节的最高位为 0。

目前,我国的汉字编码使用 GBK(《汉字内码扩展规范》)和 GB 18030—2005(《信息技术 中文编码字符集》),包含简体汉字和繁体汉字。

2) 机内码

为了将汉字编码与常用 ASCII 码相区别,在机器中,汉字是以内码形式存储和传输的。内码是将国标码的两字节的最高位都置"1",其余编码位不变而形成的。

汉字输入到计算机时可以采用若干种输入法,如拼音输入法、字形输入法、区位码输入法等,但各种汉字输入法的机内码是统一的。

练 习 题

1. 微型计算机由哪几部分组成? 各部分的基本功能是什么?
2. 简述微型计算机的工作过程。
3. 简述微型计算机的发展历程。
4. 微处理器、微型计算机和微型计算机系统三者之间有什么不同?
5. 将下列十进制数分别转换为二进制数、十六进制数:
   128,511,65535,1048575,512,0.625,0.4375
6. 将下列二进制数分别转换为十进制数、十六进制数:
   1100110101B,101101.1011B。

7. 写出下列用补码表示的机器数的真值：

　　(1) 11111111　　(2) 10000000　　(3) 01101101　　(4) 00000000

8. 完成下列二进制数的算术运算，并判断是否有进位和溢出。

　　(1) 10101001＋00111010　　(2) 0011 1110－0000 1111

9. 完成下列二进制数的逻辑运算：

　　(1) 10101011∧11111100　　(2) 10100011∨00001100

　　(3) 01010011 逻辑"非"　　(4) 10101111⊕10101111

10. (4578)D＝(　　　　　)BCD＝(　　　　　)B。

11. 写出下列数的原码、反码和补码(设机器字长为 8 位)：

　　15，－20，－1

12. 16 位无符号整数的数值表示范围是多少？8 位补码表示的整数数值范围是多少？16 位补码呢？

13. 当两个正数相加时，补码溢出意味着什么？两个负数相加能溢出吗？试举例说明。

14. 试写出字符 3、A、ESC、CR、SP 及字符串 MicroComputer 的 ASCII 码。

15. 每个汉字的编码由几个字节组成？计算机中如何区别 ASCII 码和汉字内码？

第 2 章

8088/8086 微处理器的内部结构、外部引脚及子系统

本章重点内容

◇ 8088/8086 微处理器的内部结构
◇ 8088/8086 微处理器对存储器的组织管理
◇ 8088/8086 微处理器的工作模式
◇ 8088/8086 微处理器的外部引脚
◇ 8088/8086 微处理器子系统组成
◇ 8088/8086 微处理器的总线结构
◇ 8088/8086 微处理器典型总线操作时序

本章学习目标

通过本章的学习,掌握 8088/8086 微处理器的寄存器结构和功能结构,熟悉 8088/8086 微处理器对内存的组织方式,了解 8088/8086 微处理器执行指令的并行流水线方式,了解时钟周期、指令周期、总线周期等关于微机系统时序的基本概念,了解微机系统的总线结构,掌握 8088/8086 最大组态工作方式、总线控制方式及子系统组成。理解并掌握基本总线周期各阶段的操作,8088 CPU 对存储器读/写总线时序、I/O 端口读/写总线时序等典型总线时序。

2.1　8088/8086 微处理器的内部结构

8088/8086 CPU 是 16 位微处理器的典型代表,其中 8086 是 1978 年推出的,其内部数据总线和对外数据总线都是 16 位的。为了使 16 位的 CPU 能适应当时大量使用的 8 位的外围支持设备,Intel 公司于 1979 年推出了准 16 位的微处理器 8088,其内部总线为 16 位,可进行 16 位的运算,但对外数据总线为 8 位,以方便和 8 位的外设组成微机系统。1981年,8088 被当时畅销全球的 IBM/PC 选作 CPU,开创了全新的微机时代,正是从 8088 开始,PC(个人电脑)在全世界范围内逐渐发展起来。

8088 与 8086 都有 20 条地址线,直接寻址能力达到 1MB,具有几乎相同的基本结构和指令系统,因此本书以 8088 为主进行介绍。

2.1.1　8088/8086 微处理器的寄存器结构

指令必须借助于 CPU 内部的寄存器才能达到对数据进行处理的目的,因此我们必须了解 8088/8086 内部的寄存器结构。

8088/8086 CPU 内部的寄存器结构如图 2-1 所示,共 14 个 16 位寄存器,其中包括 8 个通用寄存器(AX、BX、CX、DX、SP、BP、SI、DI)、4 个段寄存器(CS、DS、SS、ES)和 2 个控制寄存器(IP、FLAG)。学习和使用 CPU 时必须熟悉每一个寄存器的名称和作用。

1. 通用寄存器

8088/8086 CPU 的 8 个通用寄存器是 AX、BX、CX、DX、SP、BP、SI、DI,其中 AX、BX、CX、DX 这 4 个 16 位寄存器,它们的高位字节和低位字节均可分别作为独立的 8 位寄存器使用,这样就有 8 个 8 位通用寄存器,分别是 AH、AL、BH、BL、CH、CL、DH、DL。

图 2-1　8088/8086 CPU 的内部寄存器结构

CPU 中这些通用寄存器一般用来暂存参加运算的操作数以及运算的中间结果,这样在程序执行过程中不必总是通过总线到存储器中去存取数据,提高了程序的执行速度。通用寄存器中每个寄存器有其各自规定和常用的用法,下面逐一简要介绍。

(1) AX:累加器(accumulator),使用频度最高,用于算术、逻辑运算以及与外设端口传送信息等。

(2) BX:基址寄存器(base address register),常用来存放存储单元的偏移地址。

(3) CX(或 CL):计数器(counter),常用来存放循环次数、移位次数、串操作时的循环次数和进行计数。

(4) DX:数据寄存器(data register),常用来存放 32 位数据的高 16 位,或用作存放外设的端口地址。

16 位的 AX、BX、CX、DX 寄存器及 8 位的 AH、AL、CL 寄存器的主要用途如表 2-1 所列。

表 2-1 8088/8086 CPU 内部主要寄存器的用途

寄 存 器	用　　途
AX	字乘法、字除法、字 I/O
AL	字节乘法、字节除法、字节 I/O、BCD 码运算、查表转换
AH	字节乘法、字节除法
BX	间接寻址、查表转换
CX	循环计数、串操作
CL	移位或循环
DX	字乘法、字除法、间接 I/O 寻址

(5) SI、DI：分别称为源变址(source index)寄存器和目的变址(destination index)寄存器，常用于存放存储器变址寻址方式时的源操作数和目的操作数的偏移地址。SI、DI 还专门用在串操作指令中分别指向源串操作数和目的串操作数。

(6) SP：堆栈栈顶指针(stack pointer)。在堆栈操作时，用于确定堆栈顶部在内存中的位置。堆栈(stack)是内存中的一个特殊区域，它采用"先进后出"或"后进先出"的操作规则。堆栈区域又称为堆栈段。SP 指示堆栈的当前栈顶位置，即当前栈顶在堆栈段内的偏移地址。堆栈栈顶的物理地址需由 SP 与堆栈段寄存器 SS 一起确定。

(7) BP：堆栈基址指针(stack base pointer)，用于存放堆栈段中某个存储单元的偏移地址，可采取随机存取方式读写堆栈段中的数据，主要用在子程序中利用堆栈传递参数的场合。

2. 控制寄存器

1) 指令指针寄存器 IP(instruction pointer)

计算机之所以能自动地一条条按顺序取出并执行指令，是因为 CPU 中有个跟踪指令地址的电路，该电路就是指令指针寄存器 IP。在开始执行程序时，给 IP 赋以第一条指令的地址，然后每取一条指令，IP 就自动指向下一条指令。

8088/8086 CPU 中的指令指针寄存器 IP 类似于 8 位 CPU 中的 PC(程序计数器)，但有两点不同：一是 IP 指向下一次要取的指令；二是 IP 要与码段寄存器 CS 配合才能形成指令真正的物理地址。

2) 标志寄存器(status flags)

标志寄存器的组成如图 2-2 所示。

				OF	DF	IF	TF	SF	ZF		AF		PF		CF
D_{15}	D_{14}	D_{13}	D_{12}	D_{11}	D_{10}	D_9	D_8	D_7	D_6	D_5	D_4	D_3	D_2	D_1	D_0

图 2-2 标志寄存器的组成

标志寄存器是一个 16 位的寄存器，但只定义了其中的 9 位。这 9 个标志位中有 6 个是状态标志(CF,PF,AF,ZF,SF,OF)，3 个是控制标志(DF,IF,TF)。状态标志主要用来反映 ALU 执行算术及逻辑运算后的特征,执行特定指令会改变状态标志位的值。控制标志用于控制 CPU 的操作,主要有方向标志 DF、中断允许标志 IF 和跟踪标志 TF。

9 个标志位逐一介绍如下:

(1) 进位标志 CF(carry flag)。进行加减运算时,当执行结果的最高位(字节操作时的 D_7 或字操作时的 D_{15})产生一个进位或借位时,CF 置 1;否则为 0。移位和循环指令也会把存储器或寄存器操作数中的最高位(左移时)或最低位(右移时)移入 CF 标志位中。

(2) 奇偶标志 PF(parity flag)。若操作结果的低 8 位中 1 的个数为偶数,则 PF 置 1;否则为 0。PF 标志可用于检查在数据传送过程中是否发生错误。

(3) 辅助进位标志 AF(auxiliary carry flag)。在字节操作时,当低半字节向高半字节有进位或借位时,则 AF 置 1;否则为 0。AF 标志用于 BCD 码的算术运算中。

(4) 零标志 ZF(zero flag)。若运算结果为 0,ZF 置 1;否则为 0。

(5) 符号标志 SF(sign flag)。SF 标志与运算结果的最高位(字操作时的 D_{15},字节操作时的 D_7)相同。若 D_{15}(或 D_7)为 1,则 SF 为 1,否则为 0。带符号数在内存中都是用补码表示的,所以 SF=1 表示负数,SF=0 表示正数。

(6) 溢出标志 OF(overflow flag)。在算术运算中,若带符号数的运算结果超出了 8 位或 16 位带符号数所能表示的数值范围,即在字节运算时大于 +127 或小于 -128,在字运算时大于 +32767 或小于 -32768 时,OF 标志置 1;否则为 0。

(7) 方向标志 DF(direction flag)。方向标志 DF 用于对串操作指令实现控制,若置 DF=1,则对串操作指令设置为自动减量操作,即从高地址到低地址处理串;若置 DF=0,则串操作指令设置为自动增量操作。

(8) 中断允许标志 IF(interrupt-enable flag)。若置 IF=1,则允许 CPU 接收外部的可屏蔽中断请求;若置 IF=0,则屏蔽上述中断请求。此标志对内部产生的中断不起作用。

(9) 跟踪标志 TF(trace flag)。当 TF 置 1 时,CPU 进入单步执行方式,以便于调试程序。在此方式下,CPU 在每条指令执行后产生一个内部中断,以便程序员检查程序的执行情况。

3. 段寄存器(CS、DS、SS、ES)

8088/8086 共有 4 个段寄存器,分别是:

CS ——代码段寄存器(code segment register)

DS ——数据段寄存器(data segment register)

SS ——堆栈段寄存器(stack segment register)

ES ——附加段寄存器(extra segment register)

这 4 个寄存器使 8088/8086 能在 1MB 范围内对内存寻址。正是由于这几个段寄存器的加入,内存寻址具有段地址和偏移地址共同寻址内存单元的特色。4 个段寄存器用途专一,不可互换。CPU 自动根据偏移地址安排到代码段中去存取指令代码,到数据段中去存取数据,到堆栈段中进行入栈和出栈操作。

2.1.2   8088/8086 微处理器对存储器的组织管理

1. 存储器的数据存储方式

存储器是计算机存储程序和数据的地方。程序本身以及程序运行所需要的数据、程序执行的结果均保存在存储器中。

存储器以字节为单位存储信息。为了区分每个字节单元,将它们按顺序编号。这个编号称为存储单元的地址。一般地址编号从 0 开始,顺序加 1,为简化表示,在计算机编程语言中常用十六进制数表示地址。例如,8088/8086 CPU 可寻址的存储空间可表示为 00000H~FFFFFH,共 1MB。

存储单元中存放的信息称为该存储单元的内容,如一个字节数 32H 放入地址为 20004H 的单元中,则 20004H 的单元的内容为 32H,表示为[20004H]= 32H。

存储空间是以字节为单位的,而不同类型的数据可能是字、双字或更多字节,那存储器中如何存放这样的数据呢?一个字 16 位,占两字节,需要 2 个存储单元,一个双字 32 位,占 4 字节,需要 4 个存储单元。存放多字节数据时,一般是低位字节数据按顺序存入低地址单元,高位字节数据按顺序存入高地址单元。这种低位字节对应低地址、高位字节对应高地址的存储形式叫作"小端方式",Intel 80x86 处理器采用的就是这种方式。对应这种小端方式存储,表示多字节数据只需指明最低位的地址即可,如 20004H~20007H 单元的内容分别为 32H、43H、54H、65H,则字单元可表示为[20004H]= 4332H,双字单元可表示为[20004H]= 65544332H。因此,同一个地址既可以看作字节单元的地址,也可以看作字单元的地址,还可以看作双字单元的地址。具体看作什么单元需要根据数据的属性情况来确定。

字节单元的地址可以是偶数,也可以是奇数。将字单元安排在偶地址(××××0B),双字单元安排在模 4 地址(能被 4 整除的地址,即×××00B),被称为"地址对齐"(align)。对于不对齐地址的数据,处理器访问时,需要额外的访问存储器时间。所以,通常要将数据的地址对齐,以获得较高的存取速度。

2. 存储器的分段管理

如前所述,8088/8086 CPU 对外有 20 条地址线,可直接寻址 2^{20} = 1MB 的存储空间,即每个存储单元的地址需用 20 位二进制数(或 5 位十六进制数)表示。这 1MB 空间逻辑上可以组成一个线性阵列,地址为 00000H~FFFFFH,这样表示的地址称为存储单元的物理地址(或真正地址)。当 8088/8086 CPU 向地址总线输出一个 20 位的物理地址时,通过地址译码电路就可以从被选中的存储单元中取出所需要的指令或操作数。

问题是在 8088/8086 CPU 内部如何形成这 20 位的地址呢? 8088/8086 的算术逻辑单元 ALU 只能进行 16 位的运算,和地址有关的 IP、SP、BP、SI、DI 等寄存器也都是 16 位的,因此对地址的运算也只能是 16 位的。对于 8088/8086 CPU 来说,各种寻址方式寻址的范围最多只能是 2^{16} = 64KB。为此,8088/8086 CPU 将 1MB 的存储器空间分成许多逻辑段(segment)来管理,每个段的最大范围为 64KB,每个逻辑段只能从一个模 16 地址开始,即十六进制的×××× 0H 形式。省略这个地址的二进制低 4 位 0,段地址就可以用 8088/8086 内部的 16 位寄存器保存了。用于保存段地址的高 16 位的寄存器称为段寄存器。换句话说,在 16 位的段寄存器后面再加 4 个 0 组成 20 位就可以找到一个段的起始地址,段内的每个存储单元都可以通过在这个基地址的基础上加一个偏移量(displacement)表示,简称偏移地址(offset)或有效地址(effective address,EA)。由于限定每段不超过 64KB,所以偏移地址可以用 16 位二进制数直接表示,也可以寄存器内容等多种形式给出。因此,除物理地址外,存储单元的地址还可以用"段基地址:段内偏移地址"的方式来表示,其中段基地址表明逻辑段在内存中的起始位置,简称段基址或段地址。这种用冒号连接段地址和偏移地址的表示形式称为逻辑地址。

一个内存单元既可以用物理地址表示,也可以用逻辑地址表示,当微处理器通过总线对存储单元进行读写时,通过对 20 位的物理地址译码后实现。而在 8088/8086 CPU 内部和用户编程时采用逻辑地址形式。在 8088/8086 CPU 芯片内部的总线接口单元 BIU 中有一个 20 位的地址加法器,它可将逻辑地址中的段地址左移 4 位(低位补 0),加上偏移地址就可得到 20 位物理地址。可见,存储单元 20 位的物理地址在 CPU 内部是由段基地址和偏移地址两部分表示的,这两部分经地址加法器逻辑相加后即可形成 20 位的物理地址。

例如逻辑地址"2003H：2000H"对应的物理地址为 22030H。注意,物理地址是唯一的,但同一个物理地址可以有多个逻辑地址表示形式。如"0000H：1234H"和"0100H：0234H"表示的物理地址都是 01234H。

在应用中寻址一个具体物理单元时,首先选择一个段基地址,再加上由 SP、IP、BP、BX 或 SI、DI 等可由 CPU 处理的 16 位偏移量来形成 20 位物理地址。段基地址由 CS、SS、DS 和 ES 这四个段寄存器中的一个表示。每当需要形成一个 20 位物理地址时,一个段寄存器会根据当前操作自动被选择,将段寄存器中的 16 位二进制数自动左移 4 位(即乘以 16),然后与 16 位偏移量相加,如图 2-3 所示。即物理地址=段地址×16+偏移地址,我们把这种形成 20 位物理地址的方法叫作段地址和偏移地址逻辑相加法,这种操作在 CPU 中是通过地址加法器实现的。

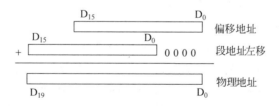

图 2-3　20 位物理地址的逻辑相加

【例 2-1】　已知代码段 CS＝1234H,IP＝0052H,求该存储单元的物理地址。

解:题目中,段地址和偏移地址分别由 CS 和 IP 指示,这是取指令操作时的约定搭配。段地址 1234H 左移 4 位后变为 12340H,再与偏移地址 0052H 相加,所以 20 位的物理地址为

$$12340H + 0052H = 12392H$$

【例 2-2】　已知内存中一数据的偏移地址为 2100H,DS＝2345H,求该数据单元的实际物理地址。

解：段地址 2345H 左移 4 位后变为 23450H，再与偏移地址 2100H 相加，所以 20 位的物理地址为

$$23450H + 2100H = 25550H$$

需要注意的是，存储器的分段方式并不是唯一的。存储器各个段之间可以连续、分开、部分重叠或完全重叠，如图 2-4 所示。

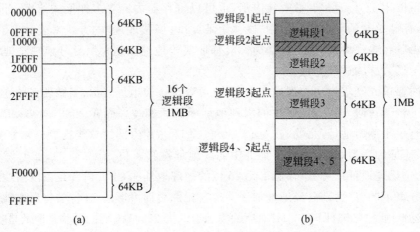

图 2-4　存储器分段方式

（a）各段连续排列；（b）各段灵活排列

如前所述，在不改变段寄存器值的情况下，一个段最大的寻址范围是 64KB，即段内寻址最大范围是 64KB。所以对一个具体的任务来讲，若其程序长度、堆栈长度和数据区长度均不超过 64KB，则可在程序开始时给 DS、SS、CS 和 ES 分别赋值，然后在程序中就不用再考虑这些段寄存器，程序在各自的区域中便可以正常工作；若其程序、堆栈、数据三者的总存储长度不超过 64KB，则可将代码段、堆栈段和数据段完全重叠在一起，在程序开始时使 CS、SS 和 DS 三者相等即可。

上述存储器分段方法，对于要求代码段、堆栈段和数据段互相隔离的应用非常方便，而且对于程序中数据段超过 64KB，要求从两个或多个段存取操作数的情况也极为方便，只需在取操作数前用指令给 DS 重新赋值即可。这种分段方法也适用于程序的重定位（或再定位）。所谓重定位指一个完整的程序块或数据块可以在存储器所允许的空间内任意浮动并定位到一个新的可寻址的区域。8088/8086 以前的 8 位微处理器中是没有这种特性的，在 8088/8086 引入分段概念后，由于程序中的段寄存器可以由程序重新设定，因此在偏移地址不变的情况下，就可以将整个程序移动到内存中的任何区域而无需改变偏移地址的值。

最后需要强调的是，段的分配是由操作系统完成的。但是，系统允许程序员在必要时指定所需占用的内存区。

3. 段寄存器应用

8088 CPU 内部有 4 个 16 位段寄存器：代码段寄存器 CS、数据段寄存器 DS、堆栈段寄存器 SS 和附加段寄存器 ES。每个段寄存器用来确定一个段的起始地址，各段均有特定用途。

1）代码段用来存放程序的指令序列

CS 存放代码段的段基址,指令指针寄存器 IP 指示代码段中指令的偏移地址。8088CPU 总是按照 CS：IP 指向的存储单元取得下一条指令。

2）堆栈段确定堆栈所在的内存区域

SS 存放堆栈段的段基址,堆栈栈顶寄存器 SP 指示堆栈栈顶的偏移地址。8088CPU 总是按照 SS：SP 指向的存储单元进行入栈或出栈操作。

堆栈是在内存中开辟的一块特殊的存储区域,其一端固定,另一端浮动,入栈和出栈操作只能在浮动的一端(称栈顶)进行,遵循"先进后出"或"后进先出"的原则,如同在货栈中由下至上堆放货物一样,后堆放的货物只能堆放在栈顶之上。在 CPU 中堆栈指针寄存器 SP 管理堆栈的栈顶,SP 总是指向堆栈的栈顶。

堆栈的设置主要用来临时存放一些程序运行中的数据,如子程序调用和中断处理时的断点保护和现场保护。有时也用来在主程序和子程序之间传递参数。

8088/8086 CPU 的堆栈操作都是字操作,将一个字压入堆栈顶部称为入栈,SP 自动减 2,即堆栈栈顶是从大地址向小地址方向变化的,所以又称之为下行堆栈。将一个字从堆栈顶部弹出称为出栈,SP 自动加 2。

【例 2-3】 给定一个堆栈区,SS=1250H,当前 SP=0052H,问：

（1）当前栈顶地址是什么?

（2）若将数据 1234H 入栈,入栈后 SP 的值为多少? 数据是如何保存的?

解：

（1）当前栈顶的逻辑地址为

$$1250H：0052H$$

物理地址为

$$12500H + 0052H = 12552H$$

（2）数据 1234H 占两个字节,数据入栈后 SP-2,即 SP=0050H,其中高位字节 12H 送入偏移地址为 0051H 的存储单元(物理地址为 12551H),低位字节 34H 送入偏移地址为 0050H 的存储单元(物理地址为 12550H)。

3）数据段存放当前运行程序所用的数据

DS 存放数据段的段基址,存储器中操作数的偏移地址则由各种内存寻址方式得到。

4）附加段是附加的数据段,也用于数据的存放

串操作指令将附加段作为其目的操作数的存放区域。

存储器分段管理与程序的模块化思想相符合,有利于编写模块化结构的程序。程序员在编写程序时,可以很方便地把程序的各部分放在相应的逻辑段内,以进行不同程序的连接。

2.1.3　8088/8086 微处理器的功能结构

Intel 8088/8086 微处理器内部从功能上说由两个独立的工作单元组成,即执行单元(execution unit,EU)和总线接口单元(bus interface unit,BIU)。8088 CPU 的功能结构如

图 2-5 所示。

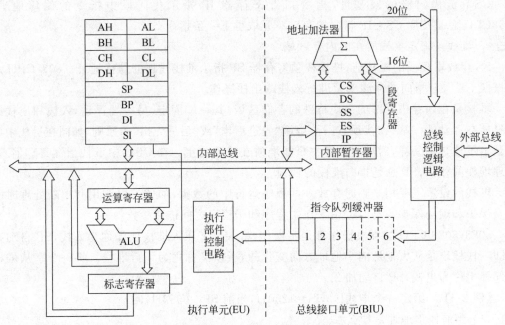

图 2-5   8088/8086 微处理器的功能结构

1. 执行单元(EU)

执行单元由算术逻辑运算单元 ALU、寄存器组及执行部件控制电路等构成。EU 在执行部件控制电路的控制下,从总线接口单元 BIU 的指令队列中取指令,然后分析指令,执行指令,利用 ALU 和寄存器组进行算术、逻辑运算。寄存器组用于保存指令执行过程中的数据、地址或状态信息。

EU 不与外部系统总线相连,只负责指令的译码和执行。指令执行所需要的操作数若来自存储器,或需要将指令的运算结果送至存储单元保存时,都由 EU 向 BIU 发出请求,由 BIU 实现对存储器或外设的访问。

2. 总线接口单元(BIU)

总线接口单元由指令队列、指令指针寄存器(IP)、段寄存器组、地址加法器 Σ 和总线控制逻辑电路等构成。总线接口单元管理着 CPU 与系统总线的接口,负责 CPU 对存储器和外设进行访问。8088/8086 CPU 对外总线包括 8 位/16 位双向数据线(8088 为 8 位,8086 为 16 位)、20 位地址线和若干控制线。8088/8086 CPU 所有的对外操作都是通过 BIU 来进行的。BIU 访问一次存储器或 I/O 端口所需的时间称为总线周期。

8088 和 8086 的指令队列长度不同,8088 为 4 字节,8086 为 6 字节。指令队列按照"先进先出"的方式进行工作。当指令队列中出现空缺时(8086 有 2 字节以上,8088 有 1 字节以上),BIU 会自动从内存中预取指令到指令队列。当程序执行到跳转、子程序调用及返回指令时,BIU 会自动清除原队列,然后根据新的 CS 和 IP 值重新取指令装入指令队列中。

地址加法器用于产生 20 位的物理地址,它将段寄存器的内容左移 4 个二进制位后和存储单元的偏移地址相加,产生 20 位的地址信息送到系统地址总线。

归纳起来,总线接口单元的功能主要包括从内存中取指令并进行指令排队,存取数据,形成 20 位物理地址,完成所有的其他总线操作如分时复用等。

3. 8088/8086 微处理器指令执行流程

EU 和 BIU 采用流水线式的并行工作模式,它们既相互独立又相互配合,这与早期标准 8 位机的取指令、执行指令,然后再取指令、再执行指令的串行循环方式不同。

8088/8086 微处理器在执行程序时,BIU 首先从内存取指令送到指令队列中排队,EU 执行指令时 BIU 还要配合从指定的内存单元或外设端口取数据,将数据传送给 EU,或者把 EU 的操作结果传送到指定的内存单元或外设端口中。EU 部分只负责指令的执行。BIU 和 EU 两个功能单元是独立的,BIU 取指令和 EU 执行指令是分开的而且在时间上可以重叠。EU 在执行一条指令的同时,BIU 可以取出下一条或多条指令并将其送至指令队列中排队。EU 在执行完一条指令后便可立即执行下一条指令,从而减少了 CPU 为取指令而等待的时间,提高了 CPU 的工作效率,加快了程序的运行速度,并且降低了对存储器存取速度的要求。

2.2　8088/8086 微处理器的外部引脚

2.2.1　8086 和 8088 CPU 的异同点

8088/8086 微处理器是 40 引脚双列直插式封装的器件,外部引脚如图 2-6 所示。

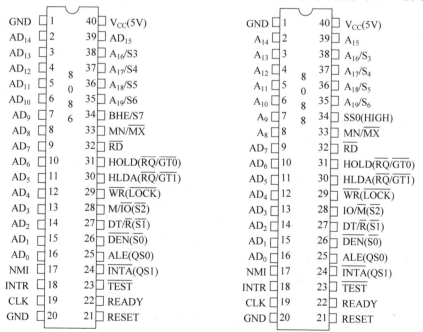

图 2-6　8088/8086 CPU 芯片引脚图

8088 与 8086 内部均由 EU、BIU 组成,结构基本相同,两者的执行单元完全相同,寄存器等功能部件均为 16 位,内部均采用 16 位的数据传输,指令系统、寻址能力及程序设计方法也都一样,所以两种 CPU 完全兼容。

归纳起来,8086 和 8088 这两种 CPU 的主要区别有以下几方面:

1) 外部数据总线位数不同

8086 CPU 的外部数据总线是 16 位的,对存储器或 I/O 设备进行一次访问可输入/输出一个字(16 位数据);而 8088 CPU 的外部数据总线是 8 位的,一次访问只能输入/输出一个字节(8 位数据)。也正因为如此,8088 被称为准 16 位微处理器。

2) 指令队列容量不同

8086 CPU 的指令队列可容纳 6 字节,只要有 2 字节的空闲便会自动取下条指令填入指令队列。而 8088 CPU 的指令队列只能容纳 4 字节,只要有 1 字节的空闲便会自动取下条指令。

3) 引脚特性的差别

两种 CPU 的引脚有以下几点不同:①$AD_{15} \sim AD_0$ 的定义不同。在 8086 中都定义为地址/数据复用引脚;而在 8088 中,由于只需用 8 条数据总线,对应 $AD_{15} \sim AD_8$ 这 8 个引脚在 8088 中只作地址线使用,不复用。②34 号引脚的定义不同。在 8086 中定义为 $\overline{BHE}/S_7$ 信号。而在 8088 中定义为 $\overline{SS_0}$(HIGH),其在最小工作模式下与 $DT/\overline{R}$、$IO/\overline{M}$ 一起用于提供状态信息,在最大工作模式下始终为高电平。③28 号引脚的相位不同。在 8086 中为 $M/\overline{IO}$;而在 8088 中被倒相,改为 $IO/\overline{M}$,以便与 8080/8085 系统的总线结构兼容。即对于 8088,该引脚为高电平时表示 CPU 正在和 I/O 设备之间进行数据的传输,低电平时表示在和存储器进行操作。

2.2.2　微机总线的三态性

微机中很多芯片的引脚具有三种状态,即高电平、低电平以及高阻态。这和微机总线的三态性有直接的关系。

为减少信息传输线的数目,大多数计算机中的信息传输线均采用总线形式,即采用一组公共信号线作为微机各部件之间的通信线,如图 2-7 所示。这些总线把各部件组织起来,组成一个能彼此传递信息和对信息进行加工处理的整体。因此,可以说总线是各部件联系的纽带。

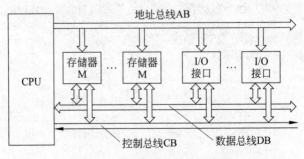

图 2-7　微机的总线结构示意图

微机系统采用总线结构后,各功能部件的相互关系变成了各个部件面向总线的单一结构,这样简化了微机结构,从而提高了微机系统的可靠性和通用性。一个部件只要符合总线标准,就可以连接到采用这种总线标准的系统中。

1. 微机的三总线结构

大部分微机系统均有三类总线:

(1) 地址总线:用于传送 CPU 输出的地址信号,以寻址存储器单元或外设接口。其宽度决定了寻址空间。

(2) 数据总线:用于在 CPU 与存储器和 I/O 接口之间双向传输数据。

(3) 控制总线:用来发出控制信号和接收状态信号。

2. 总线的三态性及电路组成

总线是一种共享型的数据传送机制。总线上可连接多个设备,但任一时刻通常只能有一对设备参与数据传输。例如当前连接在总线上的设备 A 和 B 正在通过总线传输数据,那么此时其他设备应该和总线断开,以免影响当前总线上正在传输的数据。总线是通过三态门电路实现该功能的。三态门除了有高电平、低电平两种状态外,还有一个高阻态,也称禁止态,相当于该门和它连接的电路处于断开的状态。

常用的三态门电路有三态门、三态非门、三态与非门等多种。三态门都有一个使能端$\overline{\text{EN}}$(或称控制端 $\overline{\text{C}}$),来控制门电路的通断。使能端又有高电平有效和低电平有效两种。图 2-8 所示为使能端低电平有效的逻辑符号,其真值表如表 2-2 所示。当使能引脚 1 为低电平时,引脚 2 上的高电平或低电平可以通过三态门传送到引脚 3 上。当使能引脚 1 为高电平时,引脚 2 的高电平或低电平都不能通过三态门,此时引脚 3 处于高阻状态,在此状态下,门电路既无电流输出,也无电流灌入,门电路处于"隔离状态"。所以当处于高阻状态时,可以认为连在该总线上的设备像断开一样。

表 2-2　三态门真值表

使能$\overline{\text{EN}}$	输　入	输　出
0	1	1
0	0	0
1	X	高阻 Z

图 2-8 所示电路只能实现单向的数据传输,要实现双向的数据传输需要用双向的三态门电路,如图 2-9 所示。在总线上一次最多可以传输的二进制数的位数称为总线的宽度,图 2-10 所示为总线宽度为 8 位的双向总线示意图。

8088/8086 的很多和系统总线相连的引脚都是三态的。

图 2-8　单向三态门　　　　　图 2-9　双向三态门

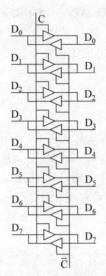

图 2-10 8 位双向总线示意图

2.2.3 8088/8086 CPU 的工作模式

当把 CPU 与存储器、外设连接构成一个计算机的硬件系统时,根据所连接的存储器和外设的规模,8088/8086 可以有最小和最大两种不同的工作模式。当系统规模较小时,系统的控制总线信号由 CPU 的控制线直接给出,称为最小工作模式。当系统规模较大时,要求有较强的驱动能力和控制能力,此时 8088/8086 CPU 需要通过总线控制器芯片 8288 来形成各种控制信号,称为最大工作模式。

8088/8086 CPU 处于最小工作模式时,一般是单处理器系统,系统中的存储器容量较小,外设端口也较少,所需的系统总线控制逻辑的规模较小,总线的驱动能力不高。最小工作模式适用于小规模应用场合。

8088/8086 CPU 处于最大工作模式时,一般是多处理器系统,8088/8086 称为主处理器,其他的称为协处理器,如 8087 数字协处理器、8089 输入/输出协处理器等。CPU 的控制总线信号经 8288 总线控制器转换后发出。最大工作模式时系统规模较大,存储器容量较大,外设端口也较多,总线的控制和驱动能力较强,可以显著提高系统的工作效率。

8088/8086 CPU 通过其 P_{33} 引脚($MN/\overline{MX}$)的接入电平来区分它是处于最大工作模式还是最小工作模式,最大工作模式时该引脚接地,最小工作模式时该引脚接+5V 电源。IBM PC/XT 和 PC/AT 均采用最大工作模式。

2.2.4 8088/8086 CPU 与工作模式无关的引脚

1. 地址/数据总线

8088/8086 CPU 都有 20 条地址线,8088 有 8 条数据线,8086 则有 16 条数据线。为减少外部引脚数量,采用地址线和数据线分时复用的方法。

（1）$AD_7 \sim AD_0$（address/data bus）（8086 为 $AD_{15} \sim AD_0$）：地址/数据分时复用线，双向，三态。

8088/8086 CPU 访问存储器或外设时，首先应给出要访问的存储器或外设的地址，然后才能对选中的存储单元或外设端口进行数据的传输，也就是说，地址和数据是不可能同时出现的，因此可利用这个特点，让两种信号共用同一个引脚。

通常当 CPU 访问存储器或外设时，先要在 T_1 状态给出被访问单元或端口的地址，然后再在 T_2、T_3、T_4 状态读/写数据。为避免先送出的地址信息丢失，在组成系统时，可利用锁存器在 T_1 状态将先送出的地址信息保存起来。

对于 8088 CPU，因为只有 8 个地址引脚 $AD_7 \sim AD_0$ 复用，故需要一个 8 位的地址锁存器把 $AD_7 \sim AD_0$ 出现的地址低 8 位信号锁存起来。$A_{15} \sim A_8$ 在访问内存或 I/O 的整个总线周期都输出高 8 位有效地址。$AD_7 \sim AD_0$ 作数据线时是双向的，传送 8 位数据信息。对于 8086 CPU，需要两个 8 位地址锁存器把 $AD_{15} \sim AD_0$ 输出的 16 位地址锁存起来。$AD_{15} \sim AD_0$ 作数据线时是双向的，传送 16 位数据信息。

当其他总线主控设备控制总线时（如 DMA 控制器），$AD_7 \sim AD_0$（8086 为 $AD_{15} \sim AD_0$）须处于高阻状态，以免对总线造成干扰。

（2）$A_{19}/S_6 \sim A_{16}/S_3$（address/status）：地址/状态信号，输出，三态。

这 4 个引脚也是采用分时方法传送地址或状态信息的复用引脚。其中 $A_{19} \sim A_{16}$ 为 20 位地址总线的高 4 位地址，在对存储器进行读写时，这 4 条线输出高 4 位地址，也需要外部电路锁存。在 I/O 操作时，这些线不使用，故在 T_1 状态时全为低电平。在存储器和 I/O 操作的 T_2、T_3、T_4 节拍时，$S_6 \sim S_3$ 表示的是状态信息。其中 S_6 表示 CPU 与总线连接的情况，在 8088/8086 CPU 中 S_6 始终为低电平，表示 CPU 当前连接在系统总线上。S_5 指示标志寄存器中的中断允许标志 IF 的状态。S_4、S_3 的代码组合用来指明当前正在使用的段寄存器，如表 2-3 所示。其中在对存储器进行访问时，$S_4 S_3 = 10$ 表示段寄存器为 CS；在对 I/O 端口进行操作以及在中断响应总线周期中读取中断类型号时，因不涉及存储器逻辑段的使用，故 $S_4 S_3 = 10$ 表示不用段寄存器。

表 2-3　S_4 和 S_3 功能表

S_4	S_3	段　寄　存　器
0	0	当前正在使用 ES
0	1	当前正在使用 SS
1	0	当前正在使用 CS，或未使用任何段寄存器
1	1	当前正在使用 DS

2. 控制总线

控制总线共有 17 个引脚，其中 $P_{24} \sim P_{31}$ 这 8 个引脚在两种工作模式下定义的功能有所不同，对此将在后面结合工作模式进行讨论。两种模式下公用的 9 个控制引脚有：

（1）MN/$\overline{\text{MX}}$（minimum/maximum mode control）：最小/最大工作模式控制线，输入。接 +5V 时，CPU 处于最小工作模式；接地时，CPU 处于最大工作模式。

（2）CLK（clock）：时钟信号，输入。为 CPU 提供基本的定时脉冲信号。

(3) RESET：复位信号，输入，高电平有效。RESET 信号有效时，CPU 立即结束现行操作，重启系统，初始化所有的内部寄存器。RESET 信号需要至少 4 个时钟周期才能完成复位过程。复位后，CPU 内部的初始状态如表 2-4 所示。

表 2-4　CPU 复位后的初始状态

寄存器	状态	寄存器	状态
FLAG	0000H	CS	0FFFFH
IP	0000H	DS	0000H
IF 标志位	0(禁止中断)	SS	0000H
指令队列	空	ES	0000H

从表 2-4 中可以看出，由于复位后代码段寄存器 CS 和指令指针寄存器 IP 分别被初始化为 0FFFFH 和 0000H，所以 8086/8088 复位重新启动时，便从内存物理地址为 0FFFF0H 处开始执行指令。一般在 0FFFF0H 处存放一条无条件转移指令，用以转移到系统程序的入口处，这样，系统一旦被复位仍然会自动进入系统程序，开始正常工作。

(4) READY：准备就绪信号，输入，高电平有效。READY 信号用来实现 CPU 与存储器或 I/O 端口之间的时序匹配。当 READY 出现有效高电平信号时，表示 CPU 要访问的存储器或 I/O 端口已经做好了输入/输出数据的准备工作，CPU 可以进行读/写操作。当 READY 信号为低电平时，则表示存储器或 I/O 端口还未准备就绪，CPU 需要插入若干个"T_W 状态"进行等待。

(5) INTR(interrupt request)：可屏蔽中断请求信号，输入，高电平有效。8088/8086 CPU 在每条指令执行到最后一个时钟周期时，都要检测 INTR 引脚信号。INTR 为高电平时，表明有 I/O 设备向 CPU 申请中断，此时若 IF=1，CPU 则会响应中断，停止当前操作，为申请中断的 I/O 设备服务。

(6) NMI(non-maskable interrupt)：非屏蔽中断请求信号，输入，高电平有效。当 NMI 引脚上有一个上升沿有效的触发信号时，表明 CPU 内部或 I/O 设备提出了非屏蔽的中断请求，CPU 会在结束当前所执行的指令后，立即响应中断请求。

(7) $\overline{\text{TEST}}$：等待测试控制信号，输入，低电平有效。该信号用来支持构成多处理器系统，实现 8088/8086 CPU 与协处理器之间同步协调的功能，只有当 CPU 执行 WAIT 指令时才使用。若为低电平，则执行 WAIT 指令后面的指令；若为高电平，则 CPU 处于空闲等待状态，重复执行 WAIT 指令。

(8) $\overline{\text{RD}}$(read)：读信号，输出，三态，低电平有效。信号低电平有效时，表示 CPU 正在进行读存储器或读 I/O 端口的操作。

(9) $\overline{\text{BHE}}/S_7$(bus high enable/status)：允许总线高 8 位数据传送/状态信号，输出，三态。$\overline{\text{BHE}}$ 为低电平时，表示当前高 8 位 $AD_{15} \sim AD_8$ 数据总线上的数据有效，否则只使用低 8 位 $AD_7 \sim AD_0$ 数据线。当读写存储器或 I/O 端口以及中断响应时，$\overline{\text{BHE}}$ 与地址线 AD_0 配合表示当前总线使用情况，如表 2-5 所示。$\overline{\text{BHE}}$ 在总线周期的 T_1 状态输出，同地址信号一样，$\overline{\text{BHE}}$ 信号也需要进行锁存。在总线周期的其他 T 状态，输出状态信号 S_7，在 8086 中该状态没有定义。在 8088 中该引脚定义为 $\overline{SS_0}$，输出，在最小工作模式时提供状态信息，在最大工作模式时始终为高电平。

表 2-5　$\overline{\text{BHE}}$ 和 AD_0 组合编码的含义

$\overline{\text{BHE}}$	AD_0	总线使用情况
0	0	在 $D_{15} \sim D_0$ 上传输 16 位数据
0	1	在 $D_{15} \sim D_8$ 上传输高 8 位数据
1	0	在 $D_7 \sim D_0$ 上传输低 8 位数据
1	1	保留(数据总线处于空闲状态)

3. 电源线和地线

(1) V_{CC}：电源输入引脚。8088/8086 CPU 采用单一＋5V 电源供电。

(2) GND：接地引脚。1、20 引脚为接地引脚。

2.2.5　8088/8086 工作于最小工作模式时使用的引脚

当 MN/$\overline{\text{MX}}$ 引脚接高电平时，CPU 工作于最小工作模式。此时，引脚 $P_{24} \sim P_{31}$ 的含义及其功能如下：

(1) IO/$\overline{\text{M}}$(input and output/memory,8086 为 M/$\overline{\text{IO}}$)：存储器、I/O 端口选择控制信号。该信号是 CPU 工作时自动产生的输出控制信号，指明当前 CPU 是选择访问存储器还是访问 I/O 端口。对于 8088，该引脚信号为高电平表示对 I/O 端口进行操作，为低电平则表示对存储器进行操作。8086 刚好相反，即该引脚信号为高电平表示对存储器进行操作，为低电平则表示对 I/O 端口进行操作。

(2) $\overline{\text{WR}}$(write)：写信号，低电平有效。该信号有效时，表明 CPU 正在执行写总线周期，同时由 IO/$\overline{\text{M}}$(或 M/$\overline{\text{IO}}$)信号决定是对存储器还是对 I/O 端口进行写操作。

(3) DT/$\overline{\text{R}}$(data transmit/receive)：数据发送/接收信号，输出，三态，用来控制总线驱动器(8286/8287 芯片)数据传送的方向。DT/$\overline{\text{R}}$ 为高电平时，CPU 发送数据到存储器或 I/O 端口；DT/$\overline{\text{R}}$ 为低电平时，CPU 接收来自存储器或 I/O 端口的数据。

(4) $\overline{\text{INTA}}$(interrupt acknowledge)：可屏蔽中断响应信号，输出，低电平有效。当 CPU 响应可屏蔽中断请求时，$\overline{\text{INTA}}$ 有效，通知外设可以向数据总线传输中断类型码，以便取得相应中断服务程序的入口地址。

(5) ALE(address latch enable)：地址锁存允许信号，输出，高电平有效。CPU 利用 ALE 信号把输出的地址信息锁存到地址锁存器(8282/8283 芯片)中。

(6) $\overline{\text{DEN}}$(data enable)：数据允许控制信号，输出，三态，低电平有效。当 $\overline{\text{DEN}}$ 为低电平时，表示 CPU 准备好接收或发送数据，并用该信号选通总线驱动器 8286/8287。

(7) HOLD(hold request)：总线请求信号，输入，高电平有效。当系统中的其他部件要求占用系统总线时，通过该引脚发出总线请求信号，请求 CPU 让出总线控制权。

(8) HLDA(hold acknowledge)：总线响应信号，输出，高电平有效。该信号为 CPU 对系统中其他部件请求占用总线的请求信号 HOLD 的应答信号。

HLDA 是与 HOLD 配合使用的联络信号。在 HLDA 有效期间，HLDA 引脚输出一个高电平有效的响应信号,同时 CPU 和三总线连接的信号处于高阻浮空状态,CPU 让出对总线的控制权,将其交给申请使用总线的其他部件使用(如 DMA 控制器 8237A 等)。总线使用完后,8237A 会使 HOLD 信号变为低电平,CPU 又重新获得对总线的控制权。

2.2.6 8088/8086 工作于最大工作模式时使用的引脚

当 MN/$\overline{\text{MX}}$ 引脚接低电平时,CPU 工作于最大工作模式。此时,引脚号为 $P_{24} \sim P_{31}$ 的各引脚含义及其功能如下:

(1) QS_1、QS_0(instruction queue status):指令队列状态信号,输出。QS_1 和 QS_0 信号的组合可以指示总线接口单元(BIU)中指令队列的状态,以便其他处理器监视、跟踪 8088/8086 内部指令队列的状态,如表 2-6 所示。

表 2-6　QS_0 和 QS_1 功能表

QS_1	QS_0	指令队列状态
0	0	无操作,没有从队列中取指令
0	1	从队列中取出当前指令的第 1 个字节
1	0	队列空
1	1	取出队列中的指令后续字节

(2) $\overline{S_0}$、$\overline{S_1}$、$\overline{S_2}$(bus cycle status):总线周期状态信号,输出,低电平有效。它们表明 CPU 当前总线周期中数据传输过程的操作类型。最大工作模式下所用的总线控制器 8288 接收这 3 位状态信息,产生访问存储器或 I/O 端口的控制信号。表 2-7 给出了 3 位状态信号的组合及其对应的操作。

表 2-7　$\overline{S_0}$、$\overline{S_1}$、$\overline{S_2}$ 状态组合及对应的操作

$\overline{S_2}$	$\overline{S_1}$	$\overline{S_0}$	操　作
0	0	0	中断响应
0	0	1	读 I/O 端口
0	1	0	写 I/O 端口
0	1	1	暂停(halt)
1	0	0	取指令
1	0	1	读存储器
1	1	0	写存储器
1	1	1	无源状态

(3) $\overline{\text{LOCK}}$(lock):总线封锁信号,输出,低电平有效。该信号有效时,表示此时 8088/8086 CPU 不允许其他总线控制器占用总线。该信号是由软件设置的,当在一条指令前加上 LOCK 前缀时,该信号有效。直到附加 LOCK 前缀的指令执行完后,$\overline{\text{LOCK}}$ 引脚变为高电平,撤销总线锁定,允许响应总线请求信号。

(4) $\overline{\text{RQ}}/\overline{\text{GT}_0}$、$\overline{\text{RQ}}/\overline{\text{GT}_1}$(request/grant):总线请求/允许信号,该引脚为总线请求输入信号/总线请求允许信号输出的双向控制端,低电平有效。该信号用以取代最小工作模式时的 HOLD/HLDA 两个信号的功能,是特意为多处理器系统而设计的。当系统中某一总线

控制器要求获得总线控制权时，就通过此信号线向 CPU 发出总线请求信号，若 CPU 响应总线请求，通过同一引脚发回响应信号，允许总线请求，表明 CPU 已放弃对总线的控制权，将总线控制权交给提出总线请求的部件使用。$\overline{RQ}/\overline{GT_0}$、$\overline{RQ}/\overline{GT_1}$ 可以接至不同的处理器，但 $\overline{RQ}/\overline{GT_0}$ 引脚的优先级高于 $\overline{RQ}/\overline{GT_1}$ 引脚。

2.3　8088/8086 微处理器子系统组成

8088/8086 微处理器必须与其他芯片相互配合才能构成一个完整的 CPU 子系统。IBM PC/XT 的 CPU 子系统除了核心器件 8088 CPU 以外，还需要附加时钟发生器 8284A、地址锁存器 8282(或 74LS373)、总线驱动器 8286(或 74LS245)、总线控制器 8288 等。下面分别介绍这些器件的引脚和功能。

2.3.1　时钟发生器

由 8088/8086 微处理器组成的系统需要外加电路为整个系统定时，而 8088/8086 CPU 内没有时钟发生电路，8284A 就是供 8088/8086 等芯片使用的单片时钟发生器。8284A 的作用是将晶体振荡器产生的振荡信号进行分频，向 8088/8086 CPU 以及计算机系统提供符合定时要求的时钟信号，并产生准备好信号 READY 和系统复位信号 RESET。

8284A 的外部引脚如图 2-11 所示，其内部由时钟发生电路、复位电路、准备就绪电路 3 部分组成。

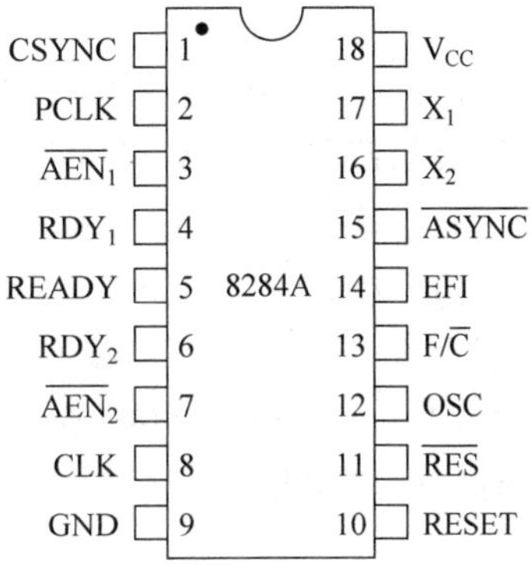

图 2-11　8284A 引脚分布图

1. 时钟发生电路

(1) X_1,X_2：外接石英晶体输入端。

(2) EFI(external frequency In)：外部振荡源输入端。

(3) F/$\overline{C}$(frequency/clock)：时钟信号选择输入端。当该引脚置为低电平时，表示时钟信号由 X_1、X_2 端外接的晶体振荡器产生。当该引脚为高电平时，8284 从 EFI 引脚连接的外部振荡源获得基本振荡信号。

(4) CLK：三分频时钟输出端。8284A 对输入的振荡信号经三分频后，从该引脚输出占空比为 1：3 的时钟信号。

(5) PCLK：六分频时钟信号输出端。8284A 对输入的振源信号六分频后，从该引脚输出占空比为 1：2 的时钟信号。

(6) OSC：晶振频率输出端。8284A 对输入的振荡信号进行同步后，从该引脚输出同频率的时钟信号。

PC/XT 微机只使用一片 8284A，外接 14.31818MHz 的石英晶体(这是 IBM 彩色图形卡上必须使用的频率)，OSC 端输出 14.31818MHz 的振荡信号供显示器使用，CLK 端输出

4.77MHz 的时钟信号供 8088/8086 CPU 使用,PCLK 端输出的 2.38MHz 时钟信号作为 8253 定时/计数器的时钟输入。

(7) CSYNC(clock synchronization):时钟同步输入端,为多个 8284 同步工作而设置,对由 EFI 引入的外部振荡信号同步。使用 X_1、X_2 外接晶振时,此脚接地。

2. 复位电路

(1) $\overline{RES}$(reset in):复位信号输入端,用于产生使系统复位的输出信号 RESET,一般来自电源电路。当电源电压正常后,会送来一个负脉冲,PC/XT 要求这个负脉冲宽度不小于 $50\mu s$。

(2) RESET:复位信号输出端,由 $\overline{RES}$ 经与时钟同步后输出(否则将使系统工作不稳定),接到 CPU 的 RESET 端,供 CPU 及整个系统复位用。系统进入正常工作后,只需要 4 个时钟周期的高电平,RESET 信号便可完成复位。

3. 准备就绪电路

(1) RDY_1,RDY_2:准备就绪信号输入端,高电平有效。有效时表明数据已收到或数据可以使用。

(2) $\overline{AEN_1}$,$\overline{AEN_2}$:允许信号输入端,低电平有效。用来决定对应的 RDY 信号生效与否,若有效使 RDY_1 和 RDY_2 产生 READY 信号,否则插入等待周期。

(3) READY:输出到 CPU 的准备就绪信号。

(4) $\overline{ASYNC}$(ready synchronization select):READY 同步方式选择输入端,决定 READY 的同步方式。当输入低电平时,对有效的 RDY 信号提供两级同步,PC/XT 使用这种同步方式;当输入高电平时,只提供一级同步,这种方式要求外设能够提供满足建立时间要求的 RDY 信号。

2.3.2 地址锁存器

地址锁存器就是一个暂存器,它根据控制信号的状态,在 T_1 时钟状态将 CPU 分时复用引脚送出的地址信号暂存起来。当微处理器与存储器和 I/O 设备之间交换信号时,首先由 CPU 发出存储器或 I/O 设备的地址信号,同时发出地址锁存允许信号(ALE)给锁存器,当锁存器接到该信号后将地址/数据总线上的地址信息锁存在锁存器中,随后 CPU 才开始传输数据信息。

锁存器一般由边缘触发 D 触发器构成。一般的,它在时钟上升沿或者下降沿到来时锁存输入信号,然后产生输出;在其他时刻,输出都不跟随输入变化。

Intel 8282 为 20 引脚的双列直插芯片,是带有三态门的八位锁存器,其引脚图如图 2-12 所示。各引脚定义如下:

(1) $DI_0 \sim DI_7$:地址信号输入端。

(2) $DO_0 \sim DO_7$:地址信号输出端。

(3) $\overline{OE}$:输出允许控制端,低电平有效,用于锁存器信号输出控制。当该引脚为低电

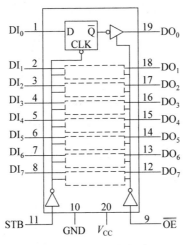

图 2-12　8282 引脚图

平时,三态门处于导通状态,允许 $DI_0 \sim DI_7$ 输出到 $DO_0 \sim DO_7$;当该引脚为高电平时,内部的三态门断开,8282 锁存器输出端处于高阻态。

(4) STB:锁存控制信号输入端,高电平有效。当该引脚为高电平时,锁存器的输出状态随输入端变化而变化。当该引脚由 1 变 0 时,来自 $DI_0 \sim DI_7$ 的数据被锁存起来,此时输出端 $DO_0 \sim DO_7$ 不再随输入端变化而变化,而一直保持锁存前的值不变。该引脚和 8088/8086 CPU 的 ALE 引脚相连,在 ALE 的下降沿进行地址锁存。

通用 74 系列芯片 74LS373 是一款常用的地址锁存器芯片,也是带三态输出的八位锁存器,其结构和用法与 Intel 8282 类似,可替代 8282 作地址锁存器。

2.3.3　总线驱动器

总线驱动器也被称作总线收发器或双向数据缓冲器。总线驱动器的主要作用是当 CPU 总线的驱动能力不足以驱动负载时,使信号电流加大,以带动更多负载。另外,为减少负载对总线信号的影响,驱动器还起到隔离的作用。由于缓冲器接在数据总线上,故它必须具有三态输出功能。

8286 是 Intel 公司配套生产的总线驱动器,为 20 个引脚双列直插芯片,内部有 8 个双向三态缓冲器,它连接在微处理器和系统数据总线之间,完成数据的接收和发送,并具有功率放大的作用,可增加数据总线的驱动能力。

8286 的外部引脚和内部结构如图 2-13 所示。各引脚定义如下:

(1) $A_0 \sim A_7$:数据信号输入端。

(2) $B_0 \sim B_7$:数据信号输出端。

(3) $\overline{OE}$:输出三态控制线,低电平有效。当为高电平时,8286 禁止数据在两个方向上的传送,使输入、输出处于隔绝状态,即高阻态。实际连接时,$\overline{OE}$ 接至 8088/8086 的 $\overline{DEN}$ 引脚。

(4) T:数据传送方向控制信号,T=1 表示数据输出,由 $A_0 \sim A_7$ 传至 $B_0 \sim B_7$;T=0

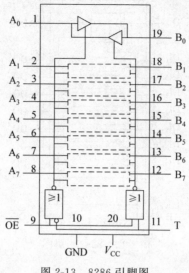

图 2-13   8286 引脚图

表示数据输入,由 $B_0 \sim B_7$ 传至 $A_0 \sim A_7$。T 连接至 8088/8086 的 $DT/\overline{R}$ 数据收发控制端。

通用 74 系列芯片 74LS245 是一款常用的总线驱动芯片,其结构和用法与 Intel 8286 类似,可替代 8286 做总线驱动芯片。

2.3.4   总线控制器

当 8088 工作在最大工作模式时,系统中一般包含两个或多个处理器,这样就要解决主处理器和协处理器之间的协调工作问题以及对系统总线的共享控制问题,8288 总线控制器就起这个作用。8288 总线控制器用来产生存储器和 I/O 端口读写操作的控制信号。在最大工作模式下,命令信号和总线控制所需要的信号都是 8288 根据 8088 提供的状态信号 $\overline{S_0}$、$\overline{S_1}$、$\overline{S_2}$ 输出的。8288 的内部结构示意图如图 2-14 所示。

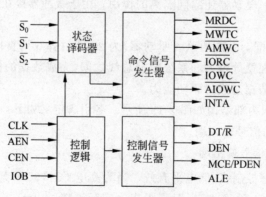

图 2-14   8288 总线控制器的内部结构示意图

1. 8288 的总线控制信号

（1）ALE(address latch enable)：送给地址锁存器的地址锁存允许信号。

（2）DEN(data enable)：送给数据总线驱动器的数据允许信号。它决定数据总线驱动器是否开启，高电平有效。

（3）DT/$\overline{R}$(data transmit/receive)：送给数据总线驱动器的数据收发控制信号。它决定数据传输的方向。高电平时 CPU 输出数据，低电平时输入数据。

2. 8288 的命令信号

（1）$\overline{INTA}$(interrupt acknowledge)：CPU 中断响应的输出信号，低电平有效。

（2）$\overline{MRDC}$(memory read command)：对存储器读命令，低电平有效。它通知存储器将所寻址单元的内容送到数据总线。

（3）$\overline{MWTC}$(memory write command)：对存储器写命令，低电平有效。它通知存储器接收数据总线上的数据，并写入所寻址的单元中。

（4）$\overline{IORC}$(I/O read command)：对 I/O 口读命令，低电平有效。它通知 I/O 接口将所寻址的端口中的数据送到数据总线。

（5）$\overline{IOWC}$(I/O write command)：对 I/O 口写命令，低电平有效。它通知 I/O 接口去接收数据总线上的数据，并将数据送到所寻址的端口中。

（6）$\overline{AMWC}$(advanced memory write command)：提前一个时钟周期对存储器写命令，低电平有效。它比 $\overline{MWTC}$ 提前一个时钟周期发出，这样一些运行速度较慢的存储器芯片就得到一个额外的时钟周期去执行写操作。

（7）$\overline{AIOWC}$(advanced I/O write command)：提前一个时钟周期对 I/O 口写命令，低电平有效。它比 $\overline{IOWC}$ 提前一个时钟周期发出，这样一些运行速度较慢的外围设备就得到一个额外的时钟周期去执行写操作。

3. 8288 的逻辑控制信号

（1）IOB(IO/bus)：工作方式选择输入端。低电平时，8288 处于系统总线方式，在这种方式下，总线仲裁逻辑向 8288 的 $\overline{AEN}$ 输入端发送低电平，表示总线可供使用。在多处理器使用一组总线的系统中必须使用系统总线方式。IBM/XT 的 8288 即工作在此方式。高电平时 8288 工作于 I/O 总线方式，此时 8288 的 I/O 命令总是允许的(即不依赖 $\overline{AEN}$ 信号)。在多处理器系统中，外部设备和存储器总是归某个处理器使用，则可使用此方式。

（2）CLK：时钟输入端，接 8284 的时钟输出端 CLK。

（3）$\overline{AEN}$：总线命令允许控制信号，它是支持多处理器总线结构的输入信号。只有在该信号为低电平的时间长于 115ns 后，8288 才输出命令信号和总线控制信号。即 $\overline{AEN}$ 为低电平时 CPU 控制总线，$\overline{AEN}$ 为高电平时 DMA 控制器控制总线。该引脚连接总线仲裁电路的 AENBRD 信号。

（4）CEN：控制信号允许输入信号。当系统使用两个以上的 8288 芯片时，利用此信号对各个 8288 芯片的工作状态进行控制。CEN 为高电平时，允许 8288 输出有效的总线控制信号；CEN 为低电平时，总线控制信号中的 DEN、$\overline{PDEN}$ 被强制置为无效。所以，当系统中有多于 1 片的 8288 芯片时,只有正在控制存取操作的 8288 的 CEN 端为高电平,其他 8288 上的 CEN 均为低电平。这个特性可以用来实现存储器分区、消除系统总线设备和驻留总线设备之间的地址冲突,即通过 CEN 输入端变化对 8288 起命令限定器的作用。

(5) MCE/$\overline{\text{PDEN}}$(master cascade enable/peripheral data enable):设备级联允许信号/外部数据允许信号。这是一个双功能引脚。当 IOB 接低电平时,MCE/$\overline{\text{PDEN}}$ 引脚输出 MCE 信号,MCE 在中断响应总线周期的 T_1 状态有效,作为中断控制器 8259A 的级联地址送上地址总线时的同步信号。在较大的微型计算机系统内,如果有 8259A 优先级中断主控制器和 8259A 优先级从控制器,则可以用 MCE 控制主控制器,而用 INTA 控制从控制器。当 IOB 接高电平时,MCE/$\overline{\text{PDEN}}$ 引脚输出 $\overline{\text{PDEN}}$ 信号,此信号低电平有效,并与 DEN 信号的时序和功能相同,但相位相反。此信号可以用作 I/O 总线数据驱动器的允许信号。在 IBM PC/XT 中 8288 工作在系统总线方式,又只有一片 8259,即没有 8259 的级联,因此该信号未使用。

2.3.5　最小工作模式系统组成

8086 CPU 在最小工作模式时的系统典型配置如图 2-15 所示,此时系统中只有一个 CPU,控制总线信号直接由引脚 24～31 给出,其特点如下:

(1) MN/$\overline{\text{MX}}$ 端接+5V,决定了 CPU 工作于最小工作模式;

(2)有 1 片 8284A 作为时钟信号发生器;

(3)有 3 片 8282(或 74LS373)作为地址信号的锁存器;

(4)当系统中所连的存储器和外设端口较多时,需要增加数据总线的驱动能力,这时需要 2 片 8286 作为总线驱动器。

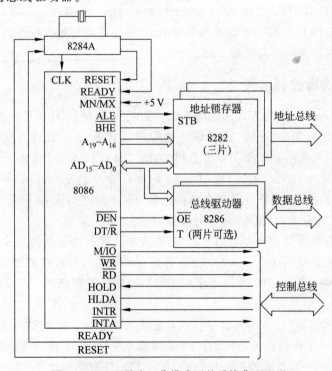

图 2-15　8086 最小工作模式下的系统典型配置

8086 CPU 在最小工作模式时，3 片 8282 地址锁存器分别用于锁存 $AD_7 \sim AD_0$、$AD_{15} \sim AD_8$、$A_{19} \sim A_{16}$ 上的地址，形成系统地址总线上的 $A_{19} \sim A_0$。2 片 8286 分别用于 $AD_7 \sim AD_0$、$AD_{15} \sim AD_8$ 上的数据驱动，连接系统数据总线上的 $D_{15} \sim D_0$。

8088 CPU 在最小工作模式时，也需要 2～3 片 8282 地址锁存器分别用于锁存 $AD_7 \sim AD_0$、$A_{15} \sim A_8$（可不锁存）、$A_{19} \sim A_{16}$ 上的地址，形成系统地址总线上的 $A_{19} \sim A_0$。只需 1 片 8286 数据收发器用于 $AD_7 \sim AD_0$ 上的数据驱动，连接系统数据总线上的 $D_7 \sim D_0$。

2.3.6　最大工作模式系统组成

8086 CPU 在最大工作模式下的系统典型配置如图 2-16 所示，CPU 的地址总线由 3 片 8282 地址锁存器输出至系统地址总线。CPU 的数据总线由 2 片 8286 总线驱动器驱动，连接至系统数据总线。CPU 的控制总线经 8288 总线控制器连接至系统控制总线。

可以看出，最大工作模式和最小工作模式在配置上的主要差别在于，在最大工作模式下，要用 8288 总线控制器来对 CPU 发出的控制信号进行变换和组合，以得到对存储器或 I/O 端口的读/写信号和对锁存器 8282 及总线驱动器 8286 的控制信号。在最大工作模式的系统中，一般还有中断控制器 8259A，用于对中断源进行中断优先级的管理。

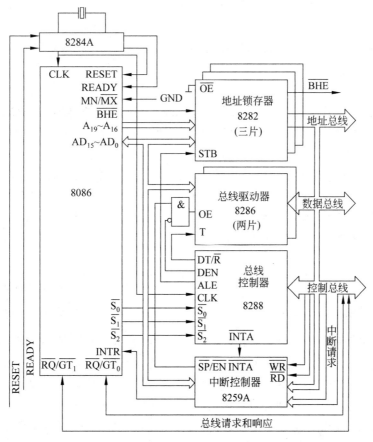

图 2-16　8086 CPU 在最大工作模式下的系统典型配置

2.4　8088/8086 微处理器的总线操作时序

2.4.1　和时序相关的基本概念

微机系统是一个非常复杂的逻辑系统,必须使各部件在时钟脉冲 CLK 的统一控制下按照一定的时间顺序一个节拍接一个节拍地工作,这个时间顺序简称时序。任何一种 CPU,它每条指令的执行都有其固有的时序,8088/8086 CPU 也是如此。和时序相关的基本概念主要有三种,即时钟周期、总线周期和指令周期。

1. 时钟周期

CPU 的每个动作通过时钟脉冲的控制实现精确定时。相邻的两个时钟脉冲上升沿(或下降沿)之间的时间间隔称为时钟周期 T(clock cycle),也称为 T 状态(T state)或 T 周期。因为 CPU 所有操作均以时钟脉冲为基准,故又称之为节拍脉冲。可见,时钟周期是 CPU 处理动作的最小时间单位。微机系统的操作都是在系统时钟的严格控制下按顺序进行的。

8088/8086 CPU 的标准时钟频率为 5MHz,故其时钟周期或一个 T 状态为 200ns。在 IBM PC/XT 中,系统时钟频率为 4.77MHz,故一个 T 状态约为 210ns。8088 CPU 的时钟频率是由时钟信号发生器 8284A 提供的,它是将 14.31818MHz 晶振经三分频后得到的。

2. 总线周期

CPU 通过总线访问一次存储器或输入/输出端口所需的时间称为总线周期。访问一次即进行一次读操作或写操作。对于 8088 CPU,一次访问只能读/写一个字节。而对于 8086 CPU,一次访问能读/写一个字。

CPU 不执行总线操作,或者换句话说,CPU 不使用总线传输信息时,总线处于空闲周期。比如在 CPU 进行内部操作,或者 CPU 不工作时,此时总线处于空闲周期。

只有在 CPU 访问存储器或输入/输出端口时,使用总线传输信息,总线才处于总线周期。所以总线周期发生在下列两种情况下:
(1) 取指令时;
(2) EU 在执行指令过程中要与内存或 I/O 端口交换数据时。

3. 指令周期

执行一条指令所需要的时间称为指令周期。指令周期由若干个总线周期和总线空闲周期组成。不同指令的指令周期是不同的,这是由于指令长度不同和指令的执行操作不同引起的。8088/8086 CPU 的最短指令为一个字节,大部分指令为两个字节,最长的指令为 6 个字节。指令的最短执行时间是两个时钟周期,如寄存器间的数据传送指令。一般的加、减、比较、逻辑操作需几十个时钟周期,指令执行时间最长的为 16 位数乘除法指令,大约需要 200 个时钟周期。CPU 的每条指令都有其固有的时序。

2.4.2　存储器及 I/O 端口读总线周期

8088/8086 CPU 的许多指令执行都要读写存储器,所以读写存储器是计算机最常用的操作。另一方面,执行对 I/O 端口的读写指令 IN 和 OUT 就进入 I/O 端口读写总线周期,端口读写方式是外部设备与 CPU 交换数据最常用和最基本的方式。

下面以最小工作模式下 8086 CPU 对存储器和 I/O 端口的读写总线周期时序为例来进行详细探讨,然后介绍 8088 在最小工作模式下的读写总线周期时序,最后简要介绍 8086 在最大工作模式下的读写总线周期时序。

1. 最小工作模式下 8086 CPU 对存储器和 I/O 读总线周期时序

最小工作模式下 8086 CPU 对存储器和 I/O 接口读取数据的操作时序如图 2-17 所示。

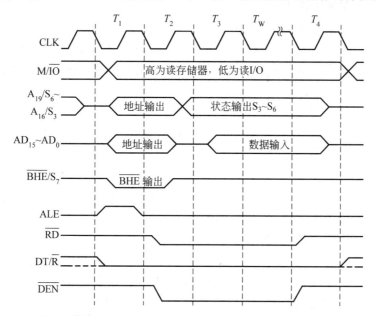

图 2-17　最小工作模式下 8086 CPU 对存储器和 I/O 接口读取数据的操作时序

8086 CPU 的基本读操作周期包含 4 个状态: T_1、T_2、T_3、T_4。当存储器芯片或外设的速度较慢时,在 T_3 和 T_4 之间插入一个或多个 T_W。

1) T_1 状态

(1) CPU 首先根据执行的是访问存储器的指令还是访问 I/O 端口的指令,在 M/$\overline{\text{IO}}$ 线上发送有效电平。若为高电平,表示从存储器读;若为低电平,表示从 $\overline{\text{IO}}$ 端口读。此信号将在整个总线周期保持逻辑电平不变。

(2) 从地址/数据复用线 $AD_{15} \sim AD_0$ 和地址/状态复用线 $A_{19}/S_6 \sim A_{16}/S_3$ 发存储器单元地址(20 位)或发 I/O 端口地址(16 位)。这类信号只持续 T_1 状态,因此必须进行锁存,以供整个总线周期使用。

(3) 为了锁存地址信号,CPU 于 T_1 状态从 ALE 引脚上输出一个正脉冲作 8282 地址锁存器的地址锁存信号。在 ALE 的下降沿到来之前,$M/\overline{IO}$ 和地址信号均已有效。因此,8282 可用 ALE 信号的下降沿对地址进行锁存。

(4) 在 8086 系统中,1MB 的存储空间分成两个 512KB 的分体结构,一个全部为偶数地址,另一个全部为奇数地址,两个存储体采用字节交叉编址的方式。为了实现对存储器的高位字节单元(即奇地址存储体)寻址,CPU 在 T_1 状态通过 $\overline{BHE}/S_7$ 引脚输出低电平信号即 $\overline{BHE}$ 有效信号。$\overline{BHE}$ 和地址信号 A_0 配合,分别用来对奇、偶地址存储体进行寻址。

(5) 为了控制数据总线的传输方向,发 $DT/\overline{R}=0$ 信号,以控制数据总线驱动器 8286 处于接收数据状态。

2) T_2 状态

(1) CPU 从总线上撤销地址信号,使总线的低 16 位 $AD_{15} \sim AD_0$ 浮空进入高阻态,为读入数据做准备。$A_{19}/S_6 \sim A_{16}/S_3$ 及 $\overline{BHE}/S_7$ 线开始输出状态信号 $S_7 \sim S_3$,并持续到 T_4 状态。其中 S_7 未赋实际意义。

(2) $\overline{RD}$ 信号变为低电平,启动存储器或 I/O 端口读操作。

(3) $\overline{DEN}$ 信号变为低电平(有效),用来开放总线驱动器 8286。这样,就可以提前于 T_3 状态开放数据总线。$\overline{DEN}$ 信号持续到 T_4 结束。此信号被接到所有存储器和 I/O 端口芯片,用来开放数据缓冲器,以便将数据送到数据总线。

3) T_3 状态

经过 T_1、T_2 后,存储器单元或 I/O 端口把数据送到数据总线 $AD_{15} \sim AD_0$,供 CPU 读取。

4) T_W 等待状态

当系统中所用的存储器或外设工作速度较慢,不能在基本总线周期规定的 4 个状态完成读操作时,可通过 8284 时钟发生器给 CPU 发 1 个 READY 为无效的信号(低电平)。CPU 在 T_3 的前沿(下降沿)采样 READY,当采样到的 READY 为低电平时,CPU 在 T_3 和 T_4 之间插入等待状态 T_W。T_W 可以为 1 个或多个 T 状态。以后,CPU 在每个 T_W 的前沿(下降沿)去采样 READY,只有采样到 READY=1(表示数据已经准备就绪)时,才在本 T_W 结束时进入 T_4 状态。在最后 1 个 T_W,数据已出现在数据总线上,因此这时的总线操作和基本总线周期 T_3 状态下的一样。而在这之前的 T_W 状态,虽然所有 CPU 控制信号状态也和 T_3 状态下的一样,但终因 READY 前沿无效,所以不能传送数据到数据总线上。

5) T_4 状态

在 T_4 状态和前一状态交界的下降沿,CPU 对数据总线上的数据进行采样,完成读取数据的操作。$\overline{DEN}$ 和 $\overline{RD}$ 引脚上的控制信号复位。$S_3 \sim S_6$ 状态线复位。

2. 最小工作模式下 8088 CPU 对存储器和 I/O 端口读总线周期时序

8088 与 8086 对存储器和 I/O 端口进行读写的时序主要差别在于 8088 CPU 的外部数据宽度是 8 位的,存储器和 I/O 端口的选择信号是 $IO/\overline{M}$,而 8086 CPU 的外部数据宽度是 16 位的,存储器和 I/O 端口的选择信号是 $M/\overline{IO}$。最小工作模式下 8088 CPU 向存储器或 I/O 端口读取数据的操作时序如图 2-18 所示。

在 T_1 周期,$A_0 \sim A_{19}$ 变为有效地址信号,输出 ALE 正脉冲信号,在 ALE 下降沿将地

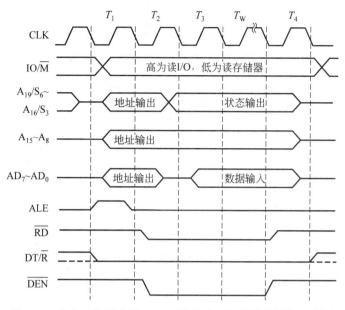

图 2-18　最小工作模式下 8088 存储器和 I/O 读总线周期时序图

址信号锁存。访问存储器则使 IO/$\overline{\text{M}}$ 为 0,访问 I/O 端口则使 IO/$\overline{\text{M}}$ 为 1。使 DT/$\overline{\text{R}}$ 为 0,使 8286 工作在接收状态,准备从存储器或 I/O 端口读取数据。

在 T_2 前沿,$\overline{\text{RD}}$ 变为低电平,打开存储器或 I/O 端口数据缓冲器,$\overline{\text{DEN}}$ 信号变为低电平,作为 8286 的选通信号,开启 8286 数据总线驱动器。进入 T_2 周期后,$AD_0 \sim AD_7$ 地址信号消失,处于浮空状态,作为输入数据的过渡期,$A_{16} \sim A_{19}$ 变为状态 $S_3 \sim S_6$。

在 T_3 状态,存储器或 I/O 端口将数据送到 $AD_0 \sim AD_7$ 总线。若数据未准备就绪,则通过 8284 给 CPU 的 READY 线送低电平信号,在 T_3 开始的下降沿,CPU 采样 READY 引脚电平,如果是低电平,则插入 T_W 等待状态。在每个 T_W 状态开始的下降沿 CPU 继续采样 READY 引脚电平,直到数据就绪。

在 T_4 状态开始的下降沿,CPU 从 $AD_0 \sim AD_7$ 数据总线上读取数据。

3. 最大工作模式下 8086 CPU 对存储器和 I/O 端口读总线周期时序

在最大工作模式下,8086 的基本总线周期同样由 4 个 T 状态组成。图 2-19 所示为 8086 CPU 在最大工作模式下存储器和 I/O 端口读和写总线周期的时序图。

在 T_1 状态时,8086 发出 20 位的地址信号,同时送出状态信号 $\overline{S_2}$、$\overline{S_1}$、$\overline{S_0}$ 给 8288 总线控制器。8288 对 $\overline{S_2}$、$\overline{S_1}$、$\overline{S_0}$ 进行译码,输出相应命令的控制信号。8288 在 T_1 期间送出地址锁存允许信号 ALE 将 CPU 送出的地址信息锁存至地址锁存器,然后再输出到系统的地址总线上。8288 发出数据总线允许信号 DEN 和数据发送/接收控制信号 DT/$\overline{\text{R}}$,允许总线驱动器工作,使数据总线与 8086 的数据线接通,并控制数据传送的方向。

在 T_2 状态,8086 开始执行数据传送操作。此时,8086 内部的多路开关进行切换,将地址/数据线 $AD_{15} \sim AD_0$ 上的地址撤销,经高阻态切换为数据总线,为读写数据做准备。同样,把地址/状态线 $A_{19}/S_6 \sim A_{16}/S_3$ 切换成与总线周期有关的状态信息,指示若干与周期

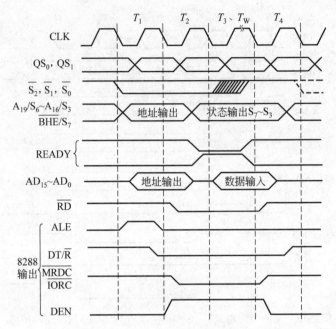

图 2-19 最大工作模式下 8086 存储器和 I/O 端口读总线周期时序图

有关的状态。

在 T_3 周期开始的时钟下降沿,8086 采样 READY 线。如果 READY 信号有效(高电平),则在 T_3 状态结束后进入 T_4 状态,在 T_4 状态开始的时钟下降沿把数据总线上的数据读入 CPU 中。

如果访问的是慢速存储器或外设端口,则在 T_1 状态输出地址时,经过地址译码电路选中某个单元或设备后,外设立即驱动 READY 信号变为低电平。8086 在 T_3 状态采样到 READY 信号无效,就会插入等待周期 T_W,在每个 T_W 开始的下降沿 CPU 继续采样 READY 信号,直至其变为有效信号后再进入 T_4 状态,完成数据传送。

在 T_4 状态,8086 完成数据传送,状态信号 $\overline{S_2}$、$\overline{S_1}$、$\overline{S_0}$ 变成无操作的过渡状态。在此期间 8086 结束总线周期,恢复各信号的初态,准备执行下一个总线周期。

2.4.3 存储器及 I/O 端口写总线周期

1. 最小工作模式下 8086 对存储器和 I/O 端口写总线周期时序

8086 CPU 对存储器或 I/O 端口写入数据的操作时序如图 2-20 所示。

和读操作一样,基本写操作周期也包含 4 个状态:T_1、T_2、T_3、T_4。当存储器芯片或外设的速度较慢时,在 T_3 和 T_4 之间插入 1 个或多个 T_W。

在总线写操作过程中,8086 于 T_1 状态将地址信号送至地址/数据复用总线上,并于 T_2 开始直到 T_4,将数据信号输出到 $AD_{15} \sim AD_0$ 线上,等到存储器或 I/O 端口芯片上的输入数据缓冲器被打开,便将 $AD_{15} \sim AD_0$ 线上输出的数据写入存储器单元或 I/O 端口。存储器或 I/O 端口的输入数据缓冲器是利用 T_2 状态 CPU 发出的写控制信号 $\overline{WR}$ 打开的。

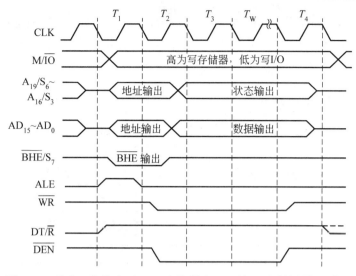

图 2-20　最小工作模式下 8086 存储器和 I/O 端口写总线周期时序图

总线的写周期和读周期比较,有以下几点不同:

(1)写总线周期时,AD 线上因输出的地址和输出的数据为同方向,因此,T_2 时不再需要像读总线周期那样维持一个 T 状态的浮空来进行缓冲。

(2)对存储器或 I/O 端口芯片发的控制信号是 $\overline{WR}$,而不是 $\overline{RD}$,但它们出现的时间相同,也是从 T_2 开始。

(3)在 DT/$\overline{R}$ 引脚上发出的是高电平的数据发送控制信号 DT,而不是 $\overline{R}$。DT 控制 8286 总线驱动器数据传送方向为 CPU 发送数据至存储器或 I/O 端口。

2. 最小工作模式下 8088 对存储器和 I/O 端口写总线周期时序

8088 CPU 对存储器或 I/O 端口写入数据的操作时序如图 2-21 所示。

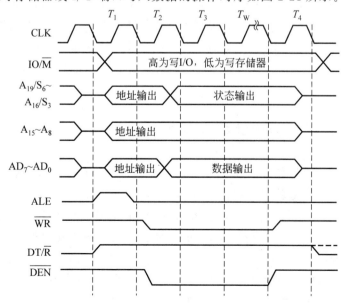

图 2-21　最小工作模式下 8088 存储器和 I/O 端口写总线周期时序图

与读总线周期不同,8088 对存储器和 I/O 端口写总线周期在送出地址信号后会立即把要传送的数据送到 $AD_0 \sim AD_7$,并使用 $\overline{WR}$ 和 $DT/\overline{R}$ 控制数据传送方向,即在 T_1 周期使 $DT/\overline{R}$ 为1,使 8286 工作在发送状态,准备向存储器或 I/O 端口写入数据。

3. 最大工作模式下 8086 对存储器或 I/O 端口写总线周期

8086CPU 对存储器或 I/O 端口写入数据的操作时序如图 2-21 所示。

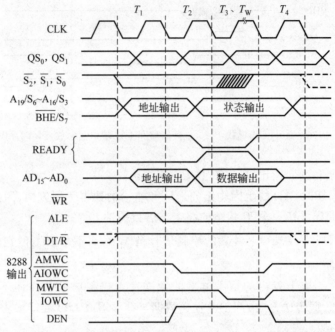

图 2-22   最大工作模式下 8086 对存储器或 I/O 端口写总线周期时序图

在 8086 写总线操作时,通过总线控制器 8288 为存储器和 I/O 端口提供了两组写信号。一组是普通的存储器写信号 $\overline{MWTC}$ 和 I/O 端口写信号 $\overline{IOWC}$,另一组是提前一个时钟周期发出的 $\overline{AMWC}$ 和 $\overline{AIOWC}$,后一组信号针对慢速的存储器和 I/O 接口芯片,可得到一个额外的时钟周期完成写操作。其余信号和存储器与 I/O 端口读总线周期时序类似,只是控制信号不同,故不再赘述。

2.4.4   系统的复位和启动操作时序

8086 的复位和启动操作是由 8284A 时钟发生器向其 RESET 引脚输入一个触发信号而产生的。系统复位可使系统回到初始状态,当 CPU 的 RESET 引脚上出现脉冲上升沿时,便停止所有工作,直到该信号变低。要求 RESET 信号的高电平至少维持 4 个时钟周期,若是初次加电引起的复位(又称"冷启动"),则要求此高电平持续时间不少于 $50\mu s$。复位时序如图 2-23 所示。

复位后,$AD_{15} \sim AD_0$ 浮空;$\overline{SS_0}$、$IO/\overline{M}$、$DT/\overline{R}$、$\overline{DEN}$、$\overline{RD}$、$\overline{WR}$、$\overline{INTA}$ 先变高,然后再浮空;CPU 内部的各寄存器被设置为初始状态,见表 2-4。

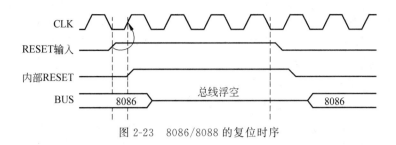

图 2-23　8086/8088 的复位时序

练　习　题

一、选择题

1. 8088 的外部数据总线为(　　)。

    A. 8 位　　　　　　　　B. 16 位　　　　　　　C. 32 位　　　　　　　D. 64 位

2. 8088/8086 CPU 中 CS 和 IP 的内容表示(　　)。

    A. 当前正在执行的指令的地址　　　　　B. 指令队列中最后一条指令的地址

    C. 将要取出的下一条指令的地址　　　　D. 可执行代码的长度

3. 8086/8088 CPU 中负责执行各种算术、逻辑运算的部件为(　　)。

    A. ALU　　　　　　　B. 算术单元　　　　　C. 逻辑控制系统　　　D. 指令队列

4. 指令队列的作用是(　　)。

    A. 暂存操作数地址　　　　　　　　　　B. 暂存操作数

    C. 暂存指令地址　　　　　　　　　　　D. 暂存预取指令

5. 当使用 BP 寄存器做基址寻址时,若无指定段替换,则默认在(　　)段内寻址。

    A. 程序　　　　　　　B. 堆栈　　　　　　　C. 数据　　　　　　　D. 附加

6. 堆栈和堆栈指针的正确位置是(　　)。

    A. 堆栈在 CPU 中,堆栈指针在内存中

    B. 堆栈在内存中,堆栈指针在 CPU 中

    C. 堆栈在 CPU 中,堆栈指针在 CPU 中

    D. 堆栈在内存中,堆栈指针在内存中

7. 标志寄存器的标志位 ZF＝1 表示运算结果(　　)。

    A. 为零　　　　　　　B. 为负　　　　　　　C. 溢出　　　　　　　D. 有进位

8. 8088/8086 加电复位后,执行的第一条指令的物理地址是(　　)。

    A. 0FFFFH　　　　　B. 0FFFF0H　　　　　C. 00000H　　　　　　D. 00001H

9. 已知 DS＝0EEA1H,数据的地址偏移量＝245AH,则该数据的物理地址为(　　)。

    A. 0F0E6AH　　　　　　　　　　　　　B. 0F0C5AH

    C. 112FBAH　　　　　　　　　　　　　D. 0ECF5AH

10. 设当前 SS＝2100H,SP＝0210H,执行 PUSH BX 指令后,栈顶的物理地址是(　　)。

    A. 2120H　　　　　　B. 2120EH　　　　　　C. 21210H　　　　　　D. 2120AH

11. 8088/8086 CPU 有两种工作模式,最小工作模式的特点是(　　)。

　　　A. CPU 提供全部控制信号　　　　　　　　B. 通过编程进行模式设定

　　　C. 不需要 8282 地址锁存器　　　　　　　D. 需要总线控制器 8288

12. CPU 通过总线从存储器或 I/O 端口存取一个字节数据所需要的时间称为(　　)。

　　　A. 指令周期　　　　　B. 时钟周期　　　　　C. 空闲周期　　　　　D. 总线周期

13. 8088/8086 CPU 在进行总线操作时,遇到 READY 为低电平后可插入(　　)。

　　　A. 1 个等待周期　　　　　　　　　　　　B. 等待周期个数由具体情况决定

　　　C. 2 个等待周期　　　　　　　　　　　　D. 3 个等待周期

14. 8086 系统中,最小工作模式下对存储器写操作时,CPU 输出控制信号有效的是(　　)。

　　　A. $M/\overline{IO}=0,\overline{WR}=0$　　　　　　　　B. $M/\overline{IO}=1,\overline{WR}=0$

　　　C. $M/\overline{IO}=0,\overline{RD}=0$　　　　　　　　D. $M/\overline{IO}=1,\overline{RD}=0$

15. 8088/8086 系统配置在最大工作模式比最小工作模式增加的一片专用芯片是(　　)。

　　　A. 总线驱动器 74LS245　　　　　　　　B. 地址锁存器 74LS373

　　　C. 总线控制器 8288　　　　　　　　　　D. 中断控制器 8259

16. 8088 CPU 读总线周期中,$T_1 \sim T_4$ 期间一直保持有效的信号是(　　)。

　　　A. IO/$\overline{M}$　　　　　B. $\overline{DEN}$　　　　　C. $\overline{WR}$　　　　　D. ALE

17. 8088/8086 的读周期时序在(　　)节拍时,数据总线上有一段高阻态(浮空状态)。

　　　A. T_1　　　　　B. T_2　　　　　C. T_3　　　　　D. T_4

18. $AD_7 \sim AD_0$ 既可作数据线,又可作地址线的低 8 位使用,是通过(　　)来分离的。

　　　A. 地址锁存器　　　B. 地址译码器　　　C. 数据缓冲器　　　D. I/O 接口

19. 当 8088/8086 CPU 在最小工作模式下时,地址锁存信号为(　　)。

　　　A. AEN　　　　　B. ALE　　　　　C. DEN　　　　　D. DT/R

20. T_W 状态只能出现在(　　)之后。

　　　A. T_1　　　　　B. T_2　　　　　C. T_3　　　　　D. T_4

二、简答题

1. 8088/8086 的总线接口部件有什么功能? 其执行部件又有什么功能?

2. 8088/8086 的状态标志和控制标志分别有哪些?

3. 8088/8086 CPU 有哪些寄存器? 通用寄存器中哪些可以作地址指针用?

4. 8086 和 8088 CPU 有哪些异同点?

5. 8088/8086 最小工作模式和最大工作模式的主要区别是什么? PC/XT 机中 8088 工作在最大工作模式还是最小工作模式?

6. 8088/8086 是怎样解决地址线和数据线的复用问题的? ALE 信号何时处于有效电平?

7. 简述 8088 CPU 在最大工作模式下 CPU 子系统的典型配置。

8. 试画出 8088 在最小工作模式下的读存储器总线周期时序图,并简述每个 T 状态完成的主要工作。

9. RESET 信号来到后,CPU 的状态有哪些特点?

10. 总线周期的含义是什么? 8086/8088 的基本总线周期由几个时钟组成? 如果一个 CPU 的时钟频率为 20MHz,那么它的一个时钟周期是多少? 一个基本总线周期是多少?

第 3 章

8088/8086 CPU 指令系统

本章重点内容

◇ 指令和指令系统的概念
◇ 操作数的寻址方式
◇ 8088/8086 指令系统

本章学习目标

通过本章的学习，了解指令的格式和作用，掌握操作数的寻址方式，熟悉并掌握 8086/8088 数据传送类指令、算术运算类指令、逻辑运算类指令、控制转移类指令的用法，并能灵活运用所学指令编写汇编语言程序以实现运算和操作。

3.1 指令和指令系统

3.1.1 指令和指令系统的概念

计算机之所以能够脱离人的干预，自动进行运算或实现预定的操作，是因为人们把实现这些操作的步骤以程序的形式预先存放到了存储器中。在计算机内部，程序是由一连串指令组成的，指令是构成程序的基本单位。指令（instructions）是指示计算机执行某种特定操作的"命令"。在执行程序时，CPU 在控制器的控制下，将指令一条条取出来，加以译码并执行。一条指令对应着一种基本操作，例如 MOV 指令表示数据传送，它将数据从源传送到目的地；而 ADD 指令表示加法运算，等等。

计算机所能执行的全部指令的集合称为指令系统（instruction set）。指令系统是评价一台计算机性能的重要因素，它的格式与功能不仅直接和 CPU 的硬件结构相关，而且也直接影响到系统软件以及机器的适用范围。

3.1.2 指令的构成

大多数情况下，指令由两个字段构成，即操作码（opcode，即 operation code）字段和操作数（operand）字段。

(1) 操作码字段指出 CPU 应执行何种性质的操作，例如加、减、乘、除、取数、存数等，每一种操作均有各自的代码。

（2）操作数字段指出该指令所处理的数据或数据所在的位置。操作数字段所包含的操作数可以有 1 个、2 个甚至多个，这需要由操作码决定。8088/8086 CPU 指令系统中大部分为双操作数指令。其格式为：

操作码	操作数，　操作数

其中，逗号右面的操作数称为源操作数（source），逗号左面的操作数称为目的操作数（destination）。

80x86 汇编语言（assemble language）的指令是一种助记符指令，用助记符（mnemonic）表示操作码，用符号或符号地址表示操作数或操作数地址。助记符指令与机器指令是一一对应的，即每条指令都有唯一的二进制编码与其对应。

80x86 的指令长度是不同的，指令的机器码长度可以为 1～6 个字节。指令的第 1 个字节或头两个字节是指令的操作码字段；有些指令可能没有操作数，或有一个操作数，也可以包含一个以上的操作数。操作数越多、越长，则指令所需要的字节越多，取一条指令所花的时间也越长。

计算机中每一个程序的运行都是通过 CPU 顺序执行程序指令来完成的。指令的执行过程如下：

（1）CPU 中的控制器从存储器中读取一条指令并放入指令寄存器；

（2）指令寄存器中的指令经过译码，决定该指令应执行何种操作、到哪里去取操作数；

（3）根据操作数的位置取出操作数；

（4）运算器根据操作码的要求，对操作数完成规定的运算，并根据运算结果修改或设置处理器的一些状态标志；

（5）把运算结果保存到指定的寄存器，需要时将结果从寄存器保存到内存单元；

（6）修改指令指针计数器，使其指向下一条要执行的指令。

不同指令的操作要求不同，被处理的操作数类型、个数、来源也不一样，执行时的步骤和复杂程度可能会相差很大。特别是当 CPU 需要通过总线访问存储器或 I/O 端口时，指令的执行过程会更复杂一些。

3.1.3　操作数的类型

指令中的操作数根据其所在位置有以下四种类型：立即数、寄存器操作数、存储器操作数、I/O 端口地址操作数。

1. 立即数（immediate operand）

在一些双操作数指令中，源操作数是一个常量。该操作数在汇编时紧跟在操作码之后，立即可以找到，故此类操作数称为立即数。如指令"MOV AL,12H;"，该指令的机器码为"B0 12"，其中 B0 为操作码，紧随其后的 12 即为立即数。在指令中立即数只能作为源操作数，而不能作为目的操作数。立即数相当于高级语言中的常量。立即数不能作目的操作数与高级语言中"赋值语句的左边不能是常量"的规定相一致。

8088/8086 的指令中,立即数可以是 8 位或 16 位带符号数或无符号数,并只能是整数,不能是小数、变量或其他数据,其取值范围如表 3-1 所示。如果超出规定的取值范围,将会发生错误。

表 3-1　8 位和 16 位立即数的取值范围

类　型	8 位数	16 位数
无符号数	00H～0FFH(0～255)	0000H～0FFFFH(0～65 535)
带符号数	80H～7FH(-128～+127)	8000H～7FFFH(-32 768～+32 767)

汇编语言规定:立即数在表示时必须以数字开头,以字母开头的十六进制数前面必须以数字 0 作为前缀;数值的进制需要用后缀表示,B(binary)表示二进制,H(hexadecimal)表示十六进制,D(decimal)或默认表示十进制数,O(octal)表示八进制。汇编程序在汇编时会将不同进制的立即数一律编译成等值的二进制数,负数自动编译成补码机器数,用单引号括起来的字符编译成对应的 ASCII 码。此外,如果操作数是算术表达式、逻辑表达式等形式,在汇编时会将其转换为相应的立即数。

2. 寄存器操作数(register operand)

操作数可以存放于 8088/8086 CPU 内部的寄存器中,包括通用寄存器、地址指针寄存器、变址寄存器以及段寄存器。

所有的通用寄存器和地址指针寄存器既可以用作源操作数,又可以用作目的操作数。

段寄存器 DS、ES、SS 和 CS 用来存放当前的段地址。在与通用寄存器或存储器进行数据传送时,段寄存器通常也可以作为源操作数或目的操作数。但不能用一条指令简单地将一个立即数传送到段寄存器。当 DS、ES 和 SS 需要置初值时,可先将立即数传送到通用寄存器中,然后再将通用寄存器的内容传送到有关的段寄存器。例如"MOV DS,2000H"这条指令是错误的,应改为

```
MOV  AX,2000H
MOV  DS,AX
```

但是对于代码段寄存器 CS,不允许用户对其直接赋值,而是由操作系统安排。

3. 存储器操作数(memory operand)

指令所需的操作数存储于内存单元中,操作数可以是 8 位、16 位或 32 位的二进制数,需占用 1B、2B 或 4B 的内存空间,此时操作数的数据类型分别是字节(byte,8 位二进制数)型、字(word,16 位二进制数)型或双字(doubleword,32 位二进制数)型。

在指令中,存储器操作数可以分别作为源操作数和目的操作数,但是大多数指令不允许二者同时为存储器操作数,也就是说,不允许从存储器直接到存储器的操作。当实际任务中有这样的需要时,可先将要传送的内存单元的内容传送到 CPU 内部的通用寄存器中,再从该通用寄存器传送到存储器目的单元中。

为了形成存储器操作数的物理地址,必须确定操作数所在的段。一般在指令中并不涉

及段寄存器,对于各种不同类型的存储器操作,8088/8086 CPU 约定了默认的段寄存器。例如,CPU 取指令时,默认的段寄存器为 CS,而偏移地址存放于 IP 寄存器中。对数据进行读写时,默认使用 DS 段,堆栈操作默认使用 SS 段。在某些情况下,为了执行特定的操作,可以用指定的段寄存器代替默认的段寄存器,这种情况称为段超越(segment overrides)。例如"MOV AX,ES:[2000H]",其功能是将附加段 ES(而不是默认的 DS 数据段)中偏移地址以 2000H 开始的两个字节的内容送至寄存器 AX 中。各种存储器操作约定的默认段寄存器、允许超越的段寄存器如表 3-2 所示。

表 3-2　存储器访问类型和允许超越的段寄存器

访问存储器的类型	默认段寄存器	偏移地址	允许超越的段寄存器
取指令	CS	IP	无
堆栈操作	SS	SP	无
一般数据操作	DS	BX、有效地址 EA	CS、ES、SS
串操作的源操作数	DS	SI	CS、ES、SS
串操作的目的操作数	ES	DI	无
BP 作为基址的寻址方式	SS	有效地址 EA	CS、DS、ES

从执行速度来看,上述三种类型的操作数中,寄存器操作数的指令执行速度最快,立即数指令次之,存储器操作数指令的速度最慢。这是由于寄存器位于 CPU 的内部,执行寄存器操作数指令时,8088/8086 的执行单元(EU)可以直接从 CPU 内部的寄存器中取出操作数,而不需要通过总线访问存储器,因此执行速度很快;立即数作为指令的一部分,在取指令时被 8088/8086 的总线接口单元(BIU)取出后存放在 BIU 的指令队列中,执行指令时也不需要访问内存,因而执行速度也比较快;而存储器操作数放在内存单元中,为了取出操作数,首先要由总线接口单元计算出内存单元的 20 位物理地址,然后再执行存储器的读写操作,所以相对前两种操作数来说,它的指令执行速度最慢。

4. I/O 端口地址操作数(I/O port operand)

8088/8086 CPU 与外设之间使用 IN 和 OUT 指令实现数据传送,在使用这两条指令时,其中一个操作数必须是外设的端口地址。

(1) 若端口地址在 0~255(00H~0FFH)之间,则地址可直接作为操作数。例如:

```
IN   AL,10H     ;从端口地址为 10H 的外设中输入一个 8 位数至 AL 寄存器
OUT  78H,AL     ;将 AL 寄存器中的内容送至端口地址为 78H 的外设中
```

应特别注意的是,在 IN 和 OUT 指令中出现的数字不是立即数,而是外设的端口地址。

(2) 若端口地址超过 255(即 0FFH),则需要利用 MOV 指令先将端口地址送至 DX 寄存器中,然后再利用 IN 或 OUT 指令从 DX 所保存的端口地址中进行数据的输入/输出。采用 DX 寄存器间接寻址,可寻址全部 I/O 端口地址空间。例如:

```
MOV DX,323H     ;端口地址超过 255,须先将端口地址保存至 DX 寄存器中
IN   AL,DX      ;从该外设端口输入 1B 的数据至 AL 寄存器中
```

3.2　80x86 的寻址方式

指令中寻找操作数存放位置的方式称为寻址方式。在设计微处理器时,寻址方式的种类就已经确定下来了,并且不能改变。80x86 指令系统的寻址方式主要包括两种情况,一种是指令中操作数及运算结果的存放位置的寻址,另一种是指令地址的寻址(用在子程序调用或条件跳转指令中)。下面所讨论的寻址方式主要针对第一种情况。关于指令地址的寻址,将在介绍跳转指令和子程序调用指令时作具体说明。

1. 立即寻址(immediate addressing mode)

在立即寻址方式中,指令的源操作数为 8 位或 16 位的立即数,紧跟在操作码的后面,与操作码一起存放于代码段中,在取指令时可以立即得到,因此这种寻址方式的速度较快。立即寻址方式主要用于给寄存器(段寄存器和标志寄存器除外)或存储单元赋初值。

【例 3-1】

```
MOV  AL,12H
```

源操作数为立即寻址,指令执行后,AL＝12H,执行过程如图 3-1(a)所示。

【例 3-2】

```
MOV  AX,1234H
```

源操作数为立即寻址,立即数 1234H 的低字节 34H 存放在低地址单元,高字节 12H 存放于高地址单元。可以用"高高低低"来记忆,也即高字节对应高地址,低字节对应低地址。指令执行后,AX＝1234H,执行过程如图 3-1(b)所示。

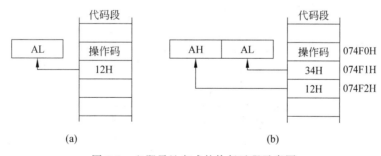

图 3-1　立即寻址方式的执行过程示意图
(a) MOV　AL,12H；(b) MOV　AX,1234H

2. 寄存器寻址(register addressing mode)

在寄存器寻址方式中,指令中所要寻址的操作数位于 CPU 内部的寄存器中。寄存器可能是数据寄存器(8 位或 16 位)、地址指针寄存器、变址寄存器或段寄存器。由于指令执行过程中不必通过总线访问内存单元,因此执行速度最快。

【例3-3】

```
MOV   BX,AX
```

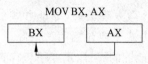

图3-2 寄存器寻址方式的执行
过程示意图

源操作数和目的操作数都为寄存器寻址,执行过程如图3-2所示。

以上两种寻址方式中,操作数要么在CPU内部,要么紧跟在指令操作码的后面。但在大部分程序中,操作数位于存储器的某个内存单元中。80x86提供了多种寻址方式用于访问存储器中的数据,下面一一介绍。

3. 直接寻址(direct addressing mode)

在直接寻址方式中,指令中所要寻址的操作数位于内存单元中,指令中直接给出的是操作数所在内存单元的16位偏移地址,该地址紧跟在操作码的后面,与操作码一起放在代码段中。操作数的物理地址需要将段寄存器的内容左移4位,然后和该偏移地址相加后得到。所要寻址的内存单元默认在数据段中,但允许采用段超越方式到其他段中寻找操作数。

直接寻址和立即寻址的区别是,立即寻址是在指令中直接给出了操作数,而直接寻址是给出了操作数的偏移地址。

【例3-4】

```
MOV   AX,[0200H]
```

源操作数为直接寻址。假设DS=2000H,则源操作数的物理地址为20000H+0200H=20200H。因为目的操作数是16位的AX寄存器,故指令的执行结果是将地址是20200H和20201H两个内存单元所存放的内容送至AX中,假设这两个单元的内容是1234H,则指令执行后AX=1234H。该指令的执行过程如图3-3所示。

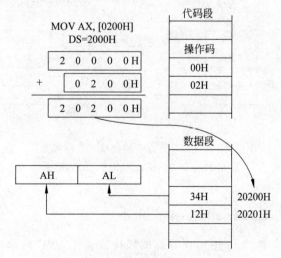

图3-3 直接寻址方式的执行过程示意图

【例 3-5】

```
MOV   BL,[0200H]
```

该指令中目的操作数是 8 位的寄存器 BL,假设 DS＝2000H,则指令的执行结果是只将地址是 20200H 单元的内容送至 BL 中。

【例 3-6】

```
MOV   AX,ES:[3100H]
```

所要寻址的源操作数位于附加段中,偏移地址为 3100H 和 3101H 单元。

4. 寄存器间接寻址(register indirect addressing mode)

寄存器间接寻址方式的指令中所要寻址的操作数位于内存单元中,而内存单元的偏移地址存放于 CPU 内部的某些寄存器中。可以用于保存内存单元地址的寄存器只能是 BX、BP、SI 和 DI 之一,这些用来存放内存单元偏移地址的寄存器称为地址指针。执行指令时,CPU 先从寄存器中找到内存单元的偏移地址,和段寄存器内容逻辑相加得到物理地址,然后通过总线操作到该内存单元中存取操作数。书写汇编语言指令时,用作间接寻址的寄存器必须加上方括弧,以免与一般寄存器寻址指令混淆。

例如,程序中在对数组进行操作时,可将数组的首地址放到 BX 寄存器中,通过地址指针的移动或对地址指针加减一个偏移量,就可实现对数组各元素的操作。

上述 4 个寄存器所默认的段寄存器有所不同,可分为两种情况。

(1) 通过 BX、SI、DI 进行寄存器间接寻址:默认的段寄存器为数据段寄存器 DS,将 DS 的内容左移四位(相当于乘以 16),再加上 BX、SI 或 DI 寄存器的内容便可得到操作数的物理地址。

【例 3-7】

```
MOV   AL,[BX];源操作数为寄存器间接寻址,其物理地址＝DS×16＋BX
MOV   BX,[SI];源操作数为寄存器间接寻址,其物理地址＝DS×16＋SI
MOV   [DI],DX;目的操作数为寄存器间接寻址,其物理地址＝DS×16＋DI
```

【例 3-8】

```
MOV   AL,[BX]
```

若 DS＝2000H,BX＝0100H,则源操作数的物理地址为 20000H＋0100H＝20100H。执行的结果是将地址为 20100H 单元的内容取出送至 CPU 内部的寄存器 AL 中。指令的执行过程如图 3-4(a)所示。

(2) 通过 BP 进行寄存器间接寻址:默认的段寄存器为堆栈段寄存器 SS,操作数存放在堆栈段中。将堆栈段寄存器 SS 的内容左移 4 位,再加上基址寄存器 BP 的内容,即为操作数的物理地址。

【例 3-9】

> MOV　[BP],AX

若 SS=3000H,BP=0200H,AX=5678H,则所寻址的目的操作数的物理地址=SS×16+BP=30200H。其指令执行过程如图 3-4(b)所示。指令的执行结果是将 AH 的内容即 56H 送至堆栈段的 30200H 单元,AL 的内容即 78H 送至堆栈段的 30201H 单元。

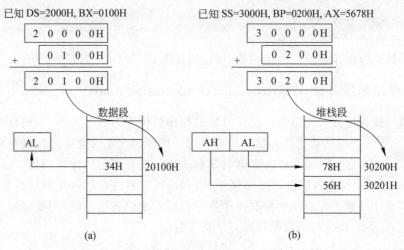

图 3-4　寄存器间接寻址方式的执行过程示意图
(a) MOV　AL,[BX]; (b) MOV　[BP],AX

采用 BX、SI、DI 或 BP 作为间接寻址寄存器时,允许段超越,即可以使用上面所提到的约定情况以外的其他段寄存器。

【例 3-10】

> MOV　AX,ES:[BX]　;源操作数位于附加段,其物理地址=ES×16+BX
> MOV　DS:[BP],DX　;目的操作数位于数据段,其物理地址=DS×16+BP

5. 基址相对寻址方式(based relative addressing mode)

操作数的地址由基址寄存器 BX 或基址指针寄存器 BP 的内容与 8 位或 16 位位移量(displacement)相加得到。这种通过计算得到的地址称为操作数的有效地址(effective address,EA)。该寻址方式在数组操作中非常有用,如可将字节型数组的首地址放在 BX 中,当要寻址下标为 5 的数组元素时,可通过[BX+5]得到该数组元素的地址。同样,当基址寄存器为 BX 时,段寄存器使用 DS;当基址寄存器为 BP 时,则段寄存器使用 SS。该寻址方式也允许使用段超越前缀。

【例 3-11】

> MOV　AX,[BX+10H]

若 DS=3000H,BX=0200H,则所要寻址的源操作数的物理地址为 DS×16+BX+

10H,程序的执行结果是将 30210H 单元的内容送至 AL,30211H 单元的内容送至 AH。指令的执行过程如图 3-5 所示。

上述指令也可用"MOV　AX,[BX]＋10H"和"MOV　AX,10H[BX]"代替。

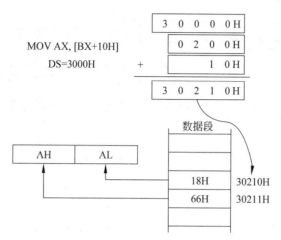

图 3-5　基址相对寻址方式的执行过程示意图

6. 变址相对寻址方式(indexed relative addressing mode)

除了存放偏移地址的寄存器为变址寄存器 SI 和 DI 外,变址相对寻址方式和基址相对寻址方式的操作过程是一样的。段寄存器默认使用 DS,这种寻址方式也允许使用段超越前缀。

【例 3-12】

> MOV　AX,[SI＋10H]

若 DS＝2000H,SI＝0500H,则所要寻址的源操作数的物理地址为 DS×16＋SI＋10H,程序的执行结果是将[20510H]单元的内容送 AL,[20511H]单元的内容送 AH。该指令也可写作"MOV　AX,[SI]＋10H"或"MOV　AX,10H[SI]"。

在汇编语言程序设计中,数组名常用标识符代替,表示数组的首地址,若程序需要对数组中的元素一一操作时,可将数组的下标值存放于 SI 或 DI 中。假设数组名为 ARRAY,用"MOV　AX,ARRAY[SI]"指令就可找到数组的相应元素。

7. 基址变址寻址方式(based indexed addressing mode)

将变址寻址和基址寻址联合起来的寻址方式称为基址变址寻址方式。在这种寻址方式中,操作数在内存单元中,其有效地址为基址寄存器的内容和变址寄存器的内容相加,再加上 16 位或 8 位的位移量而得到。有效地址可表示为

$$EA = BX/[BP] + SI/[DI] + 16 位 /8 位偏移量$$

若指令中基址寄存器使用的是 BX,则默认的段寄存器为 DS；若指令中基址寄存器使用的是 BP,则默认的段寄存器为 SS。允许段超越。

【例 3-13】

```
MOV   AX,[BX][SI]+08H
```

若 DS=6000H,BX=1000H,SI=0500H,则

$$源操作数的物理地址 = DS \times 16 + EA$$
$$= 6000H \times 16 + 1000H + 0500H + 08H$$
$$= 61508HH$$

其执行过程如图 3-6 所示。若 61508H 和 61509H 单元的内容为 1918H,则指令执行后 AX=1918H。

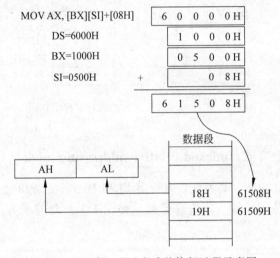

图 3-6　基址变址寻址方式的执行过程示意图

在汇编语言中,基址变址寻址指令可以用不同的书写形式表示,例如:

```
MOV   AX,[BX+2][SI]
MOV   AX,[BX+SI+2]
MOV   AX,[BX]2[SI]
MOV   AX,2[BX][SI]
```

以上四种格式指令,以及将基址寄存器和变址寄存器交换位置后的指令都代表同一条指令。

但要注意一点,不允许将两个基址寄存器或两个变址寄存器组合在一起寻址。例如以下指令是非法的:

```
MOV   AX,[BX][BP]+2
MOV   AX,[SI][DI]+2
```

8. 隐含寻址

在 80x86 的指令系统中,少数指令没有操作数,或者指令中只有一个操作数,另一个操

作数是隐含的,这种寻址方式称为隐含寻址。许多指令具有各自的隐含规则,具体见后面的
指令介绍。例如:

```
ADD    AL,BL
DAA
```

这两条指令完成两个 BCD 数相加,其中执行 ADD 指令将 AL 和 BL 相加的和放到 AL
中。DAA 指令没有操作数,但该指令隐含对寄存器 AL 中的数据进行十进制数调整,结果
仍保留在 AL 中。

再比如:

```
MUL BL;
```

这是一条无符号数的乘法指令。我们都知道乘法需要两个操作数,但指令中仅给出了
一个,另一个乘数隐含在寄存器 AL 中,因此在这条指令前需要提前通过 MOV 指令将另一
个乘数放到 AL 中。

上面寻址方式举例中,多数用的都是 MOV 指令,实际上,寻址方式是对所有指令的操
作数而言的。例如"ADD　DL,[BX]"指令,源操作数采用寄存器间接寻址,而目的操作数
采用寄存器寻址。

3.3　8088/8086 CPU 的指令

8088/8086 CPU 指令系统共包含 133 条指令,按功能可划分为以下几类:

(1) 数据传送类指令(data transfer instruction);

(2) 算术运算类指令(arithmetic instruction);

(3) 逻辑运算和移位类指令(logic instruction);

(4) 程序控制类指令(program control instruction);

(5) 串操作指令(string manipulation instruction);

(6) 处理器控制指令(processor control instruction)。

3.3.1　数据传送类指令

计算机中数据传送是最基本、最主要的操作,因此数据传送类指令是使用频率最高的指
令。一个完整的汇编语言程序中,数据传送类指令常占到三分之一以上。

数据传送类指令的特点是把数据从计算机的一个部位传送到另一个部位。把发送数据
的部位称为"源",接收数据的部位称为"目的地"。例如将内存单元的数据送至 CPU 内部
参加运算,CPU 的运算结果又需要送至内存单元保存。CPU 内部的寄存器之间也需要进
行数据传送。当对外部设备进行操作时,还需要将 I/O 端口的数据送至 CPU 内部的累加
器中,或者将累加器的内容输出至 I/O 端口等。数据传送类指令又分为:

(1) 通用传送指令；

(2) 地址传送指令；

(3) 标志传送指令；

(4) 输入/输出指令。

1. 通用传送指令

通用传送指令包括 MOV 指令、堆栈指令 PUSH 和 POP、数据交换指令 XCHG 以及查表转换指令 XLAT。除特别说明外，数据传送类指令一般不影响标志位。

1) MOV 指令(move(in reality, copy)source operand to destination)

格式：MOV dest,source

功能：将源操作数送至目的操作数，源操作数保持不变。

特点：

(1) 可传送字节操作数(8 位)，也可以传送字操作数(16 位)。

(2) 可采用各种寻址方式。

(3) 可实现以下各种传送：①寄存器与寄存器之间、寄存器与存储器之间的数据传送；②立即数至寄存器/存储器；③寄存器/存储器与段寄存器之间的数据传送。

例如：

```
MOV   SI,BX                  ; 寄存器至寄存器
MOV   DS,AX                  ; 通用寄存器至段寄存器
MOV   AX,DS                  ; 段寄存器至通用寄存器
MOV   AL,5                   ; 立即数至寄存器,源操作数采用立即寻址
MOV   BYTE PTR[2400H],5      ; 立即数至存储器,目的操作数采用直接寻址
MOV   WORD RTR[BX],5         ; 立即数至存储器,目的操作数采用寄存器间接寻址
MOV   [2400H],AX            ; 寄存器至存储器,目的操作数采用直接寻址
MOV   [2400H],DS           ; 段寄存器至存储器,目的操作数采用直接寻址
MOV   5[BX],CX              ; 寄存器至存储器,目的操作数采用基址相对寻址
MOV   AX,5[SI]              ; 存储器至寄存器,源操作数采用变址相对寻址
MOV   DS,[2400H]           ; 存储器至段寄存器,源操作数采用直接寻址
MOV   AX,5[BX][SI]         ; 存储器至寄存器,源操作数采用基址变址寻址
```

使用该指令时需注意以下几点：

(1) 源和目的操作数不能同时为存储器操作数。

例如，"MOV [BX],[2400H]"是错误的。

(2) 两操作数的位数、类型和属性要明确、一致。

例如：

```
MOV   AX,BL       ；错误
MOV   BL,7F2H     ；错误
MOV   AX,123456H  ；错误
```

上面三条指令是因为源操作数和目的操作数的位数不匹配引起的错误。

```
MOV   [BX],5       ；错误
```

这条指令有错是因为目的操作数的类型不明确引起的,[BX]仅是一个存储单元的地址,计算机不能确定从该地址开始用几个字节来保存数据 5。可用运算符 PTR 指定或修改存储器操作数的类型,即通过 BYTE PTR、WORD PTR、DWORD PTR 三个操作符明确指定立即数 5 是用 1 个字节、2 个字节还是 4 个字节来保存。上述错误语句可改为:

```
MOV   BYTE PTR[BX],5        ;指定存储器操作数的类型为 BYTE(字节)
```

或

```
MOV   WORD PTR[BX],5        ;指定存储器操作数的类型为 WORD(字)
```

例子中的指令"MOV BYTE PTR[2400H],5",在存储单元地址[2400H]前加 BYTE PTR 也是同样的原因。但指令 MOV AL,5 或 MOV BX,5 都是正确的,因为寄存器 AL 或 BX 已经明确了进行的是字节还是字操作。

(3) CS、IP 和立即数不能作目的操作数。

(4) 立即数不能直接送至段寄存器。

如需给段寄存器赋值,一般先将该数据送至一个通用寄存器中,然后再将该寄存器的值送至段寄存器中。例如:

```
MOV   AX,2345H
MOV   DS,AX
```

(5) 不允许两个段寄存器之间直接传送数据。

2) 堆栈操作指令 PUSH(push word onto stack)和 POP(pop word off stack)

8088/8086 的堆栈操作都是字操作,将一个字(即 2 个字节)推入堆栈称为入栈,入栈时堆栈空间减少,SP 的值减小,即 SP 自动减 2,入栈的字就存放在栈顶的两个单元内。相反,将一个数从堆栈弹出称为出栈,出栈时 SP 自动加 2。栈顶随进栈或出栈操作而变化。堆栈指令主要有两条,其格式和功能如下:

格式:PUSH   source

PUSH   POP   dest

功能:PUSH 指令将指令中的源操作数的内容推入堆栈,同时 SP 的内容减 2,源操作数可以是寄存器操作数或存储器操作数。POP 指令将堆栈中的内容弹出到指令中的目的操作数中,同时 SP 的内容加 2。

例:已知 SP＝1236H,AX＝24B6H,DI＝54C2H,则下列指令的执行过程如图 3-7 所示。

```
PUSH   AX
PUSH   DI
```

例:已知 SP＝18FAH,则下列指令的执行过程如图 3-8 所示。

```
POP   CX
POP   DX
```

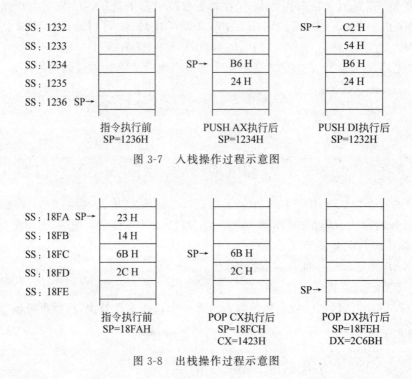

图 3-7　入栈操作过程示意图

图 3-8　出栈操作过程示意图

PUSH 和 POP 指令的操作数可能有三种情况：

(1) 寄存器(包括通用寄存器以及地址指针和变址寄存器)；

(2) 段寄存器(CS 例外，PUSH CS 是合法的，而 POP CS 是非法的)；

(3) 存储器单元。

无论哪一种操作数，其类型必须是字操作数(16 位)。如果推入或弹出堆栈的是寄存器操作数，则它应是一个 16 位寄存器；如为存储器操作数，应是两个地址连续的内存单元。如：

```
PUSH   AX     ;将通用寄存器 AX 的内容推入堆栈
PUSH   BP     ;将基址指针寄存器的内容推入堆栈
PUSH   [SI]   ;将偏移地址为[SI]和[SI+1]的两个连续的内存单元推入堆栈
POP    DI     ;从堆栈弹出 1 个字(2 个字节)到变址寄存器 DI 中
POP    ES     ;从堆栈弹出 1 个字到段寄存器 ES 中
POP    [BX]   ;从堆栈弹出 1 个字到[BX]和[BX+1]两个连续的内存单元中
```

3) 数据交换指令 XCHG(exchange instruction)

格式：XCHG dest,source

功能：使源操作数与目的操作数进行交换。

交换指令的源操作数和目的操作数各自均可以是寄存器操作数或存储器操作数，即寄存器与寄存器之间、寄存器与存储器之间都可以交换。交换内容可以是字(16 位)，也可以是字节(8 位)。

例如：

```
XCHG   BL,DL              ;寄存器之间交换,字节操作
XCHG   AX,SI              ;寄存器之间交换,字操作
XCHG   [DI],AX            ;寄存器与存储器交换,字操作
```

在使用 XCHG 指令时,应注意以下两点：

(1) 段寄存器和立即数不能作为操作数；

(2) 不能在两个存储单元之间直接交换数据,必要时可通过寄存器中转。

例如：将数据段中的变量名分别为 DATA1 和 DATA2 的两个字单元内容互换。

```
MOV    AX,DATA1
XCHG   AX,DATA2
MOV    DATA1,AX
```

4) 查表转换指令 XLAT(translate instruction)

格式：

```
XLAT
```

或

```
XLAT   OPR
```

功能：查表转换指令的操作数都是隐含的,它将 BX 内容作为偏移地址、AL 内容为位移量的存储单元中的数据取出送至 AL 中,即[BX+AL]→AL。该指令可以方便地将一种代码转换为另一种代码,因此也称为换码指令。

在实际的编程设计中,经常需要把一种代码转换为另一种代码,例如把字符的扫描码转换成 ASCII 码,或者把数字 0～9 转换成 7 段数码管所需要的相应代码等,XLAT 就是为这种转换而设置的指令。在使用该指令前,应首先在数据段中建立一个长度小于 256B 的表格,并通过指令将表的首地址存放于寄存器 BX 中,要转换的代码所在的存储单元和表格首地址的相对位移量存放在 AL 寄存器中。因为 AL 是一个 8 位的寄存器,因此数据表最大不能超过 256B,表格的内容则是所要交换的代码。该指令执行后可在 AL 中得到转换后的代码,BX 的内容保持不变。

查表转换指令可用 XLAT 或 XLAT OPR 格式,使用 XLAT OPR 格式时,OPR 为表格的首地址(一般为符号地址),但这里的 OPR 只是为提高程序的可读性而设置的,指令执行时只使用预先已存入 BX 中的表格首地址。该指令不影响标志位。

例如：将数字 0～9 转换为 7 段 LED 数码管的显示代码。数字 0～9 对应的 7 段 LED 显示代码为：40H,79H,24H,30H,19H,12H,02H,78H,00H,18H。要求查找数字 7 的 LED 显示码,并将其放在寄存器 AL 中。

问题分析：首先需要在数据段中定义 10B 的数据表 LED_TABLE,将 0～9 的 LED 显示代码依次存入表中,数据表的定义用 DB 伪指令即可实现。格式如下：

```
LED_TABLE   DB   40H,79H,24H,30H,19H,12H,02H,78H,00H,18H
```

　　定义之后的结果如图 3-9 所示,DB 伪指令的使用参见第 4 章的相关内容。表的定义类似于高级语言中数组的定义,数组名代表数组的首地址,而汇编语言中的表名也代表数据表的首地址。例如,若想转换数字 7 的 LED 显示码,程序段如下:

```
MOV   BX,OFFSET LED_TABLE    ;BX←表首单元的偏移地址,OFFSET 为取偏移地址运算符
MOV   AL,7                   ;AL←7
XLAT                         ;执行后 AL 内容为 7 的 LED 显示码 78H
```

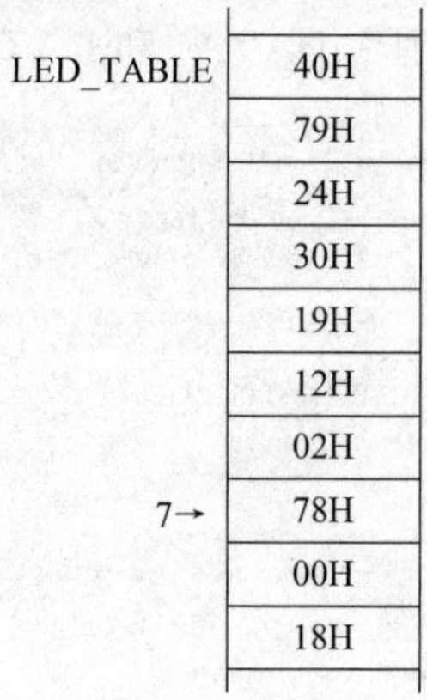

LED_TABLE	40H
	79H
	24H
	30H
	19H
	12H
	02H
7→	78H
	00H
	18H

图 3-9　数据表存储示意图

2. 地址传送指令

1) LEA(load effective address)

格式：LEA　dest,source

功能：指令中的源操作数必须是存储器操作数,目的操作数为 16 位的寄存器操作数,指令的执行结果是将源操作数的有效偏移地址传送至 16 位的目的寄存器中。该指令常用来给某个 16 位通用寄存器设置地址初值,以便从此开始存取数据。

　　例如：

```
LEA   BX,BUFFER       ;将 BUFFER 的偏移地址送 BX 寄存器
LEA   AX,[BP][SI]     ;将 BP+SI 的值送 AX
LEA   DX,10[BX][SI]   ;将 BX+SI+10 的值送 DX
```

下面两条指令的作用是相同的,都是将 BUFFER 的偏移地址送至 BX 寄存器中。

```
LEA   BX,BUFFER
MOV   BX,OFFSET BUFFER
```

注意：

LEA 指令与 MOV 指令的区别如下:

```
LEA　BX,BUFFER　　;将存储单元 BUFFER 的偏移地址送至 BX
MOV　BX,BUFFER　　;将 BUFFER 中的内容送至 BX
```

2) LDS(load data segment register)

格式：LDS dest,source

功能：源操作数为存储器操作数,目的操作数可以是任一个 16 位通用寄存器。LDS 指令从源操作数所在地址开始取出 4B,其中前 2B 的内容送至指令中出现的目的寄存器中,后 2B 的内容送至指令隐含的 DS 寄存器中。这条指令在程序设计中需要读取一个新的数据段时很有用。

例如:

```
LDS　SI,[0100H]
```

假设相关内存单元的存储情况如图 3-10 所示,则指令执行后,SI=405BH,DS=1638H。

3) LES(load extra segment register)

格式：LES dest,source

功能：除了将所寻址的内存单元的后两个字节送 ES 寄存器外,其余和 LDS 相似。

例如:

```
LES　DI,[BX];
```

假设 BX=1200H,内存单元的存储情况如图 3-11 所示,则指令执行后,DI=08A2H,ES=4000H。

图 3-10　LDS 指令执行示意图　　　图 3-11　LES 指令执行示意图

LDS 和 LES 指令常用于在串操作时建立初始的地址指针。串操作时源数据串隐含的段寄存器为 DS,偏移地址在 SI 中,目的数据串隐含的段寄存器为 ES,偏移地址在 DI 中。

3. 标志传送指令

标志传送指令共有四个。

1) LAHF 指令(load AH from flags)

格式：LAHF

功能：将标志寄存器的低 8 位传送至寄存器 AH 中。

标志位：对标志位无影响。

2) SAHF 指令(store AH in flag register)

格式: SAHF

功能: 将寄存器 AH 的内容传送至标志寄存器的低 8 位。

标志位: 影响 SF、ZF、AF、PF、CF 标志位。

LAHF 和 SAHF 指令隐含的操作数为 AH 寄存器和标志寄存器的低字节。利用这两条指令可以修改标志寄存器中的某些标志位。

3) PUSHF 指令(push flags onto stack)

格式: PUSHF

功能: 将 16 位的标志寄存器的内容压入堆栈顶部,同时修改堆栈指针 SP,使 SP−2。

标志位: 该指令不影响标志位。

4) POPF 指令(POP flags off stack)

格式: POPF

功能: 将堆栈顶部的一个字传送至标志寄存器中,同时修改堆栈指针 SP,使 SP+2。

标志位: 该指令影响所有标志位。

PUSHF 和 POPF 指令常用于在调用子程序之前把标志寄存器推入堆栈,保护子程序调用前标志寄存器的值;当从子程序返回后再从堆栈弹出,恢复这些标志状态。

应注意,标志寄存器中只有少数几个标志位(如 DF、IF、CF)可通过专门的指令对其进行置 0 或置 1 操作,其余大部分标志位(如 TF、AF 等)都没有可直接对它们进行设置或修改的专门指令。可利用指令 PUSHF/POPF,在堆栈中改变标志寄存器中任一标志位的状态。

4. 输入/输出指令(input/output instructions)

在微型计算机中,CPU 除了和存储器进行频繁的数据传送外,另外一个需要经常进行数据交换的部件是输入/输出设备。和内存单元有地址一样,输入/输出设备也有地址,称为端口(port)地址。在 80x86 架构的计算机中,I/O 端口的地址空间和存储器的地址空间是独立的,对 I/O 端口的读写需要用专门的指令来完成,即输入/输出指令。

输入/输出指令(简称 I/O 指令)是专门用于对输入/输出端口(I/O 端口)进行读写的指令,共有两个: IN 和 OUT。

1) IN 指令(input data from port)

格式: IN accumulator,port; 从 I/O 端口读数据,传送到 AL(或 AX),直接端口寻址
　　　　IN accumulator,DX; 从 I/O 端口读数据,传送到 AL(或 AX),但使用寄存器
　　　　DX 间接寻址

功能: 从 I/O 端口输入一个字节到 AL 或输入一个字到 AX 中。

在 IN 指令中,源操作数是一个端口(地址直接写在指令中或由 DX 间接给出),目的操作数只能是累加器(AL 或 AX)。指令的具体形式有以下四种:

```
IN   AL,port    ;8 位端口地址,输入一个字节到 AL,适用于 8088 CP
IN   AX,port    ;8 位端口地址,输入一个字到 AX,适用于 8086 CPU
IN   AL,DX      ;16 位端口地址,输入一个字节到 AL,适用于 8088 CPU
IN   AX,DX      ;16 位端口地址,输入一个字到 AX,适用于 8086 CPU
```

例如：IN AL,80H；从端口地址为 80H 的外部设备输入一个字节到 AL

例如：从地址为 340H 的端口输入一个字节到 AL。程序段如下：

```
MOV  DX,340H    ;将 16 位端口地址送 DX(只能使用 DX)
IN   AL,DX      ;从该端口输入一个字节到 AL
```

注：在此程序段中,IN 指令不能写成"IN AL,340H",因为 340H 超出 I/O 端口直接寻址规定的地址范围。

2) OUT 指令(output data to port)

格式：OUT port,accumulator；将 AL(或 AX)中的内容输出到 I/O 端口,直接寻址

　　　　OUT DX,accumulator；将 AL(或 AX)中的内容输出到 I/O 端口,但使用寄存器 DX 间接寻址

功能：把 AL 中的 8 位数据或 AX 中的 16 位数据输出到 I/O 端口。

在 OUT 指令中,源操作数只能是累加器(AL 或 AX),目的操作数是 I/O 端口(地址直接写在指令中或由 DX 间接给出)。指令的具体形式有以下四种：

```
OUT  port,AL   ;8 位端口地址,将 AL 中的数据输出到端口,适用于 8088 CPU
OUT  port,AX   ;8 位端口地址,将 AX 中的数据输出到端口,适用于 8086 CPU
OUT  DX,AL     ;16 位端口地址,将 AL 中的数据输出到端口,适用于 8088 CPU
OUT  DX,AX     ;16 位端口地址,将 AX 中的数据输出到端口,适用于 8086 CPU
```

例如：

```
OUT  43H,AL    ;将 AL 的内容输出到地址为 43H 的端口
OUT  DX,AX     ;将 AX 的内容输出,端口地址在 DX 寄存器中
OUT  280H,AL   ;错误! 端口地址超出直接寻址规定的地址范围
OUT  20H,[SI]  ;错误! 输出指令的源操作数只能是累加器
OUT  BX,AL     ;错误! 间接寻址只能使用 DX 作为间址寄存器
```

使用 I/O 指令时要注意以下几个问题：

(1) 使用哪个寄存器来暂存输入(或输出)的数据?

8088/8086 指令系统规定,只能通过累加器 AL(或 AX)与 I/O 端口进行数据传送。所以指令中的操作数必定有一个是 AL(或 AX)。当要进行输出操作时,需提前将要输出的数据传送至累加器中;而从 I/O 端口输入数据后,需到累加器中去取数据以进行进一步的计算。

(2) I/O 端口地址如何指定?

I/O 指令只允许使用两种寻址方式：

① 直接端口寻址：在指令中直接给出一个 8 位的 I/O 端口地址,地址范围为 00～FFH;在进行 I/O 端口寻址时,不涉及任何段寄存器,8 位端口地址直接从地址总线 A_0～A_7 给出。

② 寄存器间接寻址：端口地址由 DX 寄存器指定,地址范围为 0～FFFFH。在这种情况下,端口地址需提前通过 MOV 指令传送至 DX 寄存器中(且只能送给 DX),16 位的 I/O 端口地址通过 A_0～A_{15} 给出。

3.3.2　算术运算类指令

算术运算类指令用于实现加、减、乘、除等算术运算,除字节/字扩展指令外,其余指令都影响标志位。算术运算类指令可以处理 4 种类型的数据:无符号二进制数、带符号二进制数、无符号压缩 BCD 码和无符号非压缩 BCD 码。无符号二进制数和带符号二进制数的长度可以是 8 位或 16 位。

带符号数和无符号数的加法和减法运算的操作过程是一样的,故可用同一条加法和减法指令来完成。而对于乘、除法运算,带符号数和无符号数的运算过程完全不同,必须设置两种指令(即带符号数的乘、除指令和无符号数的乘、除指令)来处理这两种类型的数据。算术运算指令包括以下 6 类指令:

(1) 加法指令;

(2) 减法指令;

(3) 乘法指令;

(4) 除法指令;

(5) 字、字节扩展指令;

(6) BCD 码运算调整指令。

1. 加法指令

加法指令包括不带进位位加法指令(ADD)、带进位位加法指令(ADC)和加 1 指令(INC)。

1) ADD(addition)

格式:ADD dest,source

功能:将目的操作数与源操作数相加,结果存回目的操作数。

标志位:影响 CF、OF、SF、ZF、PF、AF 标志位。

目的操作数可以是寄存器或存储器,源操作数可以是立即数、寄存器或存储器。但两者不能同时为存储器操作数,不能对段寄存器进行加、减、乘、除运算。

例如:

```
ADD   CL,10          ;将 CL 的内容和 10 相加,结果送 CL 寄存器
ADD   DX,SI          ;将 DX 的内容和 SI 的内容相加,结果送 DX
ADD   AX,[0100H]     ;将 AX 的内容和偏移地址为 0100H、0101H 内存单元的内容相加,结果送
                      AX 寄存器
```

例如:

```
MOV   AL,7EH          ;AL=7EH
MOV   BL,5BH          ;BL=5BH
ADD   AL,BL           ;AL=7EH+5BH=0D9H
```

执行以上三条指令后,各标志位的状态为:SF=1,ZF=0,AF=1,PF=0,CF=0,OF=1。

由于结果超过了 8 位符号数所表示的范围,故 OF＝1,表示发生了溢出。但最高位并未产生进位,故 CF＝0。

2) ADC(add with carry)

格式:ADC dest,source

功能:将目的操作数、源操作数及进位标志位 CF 的内容相加,结果送目的操作数。ADC 指令主要用于多字节的加法运算中。

标志位:影响 CF、OF、SF、ZF、PF、AF 标志位

例如:若有两个 32 位的数,其起始地址分别存放于 SI 和 DI 中,低字节存放于低地址单元,高字节存放于高地址单元。要求将两个 32 位数相加,结果存放于 SI 所指向的存储空间中。代码如下:

```
MOV   AX,[SI]
ADD   AX,[DI]          ;将低 16 位相加
MOV   [SI],AX          ;低 16 位相加的结果存放于 SI 所指向的存储空间
MOV   AX,[SI+2]
ADC   AX,[DI+2]        ;将高 16 位以及低 16 位的进位位相加
MOV   [SI+2],AX        ;保存高 16 位相加的结果
```

3) INC(increment by 1)

格式:INC dest

功能:将目的操作数加 1。

标志位:影响 OF、SF、ZF、PF、AF 标志位,但对进位标志 CF 没有影响。

操作数类型可以是寄存器或存储器,但不能是段寄存器。当操作数是存储器操作数时,必须用 PTR 运算符说明其属性。因为对 CF 标志位没有影响,故将 FFFFH 加 1,结果是不会影响 CF 的。此指令常用于在循环程序中修改地址指针和循环次数等。

例如:

```
INC   AL              ;8 位寄存器 AL 的内容加 1
INC   SI              ;16 位寄存器 SI 的内容加 1
INC   BYTE PTR[BX]    ;[BX]的内容加 1,字节操作
```

2. 减法指令

减法指令包括不带借位位减法指令(SUB)、带借位位减法指令(SBB)、减 1 指令(DEC)、求补指令(NEG)和比较指令(CMP)。

1) SUB(subtraction)

格式:SUB dest,source

功能:将目的操作数减源操作数,结果送回目的操作数。

标志位:影响 CF、OF、SF、ZF、PF、AF 标志位。

操作数的类型与加法指令一样,即目的操作数可以是寄存器或存储器,源操作数可以是立即数、寄存器或存储器操作数,但不允许两个存储器操作数相减。例如:

```
SUB    AL,37H              ;寄存器减立即数
SUB    BX,DX               ;寄存器减寄存器
SUB    CX,VAR1             ;寄存器减存储器操作数
SUB    ARRAY[SI],AX        ;存储器操作数减寄存器
SUB    BETA[BX][DI],512    ;存储器操作数减立即数
```

相减数据的类型也可以根据程序的需求约定为带符号数或无符号数。当无符号数的较小数减较大数时,因不够减而产生借位,此时,进位标志位 CF 置 1。当带符号数的较小数减较大数时,将得到负的结果,则符号标志 SF 置 1。带符号数相减,如果结果溢出,则 OF 置 1。

2) SBB(subtract with borrow)

格式：SBB dest,source

功能：带借位位的减法操作是将目的操作数减源操作数,然后再减进位标志 CF,并将结果送回目的操作数。若 CF=0,则执行结果和 SUB 指令相同。

目的操作数及源操作数的类型与 SUB 指令相同。和 ADC 指令一样,SBB 指令主要用于多字节的减法。

例如：

完成 4 字节减法的程序段如下：

```
MOV   AX, [SI]
SUB   AX, [DI]
MOV   [SI], AX
MOV   AX, [SI+2]
SBB   AX, [DI+2]
MOV   [SI+2],AX
```

3) DEC(decrement by 1)

格式：DEC dest

功能：将目的操作数减 1,结果送回目的操作数。

标志位：影响 OF、SF、ZF、PF、AF 标志位,但对进位标志 CF 没有影响。

操作数的类型与 INC 指令一样,可以是寄存器或存储器操作数(段寄存器除外)。字节操作或字操作均可。在循环程序中常常利用 DEC 指令来修改循环次数。

例如：

```
DEC   BL                  ;8 位寄存器减 1
DEC   CX                  ;16 位寄存器减 1
DEC   BYTE PTR[BX]        ;存储器操作数减 1,字节操作
DEC   WORD PTR[BP][DI]    ;存储器操作数减 1,字操作
```

例如：延时程序段可编程如下：

```
DELAY: MOV AX,0FFFFH
CYC:   DEC AX
       JNZ CYC
       HLT
```

该程序段会循环执行 65535 次,可达到利用软件延时的目的。

4）NEG(negate)

格式：NEG dest

功能：求补指令。它是用 0 减去目的操作数,结果送回目的操作数。该指令可通过对所有位求反后在最低位加 1 得到结果。

标志位：影响 CF、OF、SF、ZF、PF、AF 标志位；因为是用 0 减操作数,故此指令的结果一般总是使标志 CF＝1,除非操作数为零时,才使 CF＝0。若在字节操作时对－128 或在字操作时对－32 768 求补,则操作数结果不变,但标志 OF＝1,其他情况 OF＝0。

该指令的操作数类型可以是寄存器或存储器操作数。对 8 位或 16 位的带符号数求补,结果为绝对值相等、符号相反的另一数。若原操作数为正,则执行 NEG 后,变为补码表示的负数。反之,源操作数为补码表示的负数,则执行完 NEG 后,变为正数。要注意的是,该指令是求补指令,不是求补码指令。

例：设 AX＝0FFFBH(－5 的补码),则执行 NEG AX 后,AX＝0005H。

5）CMP(compare operands)

格式：CMP dest,source

功能：将目的操作数减源操作数,但结果不送回目的操作数,且两操作数内容均保持不变,其结果反映在标志位上。

标志位：影响 CF、OF、SF、ZF、PF、AF 标志位。

目的操作数可以是寄存器或存储器操作数,源操作数可以是立即数、寄存器或存储器操作数。该指令主要用来判断两数的大小,其后常常紧跟条件转移指令,根据比较的结果实现程序的分支。

例如：

```
CMP   AL,0AH            ;寄存器与立即数比较
CMP   CX,DX             ;寄存器与寄存器比较
CMP   AX,AREA1          ;寄存器与存储器操作数比较
CMP   [BX+5],SI         ;存储器操作数与寄存器比较
CMP   GAMA,100          ;存储器操作数与立即数比较
```

比较指令主要用于比较两个数之间的关系。

（1）判断两数是否相等。

① 若两者相等,相减以后结果为 0,ZF 标志为 1,否则为 0。

② 若两者不相等,则可在比较指令之后利用其他标志位的状态来确定两者的大小。

（2）比较两数的大小。

如果是两个无符号数(如"CMP　AX,BX")进行比较,则可以根据 CF 标志的状态判断。若结果没有产生借位(CF＝0),显然 AX≥BX；若产生了借位(即 CF＝1),则 AX＜BX。

如果是两个带符号数(如同样是"CMP　AX,BX")进行比较,则可根据 OF 与 SF 异或运算的结果来判断,结果为 1,则 AX＜BX；结果为 0,则 AX≥BX。

3. 乘法指令

乘除法指令分为无符号数乘除法指令和带符号数乘除法指令。之所以分成两类,是因

为乘除法不同于加减法,无符号数的乘法和除法指令用于符号数运算时会导致错误的结果。例如 FFH×FFH,按照二进制的运算规则,结果为 FE01H。当把两个乘数看作无符号数时,也就是 255(FFH)×255(FFH)=65025(FE01H),结果是正确的;但若把它们看作符号数,因为 FFH 是−1 的补码,因此是(−1)×(−1),结果应为 1,而不是 FE01H。因此符号数必须用专门的乘除法指令。

1) 无符号数乘法指令 MUL(unsigned multiplication)

格式:MUL source

功能:执行 8 位或 16 位无符号数的乘法,执行过程如图 3-12 所示。指令中出现的源操作数为乘数,可以是寄存器或存储器操作数,目的操作数隐含在 AL(字节乘)或 AX(字乘)中,也就是说,在使用乘法指令前必须先将被乘数送入 AL 或 AX 中。两个 8 位数相乘,结果存放在 AX 中;两个 16 位数相乘,结果存放在 DX(高 16 位)和 AX(低 16 位)中。

标志位:对标志位 CF 和 OF 有影响,但 SF、ZF、AF 和 PF 不确定。乘法指令不会产生溢出和进位,故用 CF 和 OF 表示乘积有效数字的长度。如果运算结果的高半部分(字节乘是 AH,字乘是 DX)为零,则标志位 CF=OF=0,否则 CF=OF=1。因此标志位 CF=OF=1,表示 AH 或 DX 中包含着乘积的有效数字。

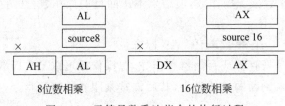

图 3-12　无符号数乘法指令的执行过程

例如:

```
MOV   AL,14H      ;AL=14H(十进制数 20)
MOV   CL,05H      ;CL=05H(十进制数 5)
MUL   CL          ;AX=0064H(十进制数 100)
```

因为高半部分 AH=0,所以标志位 CF=OF=0。

注意:乘除法指令虽然编程简单,但执行起来很慢。

2) 带符号数乘法指令 IMUL(integer multiplication 或 signed number multiplication)

格式:IMUL source

功能:进行带符号数的乘法运算,两个操作数均按带符号数处理,这是它与 MUL 的区别。同 MUL 一样可以进行字节与字节、字和字的乘法运算,结果放在 AX(字节乘)或"DX,AX"(字乘)中。IMUL 指令的一个乘数也必须提前放在累加器中(8 位数在 AL,16 位数在 AX,均为隐含的寄存器操作数),另一个被乘数必须在寄存器或存储器中。

标志位:对标志位 CF 和 OF 有影响,但 SF、ZF、AF 和 PF 不确定。如果乘积的高半部分仅仅是低半部分符号位的扩展,则标志位 CF=OF=0;否则,如果高半部分包含乘积的有效数字,则 CF=OF=1。所谓结果的高半部分是低半部分符号位的扩展,是指当乘积为正值时,其符号位为 0,则 AH 或 DX 全部为 0;当乘积为负值时,其符号位为 1,AH 或 DX

全部为 1。这种情况表示所得的乘积的绝对值比较小,其有效数位仅包含在低半部分中。

例如:

```
MOV   AX,03E8H        ;AX＝03E8H(十进制数 1000)
MOV   BX,07DAH        ;BX＝07DAH(十进制数 2010)
IMUL  BX             ;执行结果 DX＝001EH,AX＝AB90H
```

以上指令完成带符号数(＋1000)和(＋2010)的乘法运算,得到乘积为(＋2 010 000)。此时,DX 中结果的高半部分包含着乘积的有效数字,故标志位 CF＝OF＝1。

4. 除法指令

1) 无符号数除法指令 DIV(unsigned division)

格式：DIV source

功能：执行无符号数除法运算。执行过程如图 3-13 所示。该指令要求被除数是除数的双倍字长,被除数以及结果(商和余数)都放在默认寄存器中。当指令中的源操作数为字节时,16 位被除数必须提前放在 AX 中,运算结果中的商放在 AL 中,余数放在 AH 中。当指令中的源操作数为字时,32 位被除数必须提前存放到 DX、AX 中,运算结果的 16 位商在 AX 中,16 位余数在 DX 中。在 DIV 指令中,源操作数必须是寄存器或存储器操作数。两个操作数均被作为无符号数对待。

执行 DIV 指令时,如果除数为 0,或字节除时商大于 0FFH,或字除时商大于 0FFFFH,则 CPU 立即自动产生一个类型为 0 的内部中断。

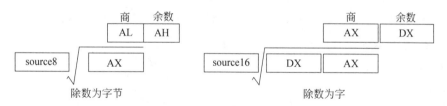

图 3-13　无符号数除法指令的执行过程

标志位：运算后对标志位无确定影响,都没有意义。

例如：下面指令实现将 DX、AX 中的一个 32 位无符号数除以 CX 中的一个 16 位无符号数。

```
MOV   AX,0F05H       ;AX＝0F05H
MOV   DX,068AH       ;DX＝068AH
MOV   CX,08E9H       ;CX＝08E9H
DIV   CX            ;执行结果:商为 AX＝0BBE1H,余数 DX＝073CH
```

2) 带符号数的除法指令 IDIV(integer division)

格式：IDIV source

功能：执行过程与 DIV 相同,但除数、被除数以及商和余数都是带符号数的补码。若被除数与除数等长,须先将被除数进行符号扩展,即数的大小不变,仅将数的符号位扩展。IDIV 指令执行后,余数的符号总是与被除数的符号相同。

执行 IDIV 指令时,如除数为 0,或字节除法时 AL 寄存器中的商超出-128~+127 的范围,或字除法时 AX 寄存器中的商超出-32768~+32767 的范围,则自动产生一个类型为 0 的中断。

标志位:IDIV 指令对标志位的影响以及指令中操作数的类型与 DIV 指令相同。

例如:

```
MOV   AX,-2000      ;AX=-2000(补码为 F830H)
CWD                 ;将 AX 中的 16 位扩为 32 位(DX=0FFFFH)
MOV   BX,-421       ;BX=-421(补码为 FE5BH)
IDIV  BX            ;商为 AX=4,余数 DX=-316(补码为 0FEC4H)
                    ;余数的符号与被除数相同
```

5. 字、字节扩展指令

在各种运算指令中,两个操作数的字长应该符合规定的大小。如在加、减和乘法运算指令中,两个操作数的字长必须相等。在除法中,被除数必须是除数的双倍字长。因此,有时需要将一个 8 位数扩展为 16 位,或者将一个 16 位数扩展为 32 位。

对于无符号数,扩展字长只需在高位添加足够个数的零即可。例如以下两条指令将 AL 中的一个 8 位无符号数扩展成为 16 位,存放在 AX 中。

```
MOV AL,0FBH      ;AL=11111011B
MOV AH,00H       ;AH=00000000B
```

对于带符号数,扩展字长时正数与负数的处理方法不同,正数的符号位为 0,而负数的符号位为 1。扩展字长时,应分别在高位添加相应的符号位。

1) CBW (convert byte to word)

格式:CBW

功能:将一个字节扩展为一个字。该指令的操作数隐含为 AL 和 AH,执行结果是将 AL 的符号位扩展到 AH。若 AL 的 $D_7=0$,则 AH=00H;否则 AH=0FFH。

标志位:对标志位无影响。

例如:

```
(1)  MOV   AL,4FH      ;AL=01001111B
     CBW               ;AH=00000000B
(2)  MOV   AL,0FBH     ;AL=11111011B
     CBW               ;AH=11111111B
```

2) CWD(convert word to doubleword)

格式:CWD

功能:将一个字扩展为双字,即将 AX 的最高位扩展到 DX,若 AX 寄存器最高位 $D_{15}=0$,则 DX=0000H;否则 DX=0FFFFH。

标志位:对标志位无影响。

CBW 和 CWD 指令在带符号数的乘法(IMUL)和除法(IDIV)运算中十分有用,常常在字节或字的除法运算之前,将 AL 和 AX 中数据的符号位进行扩展。

例如:若在数据段中有一个缓冲区 BUFFER,第一个字为带符号的被除数,第二个字是除数,将这两个数相除,商和余数存放到后面连续的字节中。

其程序段如下:

```
MOV    BX,OFFSET  BUFFER(或 LEA  BX,BUFFER)
MOV    AX,[BX]
CWD
IDIV   WORD PTR [BX+2]
MOV    [BX+4],AX
MOV    [BX+6],DX
```

例如:编程计算[W1−(W2×W3+W4−5000)]/W5,结果送 W6,式中的 Wi 均为符号字变量。

```
MOV    AX, W2
IMUL   W3          ;先计算 W2×W3,乘积为 32 位,保存在 DX 和 AX 中
MOV    BX, AX
MOV    CX, DX      ;将 W2×W3 的结果暂存到 CX,BX 中
MOV    AX, W4      ;计算 W2×W3+W4,需要先将 W4 扩展为 32 位
CWD
ADD    BX, AX
ADC    CX, DX
SUB    BX, 5000    ;计算 W2×W3+W4−5000
SBB    CX, 0
MOV    AX, W1      ;计算 W1−(W2×W3+W4−5000)
CWD
SUB    AX, BX
SBB    DX, CX
IDIV   W5          ;计算[W1−(W2×W3+W4−5000)]/W5
MOV    W6, AX
MOV    W6+2, DX
```

6. 十进制数(BCD 码)运算调整指令

前面介绍的加减乘除指令都是针对二进制数的,而在日常生活中我们习惯使用十进制。在汇编语言程序设计中,可用 BCD(binary coded decimal)码表示十进制数,BCD 码有两类:

(1) 压缩 BCD 码(packed BCD):也称作组合 BCD 码,用 4 位二进制数表示一位十进制数,即一个字节可表示两位 BCD 码,如 0100 1001 是十进制数 49 的压缩 BCD 码表示。

(2) 非压缩 BCD 码(unpacked BCD):也称作未组合 BCD 码,用 8 位二进制数表示一位十进制数,即一个字节只表示一位 BCD 数,该字节的高四位用 0 填充。如 0000 0100 是十进制数 4 的非压缩 BCD 码表示。而十进制数 49 表示为非压缩的 BCD 码时,需要用 2 个字节表示,即 0000 0100　0000 1001。

BCD 码因为本质上是十进制数,因此低 4 位与高 4 位之间是"逢十进一"的,而二进制数的低四位和高四位之间是"逢十六进一"。因此 BCD 码在进行算术运算时若直接套用二

进制的运算规则,结果就有可能出错。例如将两个压缩 BCD 码 29 和 18 相加,结果应为 BCD 码 47。但采用二进制的运算规则后,得到如下结果:

$$
\begin{array}{r}
0010\ 1001 \\
+\quad 0001\ 1000 \\
\hline
0100\ 0001
\end{array}
$$

即和为 41H,结果错误。因此在采用二进制的运算规则后需要对结果进行调整。我们在低位字节加上 0110,结果就正确了。

$$
\begin{array}{r}
0100\ 0001 \\
+\qquad 0110 \\
\hline
\underset{4\qquad\quad 7}{0100\ 0111}
\end{array}
$$

因此在用 BCD 码进行十进制数加、减、乘、除运算时,应分两步进行:

(1) 按二进制数的算术运算指令进行运算,得到中间结果。

(2) 用十进制调整指令对中间结果进行修正,得到正确的 BCD 码运算结果。

BCD 码调整指令如表 3-3 所示。

表 3-3　十进制调整指令

指令格式	指令说明	指令格式	指令说明
DAA	压缩 BCD 码加法调整	DAS	压缩 BCD 码减法调整
AAA	非压缩 BCD 码加法调整	AAS	非压缩 BCD 码减法调整
AAM	乘法后的非压缩 BCD 码调整	AAD	除法前的非压缩 BCD 码调整

1) DAA(decimal adjust after addition)

格式：DAA

功能：对存放在隐含操作数 AL 中的压缩 BCD 码之和进行调整,得到正确的压缩 BCD 码十进制和。调整规则如下:

(1) 若 AL 中的低 4 位大于 9 或 AF=1,则将 AL 中的低 4 位+0110,并使 AF=1。

(2) 若 AL 中的高 4 位大于 9 或 CF=1,则将 AL 中的高 4 位+0110,并使 CF=1。

标志位：影响 CF、SF、ZF、PF、AF、OF 标志位。

例如：编程实现十进制加法 47+38。

```
MOV   AL,47H          ;AL=0100 0111B(47 的压缩 BCD 码)
ADD   AL,38H          ;AL=0111 1111B,AF=1
DAA                   ;AL=1000 0101B,即 85 的压缩 BCD 码
```

2) DAS(decimal adjust after subtraction)

格式：DAS

功能：对存放在隐含操作数 AL 中的两个压缩 BCD 码之差进行调整,得到正确的 BCD 码表示的差值。调整规则如下:

(1) 如果 AF=1 或者 AL 的低 4 位大于 9,则 AL 的寄存器内容减 06H 且 AF=1。

(2) 如果 CF=1 或者 AL 的高 4 位大于 9,则 AL 的寄存器内容减 60H 且 CF=1。

标志位：影响 CF、SF、ZF、PF、AF 标志位,对 OF 标志位的影响不确定。

例如：编程实现十进制减法 45—17。

```
MOV   AL,45H      ;AL=0100 0101B,即 45 的压缩 BCD 码
SUB   AL,17H      ;AL=0010 1110B,即 2EH,是一个非法的 BCD 码
DAS               ;AL=0010 1000B,即 28 的压缩 BCD 码
```

3) AAA(ASCII adjust after addition)

格式：AAA

功能：对存放在 AL 中的两个非压缩 BCD 码之和进行调整,将和的十位部分放在 AH 中,个位部分放在 AL 中。具体的调整规则为：若 AL 中低 4 位大于 9 或 AF=1,则 AL 的低四位+06H,高 4 位清零,并使 AH=01H,AF=CF=1;在执行 AAA 指令之前,应使 AH 寄存器清零。

标志位：影响 CF 和 AF 标志位,对 SF、ZF、PF、OF 标志位的影响不确定。

例如：字符 9 和 5 的 ASCII 码分别为 31H 和 37H,将两个 ASCII 码相加,结果存入 AX 中。参考程序如下：

```
MOV   AH,00H      ;执行 AAA 之前,应使 AH=0
MOV   AL,'9'      ;字符 9 的 ASCII 码为 39H,故 AL=39H
ADD   AL,'5'      ;字符 5 的 ASCII 码为 35H,故执行后 AL=6EH
AAA               ;调整后 AL=04H,AH=01H,CF=AF=1
```

例如：计算两个十进制数 7+8 之和。

分析：可以先将两个加数 7 和 8 以非压缩 BCD 码形式存放在寄存器 AL 和 BL 中,且令 AH=0,然后进行加法运算,再用 AAA 指令调整。

```
MOV   AX,0007H    ;AL=07H,AH=00H
ADD   AL,08H      ;AL=0FH
AAA               ;AL=05H,AH=01H,CF=AF=1
```

以上指令的运行结果为 7+8=15,所得的和也以非压缩 BCD 码形式存放,个位在 AL,十位在 AH。

4) AAS(ASCII adjust after subtraction)

格式：AAS

功能：将存放在 AL 中的两个非压缩 BCD 码之差进行调整,得到正确的非压缩 BCD 码形式的差值。调整规则为：若 AL 中低 4 位大于 9 或 AF=1,则 AL 的低 4 位减 06H,高 4 位清 0,并将 AH 的值减 1,AF=CF=1;在执行 AAA 指令之前,应使 AH 寄存器清零。AAS 一般紧跟在 SUB 或 SBB 之后。

标志位：影响 CF 和 AF 标志位,对 SF、ZF、PF、OF 标志位的影响不确定。

例如：

```
MOV   AL,32H      ;32H 为字符 2 的 ASCII 码
MOV   BL,37H      ;37H 为字符 7 的 ASCII 码
SUB   AL,BL       ;AL—BL=32H—37H=0FBH,为—5 的补码
AAS               ;AL=05H,AH=FFH,CF=AF=1
```

5) AAM(ASCII adjust after multiplication)

格式：AAM

功能：对存放在 AL 中的两个非压缩 BCD 码的乘积进行调整。在使用该指令之前,应先用 MUL 指令将两个非压缩 BCD 码相乘,然后再用 AAM 指令进行调整,在 AX 中即可得到正确的非压缩 BCD 码结果,乘积的高位在 AH 中,乘积的低位在 AL 中。调整规则为：将 AL 除以 10,商送 AH,余数送 AL。虽然该指令的英文原义是乘法的 ASCII 码调整指令,但称作非压缩 BCD 码乘法调整指令更合适些。

标志位：执行 AAM 以后,将根据 AL 中的结果影响标志位 SF、ZF 和 PF,但其余几个标志位,如 AF、CF 和 OF 的值则不确定。

例如：编程实现十进制乘法 7×9。

```
MOV   AL,07H        ;AL=07H
MOV   BL,09H        ;BL=09H
MUL   BL           ;AL=07H×09H=3FH
AAM                ;AH=06H,AL=03H,SF=ZF=0,PF=1
```

十进制乘积 63 以非压缩 BCD 码的形式存放在 AX 中,由于 AL=03H(即 00000011),故 SF=ZF=0,PF=1。

例如：编程实现 ASCII 码字符 5 和 4 相乘,结果保存在寄存器 AX 中,其中 AH 保存字符 2 的 ASCII 值,AL 保存字符 0 的 ASCII 值。

```
MOV   AL, '5'       ;AL=35H
AND   AL, 0FH       ;AL=05H(即 5 的非压缩 BCD 码)
MOV   BL, '4'       ;BL=34H
AND   BL, 0FH       ;BL=04H(即 4 的非 c 压缩 BCD 码)
MUL   BL           ;AX=0014H(或十进制数 20)
AAM                ;AX=0200
OR AX, 3030H        ;AX=3230H(即'20'的 ASCII 码)
```

6) AAD(ASCII adjust before division)

格式：AAD

功能：用于二进制除法 DIV 操作之前,将 AX 中的两个非压缩 BCD 码(AH 为十位数,AL 为个位数)转换成等值的二进制数,并存放在 AL 寄存器中。调整规则为：将 AH 寄存器的内容乘 10 并加上 AL 寄存器的内容,结果送 AL,同时将清零 AH。

标志位：执行 AAD 以后,将根据 AL 中的结果影响标志位 SF、ZF 和 PF,但其余几个标志位,如 AF、CF 和 OF 的值则不确定。

AAD 与其他调整指令有所不同。AAD 是在除法操作前进行调整,然后用 DIV 指令进行除法。所得的商还要用 AAM 指令进行调整,最后方可得到正确的非压缩 BCD 码的结果。

例如：编程实现十进制除法 73÷2。

可先将被除数和除数以非压缩 BCD 码的形式分别存放在 AX 和 BL 寄存器中,AH 保存被除数的十位,AL 保存被除数的个位；先用 AAD 指令对 AX 中的被除数进行调整,之后进行除法运算,并对商进行再调整。

```
MOV    AX,0703H        ;即非压缩的 BCD 码 73
MOV    BL,02H          ;BL 中保存除数非压缩的 BCD 码 2
AAD                    ;AL＝49H(即 73 的二进制表示)
DIV    BL              ;AL＝24H(商,即十进制数 36),AH＝01H(余数)
MOV    DL,AH           ;保存余数
AAM                    ;对商进行调整,AL＝03H(十位),AH＝06H(个位)
```

3.3.3　逻辑运算和移位类指令

这类指令包括逻辑运算指令、移位指令和循环移位指令。

1. 逻辑运算指令

8088/8086 指令系统的逻辑运算指令包括逻辑"非"(NOT)、逻辑"与"(AND)、测试(TEST)、逻辑"或"(OR)和逻辑"异或"(XOR)五个。除了"逻辑非"NOT 指令对状态标志位不产生影响外,其余四个指令将根据各自逻辑运算的结果影响 SF、ZF 和 PF 状态标志位,同时将 CF 和 OF 置"0",但对 AF 未定义。

1) NOT (logical NOT)

格式：NOT dest

功能：将操作数按位取反。

NOT 指令的操作数可以是 8 位或 16 位的寄存器或存储器,但不能对立即数执行"逻辑非"操作。

2) AND(logical AND)

格式：AND dest,source

功能：将目的操作数和源操作数按位进行逻辑"与"运算,并将结果送回目的操作数。

AND 指令的操作数可以是 8 位或 16 位,其中目的操作数可以是寄存器或存储器,源操作数可以是立即数、存储器或寄存器。但指令的两个操作数不能同时是存储器单元,即不能将两个存储器单元的内容进行逻辑"与"操作。

AND 指令可以用于有选择地屏蔽某些位(即有选择地清零),而保留另一些位不变。为了做到这一点,只需将欲屏蔽的位和 0 进行逻辑"与",而将要求保留的位和 1 进行逻辑"与"即可。

例如：将寄存器 AL 中高 4 位清零,低 4 位保持不变。

```
MOV    AL,1011 0101B        ;AL＝1011 0101B
AND    AL,0FH               ;AL＝0000 0101B,保留低 4 位,高 4 位清 0
```

3) TEST(Test bits)

格式：TEST dest,source

功能：将目的操作数和源操作数按位进行逻辑"与"运算,但逻辑运算的结果不送回目的操作数,两个操作数的内容均保持不变,运算结果影响状态标志位。

TEST 指令常用于测试某些位,根据对指定位状态的判断,结合条件转移指令实现程序转移。

例如:从 10 号端口输入一个字节的数据至累加器 AL 中,测试 AL 的最高位是否为 1,若为 1,则转移到 NEXT 处。

```
    IN   AL,10H
    TEST  AL,10000000B   ;若 AL 中的最高位为 1,则 ZF=0;若最高位为 0,则 ZF=1
    JNZ  NEXT            ;若 ZF=0,则跳转到标号 NEXT 处,否则顺序执行
        ⋮
NEXT:…
```

4) OR(logical OR)

格式:OR dest,source

功能:将目的操作数与源操作数按位进行逻辑"或"运算,并将结果送回目的操作数。操作数的类型与 AND 相同。

常用 OR 指令将寄存器或存储器操作数中某些特定位设置成"1",而不管这些位原来的状态如何,同时使其余位保持不变。方法是:将需置 1 的位和 1 进行逻辑"或",将要求保持不变的位和 0 进行逻辑"或"。

例如:将 AH 和 AL 最高位置 1,而保持 AX 中其余位不变。

```
OR  AX,8080H
```

可以用 OR 指令将非压缩 BCD 码转换为相应的十进制数的 ASCII 码。
例如:

```
MOV  AL,09H      ;AL=09H
OR  AL,30H       ;AL=39H,即字符 9 的 ASCII 码
```

AND 指令和 OR 指令有一个共同特点,即对同一寄存器的内容进行逻辑"与"或逻辑"或"操作,该寄存器的内容不会改变,但该操作将影响 SF、ZF 和 PF 标志位,且将 OF 和 CF 清零。如"AND AX,AX"或"OR AX,AX"指令执行后,AX 内容不会发生变化,但标志位会受到影响。利用这个特性,可以在数据传送指令之后,使用逻辑"与"或逻辑"或"指令使该数据影响标志位,然后就可以判断数据的正负、是否为零以及数据的奇偶性等。

例如:有一内存变量 BUFFER,判断其是否为正数。参考程序如下:

```
MOV  AX,BUFFER    ;将其传送至 AX,不影响标志寄存器
OR  AX,AX         ;产生状态标志
JNS  PLUS         ;若 X>0 则转移至 PLUS 处继续执行
```

5) XOR(logical exclusive OR)

格式:XOR dest,source

功能:将目的操作数与源操作数按位进行逻辑"异或"运算,并将结果送回目的操作数。XOR 操作数的类型与 AND 相同。

XOR 指令常用来将某些特定位取反或将寄存器清零。

（1）将寄存器或存储器中某些特定位取反，使其余位保持不变。方法是将要取反的位置 1，其余位置 0。

例如：将 AL 中 D0、D2、D4、D6 位求反，D1、D3、D5、D7 位保持不变。

```
MOV   AL,0FH        ;AL＝00001111B
XOR   AL,55H        ;AL＝01011010B
```

（2）将寄存器内容清零，同时清 CF。

```
XOR   AX,AX         ;AX＝0,CF＝0
```

用"MOV AX,0"指令也可以使寄存器 AX 为 0，但使用字节数较多，而且执行时间较长。

例如：

```
XOR   AX,AX         ;清 AX,CF,2 字节,3 个时钟周期
SUB   AX,AX         ;清 AX,CF,2 字节,3 个时钟周期
MOV   AX,0          ;清 AX,不影响标志位,3 字节,4 个时钟周期
```

2. 移位指令

移位（shift）指令分为两种：算术移位（arithmetic shift）和逻辑移位（logical shift）。算术移位主要针对带符号数，而逻辑移位则针对无符号数。移位指令的目的操作数可以是寄存器或存储器操作数，可以是字也可以是字节；源操作数为移位的次数，只能是 CL 寄存器或 1，当移位次数超过 1 次时，就要先将移位次数送入 CL。所有移位指令影响标志位 PF、SF、ZF、OF、CF，CF 总是等于最后移出的那一位的值，AF 标志位未定义。

移位指令可将寄存器或存储器操作数的内容左移或右移，算术移位 n 次可将操作数乘以或除以 2^n，逻辑移位可用于截取字节或字中的若干位。

1）逻辑左移/算术左移 SHL/SAL（shift left/shift arithmetic left）

格式：

```
SHL   dest,1        SAL   dest,1
```

或

```
SHL   dest,CL       SAL   dest,CL
```

功能：这两条指令执行相同的操作，将目的操作数顺序向左移 1 位或 CL 寄存器中指定的位数，最低位补 0。执行过程如图 3-14(a)所示。如果移位次数等于 1，且移位以后目的操作数最高位与 CF 不相等，则溢出标志 OF＝1，否则 OF＝0，因此可通过 OF 标志位了解移位操作是否改变了符号位。如果移位次数不等于 1，则 OF 的值不确定。

用移位指令来完成乘除法运算，比用乘除法指令完成相同运算用的时间要短得多。例

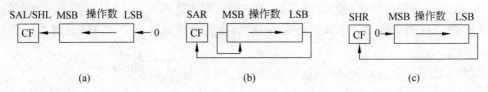

图 3-14 移位指令的执行过程

(a) SAL/SHL 指令；(b) SAR 指令；(c) SHR 指令

如将寄存器 AL 中的内容乘以 10,若用乘法指令实现乘以 10 的操作,最短需要 70 个时钟周期(在寄存器中的两个字节相乘)。而进行如下变换后:

$$X \times 10 = X \times 2 + X \times 8$$

用移位指令来实现,仅需要 11 个时钟周期即可完成。

指　　令	含　　义	时钟周期
SAL　AL,1	;X×2	2
MOV　BL,AL	;将 X×2 放入 BL 中暂存	2
SAL　AL,1	;X×4	2
SAL　AL,1	;X×8	2
ADD　AL,BL	;X×2+X×8	3

2) 算术右移 SAR(shift arithmetic right)

格式:

```
SAR    dest,1
```

或

```
SAR    dest,CL
```

功能: 算术右移,执行过程如图 3-14(b)所示。指令执行后,目的操作数的最高位保持不变。即若为负数(符号位为 1),则补 1；若为正数(符号位为 0),则补 0。算术右移 1 位相当于带符号数除以 2。但是 SAR 指令完成的除法运算对负数为向下舍去(余数与被除数符号相反),而带符号数除法指令 IDIV 对负数总是向上舍去(余数与被除数符号相同)。

例如:用 SAR 指令做除法。

```
MOV   AL,10000001B  ;AL=-127
SAR   AL,1          ;AL=0C0H(-64 的补码),CF=1(即余数为 1)
```

用除法指令进行相同的操作。

```
MOV   AL,10000001B  ;AL=-127
CBW                 ;进行符号扩展,AX=0FF81H
MOV   CL,2
IDIV  CL            ;AL=0C1H(-63 的补码),AH=0FFH(即余数为-1)
```

3）逻辑右移 SHR（shift right）

格式：

```
SHR   dest,1
```

或

```
SHR   dest,CL
```

功能：逻辑右移，执行过程如图 3-14（c）所示。SHR 和 SAR 的功能不同。SHR 执行时最高位始终补 0，因为它是对无符号数移位，而 SAR 执行时最高位保持不变，因为它是对带符号数移位，应保持符号不变。

例如：将一个 16 位无符号数除以 512，该数原来存放在 NUM 为首地址的两个连续的存储单元中。

解：由于 $2^9 = 512$，因此右移 9 次即可完成运算。将立即数 9 传送到 CL 寄存器，然后用 SHR 指令完成除以 512 的运算，即

```
MOV   AX,NUM        ;将被除数送入 AX
MOV   CL,9
SHR   AX,CL
```

也可以通过以下程序段实现，而且执行速度更快。

```
MOV   AX,NUM        ;将被除数送入 AX
SHR   AX,1          ;将被除数除以 2
XCHG  AL,AH         ;将 AL 和 AH 的内容交换
XOR   AH,AH         ;清 AH。运算结果在 AX 中
```

3. 循环移位指令（rotate instruction）

在很多应用中，需要对操作数的各位进行位循环，循环移位类指令就是针对这些应用而设计的。循环移位指令共有 4 个：ROL、ROR、RCL 和 RCR。循环指令中的左移或右移的次数可以是 1 或由 CL 寄存器指定，但不能是 1 以外的常数或由其他寄存器指定。

所有循环移位指令都只影响 CF 和 OF 标志位，但 OF 标志位的含义对于左循环移位指令和右循环移位指令有所不同。

1）循环左移 ROL（rotate left）

格式：

```
ROL   dest,1
```

或

```
ROL   dest,CL
```

功能：ROL 指令将目的操作数向左循环移动 1 位或 CL 寄存器指定的位数,执行过程如图 3-15(a)所示。最高位移到进位标志 CF,同时,最高位移到最低位形成循环,进位标志 CF 不在循环回路之内。

ROL 影响 CF 和 OF 两个标志位。如果循环移位次数等于 1,且移位以后目的操作数的最高位与 CF 不相等,则 OF=1,否则 OF=0。因此 OF 的值表示循环移位前后符号位是否有所改变。如果移位次数不等于 1 则 OF 的值不确定。

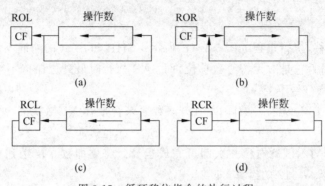

图 3-15　循环移位指令的执行过程

(a) ROL 指令；(b) ROR 指令；(c) RCL 指令；(d) RCR 指令

2) 循环右移 ROR(rotate right)

格式：

```
ROR    dest,1
```

或

```
ROR    dest,CL
```

功能：ROR 指令将目的操作数向右循环移动 1 位或由 CL 寄存器指定的位数,执行过程如图 3-15(b)所示。最低位移到进位标志 CF,同时最低位移到最高位。

ROR 影响 CF、OF 标志位。若循环移位次数为 1 且移位后最高位和次高位不等,则 OF=1,否则 OF=0。若移位次数不为 1 则 OF 不确定。

3) 带进位位循环左移 RCL(rotate left through carry)

格式：

```
RCL    dest,1
```

或

```
RCL    dest,CL
```

功能：将目的操作数连同进位标志 CF 一起向左循环移动 1 位或由 CL 寄存器指定的位数,执行过程如图 3-15(c)所示。最高位移入进位标志 CF,而 CF 移入最低位。RCL 指令对标志位的影响与 ROL 相同。

4）带进位位循环右移 RCR(rotate right through carry)

格式：

```
RCR    dest,1
```

或

```
RCR    dest,CL
```

功能：将目的操作数与进位标志 CF 一起向右循环移动 1 位或由 CL 寄存器指定的位数，执行过程如图 3-15(d)所示。最低位移入进位标志 CF,CF 则移至最高位。RCR 指令对标志位的影响与 ROR 指令相同。

循环指令和移位指令有所不同,循环指令在移位时移出的目的操作数并不丢失,而循环送回目的操作数的另一端或 CF 标志位中,必要时可以恢复。

利用循环移位指令同样可实现对寄存器或存储器中的每一位进行测试。

例如：测试寄存器 AL 中的 D_5 的状态是 0 还是 1。

可以用下列指令完成：

```
        MOV    CL,3        ;CL 为移位次数
        ROL    AL,CL       ;CF 中为 AL 的第 5 位
        JNC    ZERO        ;为零跳转,否则继续执行
         ⋮
ZERO：MOV    AL,BL
         ⋮
```

例如：将以 W 为首地址的字无符号数除以 8,商放在 AX 中,余数放在 DL 中。

```
MOV   AX,W        ;先将其送入 AX 中
XOR   DL,DL       ;将 DL 清零
SHR   AX,1        ;逻辑右移,使 W/2
RCR   DL,1        ;余数放入 DL 的高位
SHR   AX,1        ;W/4
RCR   DL,1        ;余数向右移
SHR   AX,1        ;W/8
RCR   DL,1
MOV   CL,5
SHR   DL,CL       ;余数右移 5 位
```

3.3.4　控制转移类指令

控制转移类指令主要用于控制程序的执行顺序。8088/8086 CPU 所执行指令的存储位置由代码段寄存器 CS 和指令指针寄存器 IP 的内容确定。在大多数情况下,要执行的下一条指令已从代码段中取出预先存于 8088/8086 的指令队列中。正常情况下,CPU 执行完

一条指令后,自动接着执行下条指令。而控制转移类指令可以改变程序的正常执行顺序,这种改变是通过改变 IP 和 CS 的内容实现的。若程序发生转移,存放在 CPU 指令队列中的指令就被废弃,BIU 将根据新的 IP 和 CS 值从内存中取出一条新的指令直接送到 EU 中去执行,接着,再根据程序转移后的地址逐条读取指令重新填入到指令队列中。

控制转移类指令主要包括转移、循环控制、过程调用及返回和中断指令。除中断指令外,其他指令均不影响标志位。

1. 转移指令

转移指令分为无条件转移指令和条件转移指令。

1) 无条件转移指令 JMP(unconditional jump)

格式:JMP target

功能:将程序无条件地跳转到目标地址处,去执行从该地址开始的指令。在分支结构程序设计中常用无条件转移指令将各分支重新汇聚到一起。

无条件转移指令根据转移目标可以分成两类:段内转移和段间转移。段内转移指跳转的目标地址在同一个代码段内,只需改变 IP 寄存器的内容就可达到转移的目的。段间转移则是要跳转到另一个代码段去执行程序,此时不仅要修改 IP 寄存器的内容,还需要修改 CS 寄存器的内容才能达到目的,转移的目标地址应由新的段地址和偏移地址两部分组成。

(1) 段内转移。

① 短转移(short jump)。

短转移的目标地址在距当前 IP 值的 $-128 \sim +127$ 范围内,其中当前 IP 值是指 JMP 指令的下一条指令的地址。这是一条两字节的指令:第一个字节为操作码 EBH;第二个字节是带符号数表示的位移量,取值范围为 $-128 \sim 127$。若为短转移,需在标号前加上 SHORT 运算符。若转移地址超出 $-128 \sim 127$ 的范围,而指令中又有 SHORT,则编译时会出错。

例如:

```
    JMP   SHORT NEXT
          …
NEXT:     …
```

② 近转移(near jump)。

近转移是 JMP 指令的默认格式,这是一条三字节的指令,第一个字节为操作码,后两个字节为用符号数表示的转移范围。由于位移量为 16 位,故转移范围可以是当前 IP 值的 $-32768 \sim +32767$ 之间的任一个位置。

近转移在当前代码段转移的目标地址可以采用直接转移、寄存器间接寻址和存储器间接寻址方式。

a. 直接转移(direct jump):转移的目标地址在指令中直接给出或以符号地址的形式给出。例如:

```
JMP   NEXT   或   JMP NEAR NEXT      ;NEXT 为符号地址
JMP   2000H
```

b. 寄存器间接寻址(register indirect jump)：转移的目标地址存放在寄存器中。

例如：指令"JMP BX"执行的结果是将 BX 的内容送给 IP。若 BX＝1200H，则指令执行后，BX 的内容被送入 IP，IP＝1200H，于是 CPU 转向偏移地址 1200H 处开始执行。

c. 存储器间接寻址(memory indirect jump)：转移的目标地址在存储器的某个单元中，其偏移地址在指令中给出的寄存器中。

例如：指令"JMP [SI]"执行的结果是将[SI]和[SI＋1]两个内存单元的内容送给 IP。

例如：指令"JMP [BX＋DI]"，若指令执行前：DS＝3000H，BX＝1000H，DI＝2000H，则指令执行后，物理地址为 33000H 和 33001H 单元中的内容 2350H 被送到 IP，于是 CPU 转向同一代码段中偏移地址为 2350H 的地方继续执行指令。指令的执行过程如图 3-16 所示。

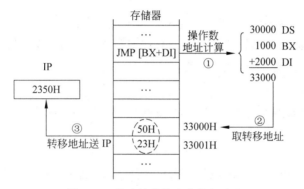

图 3-16 段内转移指令的执行过程

当操作数为存储器操作数时，为了与段间间接转移相区别，段内间接转移指令的地址表达式前通常加上"WORD PTR"。如本例中的指令应写成"JMP WORD PTR[BX＋DI]"，以表示要传送到 IP 的目的地址是一个段内偏移量(16 位)。

(2) 段间转移。

① 段间直接转移(intersegment direct jump)：指令中直接给出目标地址的段地址和段内偏移量。发生转移时，用段地址取代当前 CS 寄存器中的内容，用偏移量取代当前 IP 中的内容，从而使程序从一个代码段转移到另一个代码段。

例如："JMP FAR PTR NEXT"，程序转到另一个代码段中的 NEXT 标号处继续执行，FAR PTR 为段间转移的运算符。

例如："JMP 2000H：0200H"，指令中直接给出新的段地址为 2000H，偏移地址为 0200H。指令执行后，程序转至该地址处继续执行。本指令的执行过程如图 3-17 所示。

② 段间间接寻址(intersegment indirect jump)：指令中给出一个存储单元的地址，从该地址开始取 4 个字节来取代当前的 IP 和 CS 的内容。

例如："JMP DWORD PTR[BX＋SI]"，用[BX＋SI]和[BX＋SI＋1]两个存储单元的内容取代 IP，用[BX＋SI＋2]和[BX＋SI＋3]两个存储单元的内容取代 CS。

2) 条件转移指令(conditional jump)

条件转移指令根据当前标志位的状态或 CX 寄存器的值来决定程序是否转移。若满足指令所指定的条件，则转移到指定的地址去执行从该地址处开始的指令序列；若不满足条

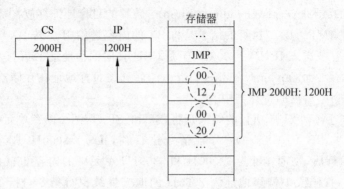

图 3-17 段间转移指令的执行过程

件,则顺序执行下一条指令。

所有的条件转移指令都采用短转移方式,即只能在当前 IP 地址的－128～＋127 字节范围内转移。若超出此范围,将发生汇编错误。

格式:JXX Lable

功能:XX 表示转移的条件,若满足条件,则转移至标号 Label 处;不满足条件,则继续执行下面的程序。

绝大多数条件转移指令(除 JCXZ 指令外)将标志位的状态作为测试条件。因此,在程序设计中,应首先执行能影响标志位状态的指令,然后才能用条件转移指令测试这些标志,以确定程序是否转移。

8088/8086 CPU 的条件转移指令非常丰富,不仅可以测试单个标志位的状态,而且可以综合测试几个标志位的状态。

(1) 简单的条件转移指令。

简单的条件转移指令指仅通过测试一个标志位的状态实现转移的指令,如表 3-4 所示。

表 3-4 简单的条件转移指令

指令助记符	测试条件	指令功能
JC	CF＝1	有进位/借位时转移
JNC	CF＝0	无进位/借位时转移
JZ/JE	ZF＝1	结果为零(相等)时转移
JNZ/JNE	ZF＝0	结果不为零(不相等)时转移
JS	SF＝1	结果为负时转移
JNS	SF＝0	结果为正时转移
JO	OF＝1	带符号数结果溢出时转移
JNO	OF＝0	带符号数结果无溢出时转移
JP/JPE	PF＝1	结果低 8 位中有偶数个 1 时转移
JNP/JPO	PF＝0	结果低 8 位中有奇数个 1 时转移

(2) 组合标志位的条件转移指令。

在程序设计中经常需要比较两个数的大小,然后根据比较结果转到不同的程序段去执行。但对于无符号数和带符号数需分别进行判断。如 11111111 和 00000000 进行比较,若为无符号数，则 11111111（255）＞00000000（0）；若为带符号数，则 11111111（－1）＜00000000（0）。比较指令 CMP 对几个主要标志位的影响如表 3-5 所示。

表 3-5　CMP 指令对标志位的影响

比较两数的大小		CF	ZF	SF	OF
无符号数比较	目的操作数＞源操作数	0	0	—	—
	目的操作数＝源操作数	0	1	—	—
	目的操作数＜源操作数	1	0	—	—
带符号数比较	目的操作数＞源操作数	—		OF、SF 值相同或 ZF＝0	
	目的操作数＝源操作数	—	1		
	目的操作数＜源操作数	—		OF、SF 值不同	

注："—"表示不对该标志位进行检测。

8088/8086 中设置了两组不同的条件转移指令来分别判断带符号数和无符号数的大小，使用两种术语来区分无符号数和带符号数的这种关系。对于无符号数使用"高于"（above）和"低于"（below）；对于带符号数，则用"大于"（greater）和"小于"（less）。对于无符号数和带符号数的大小是依据标志位的组合状态来判别的。组合标志位的条件转移指令如表 3-6 所示。

表 3-6　组合标志位的条件转移指令

类别	指令助记符	测试条件	指令功能
无符号数比较	JA/JNBE	(CF=0) and (ZF=0)	高于/不低于或等于转移
	JAE/JNB	(CF=0) or (ZF=1)	高于或等于/不低于转移
	JB/JNAE	CF=1	低于/不高于或等于转移
	JBE/JNA	(CF or ZF)=1	低于或等于/不高于转移
带符号数比较	JG/JNLE	((SF xor OF) or ZF)=0	大于/不小于或等于转移
	JGE/JNL	(SF xor OF)=0	大于或等于/不小于转移
	JL/JNGE	(SF xor OF)=1	小于/不大于或等于转移
	JLE/JNG	((SF xor OF) or ZF)=1	小于或等于/不大于转移

（3）测试 CX 的值是否为 0 转移指令。

这是唯一的一条不根据标志位进行转移的指令。在程序设计中，CX 寄存器经常用来存放计数值，JCXZ（jump if CX register is zero）指令在 CX 寄存器的内容为 0 时转移。

例如：

```
JCXZ   NEXT     ;当 CX=0 时转移到 NEXT 处继续执行
```

2. 循环控制指令

循环控制指令常用于循环结构的程序设计中，一般放在循环的首部或尾部以确定是否进行循环。使用循环控制指令前必须把循环次数送入 CX 寄存器中，每循环一次，循环控制指令自动将 CX 的内容减 1，CX 减 1 后若不为零，则继续循环，否则就退出循环。循环控制指令采用相对寻址方式，也只能在－128～127 内转移。

循环控制指令共有 3 个,LOOP、LOOPE/LOOPZ 和 LOOPNE/LOOPNZ。

1) LOOP(loop until CX=0)

格式:LOOP　Label

功能:将 CX 的内容减 1,若减 1 后 CX 不为 0,则转至 Label 处继续循环;否则退出循环,执行 LOOP 后面的指令。指令中的 Label 是一个短标号,该标号处的指令通常是循环体的第一条指令。在进入循环之前,循环次数必须送 CX 中。

LOOP 指令等价于以下两个指令的组合:

```
DEC   CX
JNZ   Label
```

例如:在 buffer 开始的内存空间中保存有 10 个 16 位的符号数,要求找出最大值,并将其保存到 max 单元中。

```
        LEA   SI,buffer
        MOV   CX,10
        DEC   CX
        MOV   AX,[SI]
chkmax:ADD   SI,2
        CMP   [SI],AX
        JLE   next
        MOV   AX,[SI]
next:  LOOP  chkmax
        MOV   max,AX
```

2) LOOPE/LOOPZ(loop if equal/loop if zero)

格式:

```
LOOPE   Label
```

或

```
LOOPZ   Label
```

功能:先将 CX 寄存器的内容减 1,如果 CX 不为零,且 ZF=1,则转移到指定的短标号处。换句话说,若 CX=0 或 ZF=0 都将跳出循环。

例如:判断内存空间中从地址 2000H 开始的 100 个字节是否全部为 01010101B(55H)。

```
        MOV   CX,100
        MOV   SI,2000H
BACK:  CMP   [SI],55H
        INC   SI
        LOOPE BACK
```

3）LOOPNE/LOOPNZ(loop if not equal/loop if not zero)

格式：

```
LOOPNE   Label
```

或

```
LOOPNZ
```

功能：将 CX 寄存器的内容减 1，如果 CX 不为零，且 ZF＝0，则转移到指定的短标号处。换句话说，若 CX＝0 或 ZF＝1 都将跳出循环。

例如：在内存空间中从偏移地址 1200H 开始的 30 个字节中，按顺序保存了某月 30 天的温度值(用一个字节存放)，找出首次达到 35℃ 的日期。

```
            MOV   CX,30
            MOV   SI,1200H
            DEC   SI
AGAIN: INC   SI
            CMP   [SI],35
            LOOPNE   AGAIN
            MOV   BX,SI
            SUB   BX,1200H
```

3. 过程调用及返回指令

为了便于模块化程序设计，往往把程序中某些具有独立功能的部分编写成单独的程序模块，称为过程(procedure)。汇编语言中的过程相当于高级语言中的函数或子程序。程序执行中，主过程在需要时可随时调用这些子过程，子过程执行完以后，又返回到主过程继续执行。8088/8086 指令系统为实现这一功能提供了过程调用指令 CALL 和过程返回指令 RET。

1）CALL(call a procedure)

若被调用的子过程和主过程在同一代码段内，则称该过程为近过程(near procedure)，对该子过程的调用称为近程调用(near call)或段内调用。若被调用的子过程和主过程不在同一代码段内，则称该过程为远过程(far procedure)，对远过程的调用称为远程调用(far call)或段间调用。

（1）近程调用分直接调用和间接调用。

① 直接调用。

格式：CALL proc

功能：将 CALL 指令执行时的 IP 寄存器的内容(此时 IP 存放的是 CALL 指令后面的那条指令的地址，也称断点地址)推入堆栈中，以便子过程结束后返回主过程时使用，然后将子过程的入口地址送入 IP 中，使程序转移到子过程去执行。

在图 3-18 所示的近程调用中，CALL 指令中出现的是子过程名 sum，汇编语言规定过程名代表过程的入口地址，也就是过程第一条可执行指令的地址，故 CALL 指令执行后，程序就转到了子过程 sum。当程序执行到子过程的 RET 语句时，将从堆栈中弹出断点地址到 IP 寄存器,程序就会返回主过程的断点处继续往下执行。

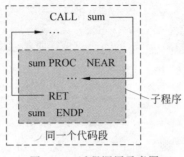

图 3-18　近程调用示意图

CALL 指令中也可以直接给出子程序第一条指令的偏移地址。代码如下:

```
;主过程
13B5:0100   MOV BX, 9512H
13B5:0103   CALL 0300H
13B5:0106   MOV AX, 142FH   ;断点地址为 0106H
…
;子过程,和主过程在同一代码段
13B5:0300   MOV CX,20H
13B5:0303   …
…
13B5:030A   RET
```

主过程在执行到 CALL 0300H 时,将下一条指令"MOV　AX,142FH"的地址(即断点地址)推入堆栈中,因为是近程调用,故只将 0106H 推入堆栈。若为远程调用,则将 13B5H 和 0106H 都推入堆栈,而且是先推入 13B5H,再推入 0106H。

② 间接调用。

格式:

```
CALL   reg16
```

或

```
CALL   WORD PTR mem16
```

其中,reg16/mem16 表示 16 位寄存器或 16 位存储器操作数,其内容为所调用子过程的入口偏移地址。

功能:首先将断点地址推入堆栈,若指令中的操作数是一个 16 位寄存器操作数,则将寄存器的内容送 IP;若指令中的操作数是一个 16 位存储器操作数,则将从指定地址开始的连续两个单元的内容送 IP。例如:

```
CALL   BX              ;BX 中为过程的入口偏移地址,将其送 IP
CALL   WORD PTR[BX]    ;将[BX]和[BX+1]两个字节的内容送 IP
```

（2）远程调用分直接调用和间接调用。

① 直接调用。

格式：CALL proc

功能：子过程和 CALL 指令不在同一代码段内。指令执行时，首先将 CALL 指令的下一条指令的地址（包括 CS 和 IP）推入堆栈，先推入 CS，再推入 IP，然后将指令中给出的子过程的段地址和偏移地址分别送到 CS 和 IP，程序转入子过程继续执行。

例如：

```
CALL   12B0:0100   ；程序转至 12B0:0100 处继续执行
```

② 间接调用。

格式：CALL mem32

功能：先将断点的 CS 和 IP 寄存器的内容推入堆栈，然后将保存在存储器中的子过程的入口地址分别送给 IP 和 CS，其中前两个字节送 IP，后两个字节送 CS，使程序转入子过程继续执行。

例如：

```
CALL   DWORD PTR[SI]
```

子过程的入口地址在 SI 所指向的连续四个内存单元中，即将[SI][SI+1]的内容取出送 IP，[SI+2][SI+3]的内容送 CS。

2）RET（return from a procedure）

RET 指令用来结束子过程的执行，使程序的执行返回到主过程，继续执行 CALL 指令后的指令序列。

（1）不带参数的返回指令。

格式：RET

功能：对于近过程，RET 从堆栈顶部弹出 2 个字节到 IP；对于远过程，RET 将从堆栈顶部弹出 4 个字节，其中先弹出的 2 个字节送 IP，后弹出的 2 个字节送 CS。

RET 一般为子过程的最后一条指令，无论是远过程还是近过程，返回指令在形式上都是 RET，但汇编时机器码不同。

在子过程的程序设计中要注意 PUSH 和 POP 指令的配对问题。例如，假设 CALL 指令调用时的断点地址为 0106H，子过程和主过程位于同一代码段。子过程中有入栈和出栈操作，BX＝9512H。程序如下：

```
13B5:0300   PUSH   BX
13B5:0301   ……
...
13B5:0309   POP   BX
13B5:030A   RET
```

在子过程调用和子程序的执行过程中，堆栈段的变化如图 3-19 所示。

假设在子过程中没有"POP BX"指令，因为 RET 指令只是将当前堆栈栈顶的 2 字节

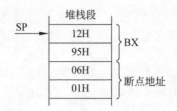

图 3-19   子过程执行时堆栈段的变化

弹出到 IP 寄存器,因此 IP 得到的是 9512H,而不是正确的断点地址 0106H。因此在子过程设计中,有一个 PUSH 指令就必须有一个 POP 指令和它相对应。

(2) 带参数的返回指令。

格式:RET   n

功能:从栈顶弹出返回地址后,再使 SP+n,其中 n 为 0～0FFFFH 中的任一偶数。

这条指令常用于通过堆栈传递参数的子过程调用中(见 4.5.4 节),其中 n 为子过程调用前推入堆栈的参数所占的字节数。

4. 中断指令

在系统运行或程序执行过程中,当遇到某些特殊事件需打断计算机当前正在运行的程序,而使 CPU 转去执行和该事件相关的一组专门的例行程序,执行完后 CPU 再返回原来的程序处接着往下运行,这种情况称为中断(interrupt),这组例行程序称为中断服务程序(interrupt service routine)。在 8088/8086 指令系统中,共有 256 个中断,分别是 INT 00H,INT 01H,INT 02H,…,INT FFH。这 256 个中断分为软件中断(software interrupt)和硬件中断(hardware interrupt)两大类。软件中断包括除法运算中被 0 除所产生的中断,或者程序中为了进行某些处理而设置的中断指令等。硬件中断则主要用来处理 I/O 设备与 CPU 之间的数据传输。

中断指令用于产生软件中断,以调用一段特定的中断处理过程。当 CPU 响应中断时,和调用子程序一样,也要将断点的 IP 和 CS 的内容保存到堆栈中。除此之外,为了能全面地保存现场信息,以便中断处理结束后返回现场,还需要把反映现场状态的标志寄存器保存入栈,然后才能转到中断服务程序去执行。当然从中断服务程序返回时,除要恢复 IP 和 CS 外,还需要恢复中断前标志寄存器的值。标志寄存器的入栈和出栈是由硬件自动完成的。

中断服务程序的入口地址称为中断向量(interrupt vector),由 4 个字节组成,即 2 个字节的段地址和 2 个字节的偏移地址。在 IBM PC 中,内存中最低地址区的 1024 个字节(物理地址为 00000H～003FFH)为中断向量表(interrupt vector table),按顺序存放着 256 个中断服务程序的入口地址。由于每个中断向量占据 4 个字节单元,所以中断指令中指定的类型号 n 需要乘以 4 才能取得所指定类型的中断向量。例如,若中断类型号为 9,则与其相应的中断向量存放在 00024H～00027H 单元中。

关于中断的详细论述见第 7 章,这里仅介绍 8088/8086 指令系统提供的 3 个与软件中断相关的指令:INT n、INTO、IRET。

1）INT(interrupt)

格式：INT　n；

其中,n 为中断类型号,取值范围为 0～255。

功能：将程序流程转到和中断类型号 n 相对应的中断服务程序。

标志位：影响 IF、TF 标志位。

这是一条放在用户程序中的软件中断指令,与随时可能发生的硬件中断不同,这是编程者有意安排在程序中的一个中断。这样使用的中断,其中断服务程序往往是系统预先编写好的一些专用子程序,用来完成一些特定的服务功能,供用户程序使用。例如 DOS 功能调用中的"INT 21H"等,这类软件中断所对应的中断服务程序与子程序不同,它们在系统启动时就已进入内存中,不需要像子程序那样与调用它的程序相关联。

80x86 CPU 取得中断类型号后的处理过程如下：

(1) 将标志寄存器入栈,此操作类似于 PUSHF 指令；

(2) 清除中断允许标志,使 IF＝0；清除单步标志,使 TF＝0,以保证进入中断服务程序时不会被再次中断,并且也不会响应单步中断；

(3) 将断点地址(即下条指令的 CS 和 IP)入栈保护,先入 CS,再入 IP 的内容；

(4) 将 n×4,得到其在中断向量表中的地址；

(5) 从中断向量表中取出中断服务程序的入口地址,分别送至 CS 和 IP；

(6) 开始执行中断服务子程序。

可以看出,INT 指令与 CALL 指令的段间间接调用的执行过程很类似,其区别是：

(1) CALL 指令根据操作数指定的地址获得子程序的入口地址,而 INT 指令根据中断类型号获得中断服务程序的入口地址。

(2) CALL 指令执行时将断点的 CS 和 IP 的内容入栈；而 INT 指令除了将 CS 和 IP 的内容入栈外,还要将标志寄存器的内容入栈。

(3) CALL 指令不影响任何标志,而 INT 指令影响 IF 和 TF 标志。

(4) 中断向量表放在内存的固定位置,通过中断类型号来获取。而 CALL 指令可任意指定子程序入口地址的存放位置,通过指令的操作数来获取。

2）溢出中断 INTO(interrupt on overflow)

格式：INTO

功能：检测溢出标志 OF,如果 OF＝1 则启动中断程序,否则无操作。

带符号数运算中的溢出是一种错误,在程序中应尽量避免(如果避免不了,应能及时发现),为此 8088/8086 指令系统专门提供了一条溢出中断指令,用来判断带符号数加减运算是否溢出。使用时 INTO 指令紧跟在带符号数加、减运算指令的后面。

若算术运算使 OF＝1,则 INTO 指令会调用溢出中断处理程序；若 OF＝0,则 INTO 指令不执行任何操作。

INTO 指令的操作与"INT n"指令是类似的,只不过 INTO 指令是 n＝4 的 INT 指令。换句话说,INTO 指令与"INT 4"指令调用的是同一个中断服务程序。

例如：

```
ADD   AX,BX
INTO              ;若溢出,则调用溢出中断服务程序,否则往下执行
MOV   RESULT,AX
```

3) 中断返回指令 IRET(interrupt return)

格式：IRET

功能：中断服务程序执行的最后一条指令一定是 IRET，用于从中断服务程序返回到原来发生中断的地方。该指令将从栈顶弹出 3 个字，前两个字是断点地址，第 1 个弹出的字送到 IP，第 2 个字送到 CS，第 3 个弹出的字送到标志寄存器。

标志位：影响所有标志位。

3.3.5 串操作指令

顺序存放在内存中的一组数据或字符称为串。串操作类指令可以用来实现内存区域的数据串操作。这些数据串可以是字节串，也可以是字串。串操作指令有如下特点。

(1) 源串默认在数据段 DS 中，其偏移地址保存在源变址寄存器 SI 中，但允许段超越；目的串默认在附加段 ES 中，其偏移地址保存在目的变址寄存器 DI 中，不允许段超越。因此在使用串操作指令之前，要先给地址指针 SI 和 DI 赋值，使其分别指向源串和目的串。对于较短的数据串，可使 DS=ES。

(2) 串操作指令执行后都会自动修改变址寄存器 SI 和 DI 的值，是增量还是减量由方向标志位 DF 决定。当 DF=0 时，地址指针增量，即字节操作时地址指针加 1，字操作时地址指针加 2；当 DF=1 时地址指针减量，即字节操作时，地址指针减 1，字操作时地址指针减 2。

① 方向标志置位指令 STD(set direction flag)。

格式：STD

功能：使 DF=1，SI 和 DI 地址减量修改。

② 方向标志清除指令 CLD(clear direction flag)。

格式：CLD

功能：使 DF=0，SI 和 DI 地址增量修改。

(3) 串操作指令前可以加重复前缀，使指令按规定的操作重复进行，重复次数由 CX 寄存器决定。重复前缀的几种形式见表 3-7 所示。

表 3-7 重复前缀

重复前缀	执 行 过 程	影响指令
REP	(1) 若 CX=0 则退出 REP，否则转(2)； (2) CX=CX−1； (3) 继续执行 MOVS/STOS 指令； (4) 重复(1)~(3)	MOVS，STOS
REPE/REPZ	(1) 若 CX=0 或 ZF=0 则退出，否则转(2)； (2) CX=CX−1； (3) 执行 CMPS/SCAS 指令； (4) 重复(1)~(3)	CMPS，SCAS
REPNE/REPNZ	(1) 若 CX=0 或 ZF=1 则退出，否则转(2)； (2) CX=CX−1； (3) 执行 CMPS/SCAS 指令； (4) 重复(1)~(3)	CMPS，SCAS

注：LODSB 和 LODSW 指令前一般不使用重复前缀。

8088/8086 CPU 的串操作指令共有 5 个。

1. 串传送指令 MOVS(move byte or word string)

格式：

```
MOVSB
```

或

```
MOVSW
```

功能：把数据段 DS 中由 SI 间接寻址的一个字节(或一个字)传送到附加段 ES 中由 DI 间接寻址的一个字节单元(或一个字单元)中,然后,根据方向标志 DF 及所传送数据的类型(字节或字)对 SI 及 DI 进行修改,在指令重复前缀 REP 的控制下,可将数据段中的整串数据传送到附加段中去。

例如：将数据段中首地址为 BUFFER1 的 200B 数据传送到附加段首地址为 BUFFER2 的内存中去,程序如下：

```
LEA   SI,BUFFER1      ;将源串的首地址送 SI
LEA   DI,BUFFER2      ;将目的串的首地址送 DI
MOV   CX,200          ;将串长度送 CX
CLD                   ;DF＝0,地址增量传送
REP   MOVSB           ;连续传送 200B
HLT                   ;
```

2. 串比较指令 CMPS(compare byte or word string)

格式：

```
CMPSB
```

或

```
CMPSW
```

功能：把数据段 DS 中由 SI 间接寻址的一个字节(或一个字)与附加段 ES 中由 DI 间接寻址的一个字节(或一个字)进行比较操作,但比较的结果不送到目的串中,而是反映在标志位上,然后根据方向标志 DF 及所进行比较的操作数类型(字节或字)对 SI 及 DI 进行修改。

标志位：影响 OF、SF、ZF、AF、PF、CF 标志位。

该指令在指令重复前缀 REPE/REPZ 或者 REPNE/REPNZ 的控制下,可在两个数据串中寻找第一个不相同或者相同的字节(或字)。如果想在两个数据串中寻找第一个不相同

的字符,则应使用重复前缀 REPE 或 REPZ。当遇到第一个不相等的字节(或字)时,就停止比较,但此时地址已被修改,即"DS:SI"和"ES:DI"已经指向下一个字节或字,应将 SI 和 DI 进行修正使之指向所寻找的不同的字节(或字)。同理,如果想要寻找两个数据串中第一个相同的字节(或字),则应使用重复前缀 REPNE 或 REPNZ。

例如:比较两个 20B 的字符串,找出其中第一个不相同的字符的地址,如果两个字符串完全相同,则转到 ALLMATCH 进行处理。这两个字符串的首地址分别为 STRING1 和 STRING2。

```
        EA      SI,STRING1      ;字符串 1 的首地址送 SI
        LEA     DI,STRING2      ;字符串 2 的首地址送 DI
        MOV     CX,20           ;数据串长度送 CX
        CLD                     ;清除方向标志 DF,地址增量
        REPE    CMPSB           ;如相同,重复进行比较
        JCXZ    ALLMATCH        ;若(CX)=0,转至 ALLMATCH
        DEC     SI
        DEC     DI
        HLT
ALLMATCH:…
```

3. 串搜索指令 SCAS(scan byte or word string)

格式:

```
SCASW
```

或

```
SCASB
```

功能:在一个数据串中搜索特定的关键字。将该关键字与附加段中由 DI 间接寻址的字节串(或字串)中的一个字节(或字)进行比较操作,使比较的结果影响标志位。搜索的关键字必须放在累加器 AL 或 AX 中。然后根据方向标志 DF 及所进行操作的数据类型(字节或字) 对 DI 进行修改。

标志位:影响 OF、SF、ZF、AF、PF、CF 标志位。

该指令将累加器的内容与数据串中的元素逐个进行比较,如果累加器的内容与数据串中某个字节(或字)相等,则比较之后 ZF=1。因此,串搜索指令可以加上重复前缀 REPE 或 REPNE。

例如:在含有 100 个字符的字符串中,寻找第一个回车符 CR(其 ASSCII 码为 0DH),找到后将其地址保留在 DI 中,并在屏幕上显示字符 Y。如果字符串没有回车符,则在屏幕上显示字符 N。该字符串的首地址为 STRING。

```
START： LEA   DI,STRING        ;DI←字符串首地址
        MOV   AL,0DH           ;AL←回车符
        MOV   CX,100           ;CX←字符串长度
        CLD                    ;清标志位 DF
REPNE   SCASB                  ;如果没找到则重复扫描
        JZ    MATCH            ;如找到,转 MATCH
        MOV   DL,'N'           ;字符串中无回车符,则 DL←N
        JMP   DSPY             ;转到 DSPY
MATCH： DEC   DI               ;DI－1
        MOV   DL,'Y'           ;DI←Y
DSPY：  MOV   AH,02            ;2 号功能调用,显示 DL 中的字符
        INT   21H
        HLT
```

4. 从源串中取数指令 LODS（load byte or word string）

格式：

```
LODSB
```

或

```
LODSW
```

功能：将 SI 所指向的源串（DS 段）中的一个字节或字取出送 AL 或 AX,同时修改 SI,指向下一个字节或字。LODS 指令一般不带重复前缀。

标志位：不影响任何标志位。

5. 往目的串中存数指令 STOS（store byte or word string）

格式：

```
STOSB
```

或

```
STOSW
```

功能：将累加器 AL 或 AX 中的一个字节或字传送到附加段中以 DI 间接寻址的目的串中,同时修改 DI 以指向串中的下一个单元。

标志位：不影响任何标志位。

例如：将字符"＃＃"装入以 AREA 为首地址的 100 个字节中。

```
LEA   DI,AREA
MOV   AX,'＃＃'
MOV   CX,50
CLD
REP   STOSW
HLT
```

3.3.6　处理器控制指令

该类指令用来控制处理器与协处理器之间的交互作用,修改 CPU 内部的标志寄存器,以及使处理器与外部设备同步等。

1. 标志位操作指令

8088/8086 共有 7 条直接对标志位进行操作的指令,其中有 3 条针对标志位 CF,另外各有 2 条分别针对标志位 DF 和 IF。

1) CLC(clear carry flag)

格式: CLC

功能: 清进位标志,使 CF=0。

2) STC(set carry flag)

格式: STC

功能: 置进位标志,使 CF=1。

3) CMC(complement carry flag)

格式: CMC

功能: 使 CF 标志位取反。

4) CLD(clear direction flag)

格式: CLD

功能: 清方向标志,使 DF=0,串操作时 SI 和 DI 的值增量修改。

5) STD(set Direction Flag)

格式: STD

功能: 置方向标志,使 DF=1,串操作时 SI 和 DI 的值减量修改。

6) CLI(clear interrupt flag)

格式: CLI

功能: 清中断允许标志,使 IF=0,屏蔽 INTR 引脚的中断请求。

7) STI(set interrupt flag)

格式: STI

功能: 置中断允许标志,使 IF=1,允许从 INTR 来的中断请求。

以上对有关标志位进行的操作,对其他标志位没有影响。

2. 其他处理器控制指令

1) 空操作指令 NOP(no operation)

格式: NOP

功能: 其机器码为 1 个字节,不执行任何有效的操作,也不影响标志位,但占用一个机器周期的时间。可用该指令构成精确延时,或用该指令占用一定的存储单元以便程序调试或程序修改。

2）暂停指令 HLT(halt)

格式：HLT

功能：使 CPU 暂停。在暂停状态下 CPU 不进行任何操作,也不影响标志位。常在程序中用该指令等待硬件中断。

当 8088/8086 CPU 处在暂停状态时,出现下列三种情况之一可使 CPU 退出暂停状态：

(1) 在 RESET 引脚上有复位信号；

(2) 在 NMI 引脚有非屏蔽中断请求；

(3) 在中断允许情况下,在 INTR 引脚有可屏蔽中断请求。

3）WAIT(wait while test pin not asserted)

格式：WAIT

功能：使处理器处于空转状态,直到芯片上的 $\overline{\text{TEST}}$ 引脚信号变低为止。

8088/8086 有一个测试信号引脚 $\overline{\text{TEST}}$,它是由 WAIT 指令测试的。若 $\overline{\text{TEST}}$ 为低电平,则执行 WAIT 指令后面的指令；若为高电平,则 CPU 处于空闲等待状态,重复执行 WAIT 指令。该指令可用于 CPU 与外部硬件的同步,对标志位无影响。

4）处理器交权指令 ESC(processor escape)

格式：ESC MEM

功能：当 CPU 执行该指令时,将控制权交给协处理器,例如 8087。ESC 指令将存储单元的内容送到数据总线上,使协处理器可以从存储器得到指令或操作数。

5）封锁总线指令 LOCK(lock system bus prefix)

格式：LOCK

功能：是一条单字节的指令前缀。当 8088/8086 构成最大工作模式时,LOCK 前缀指令可以放在任何指令的前面,使得加此前缀的指令执行时,8088/8086 的 $\overline{\text{LOCK}}$ 引脚有效,总线被封锁,使其他外部处理器或总线设备不能取得对系统总线的控制权。当这些设备申请总线的控制权时,主 CPU 仅记录此请求,但不响应。只有当此指令执行完毕后,主 CPU 才响应总线请求。此指令不影响标志位。

3.4　指令系统的发展

早期的计算机从简化硬件结构和降低成本方面考虑,指令系统都比较简单,所支持的指令系统只有加减、逻辑运算,以及数据传送、转移等十几至几十条指令,运算功能较弱,能处理的数据只能是整数、定点小数,使用非常不方便。随着计算机技术的飞速发展、硬件集成度的不断提高和价格的不断下降,尤其是集成电路技术的不断发展,计算机中的硬件结构越来越复杂,指令系统也变得更加完备,指令条数多达数百条,寻址方式也趋于多样化,能直接处理的数据类型更多,构成了复杂指令系统计算机(complexed instruction set computer, CISC)。如此庞大的指令系统不仅导致计算机硬件结构的复杂和设计周期的延长,还带来可靠性降低和调试维护工作量很大等一系列问题。

20 世纪 80 年代初,人们发现追求指令系统的复杂和完备程度不是提高计算机性能的唯一途径,于是重新提出了简化指令系统计算机(reduced instruction set computer, RISC)

的概念并予以实现。RISC 的设计师们做过统计,许多 CISC 的指令系统中,只有 20% 的指令使用频度达到 80%。换句话说,有 80% 的指令不常用,而这些指令常常是一些指令格式复杂、寻址方式多样、执行时间很长、功能很强的复杂指令。于是设计师们只在 RISC 的指令系统中设置一些常用的指令,使机器的硬件结构大大简化,有效地缩短了机器的设计周期。20 世纪 70 年代末期,IBM 801 工程研制的 32 位 RISC 样机问世。进入 80 年代后,美国许多著名大学和公司开始进行 RISC 技术的研究和开发,加利福尼亚大学伯克利分校 David Potterson 教授领导的研究中心先后研制出 RISC I 和 RISC II 计算机,斯坦福大学在 Jonh Hennessy 教授领导下研制出的 MIPS 计算机进一步发展了 RISC 技术,以后各种 RISC 结构的新机型不断投入市场。RISC 充分考虑了超大规模集成电路设计、制造中的有关问题和当前软件研究的某些成果,从硬软件结合的角度解决了许多矛盾,从而取得了巨大成功。

评价一台计算机指令系统的优劣,通常应从如下四个方面考虑。

(1) 指令系统的完备性: 常用指令齐全,编程方便。

完备性是指用汇编语言编写各种程序时,指令系统直接提供的指令足够使用。完备性要求指令系统丰富、功能齐全、使用方便。一台计算机中最基本、必不可少的指令是不多的。许多复杂一点的指令可用几条最基本的指令组合起来实现。例如,乘除运算指令、浮点运算指令可直接用硬件实现,也可用基本指令编写的程序实现。采用硬件指令的目的是提高程序执行速度,便于用户编写程序。

(2) 指令系统的有效性: 程序占内存空间少,运行速度快。

有效性是指利用该指令系统所编写的程序能够高效率运行。高效率主要表现在程序占据存储空间小、运行速度快。一般来说,一个功能强且完善的指令系统,必定有好的有效性。

(3) 指令系统的规整性: 指令和数据使用规则统一、简单,易学易记。

规整性包括指令系统的对称性、匀齐性,指令格式和数据格式的一致性。对称性是指在指令系统中所有的寄存器和存储器单元都可同等对待,所有的指令都可使用各种寻址方式。匀齐性是指一种操作性质的指令可以支持各种数据类型,如算术运算指令可支持字节、字、双字整数的运算,十进制数运算和单、双精度浮点数运算等。指令格式和数据格式的一致性要求指令长度和数据长度有一定的关系,以方便处理和存取。例如指令长度和数据长度通常是字节长度的整数倍。

(4) 指令系统的兼容性: 同一系列的低档计算机的程序能在新的高档计算机上直接运行。

系列机各机种之间具有相同的基本结构和共同的基本指令集,因而指令系统是兼容的,即各机种上基本软件可以通用。但由于不同机种推出的时间不同,在结构和性能上有差异,要做到所有软件都完全兼容是不可能的,只能做到"向上兼容",即低档机上运行的软件可以在高档机上运行。同时要完全满足上述标准是困难的,但可以指导设计出更加合理的指令系统。设计指令系统的核心问题是选定指令的格式和功能。指令的格式与计算机的字长、期望的存储器容量和读写方式、计算机硬件结构的复杂程度和追求的运算性能等有关。

练　习　题

一、选择题

1. 指令"MOV　AX,[BX]"中,源操作数的寻址方式为(　　)。

　　A.寄存器寻址　　　　　　　　　　　　B. 寄存器间接寻址

　　C. 寄存器相对寻址　　　　　　　　　　D. 基址变址寻址

2. 可用作寄存器间接寻址或基址、变址寻址的地址寄存器是(　　)。

　　A. AX,BX,CX,DX　　　　　　　　　　B. DS,ES,CS,SS

　　C. SP,BP,IP,BX　　　　　　　　　　 D. SI,DI,BP,BX

3. 用 BP 作基址变址寻址时,操作数所在的段是当前(　　)。

　　A.数据段　　　　　　B. 代码段　　　　　　C. 堆栈段　　　　　　D. 附加段

4. 指令"MOV AL, BYTE PTR [SI]"的作用是(　　)。

　　A. 将 SI 的内容复制到 AL 中　　　　B. 从"DS：SI"处取一个字节送到 AL 中

　　C. 从"DS：SI"处取两个字节送到 AL 中　　D. 从"SS：SI"处取一个字节送到 AL 中

5. 指令"POP　AX"所隐含的源操作数的地址为(　　)。

　　A. CS：IP　　　　　B. SS：IP　　　　　C. DS：SP　　　　　D. SS：SP

6. 在下列 80x86 指令中,合法的指令是(　　)。

　　A. MOV　[BX],[SI]　　　　　　　　B. OUT　AL,DX

　　C. ROL　CL,BX　　　　　　　　　　D. IN　AL,DX

7. 8086 CPU 执行算术运算指令不会影响标志位的是(　　)。

　　A.溢出标志　　　　B. 符号标志　　　　C. 零标志　　　　D. 方向标志

8. 不能将累加器 AX 的内容清零的指令是(　　)。

　　A. AND　AX, 0　　　　　　　　　　B. XOR　AX, AX

　　C. SUB　AX, AX　　　　　　　　　　D. CMP　AX,AX

9. 与"MOV　BX,OFFSET　VAR"指令完全等效的指令是(　　)。

　　A. MOV BX,VAR　　　　　　　　　　B. LDS BX,VAR

　　C. LES BX,VAR　　　　　　　　　　D. LEA BX,VAR

10. 不能影响标志位的指令是(　　)。

　　A. ADD　　　　　B. CMP　　　　　C. TEST　　　　　D. PUSH

11. 下列指令中,不影响堆栈内容的指令是(　　)。

　　A. IRET　　　　　B. RET　　　　　C. PUSH　　　　　D. JMP

12. 无论 BH 中原有的数是奇数或偶数,若要使 BH 中的数一定为奇数,应执行的指令是(　　)。

　　A. ADD BH,01H　　　　　　　　　　B. OR BH,01H

　　C. XOR BH,01H　　　　　　　　　　D. TEST BH,01H

13. 指令 LOOP 的执行过程是(　　)。

　　A. 先使 AX 减 1,再判断其值是否为 0　　B. 先判断 AX 是否为 0,再使其减 1

C. 先使 CX 减 1,再判断其值是否为 0　　D. 先判断 CX 是否为 0,再使其减 1

14. IN/OUT 指令中,当端口地址大于 255 时应使用寄存器(　　)。

A. AX　　　　　　B. BX　　　　　　C. CX　　　　　　D. DX

15. 能改变 AL 寄存器内容的指令是(　　)。

A. TEST AL,02H　　　　　　　　　B. OR AL,AL

C. CMP AL,BL　　　　　　　　　　D. AND AL,BL

16. 设 DH=10H,执行"NEG DH"指令后,正确的结果是(　　)。

A. DH=10H,CF=1　　　　　　　　B. DH=0F0H,CF=0

C. DH=10H,CF=0　　　　　　　　D. DH=0F0H,CF=1

17. 能实现有符号数 AX 除以 2 的指令是(　　)。

A. SHR AX,1　　B. SAR AX,1　　C. ROR AX,1　　D. RCR AX,1

18. 有下列程序段:

```
AGAIN: MOV  ES:[DI],AL
       INC DI
       LOOP  AGAIN
```

下列指令中(　　)可完成与上述程序段相同的功能。

A. REP MOVSB　　　　　　　　　B. REP LODSB

C. REP STOSB　　　　　　　　　　D. REPE SCASB

19. 执行下面指令序列后,结果是(　　)。

```
MOV  AL,82H
CBW
```

A. AX=0FF82H　　B. AX=8082H　　C. AX=0082H　　D. AX=0F82H

20. 下列指令中,执行速度最快的是(　　)。

A. MOV AX,100　　　　　　　　　B. MOV AX,[BX]

C. MOV AX,BX　　　　　　　　　　D. MOV AX,[BX+SI]

二、问答题

1. 指出下列指令中哪些是错误的,并说明原因。

(1) MOV DL,[DX]

(2) MOV ES,2000H

(3) SUB [BX],[SI]

(4) ADD AX,[BX+CX]

(5) XCHG DS,[2400H]

(6) DEC ES

(7) IN AL,DX

(8) OUT 1C0H,AL

(9) SAR AX,5

2. 设寄存器 DS＝3000H，SS＝2100H，ES＝1200H，SI＝1000H，BX＝0100H，BP＝0010H，数据段中变量 MASK 的偏移地址值为 0050H。指出下列指令中源操作数的寻址方式；对于存储器操作数，写出其物理地址。

(1) MOV　CX，[BX]

(2) MOV　AX，MASK[BP]

(3) MOV　AX，BX

(4) MOV　DX，ES：[BX][SI]

3. 设有关寄存器及存储器单元的内容如下：DS＝3000H，BX＝0200H，SI＝0002H，(30200H)＝24H，(30202H)＝0ACH，(30203H)＝0F0H，(31300H)＝54H，(31301H)＝98H，(31302H)＝6DH。

在下列各条指令执行完后，AL 或 AX 寄存器的内容各是什么？

```
MOV   AX,1300H ;          AX=_____
MOV   AL,BL ;             AL=_____
MOV   AX,[1300H] ;        AX=_____
MOV   AL,1100H[BX][SI] ;  AL=_____
```

4. 写出实现下述功能的指令。

(1) 将 AL 的 D_4、D_5 清零。

(2) 将 AL 的 D_4、D_5 置 1。

(3) 将 AL 的 D_4、D_5 取反。

(4) 将 AL 的高 4 位移到低 4 位，高 4 位清零。

5. 设堆栈指针 SP 的初值为 1000H，AX＝2000H，BX＝3000H，顺序执行下列指令，写出对应寄存器的内容。

```
PUSH   AX;       SP=_____
PUSH   BX ;      SP=_____
POP    AX;       SP=_____ ,AX=_____
```

6. 执行下列程序段：

```
    MOV   AX,99D8H
    MOV   BX,9847H
    SUB   AX,BX
    JNC   L3
L4：…
```

问：程序段执行后，转向哪里？为什么？

7. 设初值 AX＝6264H，CX＝0001H，阅读如下程序段，写出结果。

```
    AND   AX,AX
    JZ DONE
    SHL   CX,1
    ROR   AX,CL
DONE: OR   AX,1234H
```

程序运行后,CX=_____,AX=_____。

8. 阅读如下程序段,回答提出的问题。

```
        MOV   AX,3456
        XCHG  AX,BX
        MOV   AX,3456
        SUB   AX,BX
        JE    DONE
KK: ADD     AX,BX
    ...
DONE:
```

该程序段执行完"JE DONE"语句后,AX=_____,ZF=_____。

能否执行到语句标号 KK 处?_____。因为_____。

9. 阅读下列程序段,写出每条指令执行的结果,并写出程序执行后 AX、BX 的内容。

```
MOV  BX,4FECH
MOV  AX,97DEH
OR  AX,BX
AND  AX,BX
NOT  AX
MOV  CX,AX
SHL  AX,1
XOR  BX,AX
TEST  AX,BX
```

10. 阅读下列程序段,写出每条指令执行的结果,并写出程序执行后 AX、DX 的内容。

```
MOV   CL,4
MOV   DX,248AH
MOV   AX,8103H
ROL   DX,CL
MOV   BH,AH
SAR   BH,CL
SHL   AX,CL
OR   DL,BH
```

11. 执行以下程序段后,写出 AX、SP、DX、CX 及 ZF 的值。

```
10A3H: 2000H  XOR  AL,AL
       2002H  MOV  AX,CS
       2004H  MOV  SS,AX
       2006H  MOV  SP,2F00H
       2009H  MOV  DX,2012H
       200CH  PUSH  DX
       200DH  CALL  2700H
       2010H  ADD  CX,DX
       2012H  HLT
10A3H: 2700H  POP  CX
              RET
```

12. 阅读下列程序段,并回答问题。

```
        MOV  SI,OFFSET  BUF
        MOV  CX,100
        CLD
NEXT: LODSB
        CMP  AL,39H
        JE  FOUND
        LOOP  NEXT
        JMP  NOTFOUND
FOUND: …
```

问:

(1) 该程序完成的功能是什么?

(2) 若程序转到 FOUND 处执行,此时 SI 代表什么含义?

(3) 若程序转到 NOTFOUND 处执行,又说明了什么?

第4章

汇编语言程序设计

本章重点内容

◇ 汇编语言、汇编语言源程序、汇编程序的概念
◇ 汇编语言源程序的结构
◇ 段定义、过程定义、数据定义伪指令语句
◇ 汇编语言程序设计
◇ DOS 和 BIOS 功能调用

本章学习目标

通过本章的学习,了解汇编语言程序设计的基本知识,掌握汇编语言源程序的结构和汇编语言程序设计的一般方法,熟悉对汇编程序的调试方法。

4.1 汇编语言概述

4.1.1 汇编语言程序开发过程

1. 编写汇编语言源程序

早期人们编写程序就是手写二进制指令,然后通过各种开关输入计算机,比如要做加法,就按一下加法开关。后来,发明了纸带打孔机,通过在纸带上打孔,将二进制指令自动输入计算机。为了解决二进制指令的可读性问题,指令被写成八进制形式。二进制转八进制非常容易,但八进制的可读性也很差。很自然地,最后还是用文字代码表达,加法指令写成ADD。这样就多出一个步骤,即把这些文字代码指令翻译成二进制代码,这个步骤就称为assembling,完成这个步骤的程序叫作 assembler。它处理的代码,自然就叫作 assembly code,标准化以后称为 assembly language,缩写为 asm,中文译为汇编语言。

在第 1 章已提到,汇编语言是介于机器语言和高级语言之间的一种初级语言,它是用助记符指令、符号地址、标号等编写程序。用汇编语言编写的程序称为汇编语言(源)程序。

汇编语言源程序不能被计算机直接识别和运行,需要翻译成目标二进制代码程序后,机器才能识别,这个翻译过程称为汇编。所以汇编就是把用汇编语言编写的源程序翻译成机器语言程序(即二进制代码表示的目标程序)的过程。完成汇编任务的程序称为汇编程序。可见,汇编语言程序和汇编程序是两个不同的概念。

用汇编语言设计程序首先应根据任务编写汇编语言源程序。源程序一般通过文本编

辑软件建立并以.asm 为后缀命名,这样的文件简称为 asm 文件。asm 文件必须为纯文本文件。DOS 6.0 以上操作系统包含有全屏幕编辑软件 EDIT,Windows 操作系统下的记事本也可以编辑 asm 文件。

2. 对源程序进行汇编和连接

汇编语言源程序必须经过汇编和连接后才能生成可执行文件,如图 4-1 所示。

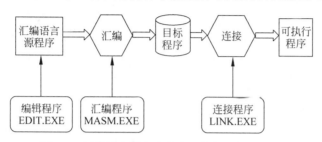

图 4-1 汇编语言源程序生成可执行文件的过程

把汇编语言源程序翻译成二进制的目标程序的软件叫作汇编程序,如 MASM. EXE。如果源程序名为 sample.asm,并和汇编程序位于同一文件夹,则在 DOS 下可用命令

MASM sample.asm ↙

就会同时产生对应汇编语言源程序的两个文件——目标文件 sample.obj 和列表文件 sample.lst。目标文件只是给出机器能识别的指令代码,并没有解决机器对指令的寻址问题,所以目标文件还不是可执行文件。列表文件可用于程序调试,它列出每一条指令与二进制代码的对应关系,并给出每条指令码在内存中存放的偏移地址,在源程序存在错误时,还会列出相应的出错信息。

目标文件可以和其他目标文件、库文件组合在一起形成功能更强的文件。这个组合连接过程需要专门的连接装配程序 LINK.EXE 来完成,连接装配程序 LINK.EXE 不仅把指定的目标文件和库文件组装成一个完整的程序,而且完成相对地址的调整和对变量引用的处理。因此在汇编后,再用 LINK.EXE 对 obj 文件进行连接:

LINK sample.obj ↙

得到 sample.exe 文件,它是可执行文件。

汇编语言程序的开发和调试过程详见附录 A 和 B。

汇编语言是面向机器的,助记符直观易懂。相比于高级语言,汇编语言程序占用内存空间少,执行速度快,这在一些实时控制系统中具有非常重要的意义。另外,通过对汇编语言的深入学习,有助于进一步理解高级语言在底层的一些细节。

4.1.2 汇编语言程序的基本语法

汇编语言源程序由语句序列构成,一般一条语句占用一行。为了增加程序的可读性,适当增加注释是必要的。汇编语言语句的注释部分由英文的分号";"开始,其后可为任意字符,若一行的第 1 个字符为分号,则整行都为注释。注释会帮助我们更好地理解程序,但汇编程序不对注释部分进行翻译。一个典型的汇编语言源程序如例 4-1 所示。

【**例 4-1**】 求 buffer 数组元素的最大值。

```
;exm4_1. asm find the largest number and store in the max unit(注释行)
data segment                                                ;定义数据段
    org  0200h
    buffer dw 0, 1,-5, 10, 256,-128,-100, 45, 6, 32765      ;定义数组
    count  equ ( $ -buffer)/2                               ;定义符号常量
    max  dw ?                                               ;定义 max 变量
data ends
stack segment                                               ;定义堆栈段
    db 100 dup ('s')
stack ends
code segment                                                ;定义代码段
    assume cs:code, ss:stack, ds:code                       ;段寻址
main proc far                                               ;定义过程
    push ds
    xor ax, ax
    push ax
    mov ax, data
    mov ds, ax
    lea si, buffer
    mov cx, count
    dec cx
    mov ax, [si]
chkmax:add si, 2
    cmp [si], ax
    jle next
    mov ax, [si]
next:loop chkmax
    mov max, ax
    ret
main endp
code ends
end main
```

从例 4-1 中可以看出,典型的汇编语言程序是一个分段结构,由数据段、堆栈段、代码段组成(有些程序还会有附加段),数据段、堆栈段和附加段都可以省略,但代码段必须有。在代码段中还可以定义过程。

汇编语言的语句可分为指令语句、伪指令语句及宏指令语句。指令语句指定 CPU 进行什么操作,如第 3 章介绍的各类指令。伪指令语句指定汇编程序进行何种操作,是本章的重点,上例中的加粗字体部分都是伪指令。宏指令语句是由用户按照宏定义格式编写的一段程序,其中的语句可以是指令、伪指令,甚至是已定义的宏指令,对于多次重复出现的程序段,可以用宏定义伪指令将其定义为一条新的指令,在后继程序中出现宏指令名的地方可以通过宏展开的方式来调用。本书限于篇幅对宏指令不展开详述,有兴趣的读者可参考有关

资料。

指令语句都有对应的机器码,而伪指令语句在汇编过程中不产生机器码,这是指令语句和伪指令语句的本质区别。

1. 指令语句的格式

汇编语言的指令语句格式如下:

四个域中只有助记符域是必不可缺的,其他用方括号括起来的域都是可选的。助记符域中是指令的操作码助记符,如 MOV、ADD、SUB 等。助记符域与操作数域之间至少应留有一个空格。多个操作数之间要有逗号分开。标号一般是为转移指令提供目标地址的符号名,如 C/C++语言 goto 语句后出现的就是标号,程序员不必计算相对转移的地址偏移量,汇编器会自动完成这一工作。标号后面跟一个冒号,用于和指令隔开。注释域以分号打头。

2. 伪指令语句的格式

伪指令是针对汇编程序的命令,有段定义、过程定义、数据定义等多种伪指令,本章后面将分别介绍。汇编语言伪指令格式也有四个域:

[名字]　　伪指令　　[操作数]　　[;注释]

一般来说,只有伪指令域是必需的。对于某些伪指令,名字域也是必需的,但要注意的是名字域后面不能用冒号(:)。域与域之间用空格隔开。

伪指令的操作数域是可选的,它可以有多个操作数,只受行长度的限制。有的伪指令操作数域部分的各操作数之间要求用逗号(,)分开,而有些伪指令则要求用空格分开,必须严格遵循有关语法要求。

3. 标识符

汇编语言中用户给变量、标号、子程序、段名等所起的名字称为标识符。

标识符必须是由字母或特殊字符打头的字母数字串,也就是说不能以数字开始,中间也不能有空格。合法的字符包括:字母 A～Z 或 a～z,数字 0～9,特殊字符问号(?)、圆点(.)、@、下横线(_)和美元符号($),如果用到圆点(.),只能将其作为第一个字符。

标识符的长度不限,但是宏汇编程序只能识别前 31 个字符,超过部分均被删去。

用户定义的标识符不能和系统保留字同名。

4. 保留字

保留字(reserved word),也称关键字,是汇编语言中预先保留下来的具有特殊含义的符号,只能作为固定的用途,用户不能将其用作自定义标识符。默认情况下,保留字是没有大小写之分的。比如,MOV 与 mov、Mov 是相同的。

保留字包括:指令助记符,如 MOV、ADD 和 MUL;所有的寄存器名;伪指令,告诉汇编器如何汇编程序;属性描述符,提供变量和操作数的大小与使用信息;运算符及预定义符号等。

4.1.3　常量、变量和标号

汇编语言的数据是指指令或伪指令可以定义、操作的对象,可以分为常量、变量和标号三种类型。

1. 常量

常量指在汇编时已有或产生的确定数值的量。常量有常数、字符串、符号常量、数值表达式等多种形式。

1) 常数

常数可以用二进制、十进制、十六进制或八进制等表示。一个常数用二进制表示时,该数据必须以字母 B 结尾;用十进制表示时可以 D 结尾,因为常数默认是十进制,所以也可以不加 D;如果用八进制表示则以字母 Q 或者字母 O 结尾;用十六进制表示时要以字母 H 结尾。但有一点要注意,因为十六进制数可以使用 A～F 之间的字母,因此会有歧义,比如 A1,它既可以是十六进制常数,也可以是个变量名,还可以是个标号。为了避免引起混淆,规定十六进制常数的第一个字符必须是数字,如果不是,则必须在其前面加一个数字"0",所以十六进制数 A1 需写成 0A1H,这样计算机在处理时就会将其当作一个十六进制数来对待。再比如:0F12BH、1234H 等。

2) 字符串

字符串也是一种常量。字符串常量必须用单引号括起来,汇编语言把它们汇编成相应的 ASCII 码。例如:字符串'AB'被汇编为"41H,42H",字符串'12'则被汇编为"31H,32H"。

3) 符号常量

符号常量使用标识符表示一个数值。用有意义的符号名表示常量可以提高程序的可读性,同时具有通用性。符号常量可以通过伪指令 EQU 和"="来定义。如 PI=3.14159。

4) 数值表达式

数值表达式一般指由运算符连接的各种常量所构成的表达式。汇编程序在汇编过程中计算表达式,得到一个确定的数值,所以也是常量。由于表达式是在程序运行前的汇编过程中进行计算,所以组成表达式的各部分必须在汇编时有确定的值。汇编语言支持多种运算符,详见 4.3 节。

2. 变量

变量是指存储器中的数据或数据区地址的符号表示,因此变量通常在数据段中定义。变量需要事先定义才能使用。

变量定义伪指令为变量申请固定长度的存储空间,并可以同时将相应的存储单元初始化。变量定义类似于 C/C++ 中的变量定义和初始化。如果定义保存若干个数据的数据区，则类似于 C/C++ 中数组的定义。变量定义伪指令在后文"数据定义伪指令"中介绍。

变量实际上代表着一定长度的内存单元，因此有时也称为内存变量。既然变量是内存单元，那么它须具有段地址和段内偏移量。所以变量有三个属性：段基址、段内偏移量以及类型。

3. 标号

标号是其后面跟着的指令在内存代码区的地址的符号表示。标号可以在各种转移指令中作为操作数使用。它只能定义在可执行的代码段中。标号直接写在指令前，由用户定义的标识符和冒号(:)组成，如：

```
2000:0100    label1:  add ax, bx
                 ...
2000:0140             jmp label1
```

标号 label1 是指令"add ax, bx"在内存中的地址的符号表示，即 2000:0100。

过程名也是一种标号，出现在过程定义语句和 CALL 指令后。但过程名在定义时后面不能加冒号。过程名类似于 C/C++ 中的函数名，代表过程的入口地址，即该过程的代码在内存中的首地址。

标号实际上是代码段中的某一指令的地址。它也有三个属性：段基址、段内偏移量和类型。标号的类型有两种：NEAR 标号，表示跳转指令所在的代码段必须和跳转的目标代码在同一个段内，称为段内近跳转，如果跳转的目标为子程序的话，表示子程序和主程序在同一个段内，其类型为 −1(0FFFFH)；FAR 标号表示段间远跳转，可以被任何段的指令引用，其类型为 −2(0FFFEH)。

4.2　伪　指　令

4.2.1　段定义伪指令

汇编语言源程序的段定义与内存的分段组织直接相关。典型的汇编语言程序包括代码段、数据段和堆栈段。段定义伪指令是表示一个段开始和结束的命令，80x86 有两种段定义的方式：完整段定义和简化段定义，分别使用不同的段定义伪指令来表示各种段。

完整段定义伪指令的格式如下：

```
段名  SEGMENT  [定位类型][组合类型]['类别']
    ⋮
段名 ENDS
```

段定义伪指令的说明如下：

(1) 段名是用户自定义的标识符，必须在段的首尾两处出现，而且必须一致。习惯上，数据段、堆栈段、代码段的段名分别为 DATA、STACK 和 CODE。

（2）SEGMENT 和 ENDS 必须成对出现。伪指令 SEGMENT 定义一个段的开始，ENDS 定义一个段的结束。

（3）对于数据段、附加段和堆栈段来说，段内一般是存储单元的定义、分配等伪指令语句；对于代码段，则主要是指令及伪指令语句。

（4）[ ]中的内容是可选的，一般情况下，这些说明可以不用。但是，如果需要用连接程序把本程序与其他程序模块相连接时，就需要提供类型和属性的说明。

定位类型的说明如表 4-1 所示。

表 4-1　[定位类型]——说明段的起始地址（物理地址）

定位类型	说　　明
BYTE	段可以从任何地址开始
WORD	段从字边界开始，即段的起始地址为偶数
DWORD	段从双字边界开始，即段的起始地址为 4 的倍数
PARA	段从段边界开始，即段的起始地址为 16（或 10H）的倍数
PAGE	段从页边界开始，即段的起始地址为 256（或 100H）的倍数

注意：定位类型的默认项是 PARA，即在未指定定位类型的情况下，则连接程序默认为 PARA。BYTE 和 WORD 用于把其他段（通常是数据段）连入一个段时使用；DWORD 一般用于运行在 80386 及后继机型上的程序。

组合类型的说明如表 4-2 所示。

表 4-2　[组合类型]——说明程序连接时的段组合方法

组合类型	说　　明
PRIVATE	该段为私有段，连接时将不与其他模块中的同名段合并
PUBLIC	该段连接时将与其他同名段连接在一起，连接次序由连接命令指定，即段基址相同，偏移量不同
COMMON	该段在连接时与其他同名段有相同的起始地址，所以会产生覆盖
AT 表达式	该段连接时装在表达式的值决定的段地址上。其中，段基地址＝表达式的值，其值必须为 16 位二进制数，偏移量按 0000H 处理。如 AT 2000H 定义该段的段地址为 20000H。但 AT 不能用来指定代码段
MEMORY	连接程序把本段定位在其他所有段之后（即地址较大的区域）
STACK	将多个同名堆栈段连接在一起，SP 设置在第一个堆栈段的开始

注意：组合类型的默认项是 PRIVATE。

可选项['类别']中的类别必须用单引号括起来。类别指定也只在模块连接时才需要。一般堆栈段定义类别为 'STACK'；对代码段通常指定类别为 'CODE'；对数据段则指定为 'DATA'。如果一个程序不和其他程序组合，也可以不指定类别。类别名可由用户任意设定。连接程序把类别名相同的段（段名未必相同）放在连续的存储区间内，但仍为不同的段（连接方式为 PUBLIC、COMMON 的段除外）。

用伪指令 SEGMENT 和 ENDS 定义段时，段名的选取可以任意，只要符合标识符的命名规则即可，但一般为了阅读程序清楚起见，取一些意义明确的名字，比如数据段的段名为 DATA 等。其实汇编程序并不知道哪个段名对应数据段,哪个对应代码段,因此需要用 ASSUME 伪指令来说明段寄存器与段名之间的对应关系。ASSUME 语句的一般格式为

> ASSUME 段寄存器名:段名 [,…]

其中段寄存器可以是 CS、DS、SS 和 ES,而段名则是用 SEGMENT 定义过的标识符。例如,若已定义的数据段、堆栈段和代码段的段名分别为 DATA、STACK 和 CODE,则可写为

> ASSUME SS:STACK,CS:CODE,DS:DATA

如果还定义了附加段,还要列出 ES 和附加段段名之间的联系。ASSUME 语句必须写在代码段中,一般情况下紧跟在代码段定义语句之后。

但要注意的是,ASSUME 伪指令只是指定某段分配给那个段寄存器,不能把段地址装入段寄存器中,因为伪指令是由汇编程序执行的,而给段寄存器赋值需要通过指令来执行。

4.2.2 过程定义伪指令

代码段的内容主要是程序的可执行指令。一个代码段可以由一个或几个过程(或称子程序)组成。过程(procedure)定义的格式如下:

```
过程名  PROC  [NEAR]/FAR        ;过程定义语句
         …                      ;过程体
         RET
过程名  ENDP                    ;过程定义结束语句
```

过程定义由伪指令 PROC 和 ENDP 完成。PROC 和 ENDP 必须成对出现,而且过程名必须一致。PROC 后面的参数指定该过程的属性。属性为 FAR 代表这个过程是段间过程,属性为 NEAR 表示该过程是段内过程,缺省时为 NEAR 过程。过程内部必须安排一条返回指令 RET 或 RET n,以便返回主调程序。RET 在 FAR 过程中被汇编为段间返回指令,在 NEAR 过程中汇编为段内返回指令。两者的机器码是不同的。

一个汇编语言程序可以包含几个过程。主程序通常是 FAR 过程,因为用户程序一般总是在一定的系统环境下运行的,因此对于操作系统而言,主程序是一个 FAR 过程。除主过程外,包含在同一段内的其他过程一般总是定义为 NEAR 过程。因此使用同一个 MASM 命令进行汇编的几个过程,除主过程是 FAR 属性外,其余一般均是 NEAR 属性。

过程像标号一样,也有 3 种属性:段基址、偏移地址和类型(NEAR 或 FAR)。

过程一经定义,在程序中就可以用 CALL 语句调用,调用时无须说明是近调用还是远调用。例如:

> CALL 过程名

4.2.3 数据定义伪指令

数据定义伪指令用于为数据项分配存储单元,并可对数据初始化。数据定义伪指令的格式如下:

> [名字]　　伪指令　　表达式

其中,名字域是可选的,但如果程序中要引用,则名字必须给出。伪指令域可以是 DB、DW、DD、DQ 和 DT,分别定义字节、字、双字、4 字和 10 字节变量。表达式域可以是常数,也可以是表达式,还可以是一个问号。表达式可以是以下几种:

1. 数值表达式

例如:

```
a1   DD   12345H
a2   DW   1234
BUFFER   DW   100,300,-5
```

语句 1 给变量 a1 分配一个双字单元,即 4B 的空间,并初始化为:12345H(十六进制数)。a1 是所分配空间首地址的符号表示,也就是 45H 所在存储单元的偏移地址。该语句相当于 C/C++的"int a1=0x12345"。

语句 2 给变量 a2 分配 2B 的空间,并初始化为 1234(十进制数),相当于 C/C++的"short int a2=1234"。

语句 3 相当于定义了一个有 3 个数组元素的数组空间,数组名为 BUFFER,每个数组元素占 2B 的空间,并初始化为 100(0064H)、300(012CH)、-5(0FFFBH),即"64H,00H;2CH,01H;0FBH,0FFH"(高字节放高地址,低字节放低地址)。BUFFER 代表该数组在内存中的首地址,即 64H 所在单元的偏移地址,如图 4-2 所示。

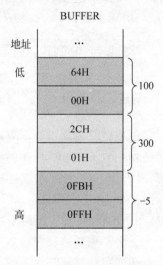

图 4-2　数据存储示意图

2. ASCII 码字符串

例如:

```
B1   DB   'AB$'
```

该语句分配了 3B 的空间,用于存放字符串'AB$',B1 类似于 C/C++的字符数组,其值为字符串的首地址,即存放字符 A 的内存地址。

3. 地址表达式

例如：

```
B1   DB   'AB$'
B2   DW   B1
```

第 2 个语句给变量 B2 分配了 2B 的空间，并用 B1 的值初始化，也就是说变量 B2 中存放的是一个地址。

4. 用"?"表示所定义变量无确定初值

例如：

```
MAX   DB   ?
```

该语句定义了一个变量 MAX，占据 1B 的空间，但未初始化。MAX 为该数据在内存中存储地址的符号表示。

5. n DUP（表达式）

这种格式用于定义一些重复的数据或分配一数据块空间，其中 n 是重复因子，只能取正整数，它表示定义了 n 个表达式。如果括号中的表达式为"?"，则表示该数据定义语句用于分配内存空间，但不对该空间初始化，否则不仅为数据分配内存空间，而且还把该空间初始化为表达式所指定的值。

例如：

```
DATA1   DB  20 DUP（5）
DATA2   DW  10 DUP （?）
DB  100  DUP （'STACK'）
```

语句 1 分配了 20B 的空间，并全部初始化为 5，DATA1 表示该空间的首地址。

语句 2 分配了 10 个字的空间，未初始化，DATA2 为该空间的首地址。

语句 3 分配了可以存放 100 个 'STACK' 字符串的无名空间，该字符串占 5B 空间，因此共分配了 500B 的空间，并重复填入 53H、54H、41H、43H、4BH。

数据定义伪指令可以出现在任意一个段中。例如：

```
data  segment
    org  0100h
    val1 db  11h, 22h, 33h, 44h
    val2 dw  1234h, 5678h
data ends
stack segment stack 'stack'
    db 100 dup ('s')
stack ends
```

在上述程序段中,数据段分别用 db 和 dw 伪指令定义了 2 个变量 val1 和 val2。程序中的 ORG 伪指令用来为其后一条语句指定起始偏移地址,本例中使变量 val1 从偏移地址 0100H 开始存放,即 val1 的值为 0100H,是数据 11h 所在存储单元地址的符号表示,val2 的值为 0004h。若没有 ORG 伪指令,默认从偏移地址 0000H 开始存放。程序中可以有多个 ORG 伪指令,用于给不同变量指定存储的偏移地址。ORG 伪指令也可以用在代码段中,用于从指定偏移地址存放指令。堆栈段中的 db 伪指令为堆栈段分配了 100B 的空间。

4.2.4　符号定义伪指令

1. EQU 语句

使用 EQU 可以用一个名字来代表一个常数或者表达式,其作用类似于 C/C++ 语言中的宏。例如:

```
DATA SEGMENT
   ORG 1000H
COUNT   EQU  20            ;A
BLOCK   DB  'Read after me!'  ;B
NUM     EQU  $ - BLOCK       ;C
DATA   ENDS
```

本程序段的说明如下:

(1) A 行用 EQU 伪指令定义了一个符号常量 COUNT,并使其值为 20,以后在程序中出现 COUNT 的地方用 20 来代替。要特别注意的是,COUNT 不是变量名,不分配空间。

(2) B 行则定义了变量 BLOCK,BLOCK 为字符串'Read after me!'的首地址,因 COUNT 不占存储空间,因此 BLOCK 的值为 ORG 伪指令指定的 1000H。

(3) C 行同样用 EQU 伪指令定义了一个符号常量 NUM。'$'运算符返回汇编程序的汇编地址计数器的当前值。在本例中,因字符串'Read after me!'占 14B 空间,故给字符串分配完空间后,汇编地址计数器的当前值 $ 等于字符串中最后一个字符"!"所在单元的下一个字节的地址偏移量,即 100EH,而 BLOCK 的值为字符串第一个字符"R"所在单元的偏移地址,即 1000H,所以 $ - BLOCK 使 NUM 获得 BLOCK 数据块的字节数,即字符串的长度。

使用 EQU 伪指令可使程序更清晰、易读。另外在用 EQU 对某个名字赋值后,不能再使用 EQU 伪指令对该名字重新赋值,名字后面也不能加冒号(:),除非用伪指令 PURGE 释放后,这些符号常量才能被重新定义。也就是说 EQU 伪指令定义的符号在 PURGE 伪指令解除前不能重新定义。PURGE 伪指令的使用格式如下:

```
PURGE   符号名 1,符号名 2,…,符号名 N
```

2. 等号伪操作语句(赋值语句)

等号伪操作也可以把一个常数或表达式指定给一个符号常量名,该伪指令定义的符号常量也不占存储空间,但与 EQU 伪操作语句不同的是,用等号伪操作定义的符号常量可以重新再定义。

例如:

```
B1=6            ;B1 定义为 6
B1=10           ;重新定义 B1 为 10
```

4.2.5 汇编结束伪指令

汇编语言源程序的最后一个语句是汇编程序结束语句,即 END 语句。END 语句用来告诉汇编程序,这是程序的最后一行,汇编到此结束。其格式为

$$\text{END} \quad [\text{标号/过程名}]$$

END 后面的表达式是可选的。如果汇编语言程序由多个过程模块组成,则只有主过程模块的 END 要加表达式,其他子过程模块只用 END 即可,表示该程序模块不能单独执行,可能还需要和其他程序连接。

主过程模块(类似于 C/C++ 中的主函数)的 END 伪指令后面通常跟的是主过程名(过程名代表过程的入口地址),或者是第一条可执行指令前的标号,用于指示程序开始执行的起始地址。这样汇编程序在进行汇编时,将过程名或标号属性中的段地址送代码段寄存器 CS,将偏移地址送指令指针寄存器 IP,也就是指定了程序执行时的入口地址。

4.3 运算符和表达式

汇编语言提供了非常丰富的运算符,主要有算术运算符、逻辑运算符、关系运算符、值返回运算符及属性运算符等。将常数、符号、寄存器等通过运算符连接起来的式子叫作表达式。

4.3.1 算术运算符

算术运算符有加(+)、减(−)、乘(×)、除(/)、模(MOD)、左移(SHL)和右移(SHR)七种。除法返回的是商,而 MOD 操作返回除法操作的余数。例如

```
MOV  PI_INT, 31416/10000      ;PI_INT=3
MOV  PI_REM, 31416 MOD 10000  ;PI_REM=1416
```

SHL 和 SHR 移位运算符是在汇编过程中由汇编程序计算结果的,因为左移、右移 1 位分别相当于乘以 2 和除以 2,因此归入算术运算符中。而 SHL 和 SHR 指令是在程序运行时由 CPU 执行的。例如:

```
MOV   AL，00110010B SHL 2        ;AL=11001000B
MOV   AL，00110010B SHR 2        ;AL=00001100B
```

4.3.2　逻辑运算符

汇编语言的逻辑运算符有：

AND——逻辑"与"

OR——逻辑"或"

XOR——逻辑"异或"

NOT——逻辑"非"

逻辑运算符是按位操作的,它与同名的逻辑运算指令的区别在于,前者在汇编时完成逻辑运算,而后者在执行指令时完成逻辑运算。例如,若 MASK 的值为 00101011B,则指令 AND   AL, MASK AND 0FH 在汇编时由汇编程序计算出"MASK AND 0FH"为 0BH,指令变为"AND AL, 0BH",在指令执行时才能得到结果。

4.3.3　关系运算符

关系运算符有：

EQ——等于(equal)

NE——不等(not equal)

LT——小于(little than)

GT——大于(great than)

LE——小于等于(little and equal)

GE——大于等于(great and equal)

关系运算符用于比较两个操作数的值,结果为一个逻辑值。如果关系成立,则结果为真,用 0FFFFH 表示；结果为假,用 0000H 表示。关系运算符的两个操作数必须都是数字或是同一段内的两个存储单元的地址。比较时,若为常数按无符号数比较,如果是变量按其在内存中的偏移地址比较。由于关系运算符只能产生两个值,因此很少单独使用。一般都同其他操作结合以构成一个判断表达式。例如,要实现计算

$$AX = \begin{cases} 5, & CHOICE < 20 \\ 6, & CHOICE \geqslant 20 \end{cases}$$

可以使用下列语句：

```
MOV   AX，((CHOICE LT 20) AND 5)   OR   ((CHOICE GE 20) AND 6)
```

当 CHOICE<20 时,汇编结果应该是：MOV AX, 5。

当 CHOICE≥20 时,汇编结果应该是：MOV AX, 6。

4.3.4 值返回运算符

1. "$"运算符

"$"运算符返回汇编器当前地址计数器的值。可以利用"$"运算符和减法运算符"−"求数组的长度。例如：

```
DATA   SEGMENT                    ;数据段定义
   LIST DW 1234H, 389, 512, 29, 7400H    ;LIST 变量定义
   COUNT   EQU   ($−LIST)/2       ;COUNT 为数组元素的个数
DATA   ENDS
```

在上例中，变量 LIST 实际定义了一个有 5 个元素的数组空间，每个元素占 2B。LIST 的值为空间的首地址(偏移地址)，此处的值为 0000H，结束该空间分配后，汇编器当前地址计数器的值为 000AH，即数字 7400H 后面的那个存储单元的地址，可通过($−LIST)/2 得到数组元素的个数。

2. SEG 和 OFFSET 运算符

SEG 和 OFFSET 运算符分别返回一个变量或标号的段地址和偏移地址。例如：

```
MOV   AX, SEG TABLE              ;把 TABLE 的段地址送 AX
MOV   BX, OFFSET   TABLE         ;把 TABLE 的偏移地址送 BX
```

第二条指令等价于"LEA   BX, TABLE"指令。

3. TYPE 运算符

TYPE 运算符用于返回变量和标号的类型。对于变量，返回变量中每个数据所占的字节数，例如用 DB 伪指令定义的变量返回 1，用 DW 定义的变量返回 2，以此类推；对于标号，NEAR 标号返回值为 −1(0FFFFH)，FAR 标号返回值为 −2(0FFFEH)。

例如，若 AB 是 DB 定义的变量，执行

```
MOV   AX, TYPE AB
```

语句，得 AX=0001H。

4. LENGTH 和 SIZE 运算符

LENGTH 和 SIZE 运算符只对用 DUP 定义的变量(数组)有意义。LENGTH 返回的是分配给该变量的元素的个数，而 SIZE 返回的是分配给变量的字节数，或者说它返回的是变量的长度与其类型之积。例如：

```
TABLE   DW 100 DUP (?)
```

执行指令"MOV CX,LENGTH TABLE",则 CX=100;若执行指令"MOV CX,SIZE TABLE",则 CX=100×2=200。

5. HIGH 和 LOW

HIGH 和 LOW 运算符分别返回一个 16 位表达式的高位字节和低位字节,表达式必须具有常量值,如常数、地址表达式,不能是存储器操作数或寄存器内容。例如:

```
NUM     EQU     0CDEFH
MOV     AH, HIGH   NUM        ;AH=0CDH
MOV     AL, LOW   NUM         ;AL=0EFH
```

4.3.5　属性运算符

1. PTR 运算符

PTR 运算符用于暂时改变变量或标号的原有属性,仅在当前语句中有效,是一种临时设置。PTR 的一般格式是

新属性　PTR　表达式

例如 F1 是 DW 定义的字变量,F2 是 DB 定义的字节变量,若要取 F1 的低字节,或者要将 F2 开始的两个字节送 BX,则代码为

```
F1  DW  1234H
F2  DB  23H, 56H, 18H
        ⋮
MOV AL,BYTE PTR F1        ;AL=34H
MOV BX,WORD PTR F2        ;BX=5623H
```

在上一章介绍 MOV 指令时,要求源操作数和目的操作数的位数必须一致。当不一致时,可以用 PTR 运算符暂时改变一下变量的属性,使两个操作数的类型一致。PTR 还常在段间调用指令中使用,例如:

CALL　DWORD　PTR [BX]　　　　;远程调用,把 BX 指向的四个单元内容作为远调用的目标地址

2. THIS 运算符

THIS 运算符与 PTR 运算符有类似的功能,常与 EQU 伪指令一起使用,形成新变量名或标号,使它们具有 THIS 后所指的类型,而段基值和偏移量与紧接的变量名或标号相同。例如:

```
FIRST  EQU  THIS  BYTE        ;FIRST 变量具有 BYTE 属性,其地址与 SECOND 相同
SECOND  DW  5678H
MOV  AX,TYPE  FIRST           ;AX=0001H,FIRST 类型是字节变量
MOV  BL,FIRST                 ;BL=78H
```

THIS 还可以用来定义 FAR 标号,例如:

```
MILES  EQU  THIS  FAR         ;MILES 是远标号,其地址与下面的 CMP 指令相同
CMP  SUM,100
  ⋮ }>64KB
JMP  MILES                    ;段间转移
```

3. 段超越运算符

段超越运算符由段寄存器名和冒号表示。段超越运算符强迫当前指令的操作数的寻址不按约定的段进行,而由超越运算符指定的段寻址,例如:

```
MOV  AX,ES:[BX]
```

强迫源操作数来自 ES 段,而不是默认的 DS 段。

4. SHORT 运算符

SHORT 运算符通知汇编器,转移目标在当前 IP 地址(当前正在执行指令的下一条指令的地址)的−128～+127 之间。例如"JMP SHORT F1",JMP 指令原为三字节指令,加 SHORT 后,将汇编成两字节指令。

4.3.6 运算符的优先级

如果一个表达式中有多个运算符,则系统根据优先级别从高到低的顺序进行运算,如果运算符的优先级别相同,则按从左到右的顺序进行运算。运算符的优先级如表 4-3 所示。

表 4-3 运算符的优先级

优先级		运 算 符
低	1	( ),[ ],LENGTH,SIZE
	2	OFFSET,SEG,TYPE,PTR,THIS,CS:,DS:,SS:,ES:(即段超越)
	3	HIGH,LOW
	4	*,/,MOD,SHL,SHR
	5	+,−(双目运算符)
	6	EQ,NE,LT,LE,GT,GE
	7	NOT
	8	AND
高	9	OR,XOR
	10	SHORT

4.4 汇编语言程序结构

DOS 操作系统支持两种可执行程序结构,分别为 EXE 程序和 COM 程序。

4.4.1 EXE 文件程序结构

EXE 文件(扩展名为 .EXE)的程序结构有独立的代码段、数据段和堆栈段,还可以有多个代码段或多个数据段,程序长度可以超过 64KB,程序开始执行的指令可以任意指定。

EXE 文件由文件头(也叫程序段前缀,program segment prefix,PSP)和装入模块两部分组成。装入模块就是程序本身,文件头则由连接程序生成,占 256B,含有文件的控制信息和重定位信息,供 DOS 装入 EXE 文件时使用。

EXE 文件没有规定各个逻辑段的先后顺序,在源程序中通常按照便于阅读的原则书写各个逻辑段。由完整段定义源程序生成的 EXE 文件,默认按照源程序各段的书写顺序安排。

例 4-1 就是一个典型的包含了数据段、堆栈段、代码段完整定义的 EXE 文件程序结构的汇编语言程序。其中代码段中一些语句和操作系统对 EXE 文件的组织密切相关,具体如下:

(1) 在操作系统环境下执行一个程序时,自然要求当该程序运行结束后,将控制权返还给操作系统。如前所述,操作系统在加载一个 EXE 文件时首先要建立一个 PSP,而 PSP 的头两个字节是一条"INT 20H"指令,执行"INT 20H"指令是把控制权返还给 DOS 的传统方法。在程序结束时使 CS 和 IP 的值得到 PSP 这条指令的地址就可以终止自己的进程,实现这个目的。所以首先要在程序开头将 PSP 起点的段地址和偏移地址(默认为 0000H)保存起来。如图 4-3 所示,操作系统的装入程序在加载一个 EXE 文件时,经重定位后是把 DS 和 ES 定位在 PSP 的起点上的,于是在代码段的开始部分可通过下面三条指令把 PSP 的起点地址推入堆栈:

```
PUSH   DS        ;PSP 起点的段地址推入堆栈
XOR    AX, AX    ;AX=0000H,即 PSP 起点的偏移地址
PUSH   AX        ;PSP 起点的偏移地址推入堆栈
```

这三条指令还需要程序最后的 RET 指令配合,才能最终实现控制权返还给 DOS 系统的目的。RET 指令将从堆栈顶部弹出 PSP 的起点地址送"CS:IP",使得 INT 20H 指令得以执行,从而把控制权交还给 DOS。通常把这三条指令称为标准程序前奏。

(2) 代码段中的 ASSUME 语句给出了段寄存器和段名之间的对应关系,但并没有真正给段寄存器赋值。而且操作系统在加载 EXE 文件时,DS 和 ES 也并没有在真正的数据段和附加段的位置,因此必须给 DS 和 ES 重新赋值,例如在例 4-1 中使用了

```
MOV  AX, DATA
MOV  DS, AX
```

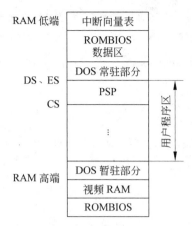

图 4-3 装入 EXE 文件后内存的状况

给 DS 赋值。在汇编后 DATA 会变为一个具体的数字(段基址),因立即数不能直接送给段寄存器,故通过 AX 中转。

为什么只对 DS 赋值呢? 如图 4-3 所示,DOS 环境下运行程序时,DOS 的装入程序已对"CS:IP"和"SS:SP"作了正确的初始化,而 DS、ES 初始化为程序段前缀 PSP 的起点,而非用户所需的地址。如果程序中也定义了附加段,那么也应给 ES 用类似语句赋值。

4.4.2 COM 文件程序结构

COM 文件也是一种可执行文件,和 EXE 文件不同,COM 文件不允许分段,文件大小不允许超过 64KB,且不必设置堆栈段。对所有的过程应定义为 NEAR 属性。COM 文件与 EXE 文件相比装入速度快,占用的内存空间少。

DOS 的装入程序在加载 COM 程序时,把 4 个段寄存器都初始化在 PSP 的起点上,而 PSP 占 256B,所以把 IP 初始化为 0100H,SP 初始化在整个段之末,如图 4-4 所示。由此可见,创建 COM 结构的程序需要满足一定条件:源程序只能设置一个代码段,不能设置数据、堆栈等逻辑段;程序必须从偏移地址 0100H 处开始执行;数据安排在代码段中,但不能与可执行代码冲突,通常放在程序最后。

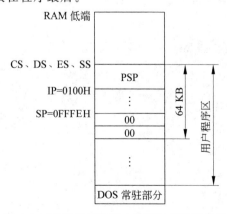

图 4-4 COM 程序被装入内存时的初始设置

使用 MASM 5.X 只能生成 EXE 文件,然后可用 EXE2BIN.EXE 程序将符合 COM 程序条件的文件转换为 COM 文件。使用 MASM 6.X 可以直接生成 COM 文件,但需要有 TINY 存储模式支持。使用 DEBUG 程序也可以直接生成 COM 文件。

4.4.3 返回 DOS 的方法

一个汇编语言程序运行结束后要将控制权返还到 DOS,因此程序中要有相应的指令完成这一过程,通常有以下三种方法。

1. 使用 INT 20H 指令

系统把中断调用指令 INT 20H 作为结束进程返回 DOS 的一个子程序,故在用户程序结束时可插入 INT 20H 指令以返回 DOS。在 COM 文件中或 DEBUG 下编写的程序可以用 INT 20H 结束。

2. 标准程序前缀法

程序运行结束时可通过转移到程序段前缀 PSP 的开始处来返回 DOS,因为在那里 DOS 存放了一条 INT 20H 指令。采用该方法必须将执行模块定义为过程,并且在代码段中增加标准程序前缀,最后用 RET 结束程序。例 4-1 就采用了这种方法。

3. 使用 4CH 功能调用

在用户程序结束时插入以下语句可以返回 DOS。

```
MOV  AH, 4CH;或 MOV  AX, 4C00H
INT 21H
```

4CH 功能调用终止当前程序的运行,并把控制权交给调用的程序,即返还给 DOS 系统。在主程序不以过程形式编写时,常采用这种方法。

【例 4-2】 例 4-1 的程序采用 4CH 功能调用结束程序运行,将控制权返还操作系统。

```
;exm4_2. asm find the largest number and store in the max unit
data segment                                              ;定义数据段
    org  0200h
    buffer  dw 0, 1, -5, 10, 256, -128, -100, 45, 6, 32765  ;定义数组
    count   equ ( $ -buffer)/2                             ;定义符号常量
    max  dw ?                                              ;定义 max 变量
data ends
stack segment                                             ;定义堆栈段
    db 100 dup ('s')
stack ends
code   segment                                            ;定义代码段
    assume cs:code, ss:stack, ds:code                     ;段寻址
start: mov ax, data
    mov ds, ax
```

```
        lea si, buffer
        mov cx, count
        dec cx
        mov ax, [si]
chkmax: add si, 2
        cmp [si], ax
        jle next
        mov ax, [si]
next: loop chkmax
        mov max, ax
        MOV AH, 4CH
        INT 21H
main endp
code    ends
end start
```

例 4-2 与例 4-1 的主要区别如下：

（1）主程序没有定义过程；

（2）代码段没有标准程序前缀那三行；

（3）代码段最后没有 RET 指令，代之以 4CH 功能调用。

4.5　汇编语言程序设计分析

汇编语言程序设计与高级语言程序设计的过程大致相同。编写汇编语言源程序的步骤如下：

（1）从实际问题中抽象出数学模型；

（2）确定解决此模型的算法；

（3）程序模块划分，各模块相对独立；

（4）画出程序流程图；

（5）分配内存工作单元和寄存器；

（6）按流程图编制程序；

（7）静态检查；

（8）上机调试运行。

由上述步骤可以看出，汇编语言程序设计与高级语言程序设计最大的不同在于第（5）步，即分配内存工作单元和寄存器，在高级语言程序设计中不需要这一步。

汇编语言程序同高级语言程序一样，最常见的结构有顺序结构、分支结构、循环结构、子程序结构。这几种基本结构程序设计方法是汇编程序设计的基础。

4.5.1　顺序结构程序设计

顺序结构是最基本的程序结构。其特点是语句按顺序逐条执行，无分支、循环和转移。

【例 4-3】 实现两个 32 位无符号数乘法运算,并保存乘积。

分析:在 8088/8086 指令系统中,乘法指令的操作数最长只能是 16 位的二进制数,所以 32 位乘法运算需要进行 4 次 16 位乘法运算,然后错位将部分积相加得到结果,如图 4-5 所示。图中 A、B 分别代表一个 32 位无符号数的高 16 位和低 16 位,C、D 分别代表另一个 32 位无符号数的高 16 位和低 16 位。可用四个连续的字单元来存放乘积。

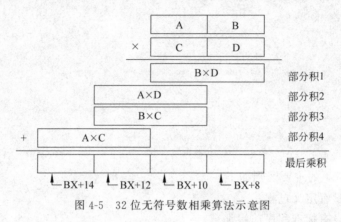

图 4-5　32 位无符号数相乘算法示意图

设两个 32 位无符号数分别是 40048000H、20028008H。程序如下:

```
;exm4_3. asm 32 bits multiply
data segment                              ;数据段
    num1 dw 8000h,4004h                   ;乘数 1
    num2 dw 8008h,2002h                   ;乘数 2
    mut dw 4 dup (0)                      ;mut 存放乘积
data ends
stack segment stack 'stack'              ;堆栈段
    db 100 dup ('s')
stack ends
code segment para 'code'                 ;代码段
    assume cs:code, ds:data, ss:stack
main proc far
    push ds
    xor ax,ax
    push ax
    mov ax,data
    mov ds,ax
    lea bx,num1                           ;取乘数 1 的偏移地址
    mov ax,[bx]                           ;B——> ax
    mov si,[bx+4]                         ;D——> si
    mov di,[bx+6]                         ;C——> di
    mul si                                ;B*D,积保存在 DX 和 AX 中
    mov [bx+8],ax                         ;部分积 1
    mov [bx+10],dx
    mov ax,[bx+2]                         ;A——> ax
```

```
        mul si                    ;A * D
        add [bx+10],ax            ;部分积 2 和部分积 1 错位相加
        adc [bx+12],dx
        mov ax,[bx]               ;B——>ax
        mul di                    ;B * C
        add [bx+10],ax            ;部分积 3 和前面的结果相加
        adc [bx+12],dx
        adc word ptr [bx+14],0    ;进位位加至部分积 4
        mov ax,[bx+2]             ;A——>ax
        mul di                    ;A * C
        add [bx+12],ax            ;部分积 4 和前面的结果错位相加
        adc [bx+14],dx
        ret
main    endp
code    ends
        end main
```

4.5.2　分支结构程序设计

在实际应用中,始终是顺序结构的程序并不多见,经常会碰到需要计算机做出一些判断,并根据判断结果做不同处理的情况,这种程序结构就是分支结构。分支程序经常利用改变标志位的指令和转移指令来实现。如采用比较指令 CMP、逻辑测试指令 TEST,产生相应的状态标志,选择适当的条件转移指令,实现不同情况的分支转移。典型的分支结构如图 4-6 所示,有简单分支结构、二分支结构和多分支结构。下面举例说明。

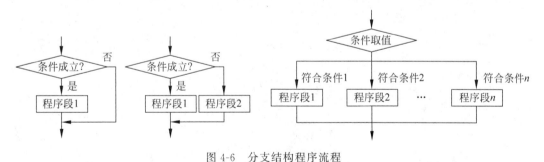

图 4-6　分支结构程序流程

【**例 4-4**】　编程实现符号函数

$$y = \begin{cases} 1, & x > 0 \\ 0, & x = 0 \\ -1, & x < 0 \end{cases}$$

分析:要实现符号函数,应先把 x 从内存中取出来,执行一次"逻辑与"或"逻辑或"操作,就可以把 x 的符号特征反映在标志位上,再根据标志位状态来进行跳转。程序框图如图 4-7 所示,程序如下:

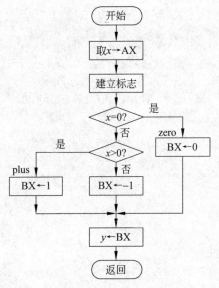

图 4-7　符号函数程序流程

```
;exm 4_4.asm sign function
data segment
     x  dw  12
     y  dw  ?
data ends
stack segment   stack 'stack'
      db  100   dup ('s')
stack ends
code segment   para  'code'
     assume cs:code,ds:data,ss:stack
sign  proc  far
     push  ds              ;标准程序前奏
     xor  ax,ax
     push  ax
     mov  ax,data          ;建立 DS
     mov  ds,ax
     mov  ax,x
     and  ax,ax            ;建立标志
     jz  zero              ;若 x=0,转 zero
     jns  plus             ;若 x>0,转 plus
     mov bx,0ffffh         ;若 x<0,令 BX=-1
     jmp  done
zero: mov  bx,0
     jmp  done
plus: mov  bx,1
done: mov  y,bx            ;存放结果到变量 y 中
     ret
sign  endp
code  ends
     end  sign
```

4.5.3　循环结构程序设计

凡需要重复做的工作,在计算机中都可用循环结构程序来实现。循环结构是程序设计中常用的结构。典型的循环结构如图 4-8 所示。

循环结构程序一般由以下几部分组成。

(1)初始化部分:用于对循环过程中的工作单元及寄存器置初始值。例如设置地址指针、寄存器清零、设置标志等。

(2)处理部分:重复进行的数据处理工作。

(3)循环控制部分:为下一轮处理修正地址指针和计数器值等,并判断结束条件是否满足,满足则退出循环。

(4)结束部分:分析和存放结果。

循环结构有直到型循环(相当于 C/C++ 的 do—while 循环)和当型循环(相当于 C/C++ 的 while 循环)两种。由图 4-8(a)可见,直到型循环的处理部分至少要做一次,而图 4-8(b)所示的当型循环把处理部分和控制部分交换了一下位置,它的处理部分有可能一次都不执行,即允许 0 次循环。

【例 4-5】　下面是将 100B 的数据从源传送到目的地的程序段。图 4-8(a)的结构程序见 cycle1.asm,图 4-8(b)的结构程序见 cycle2.asm。

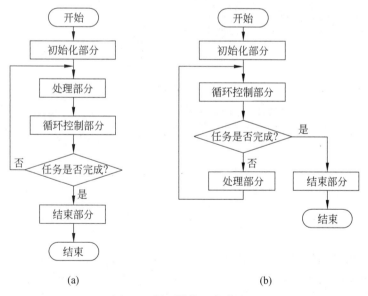

(a)　　　　　　　　　　　　　(b)

图 4-8　循环结构程序流程图

```
;cycle1.asm cycular program structure(a)
    mov ax,3000h
    mov ds,ax
    mov si,0100h
```

```
        mov di,0200h
        mov cx,100
11: mov al,[si]
        mov [di],al
        add si,1
        add di,1
        loop 11
        int 20h


;cycle2.asm cycular program structure（b）
        mov ax,3000h
        mov ds,ax
        mov si,0100h
        mov di,0200h
        mov cx,100
        inc cx
11: dec cx
        jz 12
        mov al,[si]
        mov [di],al
        inc si
        inc di
        jmp 11
12: int 20h
```

　　很多循环结构的程序可用计数器(如上例中的 CX)控制循环次数。但有的问题事先不知道重复次数,而要按问题的具体情况控制循环。例如用牛顿迭代法求解方程,事先并不知道要迭代多少次,就可以根据相邻两次所求得值的误差小于一定值而停止循环。在程序中可通过比较指令和跳转指令来实现。

　　【例 4-6】　设有 10 个符号数,采用冒泡法将这 10 个数由小到大进行排序。

　　解决这个问题的算法及步骤如下:

　　(1) 设定初值:置交换标志 BL=0,SI 为最后一个元素的下标,比较次数 CX=元素个数-1。

　　(2) 从后往前两两比较,若后面的数大,则转第(3)步;否则相互交换数值,并将 BL 置为-1(说明还未排好序)。

　　(3) 修改 SI 的值,将 CX 减 1 后判断其是否为 0。若 CX≠0 则转第(2)步。若 CX=0,本轮比较完毕,进入第(4)步。

　　(4) 检查交换标志,若 BL=0,说明已排好序,则结束;若 BL≠0,则转第(1)步,进行下一轮比较。

　　程序流程图如图 4-9 所示。

　　流程程序如下:

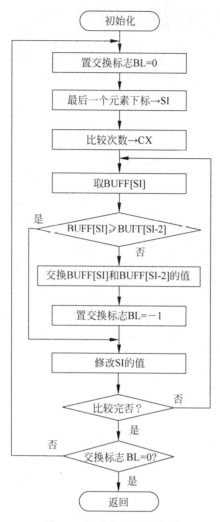

图 4-9　冒泡排序程序流程

```
;exm4_6.asm bubble sort
DATA SEGMENT
    BUFF DW 1, 30, -60, 125, 90, -1890, 67, -3844, 9, 50
    CONT EQU $-BUFF
DATA ENDS
STACK SEGMENT STACK 'STACK'
    DB 100 DUP ('S')
STACK ENDS
CODE SEGMENT PARA 'CODE'
        ASSUME CS:CODE, DS:DATA, SS:STACK
SORT PROC FAR
    PUSH DS                  ;标准程序前奏
    XOR AX, AX
    PUSH AX
    MOV AX, DATA
    MOV DS, AX
```

```
L1:      MOV BL, 0                    ;置交换标志 BL＝0
         MOV CX, CONT
         MOV SI, CX
         DEC SI
         DEC SI                       ;SI 为数组最后一个元素的下标
         SHR CX, 1                    ;CX 右移 1 位,得到数组元素的个数
         DEC CX                       ;减 1 后得到比较次数
AGAIN:   MOV AX, BUFF[SI]
         CMP AX, BUFF[SI－2]
         JGE NEXT
         XCHG AX, BUFF[SI－2]
         MOV BUFF[SI], AX
         MOV BL, －1                   ;数组元素间有交换,置 BL＝－1
NEXT:    DEC SI
         DEC SI
         LOOP AGAIN                   ;内层循环
         CMP BL, 0
         JNE L1                       ;外层循环
         RET
SORT ENDP
CODE ENDS
END SORT
```

4.5.4 子程序设计

若一段指令在一个程序中多处使用,或在多个程序中使用,则通常把这段指令当作一个独立的模块来处理,称为子程序(80x86 汇编语言中称为过程)。当要用这个子程序时,使用CALL 指令调用即可。主程序和子程序的关系如图 4-10 所示。每个子程序的末尾必须以RET 指令结尾。

在许多情况下,希望子程序有通用性,这就要求子程序除有使用说明外,还能接收主程序传来的入口参数,在子程序执行完后把出口参数传递给主程序。例如两个多字节数相加的子程序,调用时允许主程序给出两个加数(或它们的地址),即入口参数,子程序返回时应能返回"和"或者"和的地址",这个"和"或者"和的地址"便是出口参数。

汇编语言程序设计中的参数传递方式通常有三种:

(1) 用寄存器传递,适用于参数个数较少的情况;

(2) 用程序存储器中的参数表传递,这个参数表紧跟在调用指令的后面;

(3) 利用堆栈传递参数,适用于参数较多且子程序有嵌套、递归调用的情况。

不论使用哪一种参数传递方法,都要考虑主程序和子程序中公用寄存器的处理问题。子程序不可避免地要使用 CPU 中的一些寄存器,在子程序执行后,这些寄存器的内容会发生变化。如果主程序在这些寄存器中存放了有

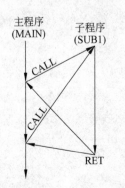

图 4-10 主程序和子程序的关系

用的数据,则从子程序返回主程序后,主程序的运行势必因原存信息被破坏而出错。解决这个问题的方法是在使用这些寄存器之前,将其原内容推入堆栈保存起来,在使用之后再依据先进后出的原则将其还原。前者称为保护现场,后者称为恢复现场。该工作一般在子程序中完成。子程序中没有用到的寄存器可不入栈保护。因此在子程序开头会看到很多条PUSH 指令,在最后有同样多条 POP 指令。

```
PUSH   AX
PUSH   BX
PUSH   CX
...
POP   CX
POP   BX
POP   AX
```

另外,在子程序调用时,堆栈中还有断点地址,有时还有传递的参数,因此在子程序中使用 PUSH 和 POP 指令时要格外小心,以免造成子程序无法正常返回。

1. 用 CPU 内部的寄存器传递参数

采用寄存器法进行参数传递时,传递的入口参数和出口参数都在约定的寄存器中,当所传递的参数较少时,一般用这种方法。用来传递入口和出口参数的寄存器不用在子程序中保护现场和恢复现场。

【例 4-7】 调用 sum 子程序计算数组元素的和。

分析:本例可以将数组首地址和数组元素的个数通过 CPU 内部的寄存器传递给子程序,计算的和也可以通过寄存器返回,主程序到约定的寄存器中取结果。

程序如下:

```
;exm4_7. asm Calculates the sum of array elements
datasegment
       arry1   db   10, 20, 30, 40, 50, 60      ;定义的数组
       count   equ   $ - array1                  ;数组元素的个数
       result   dw   ?
data     ends
stack     segment   stack   'stack'
       db   100 dup ('s')
stack ends
code     segment   para   'code'
       assume cs:code, ds:data, ss:stack
main   proc   far
       push   ds
       mov   ax, 0
       push   ax
       mov   ax, data
       mov   ds, ax
       mov   BX, offset arry1          ;数组偏移地址送 BX 寄存器
       mov   CX, count                  ;数组元素个数送 CX 寄存器
```

```
        call    sum                 ;调用子程序
        mov     result, AX          ;AX 保存返回的参数,即和
        ret
main  endp

sum   proc    near
        pushf                       ;将子程序中用到的寄存器入栈保护
        mov     AX, 0               ;AX 保存数组元素的和
next: add      AL, [BX]            ;从 BX 指向的存储单元取数组元素
        adc     AH, 0
        inc     BX
        loop    next                ;循环次数受参数 CX 控制
        popf                        ;恢复现场
        ret
sum   endp
code  ends
      end     main
```

2. 用程序存储器中的参数表传递参数

该方法是在主程序中把要传递的参数直接放在调用子程序的 CALL 指令后面。例如求两个 32 位二进制数的和,将参数放在 CALL 指令的后面。程序段如下:

```
CALL   ADDSUM
NUM1   DD   12345678H       ;加数 1
NUM2   DD   00005678H       ;加数 2
SUM    DD   ?               ;"和"所在的存放单元
```

在执行 CALL 指令时,会将 CALL 指令后面的存储单元的地址(也称为断点地址或返回地址)推入堆栈,在本例中将把变量 NUM1 的地址推入堆栈,如果是 NEAR 型调用,则该地址为 NUM1 的偏移地址,如果是 FAR 型调用,则还包括段地址。在子程序中,只要到堆栈中取出该地址,就可以找到传递的参数。应该注意的是,从子程序返回时应该修改返回地址,跳过参数,返回到后续的指令处。

子程序中相应指令如下:

```
PUSH   BP
MOV    BP, SP
   ⋮
MOV    BX, [BP+2]          ;从堆栈中取出断点地址,即 NUM1 的偏移地址
MOV    AX, CS:[BX]
MOV    DX, CS:[BX+2]
   ⋮
ADD    BX, 12              ;修改返回地址,使子程序返回到参数后面的指令处
MOV    [BP+2], BX
   ⋮
RET
```

如果传递的是参数的地址而不是参数本身,则在主程序中 CALL 指令后面一般要用
"NUM1　　DW OFFSET VAL1，SEG VAL1"类型的语句,在子程序中要用"LDS SI,
DWORD PTR CS:[BX]"类型的语句得到参数的地址。

【例 4-8】　编程实现两个 64 位二进制数相加(不考虑进位,即和不超过 64 位),采用在
CALL 指令后定义两个加数及和的偏移地址和段地址的参数传递方法,程序如下:

```
        ;exm4_8.asm 64 bits addition
        data    segment
            val1    dd   10h, 12345678h
            val2    dd   20h, 34567890h
            sum     dd   ?,?
        data  ends
        stack segment stack 'stack'
                db 100 dup ('s')
        stack ends
        code    segment    para 'code'
                assume   cs:code,ds:data,ss:stack
        sta proc far
            push ds
            xor ax,ax
            push ax
            mov   ax,data
            mov   ds,ax
            mov   es,ax
            call  add64
            num1 dw offset val1,seg val1      ;加数 1 的偏移地址和段地址
            num2 dw offset val2,seg val2      ;加数 2 的偏移地址和段地址
            result dw offset sum,seg sum      ;和的偏移地址和段地址
            ret
        sta endp
        add64 proc near                       ;子程序
            push bp                           ;保护现场
            mov bp,sp
            pushf
            push ax
            push cx
            push bx
            push si
            push di
            mov bx,[bp+2]
            lds si,dword ptr cs:[bx]          ;取第 1 个加数的偏移地址和段地址
            lds dx,dword prt cs:[bx+4]        ;取第 1 个加数的偏移地址和段地址
            lds di,dword ptr cs:[bx+8]        ;取存放结果的存储单元的偏移地址和段地址
            xchg dx,bx
            mov cx,4
            clc
again:  lodsw
        adc ax,[bx]
```

```
        stosw
        inc bx
        inc bx
        loop again
        mov bx,[bp+2]
        add bx,0ch                    ;跳过参数部分,得到真正的返回地址
        mov [bp+2],bx
        pop di                        ;恢复现场
        pop si
        pop bx
        pop cx
        pop ax
        popf
        pop bp
        ret
    add64 endp
    code ends
        end sta
```

例 4-8 中代码段及堆栈段数据和地址的存放情况如图 4-11 所示。

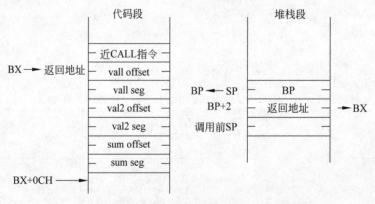

图 4-11   例 4-8 代码段及堆栈段数据和地址的存放情况

3. 用堆栈传递参数

堆栈传递适用于参数较多且子程序有嵌套、递归调用的情况。在主程序中把参数推入堆栈后再调用子程序,子程序通过堆栈操作指令从堆栈中取得参数。

【例 4-9】 定义一数组求和子程序 SUM,并用这个子程序分别求出 ARY1 和 ARY2 两个数组的和,结果分别存入 SUM1 和 SUM2 字单元中。SUM 子程序的说明见程序中注释部分,第一次调用子程序后堆栈的情况如图 4-12 所示。程序如下:

```
;exm4_9. asm Calculates the sum of array elements
    data segment
      ary1 db 03h,07h,50h,06h,23h,45h,0f6h,0dfh
      len1 equ $ — ary1
```

```
        sum1 dw ?
        ary2 db 33h,44h,55h,12h,78h,89h,0feh,0cdh,93h,65h
        len2 equ $ －ary2
        sum2 dw ?
    data ends
    stack segment stack 'stack'
        db 100 dup ('s')
    stack ends
    code segment para 'code'
        assume cs:code,ds:data,ss:stack
    main    proc far
        push ds
        xor ax, ax
        push ax
        mov ax, data
        mov ds, ax
        mov ax, len1
        push ax                 ;ary1 数组元素个数入栈
        lea ax, ary1
        push ax                 ;ary1 数组首地址入栈
        call sum                ;调用 sum 子程序
        mov ax, len2
        push ax
        lea ax, ary2
        push ax
        call sum
        ret
    main    endp
    sum     proc   near
        push bp
        mov bp, sp
        push ax
        push bx
        push cx
        pushf
        mov cx, [bp+6]          ;从堆栈中取数组元素个数送 cx
        mov bx, [bp+4]          ;从堆栈中取数组首地址送 bx
        xor ax, ax             ;sum＝0
add1:   add al, [bx]
        adc ah, 0
        inc bx
        loop add1
        mov [bx], ax           ;将 ax(和)送至相应存储单元
        popf
        pop cx
        pop bx
        pop ax
        pop bp
        ret 4
    sum endp
    code ends
        end sta
```

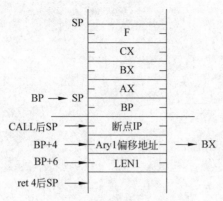

图 4-12　用堆栈传递参数示意图

4.5.5　简化段定义伪指令汇编语言程序

前面例子中给出的都是完整段定义格式的汇编语言程序,完整的段定义格式可以控制段的各种属性,但 MASM 5.0 以上版本的宏汇编程序除支持完整段定义伪指令外,还提供了一种新的简单易用的存储模型和简化段定义伪指令。简化段定义伪指令根据默认值提供段的属性,采用的段名和属性符合 Microsoft 高级语言的约定。简化段定义使汇编语言程序编写更为简单、方便,不易出错,且更容易与高级语言连接。

【例 4-10】　一个简化段定义的汇编语言程序

```
. model    small                ;程序存储模式
. stack                         ;堆栈段
. data                          ;数据段
string db 'Hello, World!',0dh,0ah,'$'   ;待显示的字符串
. code                          ;代码段
start：  mov ax,@data           ;@data 表示数据段段地址
mov ds, ax                      ;设置 ds
lea dx, string                  ;设置 dx,将其指向待显示字符串首地址
mov ah,9                        ;执行 9 号功能调用,显示 ds:dx 处指向的字符串
int 21h                         ;利用功能调用显示 Hello, World!
mov ah,4ch
int 21h                         ;程序终止,返回 dos
end start                       ;汇编结束
```

从例 4-10 中可以看出,简化模式的汇编语言程序首先要通过. model 伪指令设置存储模式及其使用环境。

1. 存储模式伪指令

存储模式决定一个程序的规模,也确定进行子程序调用、指令转移和数据访问的默认属性(NEAR 或 FAR)。当使用简化段定义的源程序格式时,在段定义语句之前必须有存储模式. model 语句,说明在存储器中如何安放各个段。. model 伪指令必须写在源程序的首部,

且只能出现一次,其前内容只能是注释。

model 伪指令的常用格式如下:

.model 存储模式

MASM5.0 以上版本支持的存储模式如表 4-4 所示。

表 4-4　MASM 5.0 和 MASM 6.0 支持的存储模式

存储模式	功　　能	适用环境
Tiny（微型）	所有数据和代码都放在一个段内,其访问都为 NEAR 型,整个程序≤64KB,并会产生.com 文件	MS-DOS
Small（小型）	所有代码在一个 64KB 的段内,所有数据在另一个 64KB 的段内(包括数据段、堆栈段和附加段)	MS-DOS Windows
Medium（中型）	所有代码＞64KB 时可放在多个代码段中,转移或调用可为 FAR 型。所有数据限在一个段内,DS 可保持不变	MS-DOS Windows
Compact（紧凑型）	所有代码限在一个段内,转移或调用可为 NEAR 型。数据＞64KB 时,可放在多个段中	MS-DOS Windows
Large（大型）	代码段和数据段都可超过 64KB,被放置在多个段内,所以数据和代码都是远访问	MS-DOS Windows
Huge（巨型）	单个数据项可以超过 64KB,其他同 Large 模式	MS-DOS Windows
Flat（平展型）	所有代码和数据放置在一个段中,但段地址是 32 位,所以整个程序可为 4GB。MASM 6.0 支持该模式	OS/2 Windows

Small 模式是一般应用程序最常用的一种模式,因为只有一个代码段和一个数据段,所以数据和代码都是近访问。这种模式的数据段是指数据段、堆栈段和附加段的总和。另外,Tiny 模式将产生.com 程序,其他模式产生.exe 程序。Flat 模式只能运行在 32 位 80x86 CPU 上,DOS 下不允许使用这种模式。当与高级语言混合编程时,两者的存储模式应当一致。

2. 简化的段定义伪指令

简化的段定义语句书写简短,语句.code、.data 和.stack 分别表示代码段、数据段和堆栈段的开始,一个段开始时自动结束前面一个段,也就是说在本段定义结束时,不必用伪指令 ENDS 来标识。简化的段定义伪指令如表 4-5 所示。简化段定义伪指令之前必须有存储模式语句.model。

表 4-5　简化段伪指令的格式

简化段伪指令	功　　能	注　　释
.CODE [段名]	创建一个代码段	段名为可选项,如不给出段名,则采用默认段名_TEXT。对于多个代码段的模型,则应为每个代码段指定段名
.DATA	创建一个数据段	段名是:_DATA
.DATA?	创建未赋初值的数据段	段名是:_BSS

简化段伪指令	功能	注　　释
.FARDATA[段名]	创建有初值的远调用数据段	可指定段名,如不指定,则将以 FAR_DATA 命名
.FARDATA?[段名]	创建未赋初值的远调用数据段	可指定段名,如不指定,则将以 FAR_BSS 命名
.STACK[大小]	创建一个堆栈段并指定堆栈段大小	段名是:STACK。如不指定堆栈段大小,则默认值为 1KB
.CONST	建立只读的常量数据段	段名是:CONST

3. 与简化段定义有关的预定义符号

汇编程序给出了与简化段定义有关的一组预定义符号,它们可在程序中出现,并由汇编程序识别。有关的预定义符号如下:

(1) @code:由.CODE 伪指令定义的段名或段组名。

(2) @data:由.DATA 伪指令定义的段名,或由.data、data?、.const 和.stack 所定义的段组名。

(3) @stack:堆栈段的段名或段组名。

下面举例说明预定义符号的使用方法。在完整的段定义情况下,在代码段开始,需要用段名装入数据段寄存器,如例 4-1 中的

```
mov    ax, data
mov    ds, ax
```

若用简化段定义,则数据段只用.data 来定义,而并未给出段名,此时可用

```
mov    ax, @data
mov    ds, ax
```

这里预定义符号@data 就给出了数据段的段名。

从上面例子中可以看出,简化段定义比完整的段定义简单得多。但由于完整的段定义可以全面地说明段的各种类型与属性,因此在很多情况下仍需使用它。

4.6　DOS 功能调用和 BIOS 功能调用

前面编写的汇编语言程序都未涉及从键盘输入数据,也不能在显示器上输出结果,程序的执行情况需要通过专门的程序(如 DEBUG 应用程序)来查看内存单元或寄存器的值,才能了解程序的运行结果。如果想实现对键盘和显示器的输入/输出的话,必须了解键盘和显示器的硬件结构及控制方法。在学习和使用汇编语言过程中,用户不可能、也没有必要从最底层的操作开始,若所有工作都由用户程序去做,是不现实的。调用系统已有的程序就是一种有效的方法。

微型计算机系统为汇编用户提供了两个程序接口来控制底层 PC 的硬件(如键盘、显示器、打印机、硬盘等),一个是 DOS 功能调用,另一个是固化在 ROM 中的 BIOS(basic input/output system)功能调用。DOS 功能调用和 BIOS 功能调用都由一系列的中断服务程序构成,它们使得程序设计人员不必详细了解底层硬件的内部结构和工作原理,直接调用这些中断服务程序就可以使用系统的硬件,尤其是对 I/O 设备的使用与管理。在高级语言中,输入/输出可以通过相应的功能语句来实现,比如 C 语言中 scanf、printf 函数,C++中的 cin 和 cout 等,但是与 DOS 功能调用和 BIOS 功能调用相比,其速度慢很多。

DOS 功能调用为用户提供了近百种 I/O 功能服务程序,可在汇编语言程序中直接调用。这些子程序给用户编程带来很大方便,用户不必了解有关的设备、电路、接口等方面的问题,直接调用即可。DOS 功能调用包括:

(1) 设备管理(如键盘、显示器、打印机、磁盘等的管理);

(2) 文件管理和目录操作;

(3) 其他管理(如内存、时间、日期等管理)。

和 DOS 功能调用相比,BIOS 功能调用更接近底层硬件,它是由固化在微机主板上 ROM 芯片里的一组子程序组成,其主要功能是为操作系统或用户提供最底层的、最直接的硬件设置和控制,不依赖于 DOS 操作系统。BIOS 功能调用速度快,适用于高速运行的场合。使用 BIOS 功能调用与 DOS 功能调用类似,用户也无须了解相关设备的结构与组成细节,直接调用即可。

DOS 功能调用和 BIOS 功能调用都是通过软件中断指令 INT n 实现的,如 BIOS 功能调用里的 INT 16H 提供多种键盘输入/输出功能,INT 10H 提供多种屏幕显示功能,INT 17H 提供多种打印机输出功能,而 DOS 功能调用仅通过 INT 21H 软中断来完成特定的一系列操作。DOS 功能调用因为有一个总入口 INT 21H,因此不仅使用简单,而且可以确保所开发的软件在同一操作系统下的兼容性,所以它是提倡采用的一种资源。另外,在多用户和多任务的环境下,与硬件有关的 ROM BIOS 资源只允许操作系统这个特殊用户使用,一般用户只可以使用 INT 21H 提供的 DOS 功能调用。

4.6.1　DOS 功能调用方法

DOS 功能调用都是通过 INT 21H 软中断实现的。INT 21H 是一个具有近百种功能的大型的中断服务程序,它给每个子功能程序分别予以编号,称为功能号。每个功能程序完成一种特定的操作和处理。前面介绍的 4CH 功能调用就属于 DOS 功能调用中的一种。DOS 功能调用的方法如下:

(1) 入口参数送指定的寄存器或内存;

(2) 功能号送 AH 寄存器;

(3) 执行 INT 21H 软中断指令;

(4) 若有返回参数,在约定的寄存器中取得返回值。

下面以 DOS 的 9 号功能调用为例,具体介绍 DOS 功能调用的应用。

【例 4-11】　在显示器上输出"Hello World!"字符串。

分析:本程序要用到 DOS 的 9 号功能调用,其作用是在显示器上输出一个字符串,要求字符串必须以"$"作为结束标志,如想在输出字符串后回车换行,还需在字符串的定义后加 0DH(回车),0AH(换行)。具体如下:

调用格式:

```
LEA   DX, STRING        ;DS:DX 指向以 $ 结束的字符串首址
MOV   AH, 09H           ;功能号送 AH 寄存器
INT   21H               ;调用 INT 21H 软中断,显示字符串
```

功能:在屏幕上输出内存中以"$"结束的字符串(以 ASCII 码表示)。

入口参数:DS 存放字符串的段地址,DX 存放字符串的偏移地址。

出口参数:无。

程序如下:

```
; exm4_11. asm display "Hello World!"
data segment
    msg db 'Hello World!',0DH,0AH,'$ '          ;定义字符串,以 $ 结束
data ends
stacks segment stack
    db 100 dup(?)
stacks ends
code segment
    assume ds:data,cs:code,ss:stacks
main proc far
        push ds
        mov ax,0
        push ax
        mov ax,data
        mov ds,ax
        lea dx,msg
        mov ah,9h                                ;9 号功能调用
        int 21h;
        ret
code ends
end start
```

4.6.2 BIOS 功能调用方法

BIOS 是系统提供的基本输入/输出例行程序,它包括系统加电自检、引导装入、主要 I/O 设备的处理程序以及接口控制等功能模块。BIOS 有两个基本用途:一是给不同系列的微处理器提供兼容的 I/O 服务,使程序员在编程时不必考虑不同型号机器的具体差别;二是给程序员提供文件化的、直接对硬件进行操作的子功能,程序员可不必了解硬件操作的具体细节。BIOS 功能调用较 DOS 功能调用速度快,适用于高速运行的场合。

常用的 BIOS 程序的功能与其中断类型码对应关系如表 4-6 所示。

表 4-6　常用的 BIOS 功能调用

中断类型号	BIOS 中断调用功能	中断类型号	BIOS 中断调用功能
INT 10H	显示器驱动程序	INT 11H	返回设备列表
INT 12H	获取常规内存容量	INT 13H	磁盘驱动程序
INT 14H	异步通信驱动程序	INT 15H	其他系统支持例程
INT 16H	键盘驱动程序	INT 17H	打印机驱动程序
INT 1AH	实时钟服务		

BIOS 功能调用的方法如下:

(1) 设置入口参数:按操作要求,给指定寄存器或内存单元赋值(某些调用无参数)。

(2) 设置分功能号:按实现的操作功能的要求,将分功能号送 AH 寄存器。

(3) 使用中断语句 INT n 执行调用的功能。

(4) 若有返回参数,在约定的寄存器中取得返回值。

有关显示输出的 DOS 功能调用不多,而 BIOS 功能调用(INT 10H)的功能很强,主要包括设置显示方式、设置光标大小和位置、设置调色板号、显示字符和显示图形等。

【例 4-12】　用 BIOS 提供的 INT 10H 功能调用,在屏幕左上角显示字符串。

分析:首先设置显示模式,这可以通过 INT 10H 中的 0 号功能调用实现,将入口参数送 AL 寄存器即可。显示字符串要用到 INT 10H 中的 13H 功能调用,需要的入口参数主要有:ES—待显示字符串的段地址;BP—待显示字符串的偏移地址;CX—字符串长度;DH,DL—显示的起始行列号。

程序如下:

```
;exm 4_12.asm display string on screen
data    segment
        string    db    'Hello,World! '
        len    equ  $ － string
data    ends
code    segment
        assume  cs:code, ds:data, es:data
start: mov ax, data
        mov ds, ax
        mov al, 03h                ;设置80×25彩色显示模式
        mov ah, 0                  ;设置子功能调用号
        int  10h
        mov ax, seg string
        mov es, ax                 ;段地址送 es
        mov bp, offset string      ;偏移地址送 bp
        mov cl, len                ;字符串长度
        mov ch, 0
        mov dx, 0                  ;光标起始位置
        mov bl, 41h                ;属性
        mov al, 0                  ;光标不移动
        mov ah, 13h                ;显示字符串功能调用
        int 10h
code    ends
end    start
```

关于 BIOS 功能调用的说明可以查阅相关资料。

练 习 题

一、选择题

1. 汇编语言源程序经汇编后不能直接生成(　　)。
   A. OBJ 文件　　　　 B. LST 文件　　　　 C. EXE 文件　　　　 D. CRF 文件
2. 汇编语言程序中可以用作标号的是(　　)。
   A. MUL　　　　　 B. 2AREA　　　　 C. SAHF　　　　 D. ATHIS
3. (　　)不是变量的类型属性。
   A. 字符型　　　　 B. 字型　　　　 C. 字节型　　　　 D. 双字型
4. 用 ASSUME 伪指令指定某个段分配给指定的段寄存器后,还需要通过 MOV 指令来给段寄存器赋值,其中(　　)不能这样做,而是在程序初始化时自动完成的。
   A. 数据段寄存器 DS　　　　　　　　 B. 堆栈段寄存器 SS
   C. 代码段寄存器 CS　　　　　　　　 D. 附加段寄存器 ES
5. 汇编语言中,为了便于对数据的访问,数据常常以变量名的形式出现在程序中。变量名是数据存储单元的(　　)。
   A. 符号地址　　　　 B. 物理地址　　　　 C. 偏移地址　　　　 D. 逻辑地址
6. 表示一条指令的存储单元的符号地址称(　　)。
   A. 标号　　　　　 B. 变量　　　　 C. 偏移量　　　　 D. 类型
7. 子程序结构中不包括(　　)。
   A. 子程序的说明文件　　　　　　　 B. 子程序的现场保护和现场恢复
   C. 子程序的调用和返回　　　　　　 D. 入口参数的设置
8. DOS 系统功能调用中,将子功能编号送入(　　)寄存器。
   A. AH　　　　　 B. AL　　　　 C. BH　　　　 D. BL
9. 假设 V1 和 V2 是用 DW 定义的变量,下列指令中正确的是(　　)。
   A. MOV V1, 20H　　　　　　　　 B. MOV V1, V2
   C. MOV AL, V1　　　　　　　　　 D. MOV 2000H, V2
10. 下列伪指令语句正确的是(　　)。
    A. ERR1:DW 99　　　　　　　　 B. EXPR DB 2 * 3+7
    C. ERR2 DB 25 * 60　　　　　　 D. ERR3 DD 'ABCD'
11. (　　)不是汇编语言子程序的参数传递方法。
    A. 立即数传递　　　　　　　　　 B. 寄存器传递
    C. 堆栈传递　　　　　　　　　　 D. 存储器传递

二、填空题

1. 主程序调用子程序前,已经占用了部分寄存器,子程序中也要使用这些寄存器,返回主程序后,又要保证主程序按原有状态继续正常执行,所以要对原寄存器的内容加以保护,即_____,子程序执行完毕后再恢复被保护寄存器的内容,即_____。

2. 若 STRING DB 'ABCDEFG'

　　COUNT　EQU $-STRING

则 COUNT 的值是_____,表示的意义是_____。

3. 有数据定义语句:

```
TAB DW 100 DUP （?）
```

执行 MOV BX, LENGTH TAB 指令后,BX 的内容是_____。

4. 设有一数据段定义如下,请画出变量的存储示意图,并填空。

```
DATA SEGMENT PARA  'DATA'
     ORG 1000H
   F1 DB NOT 25, 98, 96/2, 32       ;DS:1000H =_____
   F2 DW 0FF6H, OFFSET F2           ;F2 =_____    .
   F3 DD 12345H                     ;DS:1008H =_____
DATA ENDS
```

5. 阅读下列程序,并填空。

```
DATA   SEGMENT
     ORG 2000H
   ONE DB 00H, 01H         ;ONE=_____ H
   TWO EQU 20H             ;TWO=_____ H
   THREE DW 12H, 03H       ;THREE=_____ H
   FOUR DB 04H             ;FOUR=_____ H
     ORG 3000H
   FIVE DB 05H,            ;FIVE=_____ H
DATA   ENDS
```

6. 填写以下空白并上机检查答案是否正确。

```
;EXER4-1
DATA SEGMENT PARA 'DATA'
QA EQU 255                 ;QA=_____
QA1=QA GT 300              ;QA1=_____
QA2=0FFFH                  ;QA2=_____
QA3 EQU QA2-255            ;QA3=_____
QA4=88 MOD 5               ;QA4=_____
QA5=88H SHR 2              ;QA5=_____
QA6=QA3/16+15              ;QA6=_____
   ORG 1060H
G1 DB32, QA, 98/2, NOT 25  ;DS:1060H:_____
G2 DW 0FF6H, OFFSET G2     ;DS:1064H:_____
G3 DW3 DUP(5)              ;DS:1068H:_____
G4 DW SEG G1               ;DS:106EH:_____
SA EQU LENGTH G3           ;SA=_____
SB EQU SIZE G3             ;SB=_____
SC=TYPE G3                 ;SC=_____
   ORG 1200H
```

```
      F1=THIS WORD                    ;OFFSET F1=_____,TYPE F1=_____
      F2 DB 11H,22H,33H,44H           ;1200H:_____,_____,_____,_____
      FF DD 12345H                    ;1204H:_____,_____,_____,_____
      DATA ENDS
      STACK SEGMENT STACK 'STACK'
         DB 100 DUP(?)                ;SP=_____
      STACK ENDS
      CODE SEGMENT WORD'CODE'
      ASSUME CS:CODE, DS:DATA
      STAR PROC FAR
         PUSH DS
         XOR AX, AX
         PUSH AX
         MOVE AX, DATA
      MOV DS, AX                      ;DS=_____
      MOV AL, BYTE PTR G2             ;AL=_____
      MOV BL, TYPE FF                 ;BL=_____
      MOV AX, WORD PTR FF             ;AX=_____
      AND AX, 0FFH                    ;AX=_____
      MOV BX, WORD PTR G1             ;BX=_____
      MOV BX, 255 AND OFH             ;BX=_____
      MOV CL, LOW QA4                 ;CL=_____
      MOV AL, LOW QA1                 ;AL=_____
      MOV BL, HIGH QA5                ;BL=_____
      MOV DL, TYPE STAR               ;DL=_____
      ADD AX, OFFSET F2               ;AX=_____
      MOV BX, F1                      ;BX=_____
      RET
      STAR ENDP
      CODE ENDS
      END STAR
```

7. 分析下面程序段,并填空。

```
BUF      DB       0CH
         MOV      AL,BUF
         CALL     FAR PTR HECA
HECA     PROC     FAR
         CMP      AL,10
         JC       K1
         ADD      AL,7
K1:      ADD      AL,30H
         MOV      DL,AL
         MOV      AH,2          ;DOS 2 号功能调用,在屏幕上显示 DL 中的字符
         INT      21H
         RET
HECA     ENDP
```

则程序执行后,DL=_____,屏幕上显示输出的字符是_____。

三、编程题(编写完整结构的汇编语言程序)

1. 设在 score 单元开始的内存单元中,存放着全班 30 个同学的某门课的成绩,求该门课的最高分、最低分以及平均成绩并分别放入 max、min 和 average 中。

2. 设在 BUF 单元开始的内存单元中,存放着 10 个字节的带符号数,分别统计该数据块中正数、负数的个数,结果存入 positive 和 negative 单元中。

3. 内存中以 8 位无符号数形式连续存放着 10 个数据,这些数据来自一个自动抄表系统记录的 10 个用户某月天然气的使用量(单位: m³),天然气费计算公式如下:

$$\begin{cases} y = x \times 80 & x \leqslant 8 \\ y = 8 \times 80 + (x-8) \times 120 & x > 8 \end{cases}$$

计算每个用户需要交的天然气费,结果用字表示,并将结果存入指定单元。

4. 将内存中由 source 指示的 40 个字节带符号数组成的数组分成正数和负数两个数组,并求出这两个数组元素的个数。

5. 以 source 开始的内存区域存放着 n 个字节的压缩 BCD 码,将每个压缩的 BCD 码转换成两个 ASCII 码值,结果存放在 result 指示的内存区域中。

6. 内存中连续存放着 20 个 ASCII 字符,如果是小写字符 a～z 之间的字符,将其转换成相应的大写字母; 若为其他字符,不作转换,字符串以 00H 结束。

7. 对一个数字采集系统采集的 50 个字节无符号数按算术平均滤波法进行数字滤波,每 5 个数求一个平均数(其中低字节为商,高字节为余数),将 10 个平均值依次存入 result 指示的内存区域中。

8. 恺撒加密法是罗马扩张时期的朱利斯·恺撒(Julius Caesar)创造的,用于加密通过信使传递的作战命令。它通过将字母表中的字母移动一定位置而实现加密。例如如果向右移动 2 位,则字母 A 将变为 C,字母 B 将变为 D,……,字母 X 变成 Z,字母 Y 则变为 A,字母 Z 变为 B。因此,假如有个明文字符串"Hello"用这种方法加密后变为密文"Jgnnq"。要求编程将内存中以 source 指示的英文句子"Assembler language programming"按恺撒加密法加密后,将其保存到 result 指示的内存单元中。

9. 从键盘输入 $n(n<8)$ 的值,实现 $n!$,并将结果在显示器上输出显示。

第 5 章

微机接口技术基础

本章重点内容

◇ 接口的概念与功能
◇ I/O 端口的编址方式
◇ I/O 端口地址译码电路设计
◇ 输入/输出传送方式及应用特点

本章学习目标

通过本章的学习,了解接口的概念、接口应具备的功能、接口技术的内涵,了解基本输入/输出方式的特点及应用场合,掌握微机系统中 I/O 端口的编址方式及常用地址译码电路设计方法。

5.1 微机接口技术概述

5.1.1 接口技术的基本概念

众所周知,计算机的硬件系统主要由五大部分组成,即运算器、控制器、存储器、输入设备和输出设备。输入/输出(input/output,I/O)是计算机与外部世界交换信息所必需的手段。程序、数据和各种现场采集到的信息需要通过输入装置输入到计算机。计算结果和各种控制信号需要通过输出装置输出给各种外设,以便显示、打印和实现对过程的控制。计算机输入/输出子系统通常由计算机总线、输入/输出接口和输入/输出设备(I/O 设备)等 3 个层次的逻辑部件和设备共同组成。

CPU 与 I/O 设备之间的信息交换是比较复杂的,任何外部设备都不能直接与系统总线相连接,两者之间必须有一个专门设计的接口电路,以实现微型计算机与外部设备之间的数据交换,其主要作用是提供数据缓冲、完成信息格式的相容性变换、管理数据传送、实现电气特性的适配及进行地址译码或设备选择等。如图 5-1 所示为微机系统接口示意图。

微机中的输入/输出接口通常指 CPU 和存储器、外部设备,或者两种外部设备,或者两种机器之间通过系统总线进行连接的一组逻辑部件(或称电路),是 CPU 与外界进行信息交换的中转站。CPU 通过总线与接口电路连接,接口电路再与外部设备连接,因此 CPU 总是通过接口与外部设备发生联系。

接口(interface)的概念广泛存在于微机系统中。interface 常被译作接口或界面等。比

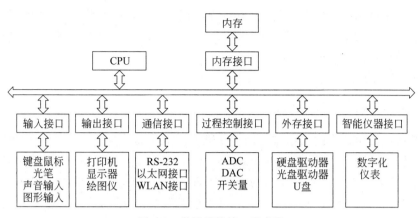

图 5-1　微机系统接口示意图

如人机接口常指人与计算机之间建立联系、交换信息的部分。软件接口常指一个程序模块或子程序在调用和返回时所必须遵守的传递参数的规则或约定。人类与电脑等信息处理机器或人类与程序之间的接口称为用户界面。硬件接口则指电脑硬件中,可连接两个或两个以上不同电路装置使之能够传递电子或其他任何形式信号的装置。软硬件接口(或硬软件接口)是软件对某个硬件逻辑进行控制,或硬件逻辑要传递一些参数给软件时,彼此之间应共同遵守的协议。因此从广义上讲,凡是两个相对独立的子系统之间的连接部分均可称为接口。

　　在微机系统内部,CPU 与存储器的连接和数据交换也需要通过接口电路来实现,但存储器都是用来保存信息的,功能单一,传送方式单一,品种也很有限,只有只读存储器和随机访问存储器两种类型,存取速度大多能和 CPU 的工作速度匹配,因此存储器接口电路相对来说比较简单。而外部设备则品种繁多,有输入设备、输出设备及输入/输出设备;所传送的信息既有数字信号,也有模拟信号,且信息传输的方式既有并行方式,也有串行方式;外设的工作速度通常比 CPU 的速度低得多,而且各种外设的工作速度互不相同,需要通过接口电路对输入/输出过程起一个缓冲和联络的作用。因此,I/O 接口要复杂得多。本书中所涉及的接口技术主要指 I/O 接口技术。

　　微机的应用是随着外部设备的不断更新和接口技术的发展而深入到各个领域的,任何微机应用开发工作都离不开接口的设计、选用和连接。接口技术是采用硬件与软件相结合的方法,使微处理器与外部设备进行最佳的匹配,实现 CPU 与外部设备之间高效、可靠的信息交换的一门技术。实际上,微机应用系统的研制和设计主要就是微机接口的研制和设计,需要设计的硬件是一些接口电路,所要编写的软件是控制这些电路按要求工作的驱动程序。因此,接口技术是一种用软件和硬件综合来完成某一特定任务的技术。

5.1.2　接口的功能

　　接口技术是采用硬件和软件相结合的方法研究微处理器如何与外部设备最佳耦合及匹配,以实现 CPU 与外界高效且可靠的信息交换的一门技术。源程序和原始数据通过接口从输入设备(例如键盘)送入,运算结果通过接口向输出设备(例如显示器、打印机)送出去,控制命令通过接口发出去(例如步进电机),现场信息(例如温度值、转速值)通过接口取进来。要使这些外部设备正常工作,应设计正确的接口电路,并编制相应的软件。因此总的来说,I/O 接口的作用就是使主机与外围设备能够协调地完成输入/输出工作。具体地说,CPU 与外设之间的接口一般应具有以下几种功能。

1. 数据的锁存和缓冲功能

外部设备如打印机等的工作速度与主机相比相差甚远。为了充分发挥 CPU 的工作效率,接口内设置有数据寄存器或者用 RAM 芯片组成的数据缓冲区,使之成为数据交换的中转站。当 CPU 要将数据传送到速度较慢的外部设备时,CPU 可以先把数据送到锁存器中锁存,当外部设备做好接收的准备工作后,再把数据取出。反之,若外部设备要把数据送到 CPU,也可以先把数据送进输入寄存器,再发联络信号通知 CPU 读取。在输入数据时,多个外部设备不允许同时把数据送到系统数据总线上,以免引起总线竞争而使总线崩溃。因此,必须在该外设对应的输入寄存器和数据总线之间增加一个缓冲器。这个缓冲器就像一扇门一样,平时是关着的,只有当 CPU 发出读数据命令时,选通特定的输入缓冲器,门打开,外部设备送来的数据才能进入系统数据总线。接口的数据锁存和缓冲功能在一定程度上缓解了主机与外设速度差异所造成的冲突,并为主机与外设的批量数据传输创造了条件。

2. 设备选择功能

微机系统中常常连接有多种外设,同一种外设也可能有多台,而 CPU 在某一时刻只能与一台外设交换信息。这就要借助接口电路中的地址译码电路对外设进行寻址,使 CPU 在同一时刻只选中某一个 I/O 端口。只有被选定的外部设备才能与 CPU 进行数据交换或通信。

3. 信号转换功能

外部设备大都是复杂的机电设备,其电气信号电平往往不是微机系统中的 TTL 电平或 CMOS 电平,这就需要接口电路来完成信号的电平转换,例如串行通信接口标准 RS-232C 的 EIA 电平(规定"1"的逻辑电平在 $-3 \sim -15\mathrm{V}$ 之间,"0"的逻辑电平在 $3 \sim 15\mathrm{V}$ 之间)到 TTL 电平之间的相互转换。为了防止干扰,常常使用光电耦合技术,使主机与外设在电气上隔离。

主机系统总线上传送的数据与外部设备使用的数据在数据位数、格式等方面往往也存在很大差异。例如主机系统总线上传送的是 8 位、16 位或 32 位并行数据,而外设采用的却是串行数据传送方式,这就要求接口电路完成并/串或者串/并的转换。若外设传送的是模拟量,则还需进行 A/D 或 D/A 转换。

4. 对外设的控制和监测功能

接口接收 CPU 送来的命令字或控制信号,实施对外部设备的控制与管理。外部设备的工作状况以状态字或应答信号通过接口返回给 CPU,以"握手联络"过程来保证主机与外设输入/输出操作的协调同步。

5. 中断或 DMA 管理功能

当外设需要及时得到 CPU 的服务时,可以通过在接口中设置中断控制逻辑,由它完成向 CPU 发出中断请求信号,进行中断优先权排队,接收中断响应信号以及向 CPU 提供中断类型码等有关中断事务工作。这样不仅能使 CPU 实时处理紧急情况,还能使快速 CPU 与慢速外设并行工作,大大提高 CPU 的效率。

为了能在外设和内存之间建立一个直接的数据传输通道,提高数据传送的速率,需要采用 DMA(direct memory access)传送方式,这就要求在相应接口中有传送 DMA 请求的能力以及 DMA 管理的能力。

6. 可编程功能

现代微机的接口芯片大多数都是可编程接口(programmable interface),这样在不改变硬件的情况下,只需要修改程序就可以改变接口的工作方式,大大增加了接口的灵活性和可扩充性,使接口向智能化方向发展。

实际使用中不要求接口具备上述全部功能。但是,设备选择、数据锁存与缓冲以及输入/输出操作的同步是各种接口都应具备的基本功能。

5.1.3　CPU 与 I/O 设备间所传输信息的分类

CPU 与 I/O 设备之间要传送的信息,通常包括数据信息、状态信息和控制信息。

1. 数据信息

数据信息(data)是 CPU 和外设之间交换的基本信息。按照信号的物理形态,数据信息可分为以下几种。

(1) 数字量:以二进制形式表示的数据、图形或文字信息。例如,由硬盘驱动器读出的程序代码,或者由微机送到显示器、打印机、绘图仪等的信息是以二进制形式或以 ASCII 码表示的数或字符。

(2) 模拟量:当微机用于数据采集和控制时,测试现场的物理量诸如温度、压力、流量、位移等各种非电量现场信息经由传感器及其调理电路转换成的电量,大多是模拟电压或电流。这些模拟量必须经过模/数转换才能输入微机;微机的控制信息输出则必须经过数/模转换,才能去控制执行机构。

(3) 开关量:开关量是只有两种状态(0,1)的量,如开关的接通(ON)与断开(OFF)、电机的启动与停止、阀门的开与关等。这些量只要用一位二进制数即可表示,因此若用字长为 8 位的微机一次输入或输出最多可以控制 8 个开关量。

(4) 脉冲量:计数脉冲、定时脉冲和控制脉冲在计算机控制系统中也很常见,它们统称为脉冲量。

2. 状态信息

用于表示外设工作状态的信号称为状态信息(status)。状态信息总是从外设通过接口传送给 CPU,用来协调 CPU 与外部设备之间数据的可靠传输。接口电路中常用的状态位有:

（1）准备就绪位（ready）：对于输入设备，该位为 1 表明该外设的数据寄存器已经准备好数据，等待 CPU 来读取；当数据被取走后，该位清零。对于输出设备，则该位为 1 表示外设的输出数据寄存器已空，即上一个数据已经被外部设备取走，可以接收 CPU 的下一个数据了；当新数据到达后，该位清零。

（2）忙指示位（busy）：用来表明输出设备是否能够接收数据。若该位为 1，则表示外部设备正在进行输出数据的传送操作，暂时不允许 CPU 送新的数据过来。本次数据传送完毕后，该位清零，表示外部设备已经处于空闲状态，并允许 CPU 将下一个数据传送到输出端口。

（3）错误位（error）：有的设备有指示出错状态的信号。如果在数据传送过程中发现产生了某种错误，则将错误状态位置 1。CPU 查到出错状态后便进行相应的处理，例如重新传送或者终止操作。系统中可以设置若干个错误状态位，用来表明不同性质的错误，如打印机的纸尽（paper out）、故障（fault），串行数据传输中的奇偶校验错或帧格式错等。

3. 控制信息

控制信息（control）是 CPU 通过接口传输给外设的。在 CPU 与外设的信息交换过程中，需要向外设发布控制命令，例如控制输入/输出装置启动或停止的信息。输入/输出接口芯片内部常用寄存器来设置和保存控制信息，称为控制字。控制字的格式和内容因接口芯片不同而不同，常用的控制字有方式选择控制字及操作命令字等。

数据信息、状态信息、控制信息都是以“数据”的形式，通过系统数据总线在 CPU 和外部设备之间进行传输的。

5.1.4 接口电路的设计任务

接口电路的设计任务是保证 CPU 和外设之间高效、可靠地进行信息交换，实现双方的最佳耦合和匹配。从图 5-2 可以看出，接口电路的左边要通过系统总线和 CPU 相连，右边与外设相连。和 CPU 连接一侧的接口电路的结构在各类接口中是非常相似的，主要涉及以下三方面的内容：

（1）端口地址的组织与构成，主要涉及地址总线的连接及 I/O 端口寻址；

（2）数据通道的建立，主要涉及数据总线的连接；

（3）信息交换方式及主要控制总线信号的连接，此处的信息指数据、命令或状态。

和外设相连的部分其结构和外设的传输要求、数据类型和数据格式等有关。因此，对于不同的外设接口，这部分的结构差异很大。

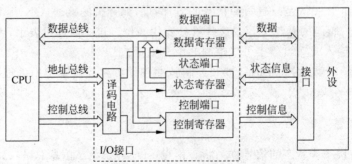

图 5-2　CPU 与外设之间的接口

5.2　端口的概念及编址方式

5.2.1　端口的概念

I/O 接口电路中常会设置一些寄存器,分别用来存放数据信息、控制信息和状态信息,CPU 通过接口寄存器或特定电路与外设进行数据传送,这些寄存器或特定电路称为端口(port)。端口是为信息传送所划分的通道口,主要是相对于软件而言的。

一台微机常有多种外设,一个外设又往往有几个端口。CPU 和外设进行数据传输时,各类信息在接口中进入不同的寄存器。根据所传输信息的不同,端口分为数据端口、状态端口及控制端口。

(1) 数据端口用于对来自 CPU 和内存的数据或者送往 CPU 和内存的数据起缓冲作用。数据端口包括数据输入端口和数据输出端口。输入端口的作用是将外设送来的数据暂存,以供 CPU 读取。输出端口的作用是将 CPU 输出到外设的数据保存足够长的时间,以满足输出设备的需要。因 CPU 送到数据总线上的数据一般只能维持非常短的时间,对大多数外设来说,这段时间是不够长的。

(2) 状态端口用来存放外部设备或者接口部件本身的状态,供 CPU 查询、判断用,以达到同步、协调的目的。

(3) 控制端口用来存放 CPU 发出的命令,以便控制接口和设备的动作。这些控制命令的内容一般包括设置接口的工作方式,指定相应的参数等。

5.2.2　I/O 端口的编址方式

和内存单元有地址一样,为了对各端口加以区分,计算机要为每个端口分配一个地址,称为端口地址或端口号。各个端口的地址是唯一的,不能重复。CPU 在使用 IN 和 OUT 指令对外设进行输入/输出操作时,不论是输入还是输出,指令中所用到的地址总是对端口而言的,而不是笼统的外设接口。CPU 对外设的输入/输出操作就归结为对接口电路(或芯片)中各端口的读/写操作。

端口编址有两种方式:统一编址和独立编址。

1. 统一编址

在这种方式下,I/O 端口地址和内存单元地址共用同一个地址空间,进行统一编址。如图 5-3 所示,一个地址如果存储单元用了,I/O 端口就不能再用。CPU 访问 I/O 端口和访问存储器的指令形式上完全一样,读写控制信号也相同,只能从地址范围来区分两种操作。例如 Motorola 公司的 CPU,由于没有针对 I/O 操作的输入/输出指令,故采用这种 I/O 端口的寻址方式。这种类型的接口也称为存储器映射(memory-mapped)的 I/O 端口结构。

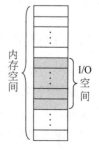

图 5-3　统一编址示意图

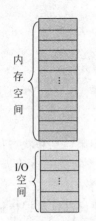

内存空间

I/O空间

图 5-4　独立编址示意图

统一编址的优点是：CPU 对外设的操作可使用全部的存储器操作指令，寻址方式多，使用方便灵活，不仅可以对端口进行数据传送，还可以对端口内容进行算术、逻辑运算和移位等，且可寻址的外设数量多。缺点是：端口占用存储单元的地址，使内存容量变小；端口指令的长度增加、执行时间加长、端口地址译码器较复杂，同时，程序的可读性下降。

2. 独立编址

在这种方式下，端口单独编址构成一个 I/O 地址空间，不占用内存单元的地址，如图 5-4 所示。CPU 设置专门的输入/输出指令来访问端口。这种 I/O 端口独立编址的方式可能会使外设端口的地址与存储器单元的地址重叠，是访问存储器还是访问外设，用不同的指令及控制信号加以区别。这种类型的接口也称为 I/O 映射（I/O mapped）的 I/O 端口结构。80x86 系列微机都采用独立编址方式。

独立编址的主要优点是：端口所需地址线少，地址译码器较简单；端口操作指令执行时间短、指令长度短。端口操作指令形式上与存储器操作指令有明显区别，使程序编制和阅读较清晰。

例如：

```
MOV   [10H]，AL      ;将寄存器 AL 中的内容送编辑地址为 0010H 的内存单元
OUT   10H，AL        ;将 AL 中的内容传送至外设的 10H 端口
```

独立编址的缺点是输入/输出指令类别少（如 80x86 只有 IN 和 OUT 两条指令），一般只能进行传送操作。该方式还要求 CPU 分别提供存储器读写和 I/O 端口读写两组控制信号，这对于只有 40 个引脚的 8088/8086 微处理器芯片来说是一个不小的负担。最小工作模式下的 8088 用 IO/$\overline{\text{M}}$ 引脚来区分两组控制信号。最大工作模式下的 8088 为了和协处理器连接，引脚更是紧张，只有输出 $\overline{S_2}$、$\overline{S_1}$、$\overline{S_0}$ 三个总线周期状态信号，由 8288 总线控制器译码后再生成存储器读/写和 I/O 设备读写两组控制信号。

在接口电路设计中，为了节省地址空间，常将数据输入端口和数据输出端口共用同一个端口地址。同样，状态端口和控制端口也常用同一个端口地址。

5.2.3　I/O 端口地址的形成

1. I/O 端口地址译码电路的工作原理及作用

微机要对指定的 I/O 端口进行读写操作，首先应该提供所要操作的端口地址。I/O 端口的地址译码就是通过 CPU 发出的地址和控制信号选定一个指定端口的过程。把输入的地址线和控制线经过逻辑组合后，所产生的输出信号线就是 1 根选中线，通常低电平有效。

（1）输入/输出指令（IN/OUT）与读/写控制信号（$\overline{\text{IOR}}$/$\overline{\text{IOW}}$）的关系

每当 CPU 执行 IN 或 OUT 指令时，就进入输入/输出总线周期。首先是端口地址有

效,I/O 端口地址译码电路将地址总线上的地址信号进行译码并输出有效的端口选通(片选)信号,所选中的端口便是输入/输出的端口。然后是 I/O 读写信号 $\overline{IOR}$ 或 $\overline{IOW}$ 有效,从而使 CPU 对选中的 I/O 端口进行读写操作。

输入/输出指令和读/写控制信号($\overline{IOR}/\overline{IOW}$)软件和硬件相互配合,是完成 I/O 操作这一共同任务缺一不可的两个方面。$\overline{IOR}$ 和 $\overline{IOW}$ 是 CPU 对外设进行读/写的硬件上的控制信号,低电平有效。但是,这两个控制信号本身不能激活自己,使之变为有效,去控制读/写操作,而必须由软件编程,在程序中通过执行 IN/OUT 指令才能激活 $\overline{IOR}/\overline{IOW}$,使之变为有效,实施对外设的读/写操作。

(2) 端口地址译码电路中 $\overline{AEN}$ 的作用

由于微机在进行 DMA 操作时,使用相同的地址线、数据线和 $\overline{IOR}$、$\overline{IOW}$ 等读写控制信号,为了区分当前是 DMAC 还是 CPU 在控制总线,要用到来自总线仲裁电路的控制信号 $\overline{AEN}$。当 $\overline{AEN}$ 为高电平时是 DMAC 在控制总线,$\overline{AEN}$ 为低电平时是 CPU 在控制总线。$\overline{AEN}$ 信号可以参与端口地址译码,然后由 $\overline{IOR}$ 或 $\overline{IOW}$ 控制端口读写;$\overline{AEN}$ 也可以不参与地址译码,而与 $\overline{IOR}$ 或 $\overline{IOW}$ 结合起来控制端口读写。

(3) 接口芯片 $\overline{CS}$ 的作用

很多接口芯片都有片选端 $\overline{CS}$(chip select),顾名思义,只有当该输入端处于有效电平时,接口芯片才进入电路工作状态,实现数据的输入、输出。选中某一个接口芯片的实质是利用 $\overline{CS}$ 这个信号去打通接口芯片的数据线与系统数据总线的连接,使该芯片的数据线与系统数据总线接通,即选中了这个外设,才能与 CPU 进行信息传送。

地址译码电路输出的片选信号通常为低电平有效。$\overline{CS}$ 信号不是由 CPU 直接发出的,而是由 I/O 端口地址译码电路发出的。有的接口芯片可能没有 $\overline{CS}$ 端,如果想达到控制该芯片的目的,可将地址译码电路的输出连接至芯片的使能端或选通端等。

2. 用门电路进行 I/O 端口地址译码

门电路译码是用简单逻辑门电路组合起来实现地址译码。门电路译码的特点是结构简单,使用灵活方便,适于系统中 I/O 端口较少的场合。

【例 5-1】 设计地址译码电路,使产生的端口地址为 2F0H。

分析:本例产生单个端口地址,故 $A_9 \sim A_0$ 这 10 根地址线全部作为译码电路的输入线参加译码,即采用全译码方法。要求的端口地址是 2F0H,故 10 根输入地址线的取值如图 5-5 所示。

地址线	A_9	A_8	A_7	A_6	A_5	A_4	A_3	A_2	A_1	A_0
二进制	1	0	1	1	1	1	0	0	0	0
十六进制	2			F			0			

图 5-5　端口 2F0H 的地址线的取值

能够实现上述地址线取值的译码电路有很多种,常用的门电路有与门、或门、非门及与非门、或非门等。常用的 74 系列门电路有 74LS04 非门、74LS20 四输入端与非门、74LS30 八输入端与非门、74LS32 或门、74LS08 与门、74LS11 三输入与门和 74LS133 十三输入端与非门等。

由图 5-6 可知,为使与非门 T_1 输出低电平,需要输入端全部为 1,故 A_9、A_7、A_6、A_5、A_4 可直接连接至 T_1 的输入端,A_8、A_3 和 A_2 地址线通过非门后再接至 T_1 的输入端。同理, $\overline{AEN}$、读或写控制信号以及 $A_1 \sim A_0$ 也通过非门接至与非门 T_2 的输入端。此时在或门 T_3 的输出端产生的端口地址即为 2F0H。

需要说明的是,端口地址译码电路不是唯一的,只要通过组合逻辑门电路能产生符合要求的端口地址均可。

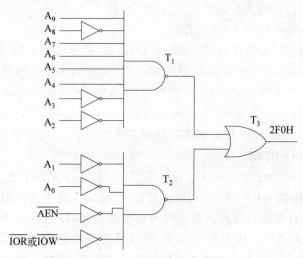

图 5-6　2F0H 端口地址的门电路译码电路

【例 5-2】　设计地址译码电路,使产生的端口地址为 340H～347H。

分析:有的接口芯片内部可能有多个可编程的寄存器,也就是说需要多个端口地址,因此在地址译码电路设计时就应产生一个地址范围,先选中芯片,再从芯片内部选端口。根据题目要求,端口地址范围为 340H～347H,其输入地址线 $A_9 \sim A_0$ 的取值为:11 0100 0XXX, 其中低 3 位不参加地址译码电路译码,即采用部分译码方法。这 3 位地址变化范围为 000～ 111,可满足在接口芯片内部寻址 8 个端口的要求;高 7 位的地址线固定不变,作为门电路的输入,如图 5-7 所示。

地址线	A_9	A_8	A_7	A_6	A_5	A_4	A_3	A_2	A_1	A_0
二进制	1	1	0	1	0	0	0	X	X	X
十六进制	3			4				0～7		

图 5-7　端口 340H～347H 的地址线取值

在保证高 7 位地址线取值不变的条件下,输出线为低电平的任何一种逻辑组合电路都能满足本例题设计要求。图 5-8 所示为满足要求的一种地址译码电路。因有片选端的接口芯片一般有 $\overline{RD}$ 和 $\overline{WR}$ 读写控制信号,故本例中,来自系统总线的读写控制信号 $\overline{IOR}$ 和 $\overline{IOW}$ 并未参加地址译码,而是直接接至芯片的相应引脚,参与片内的端口地址译码。

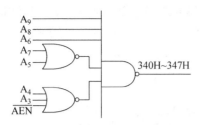

图 5-8 340H～347H 端口地址的门电路译码电路

3．用译码器进行 I/O 端口地址译码

当系统中 I/O 端口较多时，采用门电路译码会特别复杂，这时采用译码器译码就相对简单得多。常用的译码器接口芯片有双 2-4 线译码器 74LS139、3-8 线译码器 74LS138 和 4-16 线译码器 74LS154 等，其他型号的译码器接口芯片的工作原理和控制过程基本相同。下面以最常用的 74LS138 为例进行分析。74LS138 的真值表如表 5-1 所示，$\overline{Y_0}$～$\overline{Y_7}$ 是输出线，低电平有效。G_1、$\overline{G_{2A}}$、$\overline{G_{2B}}$ 为三个控制信号输入端，A、B、C 为三个译码输入端。

表 5-1 74LS138 的真值表

G_1	$\overline{G_{2A}}$	$\overline{G_{2B}}$	C	B	A	输　　出
1	0	0	0	0	0	$\overline{Y_0}=0$，其余为 1
1	0	0	0	0	1	$\overline{Y_1}=0$，其余为 1
1	0	0	0	1	0	$\overline{Y_2}=0$，其余为 1
1	0	0	0	1	1	$\overline{Y_3}=0$，其余为 1
1	0	0	1	0	0	$\overline{Y_4}=0$，其余为 1
1	0	0	1	0	1	$\overline{Y_5}=0$，其余为 1
1	0	0	1	1	0	$\overline{Y_6}=0$，其余为 1
1	0	0	1	1	1	$\overline{Y_7}=0$，其余为 1
非上述值			×	×	×	全部为 1

图 5-9 所示为由译码器 74LS138 和门电路组成的全译码电路，译码器的输出端产生的地址分别为 340H～347H，可产生 8 个片选信号。A_2～A_0 对应接 C、B、A 三个输入端，由 A_9～A_3 和 $\overline{AEN}$ 产生控制信号 G_1、$\overline{G_{2A}}$、$\overline{G_{2B}}$ 的有效电平。微处理器读写 340H 端口会使 $\overline{Y_0}$ 产生低电平，读写 341H 端口会使 $\overline{Y_1}$ 产生低电平，以此类推。

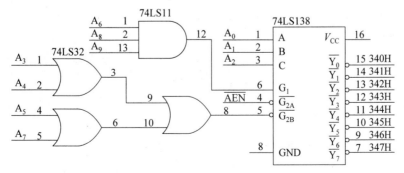

图 5-9 利用译码器产生 340H～347H 端口地址的全译码电路

图 5-10 所示为由译码器组成的部分译码电路。定时/计数器芯片 8253 需要 4 个端口，所以系统地址线 A_1、A_0 分别保留给 8253 的端口地址选择线 A_1、A_0。74LS138 译码器的控制和输入包括 $\overline{AEN}$、$A_9 \sim A_2$，译码器输入端 C、B、A 分别接 A_4、A_3、A_2，译码器每一个输出端 $\overline{Y_i}$ 都对应有 4 个端口地址。$\overline{Y_0}$ 端产生的地址范围是 340H～343H。

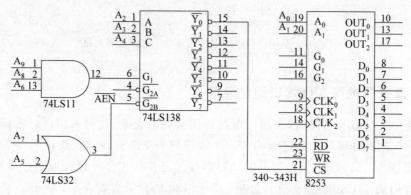

图 5-10　由译码器组成的部分译码电路

4. 开关式可选端口地址译码

若用户要求扩展卡的端口地址能够适应不同的地址分配场合，可采用开关式可选端口地址译码电路。开关式可选端口地址译码电路有两种形式，一种是用比较器和地址开关进行地址译码，另一种是使用跳线的可选式译码电路。

图 5-11 所示为由 8 位比较器 74LS688 和地址开关组成的开关式可选地址译码电路。

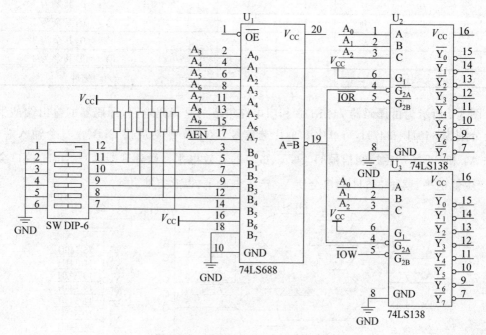

图 5-11　开关式可选地址译码电路

74LS688 有两组输入,分别是 A 组和 B 组,各有 8 位。当输入端 $A_0 \sim A_7$ 的地址与设置端 $B_0 \sim B_7$ 的状态一致时,$\overline{A=B}$ 端输出为低,否则为高。74LS688 的输出控制地址译码器芯片 74LS138 的译码。在本例中,B 组信号中的 B6 接高电平,B7 接地,故必须在地址总线信号 $A_9=1$,$\overline{AEN}=0$ 时才能有效译码。考虑到读写分别控制,所以使 $\overline{IOR}$ 和 $\overline{IOW}$ 也参与译码,可在两片 74LS138 分别产生读写的端口地址。6 位地址开关有 64 种状态组合,再加上后续的 74LS138,拨动 DIP 开关,就可以在 200H $\sim$ 3FFH 范围内任意选择端口地址了。

5.3 输入/输出传送方式

微机系统中主机与外设之间传送数据的方式大致有无条件传送方式、查询传送方式、中断传送方式、DMA 传送方式 4 种。

5.3.1 无条件传送方式

无条件传送方式是 4 种方式中最简单的传送方式,适合于外设(例如各种机械或电子开关设备)总是处于准备好的情况。主机对开关设备的操作无非是读取开关状态或者设置开关状态。无条件传送方式在数据交换时,硬件上不需要设计与外设的握手联络信号,软件上也不需要判别外设数据是否准备好,或外设是否处于忙状态,只需要在确定外设工作速度的前提下,插入一段定时程序执行输入/输出指令即可。

无条件传送方式的优点是硬件、软件的开销小,硬件 I/O 接口中只需要设置数据交换用的输入缓冲器或输出锁存器,以及相应的端口地址译码电路,而不需要状态端口和控制端口;软件只需要等待一段时间进行输入/输出即可。无条件传送方式适用于数据变化比较缓慢的简单外设,如读取开关状态、驱动数码显示管等。

1. 无条件传送输入

无条件传送输入的接口电路如图 5-12 所示。

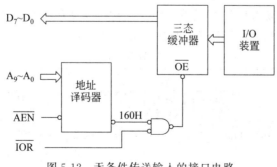

图 5-12 无条件传送输入的接口电路

若外设的端口地址为 160H,则完成数据输入的程序段为:

```
MOV  DX,160H      ;三态缓冲器芯片的选中地址
IN   AL,DX        ;采集数据
```

输入时认为来自外设的数据已出现在三态缓冲器的输入端。CPU 执行 IN 指令,指定的端口地址经系统地址总线(对 PC 为 $A_9 \sim A_0$)送至地址译码器,译码后产生端口地址 0160H。端口读控制信号 $\overline{IOR}$ 有效(低电平)时,说明 CPU 正处于 I/O 端口读周期。二者均为低电平时,经或门(负逻辑与门)后产生低电平,打开三态缓冲器使来自外设的数据进入系统数据总线而到达累加器。

2. 无条件传送输出

无条件传送输出的接口电路如图 5-13 所示。

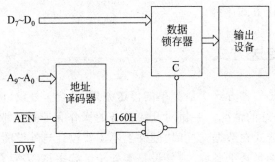

图 5-13　无条件传送输出的接口电路

相应的程序段为:

```
MOV  DX,160H      ;数据锁存器的选中地址
MOV  AL,[BX]
OUT  DX,AL        ;输出数据
```

在输出时,CPU 的输出数据经数据总线加至输出锁存器的输入端,端口地址译码器输出的地址信号与 $\overline{IOW}$ 信号经负逻辑与门后产生锁存器的控制信号。锁存器控制端 $\overline{C}$ 为高电平时,其输出端跟随输入端变化,$\overline{C}$ 为低电平时输出端锁存输入端的数据,送到外设。

【例 5-3】　一个采用无条件传送的数据采集系统如图 5-14 所示。被采样的数据是 8 个

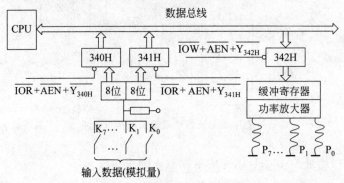

图 5-14　无条件传送的数据采集系统

模拟量,由继电器绕组 P_0,P_1,$\cdots$,P_7 控制触点 K_0,K_1,$\cdots$,K_7 逐个接通。用一个 4 位(十进制数)数字电压表测量,把被采样的模拟量转换成 16 位 BCD 码,高 8 位和低 8 位通过两个不同的端口输入,它们的地址分别为 340H 和 341H。CPU 通过端口 342H 输出控制信号,以控制继电器的吸合,实现不同模拟量的采集。

数据采集过程可以用以下程序来实现:

```
START:MOV   CX, 0100H        ;01→CH,用于开启第一个继电器
                             ;00→CL,用于断开所有继电器
      LEA   BX, BUFFER       ;设置存放采集数据的地址指针
      XOR   AL, AL           ;清 AL 及进位标志 CF
NEXT: MOV   AL, CL           
      MOV   DX, 342H         
      OUT   DX, AL           ;断开所有继电器线圈
      CALL  NEAR DELAY1      ;延时,等待继电器触点的释放
      MOV   AL, CH           
      OUT   DX, AL           ;使 P₀ 吸合
      CALL  NEAR DELAY2      ;延时,等待触点闭合及数字电压表的转换
      MOV   DX, 340H         
      IN    AL, DX           ;从 340H 端口输入低 8 位数据
      MOV   [BX], AL         ;存入内存
      INC   BX               ;内存单元地址加 1
      INC   DX               ;端口地址加 1,即 341H
      IN    AL, DX           ;输入高 8 位数据
      MOV   [BX], AL         ;存入内存
      INC   BX               ;内存单元地址加 1
      RCL   CH, 1            ;CH 左移一位,为下一个触点闭合做准备
      JNC   NEXT             ;8 个模拟量未输入完则循环
CONTINUE:…                   ;输入完,执行别的程序段
```

5.3.2　查询传送方式

无条件传送方式可以用来处理开关设备,但不能用来处理很多复杂的机电设备。CPU可以以极高的速度成组地向这些设备输出数据,但这些设备的机械动作速度很慢。如果CPU 不查询这些外设的状态,不停地向其输出数据,机电设备来不及取走数据,后续的数据必然覆盖前面的数据,造成数据丢失。查询传送方式就是在传送前先查询一下外设的状态,当外设准备好了才传送;若未准备好,则 CPU 继续等待。

查询传送方式比无条件传送方式准确和可靠,但是在这种方式下 CPU 要不断地查询外设的状态,占用 CPU 大量的时间,而真正用于传送数据的时间却很少。例如用查询传送方式实现从终端键盘输入字符信息时,由于输入字符的流量是非常不规则的,CPU 无法预测下一个字符何时到达,这就迫使 CPU 必须频繁地检测键盘输入端口是否有输入的字符,否则就有可能造成字符的丢失。实际上,CPU 浪费在与字符输入无直接关系的查询时间达

到 90% 以上。

对于查询传送方式来说,一个数据传送过程可分为三步:

(1) CPU 从接口读取状态信息;

(2) CPU 检测状态字的对应位是否满足"就绪"条件,如果不满足,则回到前一步继续读取状态信息;如果状态字表明外设已处于"就绪"状态,则进入下一步。

(3) 传送数据。

为此,接口电路中除了有数据端口外,还需要设置状态端口。对于输入过程来说,如果数据输入寄存器中已准备好新数据供 CPU 读取,则使状态端口中的"准备好"标志位置 1;对于输出过程来说,外围设备取走一个数据后,接口就将状态端口的对应标志位置 1,表示数据输出寄存器已经处于"空"状态,可以从 CPU 接收下一个输出数据。

查询传送方式也称应答式传送方式。相应的状态信息 READY 和 BUSY 称为握手联络(handshake)信号。

1. 查询式输入

查询式输入的接口电路如图 5-15 所示。在输入数据时,CPU 必须了解外设的状态,看输入装置是否准备好数据。当准备好送给 CPU 的数据后,则向接口电路送选通信号,该信号一方面使要传送的数据保存到锁存器中,另一方面使 D 触发器的 Q 端输出 1,CPU 通过使 IO/$\overline{\text{M}}$、$\overline{\text{RD}}$ 和片选信号同时有效,打开对应的三态缓冲器,将读到的状态信息通过数据总线送至累加器中。通过指令判断数据准备好状态后,给出数据口的端口地址,通过执行对数据口的 IN 指令打开对应的三态缓冲器,将数据输入到 CPU 中。否则 CPU 循环等待。

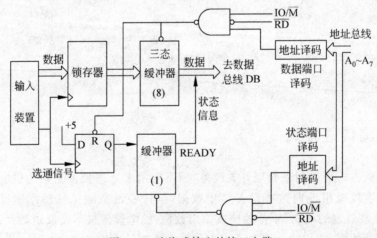

图 5-15　查询式输入的接口电路

查询式输入的程序流程如图 5-16 所示。

例如,一个典型的查询式输入端口数据示意图如图 5-17 所示,状态端口 D_7 位为是否准备就绪状态标志 READY。

实现查询式输入的程序段如下:

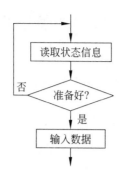

图 5-16　查询式输入程序流程图

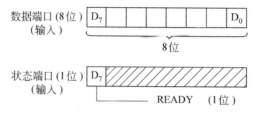

图 5-17　查询式输入数据端口和状态端口数据示意图

```
POLL:    MOV    DX, STATUS_PORT    ;STATUS_PORT 为状态口地址
         IN     AL, DX             ;输入状态信息
         TEST   AL, 80H            ;测试 D7 位，检查 READY 是否为 1
         JZ     POLL               ;未准备好，则循环等待；否则继续
         MOV    DX, DATA_PORT      ;DATA_PORT 为数据口地址
         IN     AL, DX             ;准备好，输入数据
```

2. 查询式输出

查询式输出的接口电路如图 5-18 所示。当 CPU 向外设输出数据时，首先查询外设的

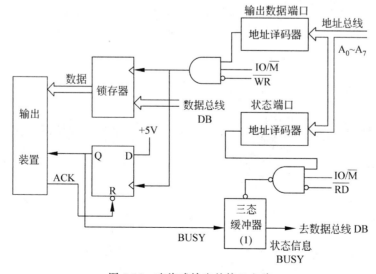

图 5-18　查询式输出的接口电路

状态是否空闲。若输出装置空闲,则通过 ACK 信号复位 D 触发器,使 Q 端输出 0,CPU 读取状态口信息,经测试获知输出装置空闲后,通过对数据口执行 OUT 指令,一方面将输出数据保存至锁存器中,另一方面该选通信号使 D 触发器的 Q 端置 1,使输出装置处于 BUSY 状态,直至输出装置将数据取走,重新变为空闲状态。

查询式输出的程序流程图如图 5-19 所示。

若查询式输出的数据端口和状态端口如图 5-20 所示,则查询输出部分程序为:

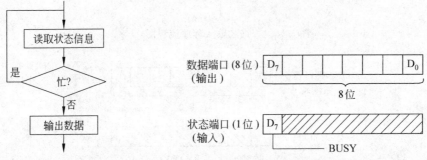

图 5-19 查询式输出程序流程图　　图 5-20 查询式输出数据端口和状态端口数据示意图

```
POLL:   MOV    DX, STATUS_PORT      ;STATUS_PORT 为状态口地址
        IN     AL, DX               ;输入状态信息
        TEST   AL, 80H              ;测试 D7 位,检测是否忙
        JNE    POLL                 ;BUSY=1 表示忙,则循环等待;否则继续
        MOV    DX, DATA_PORT        ;DATA_PORT 为数据口地址
        MOV    AL, BUFFER           ;从内存缓冲区取数据
        OUT    DX, AL               ;输出数据
```

【例 5-4】　一个采用查询传送方式的数据采集系统如图 5-21 所示。8 个模拟量 V_0 ～ V_7 经过多路开关接至 A/D 转换器的模拟量输入端。多路切换开关由控制口(地址为 330H)的 D_2 ～ D_0 控制切换。当 $D_2 D_1 D_0 = 000$ 时,将模拟量 V_0 接至 A/D 转换器。A/D 转换结束信号 EOC(相当于 READY 信号)由状态口(地址为 331H)接至系统数据总线。A/D 转换的结果由数据口(地址为 332H)接至系统数据总线。A/D 转换的启动信号受控制端口的 D_4 位控制,当启动信号由低变高时,启动 A/D 转换,并需维持高电平至 A/D 转换结束。

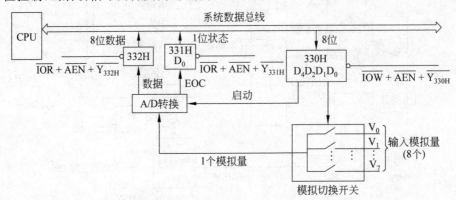

图 5-21 查询式数据采集系统

实现该数据采集过程的程序为：

```
            MOV     AX,DS
            MOV     ES,AX
START:      MOV     CL, 0F8H        ;设置启动 A/D 转换的控制信号
            LEA     DI, BUFFER      ;DI 指向数据缓冲区
AGAIN：     MOV     AL, CL
            AND     AL, 0EFH        ;使启动线变低
            MOV     DX, 330H
            OUT     DX, AL
            CALL    DELAY           ;延时,以满足 A/D 转换器的时序要求
            MOV     AL, CL
            OUT     DX, AL          ;启动 A/D 转换,且选择模拟量 V₀
POLL：      INC     DX
            IN      AL, DX          ;输入状态信息
            SHR     AL, 1
            JNC     POLL            ;未转换完,循环等待
            INC     DX
            IN      AL, DX          ;输入数据
            STOSB                   ;存储数据
            INC     CL              ;修改多路开关控制信号
            JNE     AGAIN           ;8 个模拟量未输入完,循环
            RET                     ;输入完,返回主程序
```

5.3.3　中断传送方式

查询传送方式有两个明显的缺点：第一,CPU 的利用率低。因为 CPU 要不断地读取状态字和检测状态字,如果外围设备未准备好,则 CPU 会一直继续查询等待。这样的过程占用了 CPU 的大量时间,尤其是与中速或低速的外围设备交换信息时,CPU 真正用于传送数据和处理数据的时间极少,绝大部分时间都消耗在查询上。第二,不能满足实时控制系统对 I/O 设备处理的要求。因为在使用查询传送方式时,假设一个系统有多个外设,那么 CPU 只能轮流对每个外设进行查询,但这些外设的工作速度往往差别很大。这时 CPU 很难对各个外设随机提出的输入/输出服务请求进行响应。

为了提高 CPU 的工作效率以及对实时系统进行快速响应,提出了中断传送的信息交换方式。所谓中断,是指程序在运行中,计算机由于内、外某方面的原因,CPU 必须中止当前正在执行的程序而转去处理相关事件(执行一段中断处理子程序),并在处理完毕后再返回原运行程序的过程。一个完整的中断处理过程包括中断请求、中断响应、中断处理和中断返回。

类似于上述中断过程的日常生活实例很多。例如一个人在办公室处理日常公务,其间电话铃声响起,此时他放下手中的工作,转去接电话,接完电话后又回到原位继续处理公务。这就是一个类似于计算机中断处理的过程。

CPU 与外设间采用中断传送方式交换信息,就是当外设处于就绪状态时,例如当输入设备已将数据准备好或者输出设备可以接收数据时,便可以向 CPU 发出中断请求,CPU 暂时停止当前执行的程序而和外围设备进行一次数据交换。当输入操作或输出操作完成后,

CPU再继续执行原来的程序。采用中断传送方式时,CPU不必总是检测或查询外围设备的状态,因为当外围设备就绪时,会主动向CPU发出中断请求信号。通常CPU在执行每一条指令的最后一个 T 状态,会检查外设是否有中断请求。如果有,则在中断允许的情况下,CPU将保存下一条指令的地址(断点)和当前标志寄存器的内容,转去执行中断服务程序。执行完中断服务程序后,CPU会自动恢复断点地址和标志寄存器的内容,继续执行原来被中断的程序。

与查询传送方式相比,中断传送方式具有如下特点:

(1) 提高了CPU的工作效率;

(2) 外围设备具有申请服务的主动权;

(3) CPU可以和外设并行工作;

(4) 可对实时系统的I/O处理要求及时响应。

有关中断传送方式的更具体的讨论详见第7章。

5.3.4　DMA传送方式

1. DMA传送的工作过程

相对于查询传送方式来说,中断传送方式大大提高了CPU的利用率,但是中断传送方式仍然是由CPU通过执行指令来传送数据的。每次中断,都要进行保护断点、保护现场、传送数据、存储数据,以及最后恢复现场,返回主程序等操作,需要执行多条指令,使得传送一个字节(或字)需要较长时间。这对于高速的外部设备(例如磁盘)与内存间的信息交换来说显得太慢了。由此提出了不需要CPU干预(不需要CPU执行程序指令),而在专门的硬件电路控制之下进行外设与存储器间直接传送数据的方式,称为直接存储器存取(direct memory access,DMA)传送方式。这种专门的硬件控制电路称为DMA控制器,简称DMAC。

DMA传送方式是外设与内存之间在DMAC的控制下直接进行数据交换,而不通过CPU,如图5-22所示。比如要将外设采集到的数据送至内存保存,在程序控制方式下,需要先通过一条IN指令将数据传送至CPU内部的累加器中,然后再在程序控制下通过一条MOV指令将数据送至存储器。而DMA传输则是在DMA控制器的控制下,直接将数据从外设送至存储器,大大提高了外设和存储器之间的数据传输速度,而且数据传送的速度上限将主要取决于存储器的存取速度。

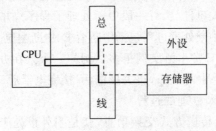

——— 程序控制的数据输入/输出
------ DMA控制的数据输入/输出

图5-22　DMA传输方式和程序控制传输方式对比

DMA 方式传送时，CPU 让出系统总线（即 CPU 连到总线上的相应信号线处于高阻状态），系统总线由 DMAC 接管。故 DMAC 必须具备以下功能：

（1）能向 CPU 发出要求控制总线的 DMA 请求信号 HRQ（hold request）；

（2）当收到 CPU 发出的 HLDA（hold acknowledge）信号后能接管总线，进入 DMA 方式；

（3）能发出地址信息对存储器寻址，并能修改地址指针；

（4）能发出存储器和外设的读、写控制信号；

（5）确定传送的字节数，并判断 DMA 传送是否结束；

（6）能接收外设的 DMA 请求信号和向外设发 DMA 响应信号；

（7）能发出 DMA 结束信号，使 CPU 恢复正常工作。

DMA 传送方式的工作过程如图 5-23 所示。当外设把数据准备好后，发出一个选通脉冲使 DMA 请求触发器置 1，向 DMA 控制器发出 DMA 请求信号，同时将数据选通到数据缓冲寄存器，并向状态/控制端口发出准备就绪信号。然后 DMA 控制器向 CPU 发出 HRQ 信号，请求使用总线。CPU 在现行总线周期结束后响应 DMA 请求，发出 HLDA 信号，表示 CPU 已让出总线。DMA 控制器收到 HLDA 信号后接管总线，向地址总线发出存储器的地址信号，向外设端口发 DMA 响应信号和读控制信号，将来自外设端口的数据送上数据总线，并发出存储器写命令，把外设输入的数据直接写入存储器中。

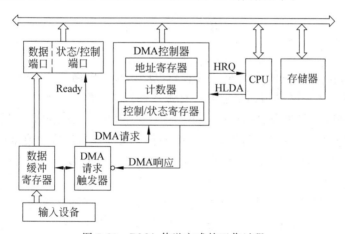

图 5-23　DMA 传送方式的工作过程

在 DMAC 的控制下，可以实现外设与内存之间、内存与内存之间以及两种高速外设之间的高速数据传送，如图 5-24 所示。

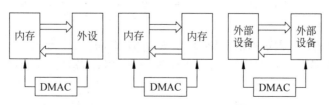

图 5-24　DMA 传送的几种形式

2. 可编程 DMA 控制器 8237A

Intel8237A 是一款高性能的可编程 DMA 控制器芯片,目前仍在微机系统中广泛使用(已置于南桥芯片中)。在 5MHz 的工作频率下,其传输速率可达 1.6MB/s。8237A 可提供 4 个独立的 DMA 通道,每个通道的 DMA 请求都可以分别允许和禁止,每个通道的 DMA 请求都可以设置不同的优先级。优先级可以是固定的,也可以是旋转的,由编程决定;每个通道一次传送的最大数据长度可达 64KB。可以在存储器与外设之间进行数据传送,也可以在存储器的两个区域之间进行传送。8237A 的 DMA 传送有 4 种方式:①单字节传送方式;②数据块传送方式;③请求传送方式;④级联方式。每一种方式下,都能接收外设的请求信号 DRQ,向外设发出响应信号 DACK,向 CPU 发出 DMA 请求信号 HRQ;当接收到 CPU 的响应信号 HLDA 后就可以接管总线,进行 DMA 传送。每传送一个数据,修改一次地址指针(可由编程规定为增量修改或减量修改),字节数减 1;当规定的传送长度(字节数)减到 0 时,发出 TC 信号,结束 DMA 传送或重新初始化。8237A 可以通过级联,扩展出更多的通道数。

由于篇幅所限,本书不再具体介绍 8237A 的内部结构和编程实现细节,读者需要时可查阅参考文献[1]或 Intel 公司的相关数据手册。

练 习 题

1. 为什么要在 CPU 和外设之间设置接口电路? 接口电路的功能都有哪些?

2. 什么是端口? I/O 端口的编址方式有哪几种? 各有何特点?

3. 在 I/O 接口电路中,端口分为哪几类? CPU 和 I/O 设备之间传送的信息有哪几类?

4. CPU 和外设之间的数据传送方式有哪几种? 无条件传送方式通常用在哪些场合?

5. 相对于程序查询传送方式,中断方式有什么优点? 和 DMA 方式比较,中断传送方式又有什么不足之处?

6. 在输入/输出接口电路中,为什么要求输入接口加三态缓冲器,输出接口加锁存器?

7. 试设计一个查询式输入的接口电路。要求画出电路图,描述工作过程,并写出相应的查询输入程序。

8. 试设计符合下列要求的地址译码电路:

(1) 用组合逻辑电路设计一地址译码电路,使输出端产生的地址范围为 240H~24FH。

(2) 用 74LS138 译码器设计地址译码电路,使 $\overline{Y_0} \sim \overline{Y_7}$ 端产生的地址分别为 340H~347H。

9. 利用 74LS244 作为输入接口(端口号为 270H)连接 4 个开关 $K_0 \sim K_3$(开关断开时对应输入的二进制位为 0),利用 74LS273 作为输出接口(端口号为 271H)连接一个 8 段 LED 显示器,完成下列要求:

(1) 利用 74LS138 译码器设计地址译码电路,画出芯片与 8088 系统总线的连接图。

(2) 编写程序段,实现以下功能:读入 4 个开关的状态,对开关的状态进行编码,即 4 个开关的 16 种状态要用 16 个数字表示出来。如开关都断开时对应编码为 0000,开关都闭合时对应编码为 1111,开关 K_0 闭合但 $K_1 \sim K_3$ 都断开时对应编码为 0001,以此类推。(编码信息直接保存在 AL 中)

10. 如题图 5-1 所示,用一片 74LS373 作为输入接口,读取 3 个开关状态,用另一片 74LS373 作为输出接口,点亮红、绿、黄 3 个发光二极管。画出该电路与 8088 系统的连接图,要求按题图 5-1 中给出的端口地址设计相应的地址译码电路,并编写能实现以下三种功能的程序:

(1) K_1、K_2、K_3 全部合上时,红灯亮;

(2) K_1、K_2、K_3 全部断开时,绿灯亮;

(3) 其他情况黄灯亮。

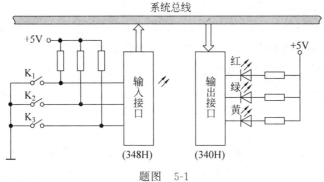

题图　5-1

第 6 章

存储器技术

本章重点内容

 ◇ 存储器的分类及特点
 ◇ 微机存储系统的层次结构
 ◇ 存储器的性能指标
 ◇ 半导体存储器的分类
 ◇ 半导体存储器的典型结构及芯片
 ◇ 存储器接口及应用

本章学习目标

 通过本章的学习,了解微机系统中使用的各类存储器介质及其特性,了解微机系统中存储器的分层组织结构。重点掌握半导体存储器的结构、性能和在系统中应用时的连接使用方法。

6.1 存储器概述

存储器是计算机中用来存储信息的部件。有了存储器,计算机才有了"记忆存储"功能,才能把计算机要执行的程序、所要处理的数据以及计算的结果存储在其中,使其能自动工作。

6.1.1 存储器的分类

存储器按存储介质不同,分为:早期的磁芯存储器、磁带存储器,后来的软磁盘、硬磁盘,现在普遍使用的半导体存储器、光盘存储器。

按存储器在计算机中的用途,可分为内部存储器和外部存储器两大类。

内部存储器简称为内存(也称为主存),外部存储器简称为外存。内存是指具有一定容量、存储速度较快、能被 CPU 直接访问的存储器。微型计算机中,内存一般都使用半导体存储器。外存是指存储容量大而存储速度相对较慢、不能被 CPU 直接访问的存储器。微型计算机中常见的外存有硬磁盘、软磁盘、光盘、闪存等。外部存储器对于 CPU 而言是外部设备,外存信息需要调入内存才能被 CPU 执行或处理。外存需要通过各自的接口进行信息的读写。例如,通过硬盘驱动器读写硬盘,通过光盘驱动器读写光盘。外存容量一般较大,如目前微机主流的机械硬盘容量可达几个 TB,固态硬盘(属于半导体存储器)容量一般有几百 GB,光盘容量从几百 MB 到几十 GB,蓝光光盘容量可达数百 GB。外存不仅容量大而且可更换,所以也称为海量存储器。

6.1.2 微机存储系统的层次结构

从微机系统的应用需求角度来说,总是要求存储系统的容量要大、速度要快,同时价格要低。但由于技术、经济和系统管理等多方面的原因,要求一种存储器同时具备这些性能指标往往是相互矛盾、互相制约的。例如,内存的存取速度要与 CPU 速度相匹配,速度要快,但受地址总线、集成度等制约,容量就不能大,价格也较高;而外存可以做到较大的存储容量,价格也较低,但需要通过专用接口进行信息传输,速度相对内存较慢。所以,单独使用同一种类型的存储器很难同时满足容量大、速度快及价格低三方面的要求。

为了满足微机系统的实际使用需求,微机存储系统采用多种类型的存储器分层构成,以充分利用各类存储器的优点,配合 CPU 高效工作。现代微机的存储系统可以概括为一个五层(0 层~4 层)金字塔形式的存储体系结构,即 CPU 内部寄存器组、高速缓冲存储器(cache)、主内存、本地磁盘及具有大存储容量的外部存储器等,如图 6-1 所示。

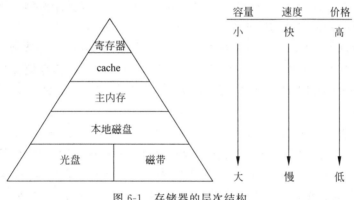

图 6-1　存储器的层次结构

0 层是 CPU 内部的寄存器组,位于存储体系的最上端。在 CPU 内部设置寄存器组的重要原因是尽可能减少 CPU 从内存读写数据的次数。由于寄存器组位于 CPU 内部,CPU 对寄存器中的内容处理速度最快,使用频率最高,一般在一个时钟周期内即可完成数据的读写。但寄存器设计在 CPU 内部,受芯片面积、集成度、功耗及管理等方面的限制,CPU 内部寄存器数量有限。如 8088/8086 CPU 内部只有 14 个 16 位寄存器,其中通用寄存器只有 8个。后来的 80x86 系列微处理器中既有 16 位的段寄存器,也有 32 位的数据寄存器和控制寄存器,以及 64 位、80 位的其他寄存器等。合理和充分利用 CPU 内部的寄存器资源对提高系统性能非常重要。

1 层是高速缓冲存储器,设置在 CPU 和主存之间,其作用是解决主存与 CPU 的速度匹配问题。在计算机技术发展过程中,主存储器的存取速度一直比 CPU 的操作速度慢得多,使 CPU 的高速处理能力不能充分发挥。在存储层次中采用 cache 就是常用的解决方法之一。cache 一般由小容量的高速静态随机访问存储器(SRAM)构成,其速度要比主存高 1～

2个数量级,容量一般只有主存的几百分之一。根据程序局部性原理,正在使用的主存储器某一单元邻近的那些单元将被用到的可能性很大。因而,当CPU存取主存储器某一单元的数据时,计算机硬件就自动地将包括该单元在内的那一组单元的内容调入cache。如果CPU绝大多数存取主存储器的操作能被存取高速缓冲存储器所代替,计算机系统处理速度就能显著提高。微机系统中从80386开始引入高速缓存技术。开始时cache容量较小,且设置在CPU芯片外,称为L1高速缓存,其访问速度几乎和寄存器一样快,大约是4个时钟周期。随后cache发展较快,在80486微机系统中,不仅容量扩大,而且有了片内的L1高速缓冲和片外的L2高速缓冲的组织形式。L1高速缓存内置在CPU内部,并与CPU同速运行,可以有效地提高CPU的运行效率,但受到CPU内部结构的限制,L1高速缓存的容量都很小。L2高速缓存主要用作L1高速缓存和内存之间的数据临时交换,比L1高速缓存的速度慢,但其空间容量更大。后期出现的L3高速缓存是为读取L2高速缓存后未命中的数据而设计的一种缓存。在拥有三级缓存的CPU中,只有约5%的数据需要从内存中调用,这进一步提高了CPU的运行效率。

2层是主存储器,即常说的内存,主要存放计算机运行时正在使用的程序和数据。从传统意义上看,CPU直接对内存进行访问和操作。但在现代微型计算机系统中,CPU访问的实际是内存在高速缓存中的副本,也就是说,一般直接访问高速缓存,而不是主内存,因此内存就可以采用存取速度较慢、集成度较高的存储器芯片,以提高整个微型计算机系统的性价比。这类存储器通常采用动态随机访问存储器(DRAM),现在的内存大都采用价廉的同步动态随机访问存储器(SDRAM)。内存除了采用大量的动态随机存储器外,还有部分用于保存如BIOS等固化程序和数据的只读存储器(ROM)。这些只读存储器通常是PROM、EPROM、EEPROM或Flash(也叫闪存)。现代微型计算机大都采用Flash来存放这些固化的程序和数据。

3层是联机的本地硬磁盘存储器。磁盘由一个或多个叠放在一起的盘片组成,每个盘片有两面,表面覆盖有磁性材料。盘片中央有一个可以旋转的主轴,它使得盘片以固定的速率旋转,通常为5400~15 000r/min。磁盘通常封装在一个密闭的容器内,整个装置被称为磁盘驱动器,简称为磁盘。硬磁盘存储器容量比内存大得多,但由于受内部机械结构的限制,存取速度与内存有较大差距。对磁盘的访问,并不是直接从磁盘到CPU,而是通过主存作为桥梁。

4层之后是可移动的外部存储器,用来存储在一段时间内不用的数据或备份重要的程序或资料,如磁盘、磁带、光盘、U盘等外部容易更换的存储器。由于体积小、可靠性高及方便携带,目前U盘已取代软磁盘作为便携式小容量的外存。

6.2　半导体存储器概述

6.2.1　半导体存储器的分类

随着半导体技术和大规模、超大规模集成电路技术的发展,半导体存储器的发展和CPU的发展相一致,集成度越来越高,成本越来越低,存取速度大大提高,功耗大大降低,所以微机系统中都使用半导体存储器作为内存。

从制造工艺的角度可以把半导体存储器分为双极型、MOS 型两类。双极型存储器由 TTL 逻辑电路构成,它具有存取速度快、集成度低、功耗大的特点,在半导体存储器中是最先研制成功的,主要用于高速存储场合,如用作主板上的 cache。MOS 型存储器是金属氧化物半导体器件,它集成度高、功耗低,但速度较双极型器件慢。微机的 SRAM、DRAM 一般由 MOS 型存储器构成。

从使用功能的角度可将存储器分为两大类:随机存取存储器(random access memory,RAM)和只读存储器(read only memory,ROM)。RAM 是一种既能写入又能读出的存储器,主要用来存放当前运行的程序、各种输入/输出数据、中间运算结果及堆栈等,其内容可随时读出、写入或修改,掉电后内容会全部丢失。ROM 是一种在正常工作中只能读出而不能写入的存储器,通常用来存放那些固定不变、不需要修改的程序,例如主板上的 ROM-BIOS(基本输入/输出系统)芯片等。只有在电源电压正常时 ROM 才能工作,但断电之后其中存放的信息并不丢失,一旦通电,它又能正常工作,提供信息。下面从使用功能角度展开予以介绍。

1. 随机存取存储器

随机存取存储器是在使用过程中利用程序随时可以写入信息,又可以随时读出信息的存储器。使用最多的主要有双极型和 MOS 型两种,前者读写速度快,但集成度低、功耗大,故在微型计算机中一般使用后者。它又可分为以下几种:

(1) 静态 RAM(static RAM,SRAM):其存储电路以双稳态触发器为基础,状态稳定,只要不掉电,信息就不会丢失。SRAM 存取速度很快,多用于要求高速存取的场合,例如高速缓冲存储器。

(2) 动态 RAM(dynamic RAM,DRAM):其存储单元以电容为基础,电路简单,集成度高。但由于电容中的电荷漏电会使信息不稳定甚至信息丢失,因而需要定时刷新信息。这种存储器集成度高、价格低、功耗小,但速度较 SRAM 慢。DRAM 适用于大存储容量的应用场合。PC 的内存主要是由动态 RAM 芯片构成的,内存条一般也是由 DRAM 组成的。

(3) 非易失 RAM(non volatile RAM,NV-RAM):又称为掉电自保护 RAM,这种存储器一般是由 SRAM 和 EEPROM 共同构成的存储器,正常运行时和 SRAM 一样,而在掉电或电源有故障的瞬间,它把 SRAM 的信息保存在 EEPROM 中,从而使信息不会丢失。NV-RAM 主要用于存储非常重要的信息和掉电保护。NV-RAM 还有另外一种带有备用电池的 SRAM 结构形式,它采用 CMOS 设计,用电量极小,断电后由电池维持供电,信息可维持数年。

(4) 同步动态 RAM(synchronous DRAM,SDRAM):是一种同步动态随机存储器。它的主要特点是把 CPU 与 DRAM 的操作通过一个相同的时钟锁存在一起,使 DRAM 在工作时与 CPU 的外频时钟同步,从而解决了 CPU 与 DRAM 之间速度不匹配的问题。

(5) 双速率同步动态 RAM(double data rata SDRAM,DDR SDRAM):这种技术建立在 SDRAM 的基础上,与 SDRAM 的区别是能在时钟脉冲的上升沿和下降沿读出数据,不需要提高时钟频率就能加倍提高 SDRAM 的速度。DDR SDRAM 是目前作为内存的首选产品。

2. 只读存储器

只读存储器是在使用过程中,只能读出存储的信息而不能用通常的方法将信息写入的存储器,又可分为以下几种:

(1) 掩膜 ROM: 这种 ROM 在制造时,利用掩膜技术直接把程序和数据写入存储器中,一旦生产出成品后,ROM 中的信息即可被读出使用,但不能改变。这类 ROM 一般用于批量生产,成本比较低。

(2) 可编程 ROM(programmable ROM, PROM): 这种 ROM 在新出厂时存储的信息全部为"1",用户可以根据需要,利用特殊方法写入程序和数据,但只能写入一次,写入后的信息不能再改变。这种可编程 ROM 适合于产品研发时的小批量一次性使用。

(3) 光可擦除可编程的 ROM(erasable PROM, EPROM): 指可用紫外光擦除、可由用户多次编程写入的存储器。若编程写入之后想修改,可用专用的紫外线光擦写器对存储芯片照射一定时间,整个存储芯片信息就被删除,芯片复原,用户从而可再编程。

(4) 电可擦除可编程的 ROM(electrically EPROM, EEPROM): 这种存储器能通过加电的方法进行擦除和编程,而且可以实现在线擦除和在应用编程。在线擦除就是在擦除时不需要把芯片拔下来,在应用编程就是可以通过系统中运行的程序以字节为单位进行擦除和改写。

(5) 闪存(flash memory): 也称 Flash ROM,是一种新型的可擦除可编程的 ROM 芯片。其写入原理同 UV-EPROM,擦除原理同 EEPROM。与 EEPROM 相比,它有集成度高、价格便宜、擦写速度快的特点。闪存的开发和应用发展很快,最典型的应用是便携式存储设备,如 U 盘、存储卡等。当前 PC 上也有的用 Flash-ROM 固化 ROM-BIOS,这对于系统升级非常方便。

6.2.2 半导体存储器的性能指标

描述半导体存储器性能的指标很多,诸如存储容量、存取速度、价格、功耗、可靠性、电源种类等,但从系统配置和接口应用来说,存储器芯片最主要的性能指标是存储容量和存取速度。

1. 存储容量

存储器芯片的容量是以存储 1 位二进制数(bit)为单位的,因此存储容量是指存储器芯片所能存储的二进制数的位数,通常以 M×N 的方式表示,其中 M 为芯片的存储单元数,N 为每个单元的数据位数,对应于芯片对外引出的数据线引脚数。存储器芯片的数据引脚有 1 位、4 位、8 位、16 位、32 位等,如 Intel 2116 数据引脚为 1 位,2114 为 4 位,6264 为 8 位等,这既是工艺的原因,同时也满足了 4 位、8 位、16 位以及更高位数微机存储系统的设计需要。例如,Intel 2114 静态 RAM 芯片的存储容量为 1K×4 位;Intel 6264 的存储容量为 8K×8 位。在进行微机存储系统设计时,若所使用的存储器芯片的数据位数不够数据总线的宽度,或者单个存储芯片的存储容量无法满足存储系统的设计要求,可以通过位扩展、字扩展或字位同时扩展的方式以实现存储系统对容量的设计需求。

在微型计算机中,存储器的基本存储单位是字节,因此对存储器的读写是以字节为单位进行的。现代微型计算机的字长有 8 位、16 位、32 位、64 位甚至 128 位,但其内存仍以字节为基本单位,每个字节一个地址,比如 DD 类型的变量要占据 4 个字节的空间,有 4 个连续的地址。读写时可以通过特别的存储器访问机制,一次可以对 2、4、8、16 个字节单元同时访问。

2. 存取速度

存储器芯片的存取速度一般是用存取时间来衡量的。存取时间(memory access time)是指从启动一次存储器操作到完成该操作所需要的时间。例如,读操作时从 CPU 发出有效的存储器地址到存储器送出有效数据,并将数据读入到 CPU 内部的数据缓冲寄存器为止所需要的时间。存取时间越短,则存取速度越快。随着半导体技术的发展,存储器的容量越来越人,速度越米越高。目前,超高速存储器的存取时间已小于 20ns,中速存储器在 60～100ns 之间,低速存储器在 100ns 以上。

6.2.3　半导体存储芯片的典型结构

存储器芯片内部一般由存储体、地址译码、数据缓冲和读写控制电路等模块构成,如图 6-2 所示。

1. 存储体

存储体模块的作用是存放信息,它是存储器芯片的主要构成部分。存储体中包含若干个存储单元,每一个存储单元存放一定位数的二进制信息。一个存储单元只存一位二进制信息的叫位片结构,一个存储单元存放多位二进制信息的叫字片结构。存储单元的一个数据位对应一条数据线。

每个存储单元可以被单独选中进行读写,因此每个存储单元需要一个唯一的地址。芯片中存储单元越多,就需要越多的地址线对它们进行译码。

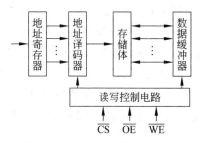

图 6-2　存储器内部结构示意图

2. 地址译码

存储器地址译码电路根据输入到地址寄存器的地址编码信息进行译码,译码后选中某个特定的存储单元。如图 6-3 所示,若存储体中一共有 64 个存储单元,因为 $2^6=64$,因此译码时需要6位地址。若存储单元呈线性排列,则需要6根地址线。存储体的这种译码方式称为线性译码。

当存储体的存储单元数目较多时,线性译码对应需要的地址线太多,不便于封装。因此在存储单元数目较多时一般采用行列矩阵排列,对应的地址译码采用行列矩阵译码,称为矩阵译码结构。如图6-4所示,6条地址线分成3条行译码、3条列译码,则可以选中8×8存储矩阵中的任何一个单元。

矩阵译码结构可以大大节省地址引脚数目,半导体存储芯片绝大多数采用矩阵译码结构。

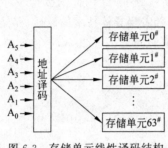

图6-3　存储单元线性译码结构

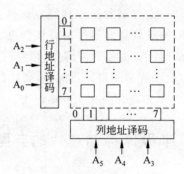

图6-4　存储单元矩阵译码结构

3. 读写控制电路和数据缓冲

存储器读写控制电路的典型控制信号一般有片选、读控制、写控制三个。这三个控制信号由外部输入,通过它们的电平有效与否,来使得片内的控制逻辑和数据缓冲电路发生相应作用。

① 片选——该控制引脚一般用 $\overline{CS}$ 或 $\overline{CE}$ 来标记。当片选有效时,可以对该芯片进行读或写操作;无效时,芯片总线呈高阻状态,芯片与系统总线隔离。存储芯片的片选信号一般由系统的高位地址线译码产生。

② 读控制——该引脚一般用 $\overline{OE}$ 来标记。在片选有效的前提下,若 $\overline{OE}$ 有效,则芯片允许译码选中的存储单元的数据通过数据缓冲器送到系统数据总线,否则芯片的数据线呈高阻状态。该引脚一般与系统的读控制线 $\overline{MEMR}$(或最小组态下的 $\overline{RD}$)相连。

③ 写控制——该引脚一般用 $\overline{WE}$ 来标记。在片选有效的前提下,若 $\overline{WE}$ 有效,则芯片允许译码选中的存储单元通过数据缓冲器从系统数据总线接收数据,否则芯片的数据线呈高阻状态。该引脚一般与系统的写控制线 $\overline{MEMW}$(或最小组态下的 $\overline{WR}$)相连。

6.3　随机存取存储器(RAM)

根据存储单元的工作原理不同,随机存取存储器分为静态RAM和动态RAM。所谓"静态",是指这种存储器只要保持通电,里面储存的数据就可以稳定保持。相比之下,动态RAM中所储存的数据需要周期性地动态刷新。目前RAM芯片几乎都是MOS型的。

6.3.1 静态 RAM(SRAM)

1. 静态 RAM 的基本存储单元

静态 RAM 的基本存储单元由 6 个 MOS 管组成,如图 6-5 所示。在此电路中,其中 $T_1 \sim$ T_4 管组成双稳态触发器,T_1、T_2 为放大管,T_3、T_4 为负载管。若 T_1 截止,则 A 点为高电平,使 T_2 导通,于是 B 点为低电平,这又保证了 T_1 的截止。同样,T_1 导通而 T_2 截止,这是另一个稳定状态。因此可用 T_1 管的两种状态表示"1"或"0"。由此可知静态 RAM 保存信息的特点是和这个双稳态触发器的稳定状态密切相关的。显然,仅仅能保持这两种状态中的一种还是不够的,还要对状态进行控制,这通过控制管 T_5、T_6 实现。

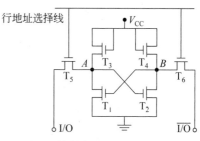

图 6-5 六管静态 RAM 基本存储单元

当对基本存储单元进行写操作时,地址译码器的某一个地址选择线送出高电平到 T_5、T_6 控制管的栅极,使 T_5、T_6 导通,于是,A 与 I/O 线相连,B 点与 $\overline{\text{I/O}}$ 线相连。这时如要写"1",则 I/O 线为"1",$\overline{\text{I/O}}$ 线为"0",它们通过 T_5、T_6 管与 A、B 点相连,即 A = "1",B = "0",使 T_1 截止,T_2 导通。而当写入信号和地址译码信号消失后,T_5、T_6 截止,该状态仍能保持。如要写"0",$\overline{\text{I/O}}$ 线为"1",I/O 线为"0",则使 T_1 导通,T_2 截止,只要不掉电,这个状态会一直保持,除非重新写入一个新的数据。

当对基本存储单元进行读操作时,仍需要地址译码器的某一地址输出线送出高电平到 T_5、T_6 管的栅极,即此存储单元被选中,此时 T_5、T_6 导通,于是 T_1、T_2 管的状态被分别送至 I/O、$\overline{\text{I/O}}$ 线,这样就读取了所保存的信息。显然,存储的信息被读出后,所存储的内容并不改变,除非重写一个数据。

SRAM 最大的优点是速度快,不需要刷新电路,从而简化了外部电路。但由于 SRAM 存储电路中的 MOS 管数目多,故集成度较低,而 T_1、T_2 管组成的双稳态触发器必有一个是导通的,功耗比 DRAM 大,这是 SRAM 的两大缺点。SRAM 一般用作 CPU 和较低速 DRAM 之间的高速缓存(cache)。

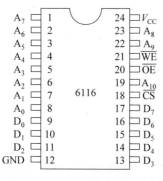

图 6-6 Intel 6116 的外部引脚图

2. 典型静态 RAM 芯片

静态 RAM 内部由很多如图 6-5 所示的基本存储单元组成,容量为单元数与数据线位数的乘积。要选中某个单元,往往利用矩阵式排列的地址译码电路。例如 1024 个基本存储单元需 10 根地址线,其中 5 根用于行译码,另 5 根用于列译码,译码后在芯片内部排列成 32 条行选择线和 32 条列选择线,这样可选中 1024 个单元中的任何一个。

常用的静态 RAM 芯片主要有 Intel 2114、6116、

6264、62256 以及 HM628128 等。这里以典型芯片 6116 为例进行介绍。Intel 6116 的外部引脚图如图 6-6 所示,其内部功能框图如图 6-7 所示。

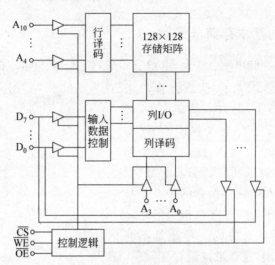

图 6-7　Intel 6116 内部功能框图

6116 芯片的存储容量为 2K×8b,有 2048 个存储单元,需 11 根地址线,其中 7 根地址线 A_{10}～A_4 用于行地址译码输入,4 根地址线 A_3～A_0 用于列地址译码输入,每条列线控制 8 位,从而形成 128×128 个存储阵列,即 16 384 个存储体。6116 的控制线有三条:片选 $\overline{CS}$、输出允许 $\overline{OE}$ 和写控制 $\overline{WE}$。Intel 6116 存储器芯片的工作过程如下:

① 读出时,系统地址总线 A_{10}～A_0 送来的地址信号输入到内部的行、列地址译码器,经译码后选中一个存储单元(其中有 8 个存储位),由 $\overline{CS}$、$\overline{OE}$、$\overline{WE}$ 构成读出逻辑($\overline{CS}=0$,$\overline{OE}=0$,$\overline{WE}=1$),打开右面的 8 个三态门,被选中单元的 8 位数据经 I/O 电路和三态门送到 D_7～D_0 输出。

② 写入时,选中某一存储单元的方法和读出相同,不过这时 $\overline{CS}=0$,$\overline{WE}=0$,$\overline{OE}=1$,打开左边的三态门,从 D_7～D_0 端输入的数据经三态门和输入数据控制电路送到列 I/O 电路,从而写到存储单元的 8 个存储位中。

③ 当没有读写操作时,$\overline{CS}=1$,即片选处于无效状态,输入/输出三态门呈高阻状态,从而使存储器芯片与系统总线"脱离"。6116 的存取时间在 85～150ns 之间。

其他静态 RAM 的结构与 6116 相似,只是地址线不同而已。常用的型号有 6264 和 62256,均为 28 引脚的双列直插式芯片,使用单一的 +5V 电源,与同容量的 EPROM 引脚相互兼容,从而使接口电路的连线更为方便。

6.3.2　动态 RAM(DRAM)

1. 动态 RAM 存储电路

动态 RAM 的基本存储电路有单管和四管等结构,这里仅介绍单管存储单元的结构及存储原理。

单管动态存储电路由一个 MOS 管和一个小电容构成,如图 6-8 所示。由图可知,DRAM 利用电容 C 存放二进制信息,电容 C 上充有电荷时表示逻辑"1",没有电荷时表示逻辑"0"。但电容 C 的容量很小,充电后电压的变化仅为 0.2V 左右,由于电容均存在电荷泄漏效应,使得电容上的电压维持时间很短,一般 2ms 左右就会泄漏,造成所存信息不稳甚至丢失。尽管在对 DRAM 的存储单元进行读写时,也会进行电荷的补充,但这是随机的,不能使所有的存储单元的电荷都得到补充。对 DRAM 因电

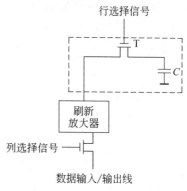

图 6-8　单管动态存储电路

容漏电而引起信息丢失问题的解决方法是定时对内存中所有动态 RAM 单元进行刷新(refresh),使原来表示逻辑 1 的电容上的电荷得到补充,而原来表示逻辑 0 的电容仍保持无电荷状态。即刷新操作并不改变存储单元原存信息,而是使其能够继续保持原有信息的存储状态。

对单管动态存储电路进行读操作时,通过行地址译码电路使某一条行选择线为高电平,则该行上所有基本存储单元中的 MOS 管 T 导通,连在每一列上的刷新放大器便可读取相应电容上的电压值。刷新放大器将此电压值转换为对应的逻辑电平"0"或"1",并控制重新写到存储电容上。列地址译码电路产生列选择信号,所选中列的基本存储电路才受到驱动,从而可读取信息。

在写操作时,行选择信号为"1"时则选中该行,电容上信息送到刷新放大器上,刷新放大器又立即对这些电容进行重写。由于刷新时列选择信号总为"0",因此电容上信息不会被送到数据总线上。

2. 典型动态 RAM 芯片

Intel 2164A 是一种典型的 DRAM 芯片,其引脚和逻辑符号如图 6-9 所示。

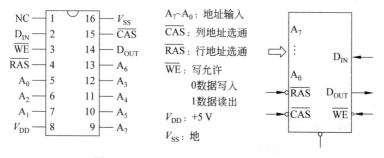

图 6-9　Intel 2164A 的引脚和逻辑符号

DRAM 芯片 2164A 的容量为 64K×1b,即片内有 65 536 个存储单元,每个单元只有 1 位数据,如果和 8088 CPU 组合至少用 8 片 2164A 才能构成 64KB 的存储系统。若想在芯片内寻址 65 536 个存储单元,通常需用 16 条地址线。为减少地址线引脚数目,DRAM 地址

线采用行地址线和列地址线分时工作,这样 DRAM 对外部只需引出 8 条地址线。Intel 2164A 的内部结构示意图如图 6-10 所示。芯片内部设置地址锁存器,利用多路开关,由行地址选通信号 $\overline{RAS}$(row address strobe)把先送来的 8 位地址送至行地址锁存器,由随后出现的列地址选通信号 $\overline{CAS}$(column address strobe)把后送来的 8 位地址送至列地址锁存器。这 8 条地址线也用于刷新(刷新时地址计数,实现逐行刷新,2ms 内全部刷新一次)。

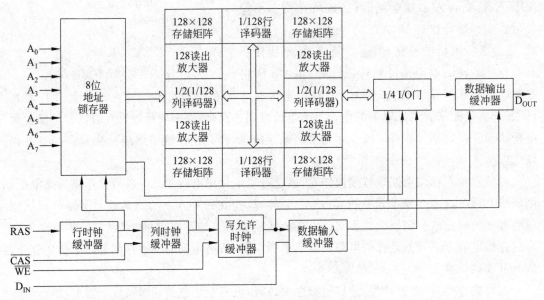

图 6-10 Intel 2164A 的内部结构示意图

图 6-10 中 64Kb 存储体由 4 个 128×128 的存储矩阵组成,每个 128×128 的存储矩阵由 7 条行地址线和 7 条列地址线进行选择,在芯片内部经地址译码后可分别选择 128 行和 128 列。

锁存在行地址锁存器中的低 7 位行地址 $RA_6 \sim RA_0$ 同时加到 4 个存储矩阵上,在每个存储矩阵中都选中一行,则共有 512 个存储电路可被选中,它们存放的信息被选通至 512 个读出放大器,经过鉴别后锁存或重写。

锁存在列地址锁存器中的低 7 位列地址 $CA_6 \sim CA_0$(相当于地址总线的 $A_{14} \sim A_8$),在每个存储矩阵中选中一列,然后经过 4 选 1 的 I/O 门控电路(由 RA_7、CA_7 控制)选中一个单元,可对该单元进行读写。

2164A 数据的读出和写入是分开的,由 $\overline{WE}$ 信号控制读写。当 $\overline{WE}$ 为高电平时读出,即所选中单元的内容经过三态输出缓冲器在 D_{OUT} 引脚读出。而当 $\overline{WE}$ 为低电平时写入,即 D_{IN} 引脚上的信号经输入三态缓冲器对选中单元进行写入。2164A 没有片选信号,是用行选 $\overline{RAS}$、列选 $\overline{CAS}$ 信号作为片选信号。

常用的 DRAM 芯片还有 41 系列产品,如 4116(16K×1b)、41256−6(256K×1b,60ns)、414256−10(4×256K×1b,100ns)。

4116 的引脚和内部结构与 2164A 类同,14 条地址线只对外引出 7 条,按时间先后分别

由行选通信号 $\overline{RAS}$ 和列选通信号 $\overline{CAS}$ 选通锁存作为行地址线和列地址线。4116 的读、写和 2164A 一样,数据的读出和写入是分开的,由 $\overline{WE}$ 信号控制读写。

3. 高集成度动态 RAM

随着微型计算机内存的容量从 640KB 发展到 16MB、128MB 以至 512MB、1GB 甚至更高,系统要求配套的 DRAM 集成度也越来越高。容量 $1M \times 1b$、$1M \times 4b$、$4M \times 1b$ 以及更高集成度的存储器芯片已大量使用。通常,把这些芯片放在内存条 SIMM(single inline memory module)上,用户只需把内存条插到系统板上提供的内存条插座上即可使用。目前已有 $256K \times 8b$、$1M \times 8b$、$256K \times 9b$、$1M \times 9b$(9 位时有一位作奇偶校验位)及更高集成度的内存条。

图 6-11 所示为采用 DRAM HYM59256A 的 $256K \times 9b$ 内存条引脚和结构框图,其中 $A_8 \sim A_0$ 为地址输入线,$DQ_7 \sim DQ_0$ 为双向数据线,PD 为奇偶校验数据输入,$\overline{PCAS}$ 为奇偶校验的地址选通信号,PQ 为奇偶校验数据输出,$\overline{WE}$ 为读写控制信号,$\overline{RAS}$、$\overline{CAS}$ 为行、列地址选通信号,V_{DD} 为电源(+5V),V_{SS} 为地线,30 个引脚定义是内存条通用标准。

另外还有 $1M \times 8b$ 的内存条,HYM58100 由 $1M \times 1b$ 的 8 片 DRAM 组成,也可由 $1M \times 4b$ 的两片 DRAM 组成。随着半导体技术的发展和微机的普及,内存条的容量越来越大、速度越来越高,而价格越来越低。

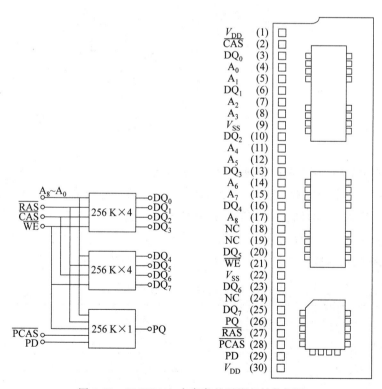

图 6-11 $256K \times 9b$ 内存条的引脚和结构框图

6.4 只读存储器(ROM)

只读存储器在使用时其中的信息是不能被改变的,即只能读出,不能写入,故一般只能存放固定程序,如监控程序、BIOS程序等。ROM的特点是非易失性,即掉电后存储信息不会改变。ROM芯片种类很多,下面介绍其中的几种。

6.4.1 掩模或只读存储器(MROM)

掩模ROM是直接利用掩膜工艺制作的存储器芯片。掩膜ROM制成后,用户不能修改,图6-12所示为一个简单的4×4b MOS管ROM,采用单译码结构,两位地址线A_1、A_0译码后可产生四种状态,输出4条选择线,可分别选中4个单元,每个单元有4位输出。

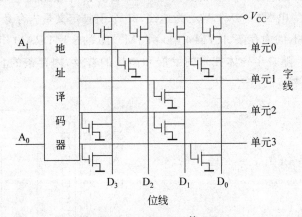

图6-12 4×4b MOS管ROM

图6-12所示的矩阵中,在行和列的交点,有的连有管子,有的没有,这是工厂根据用户提供的程序对芯片图形(掩膜)进行二次光刻所决定的,所以称为掩膜ROM。

若地址线$A_1A_0=00$,则选中0号单元,即字线0为高电平,若有管子与其相连(如位线2和0),其相应的MOS管导通,位线输出为0,而位线1和3没有管子与字线相连,则输出为1。故存储器的内容取决于制造工艺,图6-12存储的内容如表6-1所示。

表6-1 掩膜ROM的内容

位 单 元	D_3	D_2	D_1	D_0
0	1	0	1	0
1	1	1	0	1
2	0	1	0	1
3	0	1	1	0

6.4.2　可编程只读存储器(PROM)

可编程只读存储器(Programmable ROM,PROM)在出厂时事先并不存入任何程序和数据,各个存储单元皆为 1,或皆为 0。用户可通过专门的 PROM 写入设备(编程器)写入程序和数据,所以称为可编程型。但 PROM 中的存储内容一旦写入就无法更改,是一种一次性写入的存储器,因此也被称为"一次可编程只读存储器"(One Time Programmable ROM,OTP-ROM)。

PROM 主要有两种结构:一种是熔丝烧断型,一种是 PN 结击穿型。对于熔丝烧断型 PROM,基本存储电路由一个晶体管和一根熔丝组成,存储的都是"0"信息。如果想改写存储单元的值,可以给这些单元通以足够大的电流,并维持一定的时间,熔丝即可熔断,则该存储单元将存储信息"1"。由于熔丝烧断后无法再接通,因此只能是一次性编程。对于 PN 结击穿型 PROM,在存储阵列的行、列交叉处均连接有反相二极管,处于截止不导通的状态。如需改变该位的状态,则在行列之间施加较高电压,将反相二极管永久击穿即可,这样就向存储矩阵中写入了特定的二进制信息,即完成了所谓的"编程"。

和掩膜式只读存储器相比,PROM 的编程是由用户完成的,而掩膜 ROM 则是在出厂前由厂家一次性将数据写入的。和掩膜 ROM 类似,PROM 中的数据一旦写入,也无法再进行编程,只能非破坏性读出。PROM 适合用户小批量试制生产,常用于工业控制或电子产品中。

6.4.3　可擦写可编程只读存储器(EPROM)

在很多应用中,程序需要经常修改,尤其是在产品研发时。因此能够重复擦写的 EPROM 解决了 PROM 芯片只能写入一次的弊端。

EPROM 芯片有一个明显的特征:在其正面的陶瓷封装上,开有一个石英玻璃窗口,透过该窗口可以看到其内部的集成电路,如图 6-13 所示。当其内容需要变更时,可利用紫外线灯透过该窗口照射将其内的数据擦除,各单元内容复原为 0FFH。EPROM 的编程需要使用编程器(能产生 EPROM 编程所需要的高压脉冲信号的装置)完成。写内容时须加一定的编程电压($V_{PP} = 12 \sim 24V$,随不同的芯片型号而

图 6-13　EPROM 芯片

定),启动编程程序,编程器便将数据逐行写入 EPROM 中。EPROM 芯片在写入数据后,要用不透光的贴纸或胶布把窗口封住,以免受到周围的紫外线照射而使内部的数据受损。这种存储器用编程器写入后,信息可长久保持,因此可作为只读存储器。

1. EPROM 的存储单元电路

通常 EPROM 存储电路是利用浮栅 MOS 管构成的,又称 FAMOS 管(floating gate avalanche injection metal-oxide-semiconductor,即浮栅雪崩注入 MOS 管),其结构及基本存储电路如图 6-14 所示。

该电路和普通 P 沟道增强型 MOS 管相似,只是栅极没有引出端,而被 SiO_2 绝缘层所

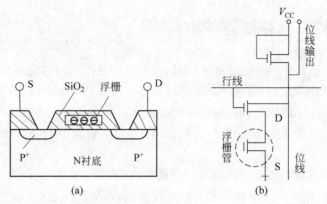

图 6-14　浮栅 MOS EPROM 的内部结构及基本存储电路

包围,称为"浮栅"。在原始状态,栅极上没有电荷,该管没有导通沟道,D 和 S 是不导通的。如果将源极和衬底接地,在衬底和漏极形成的 PN 结上加一个约 24V 的反向电压,可导致雪崩击穿,产生许多高能量的电子,这些电子比较容易越过绝缘薄层进入浮栅。注入浮栅的电子数量由所加电压脉冲的幅度和宽度来控制。如果注入的电子足够多,这些负电子在硅表面上感应出一个连接源、漏极的反型层,会使源漏极呈低阻态。当外加电压取消后,积累在浮栅上的电子没有放电回路,因而在室温和无光照的条件下可长期地保存在浮栅中。图 6-14(b)所示为将一个浮栅管和 MOS 管串起来组成的存储单元电路,若浮栅中注入了电子的 MOS 管源、漏极导通,当行选线选中该存储单元时,相应的位线为低电平,即读取值为"0",而未注入电子的浮栅管的源、漏极是不通的,故读取值为"1"。在原始状态,即厂家出厂时,没有经过编程,浮栅中没有注入电子,位线上总是"1"。

消除浮栅电荷的方法是利用紫外线光照射,由于紫外线光子能量较高,从而可使浮栅中的电子获得能量,形成光电流从浮栅流入基片,使浮栅恢复初态。只要将 EPROM 芯片的石英玻璃窗口放入一个靠近紫外线灯管的小盒中,一般照射 20 分钟,若读出各单元的内容均为 FFH,则说明该 EPROM 已擦除。

2. 典型 EPROM 芯片

EPROM 芯片有多种型号,都以 27 开头,如 Intel 2716(2K×8b)、2732(4K×8b)、2764(8K×8b)、27128(16K×8b)、27256(32K×8b)等。下面以 2764A 为例,对 EPROM 的性能和工作方式进行介绍。

Intel 2764A 的容量是 8K×8b,有 13 条地址线,8 条数据线,基本存储单元是带有浮动栅的 MOS 管。其引脚图和功能框图如图 6-15 所示。引脚功能说明如下:

$A_{12} \sim A_0$:地址信号输入引脚,可寻址芯片内的 8K 个存储单元;

$D_7 \sim D_0$:双向数据信号输入/输出引脚;

$\overline{CE}$(chip enable):片选端,功能同 $\overline{CS}$,有效时选中芯片;

$\overline{OE}$(output enable):输出允许端,有效时允许芯片输出数据;

$\overline{PGM}$(program):编程控制端,编程时对 $\overline{PGM}$ 引脚加较宽的负脉冲;正常读出时该引脚无效;

V_{CC}：工作电源；

V_{PP}：编程电源。

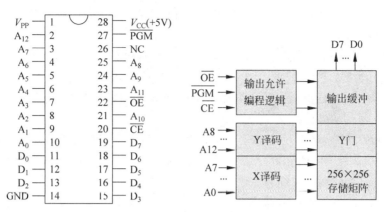

图 6-15　2764A 的外部引脚和内部功能框图

Intel 2764A 有七种工作方式，如表 6-2 所示。

表 6-2　2764A 工作方式选择表

引脚 方式	$\overline{CE}$	$\overline{OE}$	$\overline{PGM}$	A_9	A_0	V_{PP}	V_{CC}	$D_7 \sim D_0$
读	低	低	高	×	×	V_{CC}	5V	读出数据
禁止输出	低	高	高	×	×	V_{CC}	5V	高阻
编程	低	高	负脉冲	×	×	25V	V_{CC}	编程写入
编程校验	低	低	高	×	×	25V	V_{CC}	数据输出
编程禁止	高	×	×	×	×	25V	V_{CC}	高阻
低功耗维持	高	×	×	×	×	V_{CC}	5V	高阻
读标识符	低	低	高	高	低	V_{CC}	5V	制造商编码
					高	V_{CC}	5V	器件编码

1）读方式

这是 2764A 的主要工作方式，此时两个电源引脚 V_{CC}、V_{PP} 都接至 +5V，$\overline{PGM}$ 接至高电平。当从 2764A 的某个单元读数据时，先通过地址引脚接收来自 CPU 的地址信号，然后使控制信号 $\overline{CE}$ 和 $\overline{OE}$ 都为低电平，于是经过一个时间间隔，指定单元的内容即可由数据引脚 $D_7 \sim D_0$ 读出到数据总线上。

2）禁止输出

当 $\overline{CE}$ 有效时选中芯片，$\overline{OE}$ 为无效电平时，数据读出被禁止，此时输出端处于高阻态。

3）低功耗维持

只要 $\overline{CE}$ 为高电平，2764A 就工作在该方式，输出端处于高阻态，这时芯片功耗下降，从电源所取电流由 100mA 下降到 40mA。

4）编程方式

此时，V_{PP} 接 25V，V_{CC} 仍接 5V，编程器从数据线输入这个单元要存储的数据，$\overline{CE}$ 端保持低电平，输出允许信号 $\overline{OE}$ 为高，每写一个地址单元，都必须在 $\overline{PGM}$ 引脚给一个宽度为

45 ms 的负脉冲信号。

5) 编程禁止

在编程过程中,只要使该片 $\overline{CE}$ 为高电平,编程就立即禁止。

6) 编程校验

为了检查编程时写入的数据是否正确,通常在编程过程中包含校验操作。在一个字节的编程完成后,电源的接法不变,但 PGM 为高电平,$\overline{CE}$、$\overline{OE}$ 均为低电平,则同一单元数据就在数据线上输出,这样就可与输入数据相比较,校验编程的结果是否正确。

7) 读 Intel 标识符模式

当两个电源端 V_{PP} 和 V_{CC} 都接至+5V,$\overline{CE}=\overline{OE}=0$ 时,PGM 为高电平,这时与读方式相同,但把 A_9 引脚接至 11.5~12.5V 的高电平,则 2764A 处于读 Intel 标识符模式。

要读出 2764A 的编码必须顺序读出两个字节,先使 $A_8 \sim A_1$ 全为低电平,而 A_0 从低变高,分两次读取 2764A 的内容,当 $A_0=0$ 时读出的内容为制造商编码(陶瓷封装为 89H,塑封为 88H),当 $A_0=1$ 时,则可读出器件的编码(2764A 为 08H,27C64 为 07H)。

另外,在对 EPROM 编程时,每写一个字节都需 45ms 的 $\overline{PGM}$ 负脉冲,速度太慢,且容量越大,速度越慢。为此,Intel 公司开发了一种新的编程方法,比标准方法快 6 倍以上。按这种编程方法开发的编程器有多种型号。编程器中有一个卡插在 I/O 扩展槽上,外部接有 EPROM 插座,所提供的编程软件可自动提供编程电压 V_{PP},按照菜单提示,可读、可编程、可校验,也可读出器件的编码,操作很方便。

新型 EPROM 芯片已经没有 V_{pp} 引脚,但编程仍然需要高电压,这种芯片内部设计有电压提升电路。除了 EPROM 2764 外,常用的 EPROM 芯片还有 27128、27256、27512 等。

6.4.4 电可擦写可编程只读存储器(EEPROM)

EPROM 的优点是芯片可多次使用,缺点是即使整个芯片只写错一位,也必须全部擦掉重写。而在实际应用中,往往只要改写几个字节的内容即可,因此多数情况下需要以字节为单位进行擦写。而且 EPROM 每次擦除都需要把芯片通过紫外线灯照射一定的时间,操作起来也不太方便,因此 EEPROM(也写作 $E^2 PROM$)应运而生。

EEPROM 是一种可在线(即不用拔下来)用电擦除和编程的只读存储器,也是一种利用浮置栅来存储信息的 ROM 器件。它既能像 RAM 那样随机地进行改写,又能像 ROM 那样在掉电的情况下非易失性地保存数据,使整机的系统应用变得方便灵活。

Intel 公司推出的 28 系列 EEPROM 是电可擦写可编程只读存储器芯片,有 2816、2816A、2864A、2856A、28128A 等型号。下面以 Intel 2864A 为例,说明 EEPROM 的基本特点和工作方式。2864A 的容量为 8K×8b,采用 28 个引脚双列直插式封装,其引脚与 RAM 6264 及 EPROM 2764 兼容,这样 2864A 可直接插入 6264 和 2764 的插座内,可以像对 SRAM 6264 一样写入信息,又可以像 2764 那样长期保存信息。2864A 内部提供了数据输入和地址信号缓冲器,所以在进行时间较长的擦除或写入操作时,2864A 可以释放系统总线。2864A 芯片因内置了对芯片编程所需的升压电路,所以采用单一+5V 电源供电即可。2864A 可被重写多次(至少能重写 1 万次)。其引脚和内部功能框图如图 6-16 所示。

芯片引脚功能如下:

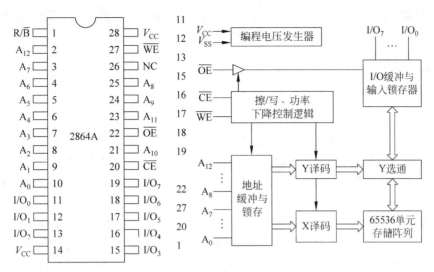

图 6-16 Intel 2864A 引脚和内部功能框图

$A_{12} \sim A_0$：地址信号输入端，2864A 内部存储阵列分为 256 行、32 列，每条字线结构为 8 位。其中，$A_7 \sim A_0$ 经译码后用以选择 256 行字线，$A_{12} \sim A_8$ 用以选择 32 列线。

$I/O_7 \sim I/O_0$：数据输入/输出端。

$\overline{CE}$(chip enable)：片选和电源控制端，低电平时才能对 2864A 进行读写操作，高电平时进入低功耗维持阶段。

$\overline{WE}$(write enable)：写允许控制端，在对芯片进行擦写时，该端必须为低电平。

$\overline{OE}$(output enable)：数据允许输出控制端。

$R/\overline{B}$(ready/busy)：2864A 片内的写周期定时器可通过该引脚向 CPU 提供芯片的准备就绪或忙状态。在将原有内容擦除以及将新的数据写入的过程中，$R/\overline{B}$ 引脚为低电平。写入完成后，$R/\overline{B}$ 引脚变为高电平。CPU 可以通过检测此引脚的状态来控制芯片的擦写操作，也可以在每写完一个字节后向 CPU 请求外部中断来继续写入下一个字节，而在写入过程中，数据线呈高阻状态，故 CPU 可继续执行其程序。因此采用中断方式既可在线修改内存参数而又不致影响控制计算机的实时性。2864A 的工作方式如表 6-3 所示。

表 6-3 2864A 的工作方式

引脚\方式	$\overline{CE}$	$\overline{OE}$	$\overline{WE}$	$R/\overline{B}$	$D_7 \sim D_0$
读出方式	低	低	高	高阻	输出
维持方式	高	无关	无关	高阻	高阻
字节写入	低	高	低	低	输入
字节擦除	字节写入前自动擦除				

1. 读出方式

2864A 读操作是在 $\overline{CE}$、$\overline{OE}$ 为低电平，$\overline{WE}$ 为高电平时进行的，此时允许 CPU 读取

2864A 的数据。当 CPU 发出地址信号以及相关的控制信号后,经过一定延时(读取时间约为 250ns),指定存储单元的内容即可送到数据总线上。

2. 写入方式

2864A 的写入方式分为字节写入和页写入两种,其写入原理是一样的,只是具体操作方式不同。字节写入是对选中的字节单元进行单独写入,其特点是写入比较灵活方便,只要地址线选中某一单元,就可以对该单元进行写入。字节写入期间指定单元的地址由 $\overline{CE}$、$\overline{WE}$ 两者下降沿的后出现者锁存,数据由 $\overline{CE}$、$\overline{WE}$ 两者上升沿的先出现者锁存。写操作进行期间 R/$\overline{B}$ 引脚输出低电平,由内部定时器给出所需的字节写入时间,标准的字节写入时间是 10ms,一旦一个字节写完,R/$\overline{B}$ 引脚则变成高电平,向 CPU 发出信号,告之此时可进行另一个字节的写入或进入读周期。每个单元在字节写入前自动擦除原有内容。页写入方式首先对 2864A 中的页缓冲器(为一 16B 的静态 RAM)进行写入操作,当写完最后一个字节后,页缓冲器的内容自动写入 EEPROM 阵列对应的地址单元中。2864A 中共有 512 页,由地址线 $A_0 \sim A_3$ 选择页缓冲器中的 16B,$A_4 \sim A_{12}$ 选择 512 页中的某一页,其特点是写入速度可以提高,因为对一页的写入完全可以像写入静态 RAM 一样。2864A 具有内部定时器,能对写入自动定时。片内的定时器与输入锁存器一道,使得写入期间 CPU 能腾出时间去完成其他任务。

3. 擦除功能

2864A 提供了字节擦除和整片擦除功能。擦除和写入是同一种操作,即都是写,只不过擦除是固定写"1"而已。因此,在擦除时,数据输入是 TTL 高电平。在以字节为单位进行擦除和写入时,$\overline{CE}$ 为低电平,$\overline{OE}$ 为高电平,写脉冲($\overline{WE}$)宽度最小为 2ms(低电平),最大一般不超过 70ms。整片电擦除时,所有 8KB 均置"1"。在进行整片擦除操作时,不考虑地址线的状态,数据端置高电平,除去 $\overline{WE}$、$\overline{CE}$ 应置低电平外,$\overline{OE}$ 端与字节擦/写操作时不同,此端也应置低电平。需要注意的是:片擦方式时,$\overline{WE}$ 脉冲宽度比字节擦/写时要宽,为 5～15ms,典型值为 10ms,其他信号除电平状态外,时序与字节擦/写时相同。

4. 维持方式

2864A 有功率下降的维持方式。通常在进行擦/写和读操作时,其最大的电流消耗为 100mA。当器件不操作时,只需将一个 TTL 高电平加到器件允许($\overline{CE}$)端,器件即进入维持状态,此时最大电流消耗为 40mA,故可减少 60% 的电源消耗。2864A 进入维持方式时,输出端浮空。

6.4.5　闪存(flash memory)

闪存是闪速存储器(flash memory)的简称,有时也称为 flash ROM。闪存的存储基本器件与 EPROM 和 EEPROM 一样,也是通过浮置栅来保存信息。由于闪存兼具擦写速度快、集成度高、价格低的特点,因此已成为目前应用最成功且流行的一种固态内存。与

EEPROM 相比读写速度快,而与 SRAM 相比具有非易失以及价廉等优势,所以闪存得到越来越广泛的应用,在微机系统中主要用在固态硬盘以及主板 BIOS 中,在嵌入式系统中通常用于存放系统、应用和数据等。另外,绝大部分的 U 盘、SDCard 等移动存储设备也都是使用闪存作为存储介质的。

闪存器件的编程和擦除分别采用不同的工作原理。编程原理同 EPROM,采用的是"热电子注入"的方法,在控制栅上加 +12V 高压,在漏极和源极间加 6～7V 的电压,通过短时的大电流将热电子注入浮置栅,使 MOS 管的开启电压升高。在正常工作时,易注入电子的 MOS 管将不导通。编程操作可以按字节或字的方式进行。闪存的擦除原理同 EEPROM,利用"电子隧道效应"来完成。通过在漏极、源极间加反向强电场将电子逐出浮置栅完成整片擦除或块擦除大概需要几毫秒时间,目前在技术上还不能实现字节擦除。

闪存器件一般采用 +5V 或 +3.3V 电源供电,编程和擦除所需的高压由内部升压电路提供。与 EEPROM 相比,它的隧道氧化层更薄,所以寿命短于 EEPROM,擦写次数在 10 万～100 万次之间。

基于 NOR 和 NAND 结构的闪存是目前市场上两种主要的非易失闪存技术。Intel 于 1988 年首先开发出 NOR flash 技术,彻底改变了原先由 EPROM 和 EEPROM 一统天下的局面。紧接着,1989 年东芝公司提出了 NAND flash 技术,强调降低每比特的成本,更高的性能,并且像磁盘一样可以通过接口轻松升级。

flash memory 的存储单元由 EEPROM 过渡而来,核心依旧使用浮栅,但省去了一个控制管。NOR 和 NAND 两种 flash 的存储单元排列形式不同。NOR 技术的闪存结构如图 6-17 所示,每两个单元共用一个位线接触孔和一条源线,采用 CHE(沟道热电子)写入和源极 F-N 擦除,具有编程速度和读取速度快的优点。但其编程功耗过大,在阵列布局上,接触孔占用了相当的空间,集成度不高。NOR 闪存支持芯片内执行(execute in place,XIP),和常见的 SDRAM 的读取一样,用户可以直接运行装载在 NOR Flash 里面的代码,这样应用程序可以直接在闪存内运行,不必再把代码读到系统 RAM 中。NOR 的传输效率很高,在小容量(1～4MB)情况下具有很高的成本效益,但是低写入速度和擦除速度大大影响了它的性能。相对 NAND,其单位成本高得多。

NAND flash 的单元结构如图 6-18 所示,通过多位的直接串联,将每个单元的接触孔减小到 $1/2n$(n 为每个模块中的位数,一般为 8 位或 16 位),因此,大大缩小了单元尺寸。NAND 采用 F-N 编写,沟道擦除。NAND 结构能提供极高的单元密度,可以达到高存储密度,并且写入和擦除的速度也很快,这是 U 盘使用 NAND 闪存作为存储介质的原因。其最大缺点是因多管串联,读取速度较其他阵列结构慢。NAND flash 没有采用内存的随机读取技术,它的读取是以一次读取一块的形式来进行的,通常一次读取 512B,采用这种技术的 flash 比较廉价。用户不能直接运行 NAND flash 上的代码,因此许多使用 NAND flash 的开发板除了使用 NAND flash 以外,还增加了一块小的 NOR flash 来运行启动代码。

一般小容量的存储器用 NOR flash,因为其读取速度快,多用来存储操作系统等重要信息;而大容量的存储器用 NAND flash,最常见的 NAND flash 应用是嵌入式系统采用的 DOC(disk on chip)和通常用的 U 盘,可以在线擦除。

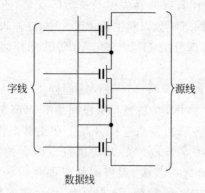 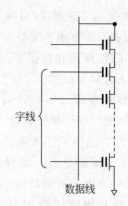

图 6-17 NOR flash 的单元结构   图 6-18 NAND flash 的单元结构

闪存的代表产品有 28F 系列和 29 系列等,如 AT28F020(256K×8b),AT29C040(512K×8b)等。凡型号中带有 F 字样的芯片,一般为闪存器件或内部带有闪存的器件。由于闪存也属于 EEPROM,所以有些闪存芯片使用与 EEPROM 一样的命名,并常加字符 F 进行标识。

下面以 AT29C040A 为例来介绍闪存芯片的引脚和读写操作。

AT29C040A 是 512KB 的 NOR flash,DIP32 封装形式,如图 6-19 所示,采用单一＋5V 电源工作,无需编程电源 V_{PP}。引脚中有 19 条地址线 $A_{18} \sim A_0$、8 条数据线 $I/O_7 \sim I/O_0$ 和 3 个控制引脚 $\overline{CE}$(片选)、$\overline{OE}$(输出允许)、$\overline{WE}$(写允许)。其引脚安排与典型的 SRAM 芯片完全相同,连接方法也一样。AT29C040A 芯片内 512KB 的空间分为 2048 个扇区,扇区的编号由 $A_{18} \sim A_8$ 定义,每个扇区为 256B,由 $A_7 \sim A_0$ 提供扇区内的单元地址。

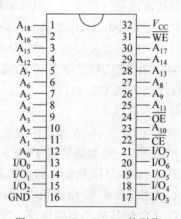

图 6-19 AT29C040A 的引脚

AT29C040A 的读操作类似于 SRAM,当 $\overline{CE}$ 和 $\overline{OE}$ 为低电平,$\overline{WE}$ 为高电平时,读出指定地址单元的数据。AT29C040A 的写操作和擦除合并在一起完成,即写入数据前不需要进行附加的擦除操作。每次擦写以扇区为单位进行,即使只改写一个字节的数据,该扇区的所有内容都会被重写,数据不足时将用 FFH 来填充。AT29C040A 芯片内有 256B 的 RAM 缓冲器,在写入数据前,先采用字节加载的方式将需要编程的数据载入该缓冲区中,但并没有真正写入芯片。字节加载是在 $\overline{CE}$ 为低电平、$\overline{OE}$ 为高电平,通过在 $\overline{WE}$ 端施加一个负脉冲实现的。AT29C040A 在每个写周期可完成一个扇区数据的写入,将缓冲器中的数据转存到被寻址的存储单元,整个扇区的写入大概历时 10ms。有两种办法可以查询擦写是否完成:①不断读出本扇区最后一个字节,看它的 I/O_7 位是否与写入的位相反(在编程期间,I/O_7 位与最后写入数据的最高位总是呈反相状态),若是表示擦写尚未完成,否则表示擦写完成;②连续读出本扇区内任何一个字节,看它的 I/O_6(在编程和擦写期间,I/O_6 在 1 和 0 之间不断切换)是否发生变化,若是表示擦写尚未完成,否则表示擦写完成。

对现场可编程存储器而言,数据保护是一个不可忽视的问题。为了避免人为疏忽或者由于系统上电、掉电等因素引起的对 Flash 存储器的误写操作,AT29C040A 设置了硬件和软件两方面的数据保护措施,以防止存储器内的数据被意外改写。硬件方面有噪声滤波、电压检测以及控制信号检测等。软件保护是在写操作前,必须按一定顺序先送入三个字节的命令字序列,然后才能写入数据,避免了由于电源上电、掉电等引起的数据误写入。

6.5　存储器接口技术

6.5.1　存储器与 CPU 连接时应考虑的问题

在微型计算机中,CPU 对存储器进行读写操作时,首先 CPU 要通过地址总线给存储器送出地址信号,然后发出读写控制信号给存储器,之后才能通过数据总线进行数据的传输。所以,存储器与 CPU 连接时,对地址线、数据线、控制线都要进行正确合理的连接,才能保证数据的正确传输。在连接时,需要考虑以下几个方面的问题。

1. CPU 总线的负载能力

CPU 在设计时,一般输出线的带负载能力为 1 个 TTL 器件或 20 个 MOS 器件。当总线上挂接的器件数量超过上述负载数量时,就需要在总线上增加缓冲器或驱动器,以增加 CPU 的带负载能力。半导体存储器对总线形成的负载包括直流负载和电容负载,且以电容负载为主。故在简单系统中,存储器的数据线、控制线可直接与 CPU 相应总线相连。而在复杂系统中,则一般通过数据驱动器相连。

2. CPU 的时序与存储器的存取速度之间的配合

CPU 在访问存储器时有固定的时序,为保证 CPU 对存储器正确地读写,存储器的存取速度必须与 CPU 的时序相匹配。具体地说,CPU 对存储器进行读操作时,CPU 发出地址信息和读控制信号后,存储器必须在确定的时间内给出有效数据;而当 CPU 对存储器进行写操作时,CPU 发出地址信息和写控制信号后,CPU 随即送出数据,存储器必须在写信号有效时间内将数据可靠写入地址译码选定的存储单元,否则就无法保证数据的正确传送。

3. 存储器的组织和地址分配

在各种微型计算机系统中,字长有 8 位、16 位、32 位、64 位之分,而存储器均以字节为单位进行编址,如欲存储1个16位或32位数据,就要放在连续的几个内存单元中。这种存储器组织方式称为"字节编址结构"。80x86 CPU 是将16位或32位数据的低字节放在低地址(偶地址)存储单元中。

此外,内存又分为 ROM 区和 RAM 区,而 RAM 区又有系统区和用户区之分,所以内存地址分配是一个重要问题,需要根据系统对内存的分区合理连接存储器芯片,从而使用相应的存储区域。

4. 控制信号的连接

存储器与 CPU 接口的控制信号除了读、写控制信号外,还有一些关于 CPU 时序与存储器速度配合等相关的控制信号。

存取速度与 CPU 工作速度比较接近的存储器芯片,其读、写控制信号可与 CPU 输出的或系统总线提供的读、写控制信号直接相连。工作速度比较慢的存储器芯片,不能在 CPU 的正常存储器读、写时序周期内完成相应的操作,需要 CPU 在读、写时序中插入一定的等待时钟周期来等待慢速的存储器,存储器需要向 CPU 提供当前数据是否准备好的状态信号,如 8088/8086 CPU 的 READY 引脚信号,CPU 通过检测该状态信号来实现与存储器的时序匹配。

对于 DRAM 芯片,除了以上读、写控制信号外,还需考虑用于控制行、列地址输入及动态刷新的行选通($\overline{RAS}$)及列选通($\overline{CAS}$)信号,它们往往和地址信号一起,通过专门的接口逻辑电路来提供。

5. 片选信号的连接

CPU 对存储器进行读写时,首先要对存储器芯片进行选择(称为片选),然后从被选中的存储器芯片中选择所要读写的存储单元。一般用系统地址总线中的高位地址通过译码器或译码电路产生存储器芯片的片选信号,低位地址与存储器芯片的地址引脚对应相连。

6.5.2 存储器容量的扩展

如果单个存储器芯片的数据线位数和存储单元个数有限的话,在用其构成微机系统的存储器子系统时,往往需将多个存储器芯片连接扩展以满足对存储容量的要求。利用现成的存储器芯片进行存储器扩展的方法主要有位扩展法、字扩展法和二者相结合的字位扩展法。

1. 位扩展法

有的存储器芯片只有一个数据位,有的有两个或4个数据位,当用这样的芯片组成存储系统和 8088 CPU 连接时,须进行位扩展。位扩展就是将多片数据线位数不足的存储器芯片扩展连接,使其总的数据位满足数据总线宽度的要求。一般采用相同的存储器芯片并联连接,将各存储器芯片的地址线对应连接,数据线分别连接到系统总线的相应位上。所以位扩展法又称为位并联法。存储器工作时,各芯片同时进行相同的操作。

图 6-20 给出的是将8片 4K×1b 的存储器芯片按位扩展法连接成 4K×8b(4KB)存储器的逻辑结构图。

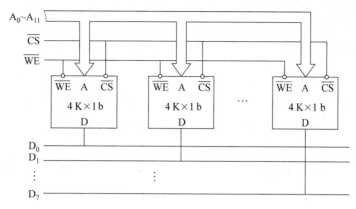

图 6-20 按位扩展法扩展存储器

2. 字扩展法

当存储器芯片能提供的数据位满足要求,但容量不足时就需要进行字扩展。字扩展就是将多个数据位数满足要求的芯片按一定的地址顺序进行连接。一般将系统地址总线的低位地址部分接到存储器芯片的相应地址引脚作为芯片内的存储单元寻址,高位地址部分经过译码电路送到各存储器芯片的片选输入端。这样,各个存储器芯片的地址范围就串联在一起形成较大容量的存储器。所以,字扩展法又称为地址串联法。各存储器芯片的数据线对应位连接在一起,然后连接到系统数据总线。存储器工作时,由于片选译码电路的控制,一次读或写操作只对其中一片存储器的相应存储单元进行。

图 6-21 所示为将 8 片 2K×8b 的存储芯片连接并扩展成 16K×8b(16KB)的存储器的逻辑结构图。

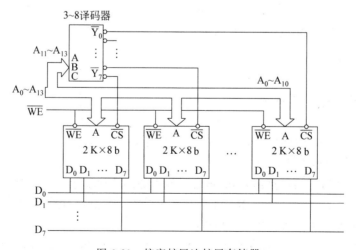

图 6-21 按字扩展法扩展存储器

3. 字位扩展法

某些应用情况下,需要将上述位扩展法和字扩展法进行结合应用,这就是字位扩展法。首先将存储芯片进行位扩展形成小容量的存储器,然后将小容量的存储器进行字扩展形成容量较大的存储器。如图 6-22 所示,用 8 片 2K×1b 的存储芯片构成 2K×8b 的存储芯片组,再用 8 个这样的存储芯片组构成 16K×8b 的存储器,整个存储器使用了 64 片 2K×1b 的存储芯片。

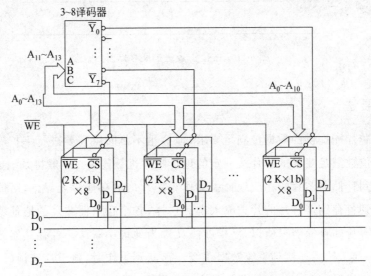

图 6-22　按字位扩展法扩展存储器

需注意的是,字位同时扩展将使用较多的存储芯片,对系统数据总线和地址总线都形成较大的负载,使用时要关注总线的带负载能力是否满足需求。随着半导体集成电路技术的发展,存储芯片种类越来越多,单片存储芯片容量越来越大,应尽可能选用单片存储容量合适的芯片构成系统的存储器。

6.5.3　存储器接口举例

【例 6-1】 已知一个存储器子系统如图 6-23 所示,试分析其中的 RAM 和 EPROM 的存储容量和各自的地址范围。

解:由图 6-23 所示的连接图可知,地址总线中的高位地址通过 74LS138 译码器连接至各存储芯片的片选端,其中 $\overline{Y_1}$ 接 RAM 芯片的 $\overline{CS}$ 端,$\overline{Y_5}$ 接 EPROM 芯片的 $\overline{CE}$ 端,低位地址总线直接连接至各存储芯片的对应引脚。

对于 RAM,CPU 给出的高位地址 $A_{19}A_{18}A_{17}A_{16}A_{15}A_{14}A_{13}A_{12}$ 为 11111001 时选中该芯片,CPU 给出的低位地址 $A_{10} \sim A_0$ 与 RAM 的对应地址线相连,可以是 0 或 1。RAM 芯片有 8 条数据线引脚,故存储容量为 2K×8b,因 A_{11} 未参加译码,电平未定,可以为低电平 0 或高电平 1,因此该 RAM 芯片有两个地址范围:F9000H ～ F97FFH 或 F9800H ～

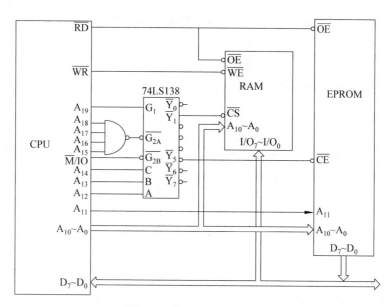

图 6-23　例 6-1 硬件连接图

F9FFFH,如表 6-4 和表 6-5 所示。若 CPU 送出的地址信号落在此范围内,均会选中该芯片。

表 6-4　RAM 芯片的地址范围(A_{11} 为低电平时)

地址范围　地址总线信号	A_{19}	A_{18}	A_{17}	A_{16}	A_{15}	A_{14}	A_{13}	A_{12}	A_{11}	A_{10}	A_9	A_8	A_7	A_6	A_5	A_4	A_3	A_2	A_1	A_0
最小地址 F9000H	1	1	1	1	1	0	0	1	0	0	0	0	0	0	0	0	0	0	0	0
最大地址 F97FFH	1	1	1	1	1	0	0	1	0	1	1	1	1	1	1	1	1	1	1	1

表 6-5　RAM 芯片的地址范围(A_{11} 为高电平时)

地址范围　地址总线信号	A_{19}	A_{18}	A_{17}	A_{16}	A_{15}	A_{14}	A_{13}	A_{12}	A_{11}	A_{10}	A_9	A_8	A_7	A_6	A_5	A_4	A_3	A_2	A_1	A_0
最小地址 F9800H	1	1	1	1	1	0	0	1	1	0	0	0	0	0	0	0	0	0	0	0
最大地址 F9FFFH	1	1	1	1	1	0	0	1	1	1	1	1	1	1	1	1	1	1	1	1

对于 EPROM,CPU 的高位地址 $A_{19}A_{18}A_{17}A_{16}A_{15}A_{14}A_{13}A_{12}$ 为 11111101 时选中该芯片,CPU 的低位地址 $A_{11} \sim A_0$ 与 EPROM 的对应地址线相连,它们的电平可以是 0 或 1。EPROM 芯片也有 8 条数据线引脚,故其存储容量为 4K×8b,地址范围为 FD000H～FDFFFH,如表 6-6 所示。

表 6-6　EPROM 芯片的地址范围

地址范围　地址总线信号	A_{19}	A_{18}	A_{17}	A_{16}	A_{15}	A_{14}	A_{13}	A_{12}	A_{11}	A_{10}	A_9	A_8	A_7	A_6	A_5	A_4	A_3	A_2	A_1	A_0
最小地址 FD000H	1	1	1	1	1	1	0	1	0	0	0	0	0	0	0	0	0	0	0	0
最大地址 FDFFFH	1	1	1	1	1	1	0	1	1	1	1	1	1	1	1	1	1	1	1	1

【例 6-2】　利用 EPROM 2732(4K×8b)、SRAM 6116(2K×8b)及译码器 74LS138 设

计一个存储容量为 16 KB ROM 和 8KB RAM 的存储器子系统。要求 ROM 的地址范围为 F8000H～FBFFFH,RAM 的地址范围为 FC000H～FDFFFH。系统地址总线 20 位(A_{19}～A_0),数据总线 8 位(D_7～D_0),控制信号为 $\overline{RD}$、$\overline{WR}$、$M/\overline{IO}$。

解:(1)所需存储芯片数及地址总线的分配

因为单片 2732 的容量为 $4K \times 8b$,所以 16KB ROM 可用 4 片 2732 通过字扩展构成。同理,单片 6116 的容量为 $2K \times 8b$,8KB RAM 需用 4 片 6116 字扩展构成。

2732 需要 12 条地址线作片内寻址,对应连接 CPU 低位地址 A_{11}～A_0,CPU 的其他高 8 位地址 A_{19}～A_{12} 经地址译码电路后用作 2732 的片选信号。

6116 需要 11 条地址线作片内寻址,对应连接 CPU 低位地址 A_{10}～A_0,CPU 的其他高 9 位地址 A_{19}～A_{11} 经地址译码电路后用作 6116 的片选信号。

译码电路采用 74LS138 译码器和必要的逻辑门电路,其 I/O 信号的接法由存储芯片的地址范围要求确定。

(2)地址范围

4 片 2732 构成的 EPROM 共 16KB 容量。地址范围分配如表 6-7 所示。

表 6-7   4 片 EPROM 2732 芯片的地址范围

芯片编号	地址范围	A_{19}	A_{18}	A_{17}	A_{16}	A_{15}	A_{14}	A_{13}	A_{12}	A_{11}	A_{10}	A_9	A_8	A_7	A_6	A_5	A_4	A_3	A_2	A_1	A_0
EPROM1	最小地址 F8000H	1	1	1	1	1	0	0	0	0	0	0	0	0	0	0	0	0	0	0	0
	最大地址 F8FFFH	1	1	1	1	1	0	0	0	1	1	1	1	1	1	1	1	1	1	1	1
EPROM2	最小地址 F9000H	1	1	1	1	1	0	0	1	0	0	0	0	0	0	0	0	0	0	0	0
	最大地址 F9FFFH	1	1	1	1	1	0	0	1	1	1	1	1	1	1	1	1	1	1	1	1
EPROM3	最小地址 FA000H	1	1	1	1	1	0	1	0	0	0	0	0	0	0	0	0	0	0	0	0
	最大地址 FAFFFH	1	1	1	1	1	0	1	0	1	1	1	1	1	1	1	1	1	1	1	1
EPROM4	最小地址 FB000H	1	1	1	1	1	0	1	1	0	0	0	0	0	0	0	0	0	0	0	0
	最大地址 FBFFFH	1	1	1	1	1	0	1	1	1	1	1	1	1	1	1	1	1	1	1	1

4 片 6116 构成的 RAM 共 8KB 容量。地址范围分配如表 6-8 所示。

表 6-8   4 片 SRAM 6116 芯片的地址范围

芯片编号	地址范围	A_{19}	A_{18}	A_{17}	A_{16}	A_{15}	A_{14}	A_{13}	A_{12}	A_{11}	A_{10}	A_9	A_8	A_7	A_6	A_5	A_4	A_3	A_2	A_1	A_0
SRAM1	最小地址 FC000H	1	1	1	1	1	1	0	0	0	0	0	0	0	0	0	0	0	0	0	0
	最大地址 FC7FFH	1	1	1	1	1	1	0	0	0	1	1	1	1	1	1	1	1	1	1	1

续表

芯片编号	地址范围	A₁₉	A₁₈	A₁₇	A₁₆	A₁₅	A₁₄	A₁₃	A₁₂	A₁₁	A₁₀	A₉	A₈	A₇	A₆	A₅	A₄	A₃	A₂	A₁	A₀
SRAM2	最小地址 FC800H	1	1	1	1	1	1	0	0	1	0	0	0	0	0	0	0	0	0	0	0
	最大地址 FCFFFH	1	1	1	1	1	1	0	0	1	1	1	1	1	1	1	1	1	1	1	1
SRAM3	最小地址 FD000H	1	1	1	1	1	1	0	1	0	0	0	0	0	0	0	0	0	0	0	0
	最大地址 FD7FFH	1	1	1	1	1	1	0	1	0	1	1	1	1	1	1	1	1	1	1	1
SRAM4	最小地址 FD800H	1	1	1	1	1	1	0	1	1	0	0	0	0	0	0	0	0	0	0	0
	最大地址 FDFFFH	1	1	1	1	1	1	0	1	1	1	1	1	1	1	1	1	1	1	1	1

（3）硬件电路连接

电路连接图如图 6-24 所示。

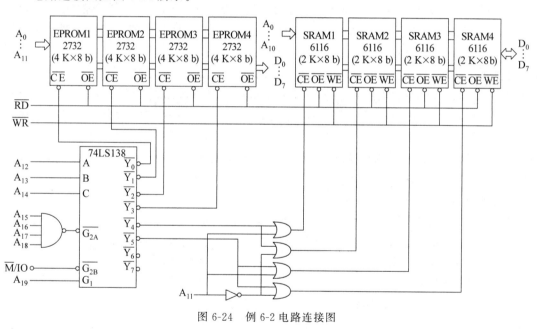

图 6-24　例 6-2 电路连接图

6.6　80x86 的存储器管理

从 80386 开始,CPU 有三种工作模式:实地址模式、保护模式和虚拟 8086 模式。所谓工作模式,是指 CPU 的寻址方式、寄存器大小、指令用法和对存储器空间的管理等。在 8086/8088 时代,CPU 只有一种工作模式,自然没有实地址模式之说。从 80286 开始,CPU 引入了保护模式,而称 8086/8088 之前的工作模式为实地址模式。下面重点介绍一下在三种工作模式下对存储空间的管理。

1) 实地址模式

8086/8088 CPU 有 20 根地址线,可以产生 2^{20} 个存储单元地址,即可以寻址 1MB 的存储空间,但因其内部的寄存器是 16 位的,只能直接访问 $2^{16}=64$KB 的存储空间,因此芯片的设计者引入了存储器分段管理的概念,将 1MB 的存储空间分成许多逻辑段,每个段最大长度为 64KB,存储单元的地址可用"段地址:段内偏移地址"表示,其中段地址保存在段寄存器中,在地址加法器内将其左移 4 位得到段基地址,然后和偏移地址相加,就可产生 20 位的物理地址,CPU 用此地址访问内存单元。

8086/8088 CPU 的实地址模式改变了在它之前的 CPU 程序无法重定位的缺点,但实地址模式有一定缺陷。实地址模式下对地址的访问就是实实在在的物理地址,通过修改段地址和偏移地址,甚至可以访问操作系统所在的存储空间,而且实地址模式下没有特权级,用户程序和操作系统拥有同等权利,这些都给系统安全带来隐患。

2) 保护模式

保护模式是 80286 之后出现的 CPU 的工作模式。当时的 80286 地址线由 8088 的 20位增加到了 24 位,寻址空间扩大到了 16MB。80286 虽然有了保护模式,但其通用寄存器还是 16 位宽,每个段仍然只有 64KB。80386 的地址线增加到 32 位,直接寻址能力达到了4GB,而且其内部寄存器也是 32 位的,不用分段就可以访问 4GB 空间的任意存储单元。但为了提高内存的利用率,并更好地管理和保护内存,也为实现向下兼容,采用了段页式内存管理机制。在保护模式下,其分段和分页的存储管理功能能对各个任务分配不同的虚拟存储空间,实施执行环境的隔离和保护,对不同的段设立特权级并进行访问权限检查,以防不同的用户程序之间、用户程序与系统程序之间的非法访问和干扰破坏,使操作系统和应用程序都受到保护,这也是将该工作方式称为保护模式的原因。保护模式下运行的程序分为 4个特权等级:0、1、2、3,操作系统核心运行在最高特权等级 0;用户程序运行在最低特权等级 3。

为了改进实地址模式下内存访问的不安全性,适应多用户、多任务操作系统的需要,保护模式给内存段添加了段属性来限制用户程序对内存的操作权限,引入了全局描述符表(global descriptor table,GDT)来描述各个段的基本属性,每个表项由 8 个字节组成,包括32 位的段基址、20 位段限长以及类型、特权级等其他信息。段属性的加入让用户程序对内存的访问不再"为所欲为"。

在保护模式下,一个存储单元的地址也是由段基地址和段内偏移量两部分组成的。段内偏移量除扩展到 32 位外,与实地址模式区别不大。这两种模式在寻址方面的根本区别在于如何确定段基地址。在保护模式下,80386、80486CPU 仍然保留了 CS、DS、SS、ES 四个16 位的段寄存器,并增加了两个段寄存器。但段基地址是 32 位的,所以不能由段寄存器的内容直接形成 32 位的段基地址,而要经过转换。在保护模式中,段寄存器中的内容被称为选择子(selector),通过选择子到 GDT 的对应段描述符中找到 32 位段基址,加上 32 位的段内偏移量就可以寻址一个存储单元。保护模式的这种机制使得"段地址:段内偏移地址"的访问策略从实地址模式下对物理地址的直接映射变成了保护模式下对 GDT 的间接映射。

80x86 架构的 CPU 为实现向前兼容都保留了实地址模式。计算机在刚加电或复位后首先运行在实地址模式下,然后再切换到保护模式下运行。

3）虚拟 8086 模式

虚拟 8086 模式是运行在保护模式中的实地址模式，是为了在保护模式下执行 8086 程序而设置的。在虚拟 8086 模式下，同样支持任务切换、内存分页管理和优先级，但内存的寻址方式和 8086 相同，也是可以寻址 1MB 的内存空间。

表 6-9 所示为不同 CPU 的地址总线和数据总线数量、寻址范围及所支持的工作模式。

表 6-9 不同 CPU 的寻址范围及工作模式

CPU	外部数据总线	地址总线	寻址范围	工 作 模 式
8088	8 位	20 位	1MB	实地址模式
8086	16 位	20 位	1MB	实地址模式
80286	16 位	24 位	16MB	实地址、保护模式
80386	32 位	32 位	4GB	实地址、保护、V86 模式
80486	32 位	32 位	4GB	实地址、保护、V86 模式

6.7 提高存储系统性能的一些措施

微处理器和存储器之间进行的操作主要是程序及数据的存取，因此对存储器的要求主要是：大容量、高速度和低成本。为解决这几方面的矛盾，在计算机系统中通常采用多级存储器体系结构，即高速缓冲存储器（Cache）、主存储器和外存储器组成的结构。

可以采取多种措施提高存储器速度，比如：采用高速器件；采用高速缓冲存储器；采用多体交叉存储器；采用相联存储器；加长存储器字长等。而为了扩大存储容量，可以采用虚拟存储器技术等。

下面主要对高速缓冲存储器、多体交叉存储器及虚拟存储技术作简要介绍。

6.7.1 高速缓冲存储器

为了提高 CPU 访问存储器时的存取速度，减少处理器的等待时间，在现代微机系统中采用高速缓冲存储器技术。高速缓冲存储器位于 CPU 与存储容量较大但操作速度较慢的主存之间，它的用途是把程序中正在使用的部分（活跃块）存放在速度快、容量小的 Cache 中，使 CPU 的访问操作大多数对 Cache 进行，从而大大提高 CPU 的访问速度。

高速缓冲存储器采用存取速度和 CPU 接近的 SRAM 器件构成。通常分为两级：集成在 CPU 芯片中的 Cache 称为一级（L1 Cache），安装在主板上的 Cache 称为二级（L2 Cache）。其容量较大，从几百 KB 到几 MB 不等。高速缓冲存储器内容只是主存中部分存储数据块的副本，它们以块为单位一一对应，高速缓冲存储器使 CPU 访问内存的速度大大加快。

高速缓冲存储器是根据程序的局部性原理，即在一个较短时间间隔内，程序用到的指令或数据的地址往往集中在一个局部区域内，因而对局部范围内的存储器地址进行频繁访问，而对此范围外的地址则访问甚少，这称为程序访问的局部性原理，主要体现在时间局部性和空间局部性两个方面。时间的局部性指如果一个存储单元被访问，则该单元可能会很快被再次访问。

空间的局部性指如果一个存储单元被访问,则该单元邻近的单元也可能很快被访问。

高速缓冲存储系统的基本结构如图 6-25 所示。其工作原理为:CPU 访问主内存时,CPU 输出要访问的主存的地址,经地址总线送到 Cache 的主存地址寄存器 MA,主存-Cache 地址变换机构从 MA 获得地址,并判断该单元的内容是否已经在 Cache 中存储。如所需的数据已在 Cache 中,则称为"命中",立即把访问地址转换成其在 Cache 中的地址,随即访问 Cache 存储器。如果被访问的单元内容不在 Cache 中,则称为"未命中",CPU 直接访问主存,并将包含该单元的一个存储块的内容及该块的地址信息装入 Cache 中。若 Cache 已满,则在替换控制部件控制下,按某种置换算法,将从主存中读取的信息块替换 Cache 中原来的某块信息。

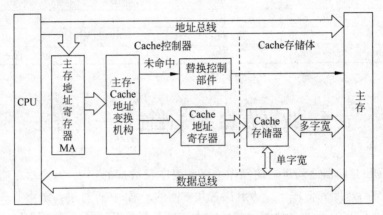

图 6-25　高速缓冲存储系统的基本结构

当要访问的数据已在 Cache 中,也就是"命中"时,若是读操作,则 CPU 可以直接从 Cache 中读取数据;若是写操作,则需改变 Cache 和主存中相应两个单元内容。这时有两种处理方法:一种方法是 Cache 单元和主存中相应单元同时被修改,称为"通写法"(write-through);另一种方法是只修改 Cache 单元的内容,同时用一个标志位作为标志,当有标志位的信息块从 Cache 中移去时再修改相应的主存单元的内容,把修改信息一次写回主存,称"回写法"(write-back)。显然通写法比较简单,但对于需要多次修改的单元来说,可能导致不必要的主存复写工作。

当要访问的数据不在 Cache 中,也就是"不命中"时,若是读操作,则把主存中相应的信息块送到 Cache。若 Cache 中已满时,则需根据替换算法移去某一块,在送字块到 Cache 的同时就把所需的字送 CPU,不必等待整个块都装入 Cache。若是写操作,则将信息直接写入内存。一般情况下,此时主存中的相应块并不调入缓存,因为一个写操作所涉及的往往是程序中某个数据区的一个单元,其访问的局部性并不明显。

替换算法在有冲突发生,即新的主存页需要调入 Cache,而它的可用位置已被占用时使用。替换算法主要有 4 个:

(1) 随机替换算法:当需要找替换的信息块时,用随机数发生器产生一个随机数,它就是被替换的块号。由于这种算法没有考虑信息块的历史情况和使用情况,故其命中率很低,已不再使用。

(2) 先进先出算法(FIFO):这种算法是把最早进入 Cache 的信息块替换掉。这种算法可以在一定程度上反映程序的局部性特点,比随机算法好,但由于其只考虑了历史情况,并没有反映出信息的使用情况,所以命中率也并不高。原因很简单,最先进来的信息块,或许就是经常要用的块。

(3)近期最少使用算法(LRU):这种算法是把最近使用最少的信息块替换掉,这就要求随时记录 Cache 中各信息块的使用情况。为反映每个信息块的使用情况,要为每个信息块设置一个计数器,以便确定哪个信息块是近期最少使用的。

(4)优化替换算法:这是一种理想算法,实现起来难度较大,因此,只作为衡量其他算法的标准。这种算法需让程序运行两次,第一次分析地址流,第二次才真正运行程序。

6.7.2　多体交叉存储器

多体交叉存储器的设计思想是在物理上将主存分成多个模块,每一个模块都有各自独立的存储体、地址寄存器、数据寄存器、地址译码器、驱动和读写电路,有相同的容量和存取速度,它们既能并行工作,又能交叉工作。因此,CPU 就能同时访问各个存储模块,任何时候都允许对多个模块并行地进行读写操作,从而通过对存储芯片的交叉组织,提高 CPU 单位时间内访问的数据量,缓解快速的 CPU 与慢速的主存之间的速度差异,提高整个存储系统的平均访问速度。

多体交叉存储器按选择不同存储模块所用地址位是高位还是低位可分为高位交叉编址的多体存储器和低位交叉编址的多体存储器。

1. 高位交叉编址的多体存储器

图 6-26 所示为适合于并行工作的高位交叉编址的多体存储器结构示意图,图中体号由地址线的高位部分经译码后接至每个存储体的片选端,用于选择不同存储器芯片。体内地址即存储器芯片的片内地址,经地址译码电路后用于每个存储体内存储单元的选择。

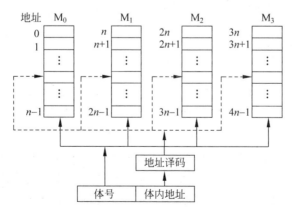

图 6-26　高位交叉编址的多体存储器结构示意图

程序和数据按存储体存放,一个存满后再存下一个存储体,故又有顺序存储之称。按这种编址方式,只要合理调动,使不同的请求源同时访问不同的体,便可实现并行工作。例如,当一个体正与 CPU 交换信息时,另一个体可同时与外部设备进行直接存储器访问,实现两个体并行工作。

高位交叉编址的多体存储器的优点是模块之间地址采用串行工作方式,当某个模块进行存取时,其他模块不工作;而某一模块出现故障时,其他模块可以照常工作,通过增添模块来扩充存储器容量也比较方便。缺点是因各模块串行工作,存储器的带宽受到了限制,对性能的提升作用不大。

2. 低位交叉编址的多体存储器

图 6-27 所示为低位交叉编址的多体存储器结构示意图。和高位交叉编址的多体存储器相反,在低位交叉编址多体存储器中,低位地址为体号,高位地址为体内地址,这样连续的几个地址就位于相邻的几个模块中,而不是在同一个模块中,故称为"多体交叉编址"。于是CPU 要访问主存的几个连续地址时,可使这几个模块同时工作,可实现多模块流水式并行存取,大大提高存储器的带宽,使整个主存的平均利用率得到提高,而且存储容量的扩充也很方便。

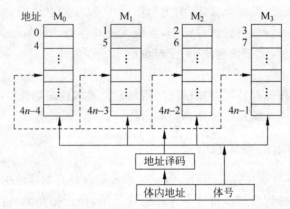

图 6-27 低位交叉编址的多体存储器结构示意图

6.7.3 虚拟存储器

虚拟存储器(virtual memory)是以存储器访问的局部性为基础,建立在主存-辅存物理体系结构上的存储管理技术。虚拟存储器(简称虚存)实际上是一种由操作系统的存储管理软件对内存和外存资源进行统一分配和程序调度的存储器管理技术。虚拟存储技术把辅存当作主存使用,在辅助软、硬件的控制下,将主存和辅存的地址空间统一编址,形成一个比内存空间大许多的存储空间,解决了用较小容量的内存运行大容量的软件问题。程序运行时,用户可以访问辅存中的信息,可以使用与访问主存同样的寻址方式,所需要的程序和数据由辅助软件和硬件自动调入主存,这个扩大了的存储空间就称为虚拟存储器。

程序员编程所用的地址叫作"虚拟地址"或"逻辑地址",虚地址的全部集合构成"虚存空间"或"逻辑空间"。实际的主存储器地址称为"真实地址"或"物理地址",实地址对应的空间称为"主存空间"或"物理空间"。

主存-辅存层次的虚拟存储和 Cache-主存层次有很多相似之处。虚拟存储器和 Cache

的区别主要如下：

（1）Cache 用于解决快速 CPU 与慢速内存之间的速度差距，而虚拟存储器用来弥补主存和辅存之间的容量差距。

（2）Cache 每次传送的信息块是定长的，只有几十字节，而虚拟存储器信息块划分方案有很多，有分页、分段等，长度可以很大，达几百字节或几百 KB。

（3）CPU 可以直接访问 Cache，而 CPU 不能直接访问辅存。

（4）Cache 存取信息的过程、地址变换和替换算法等全部由辅助硬件实现，并对程序员是透明的，而虚拟存储器是由辅助软件（操作系统的存储管理软件）和硬件相结合来进行信息块的划分和程序的调度。

常用的虚拟存储器有以下几种：

（1）页式虚拟存储器：以页为信息传送单位的虚拟存储器。在页式虚拟存储器中，将虚拟空间和主存空间机械地分成大小固定的页。页的大小通常随机器而异，一般为 512B 或几 KB 不等。虚存空间中所划分的页被称为"虚页"，而主存空间中所划分的页被称为"实页"。虚实地址的转换主要是虚页号向实页号的转换，这个转换关系由页表给出，页表记录程序的虚页面调入主存时被安排在主存中的位置。

（2）段式虚拟存储器：以程序的逻辑结构所自然形成的段作为主存分配的单位来进行存储器管理的一种虚拟存储器。其中每个段的长度可不同，可以独立编址。有的段甚至可以事先不确定大小，而在执行时动态地确定。程序运行时，以段为单位整段从辅存调入主存，一段占用一个连续的存储空间，CPU 访问时仍需采用段表进行虚、实地址的转换。

（3）段页式虚拟存储器：将存储空间仍按程序的逻辑模块分段，以保证每个模块的独立性和便于用户公用。每段又划分为若干个页，页面大小与实存页面相同。虚存与实存之间信息调度以页为基本单位。每个程序有一张段表，每段对应有一张页表。CPU 访问时，由段表指出每段对应的页表的起始地址，而每一段的页表可指出该段的虚页在实存空间的存放位置（实页号），最后与页内地址拼接即可确定 CPU 要访问的信息的实存地址。这是一种较好的虚拟存储器管理方式。

练　习　题

一、选择题

1. 对存储器进行访问时，地址线有效和数据线有效的时间关系应该是（　　）。
   - A. 数据线先有效
   - B. 二者同时有效
   - C. 地址线先有效
   - D. 同时高电平

2. 在 EPROM 芯片的玻璃窗口上通常贴有不透明的不干胶纸，这是为了（　　）。
   - A. 阻止光照，避免信息丢失
   - B. 保持窗口清洁
   - C. 作为标签书写型号
   - D. 技术保密

3. SRAM 是指（　　）。
   - A. 半导体静态随机存取存储器
   - B. 半导体动态随机存取存储器
   - C. 可编程的只读存储器
   - D. 磁存储器

4. 下列哪一种存储器存取速度最快?(   )

    A. SRAM   B. 磁盘   C. DRAM   D. EPROM

5. RAM 6116 芯片有 $2K \times 8b$ 的容量,它的片内地址选择线和数据线分别是(   )。

    A. $A_0 \sim A_{15}$ 和 $D_0 \sim D_{15}$ B. $A_0 \sim A_{10}$ 和 $D_0 \sim D_7$

    C. $A_0 \sim A_{11}$ 和 $D_0 \sim D_7$ D. $A_0 \sim A_{11}$ 和 $D_0 \sim D_{15}$

6. 一台微型机,其存储器首地址为 2000H,末地址为 5FFFH,存储容量为(   )KB。

    A. 8   B. 10   C. 12   D. 16

7. EPROM 2732 有 4K 个存储单元,当从 F0000H 开始分配地址时,它的最后一个单元地址为(   )。

    A. F4025H   B. F1000H   C. F0FCFH   D. F0FFFH

8. 用 $8K \times 8b$ 的 RAM 芯片构成地址范围为 64000H~6FFFFH 的存储器,共需该芯片(   )片。

    A. 8   B. 6   C. 10   D. 12

9. 下列说法正确的是(   )。

    A. 半导体 RAM 中的信息可读可写,且断电后仍能保持记忆

    B. 半导体 RAM 属易失性存储器,而静态的 RAM 存储信息是非易失性的

    C. 静态 RAM、动态 RAM 都属挥发性存储器,断电后存储的信息将消失

    D. ROM 不用刷新,且集成度比动态 RAM 高,断电后存储的信息将消失

10. 和外存储器相比,内存储器的特点是(   )。

    A. 容量大,速度快,成本低   B. 容量大,速度慢,成本高

    C. 容量小,速度快,成本高   D. 容量小,速度快,成本低

二、填空题

1. 在半导体存储器中,RAM 指的是＿＿＿＿,它可读可写,但断电后信息一般会＿＿＿＿；而 ROM 指的是＿＿＿＿,正常工作时只能从中＿＿＿＿,但断电后信息＿＿＿＿。以 EPROM 芯片 2764 为例,其存储容量为 $8K \times 8b$,共有＿＿＿＿根数据线,＿＿＿＿根地址线,用它组成 64KB 的 ROM 存储区共需＿＿＿＿片芯片。

2. SRAM 靠＿＿＿＿存储信息,DRAM 靠＿＿＿＿存储信息,为保证 DRAM 中内容不丢失,需要进行＿＿＿＿操作。

3. 用 $2K \times 8b$ 的 SRAM 芯片组成 $16K \times 16b$ 的存储器,共需 SRAM 芯片＿＿＿＿片,片内地址和产生片选信号的地址分别为＿＿＿＿位。

4. 已知某 RAM 存储芯片有 8 位数据线,14 位地址线,该存储芯片的容量是＿＿＿＿,若芯片首地址为 10000H,则末地址为＿＿＿＿。

三、问答题

1. 在一个多层次的存储器系统中,Cache、内存和外存的作用各是什么? CPU 访问内存和外存有什么区别?

2. 半导体存储器按照工作方式可分为哪两大类? 它们的主要区别是什么?

3. 静态 RAM 和动态 RAM 的基本存储单元的工作原理是什么? 动态 RAM 为什么需

要定时刷新?

4. 什么是位扩展、字扩展和字位扩展? 采用静态 RAM 芯片 2114(1K×4b)组成 32KB 的 RAM 存储区采用何种扩展方式,需要多少芯片? 需要多少条地址线作片选信号译码?

5. SRAM 存储器芯片引脚除地址线和数据线外,一般还有哪些引脚信号? 分别说明它们的作用。DRAM 存储器芯片呢?

6. 设某微型机的内存 RAM 区的容量为 128KB,若用 2164(64K×1b)芯片构成这样的存储器,需多少片? 至少需多少根地址线,其中多少根用于片内寻址,多少根用于片选译码?

7. 某 8 位微机系统中,用两片 SRAM 62256(32K×8b)和两片 EPROM 27256(32K×8b)以及一个译码器 74LS138 组成一个 128KB 的存储器系统,要求 SRAM 和 EPROM 地址连续分配,其中 RAM 为低 64KB,ROM 为高 64KB,RAM 的起始地址为 80000H,试画出系统连接图,并写出每一存储芯片的地址空间范围。

8. 设计一个 4KB ROM 与 4KB RAM 组成的存储器系统,芯片分别选用 2716(2K×8b)和 6116(2K×8b),其地址范围分别为 4000H～4FFFH 和 6000H～6FFFH,CPU 为 8088,试画出最小组态下 CPU 与存储系统连接图,对存储芯片进行片选译码方式不限。

9. 某微机存储器系统连接图如题图 6-1 所示。试填空:

(1) ROM 的容量为＿＿＿＿＿＿,地址范围为＿＿＿＿＿＿;(设 $A_{11}A_{10}$ 为低电平)

(2) RAM 的容量为＿＿＿＿＿＿,地址范围为＿＿＿＿＿＿

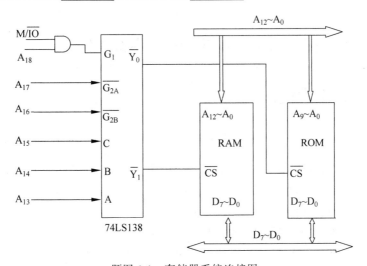

题图 6-1　存储器系统连接图

第7章

中断技术及中断控制器芯片 8259A

本章重点内容

◇ 中断的概念及基本原理
◇ 中断的类型及管理
◇ 8259A 中断控制器

本章学习目标

通过本章的学习，了解中断的概念和基本工作原理，熟悉 8088/8086 的中断类型和特点，掌握通过中断向量表和中断服务程序实现中断的方法。掌握中断控制器 8259A 芯片引脚的功能及内部结构，并能对 8259A 进行初始化编程及操作控制。

7.1 中断的基本原理

7.1.1 中断的基本概念

1. 中断的定义

所谓中断，是指 CPU 在执行正常程序的过程中，由于某种外部或内部事件的发生（如外部设备请求与 CPU 传送数据或 CPU 在执行程序的过程中出现了异常等），CPU 暂停正在运行的程序，转去执行处理该事件的程序（即中断服务程序），当中断服务程序结束后，CPU 回到原程序的断点处接着往下继续执行。中断过程示意图如图 7-1 所示。本章将详细讨论中断的基本原理、8088/8086 CPU 中断系统，以及可编程中断控制器 8259A。

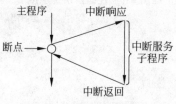

图 7-1　中断过程示意图

中断技术是现代计算机系统的一项十分重要的技术。最初，中断技术引入计算机系统，主要是为了解决快速的 CPU 在与慢速的外部设备交换信息时，因为要不断通过执行指令去查询外设的状态,因此浪费 CPU 大量时间的问题。随着计算机技术的发展,中断技术不断被赋予新的功能,如计算机故障检测与自动处理、实时信息处理、多道程序分时操作和人机交互等。中断技术在微机系统中的应用,不仅可以实现 CPU 与外部设备并行工作,而且可以及时处理系统内部和外部的随机事件,使系统能够更加有效地发挥效能。

2. 中断系统及其作用

中断系统是计算机系统中用来实现中断功能的软、硬件的总称。80x86 系统中的中断过程由 CPU 的中断管理机制、可编程中断控制器 8259A 和中断处理程序共同实现。中断系统是现代计算机的重要组成部分,它的作用主要有以下几个方面:

(1) 故障检测和自动处理。计算机系统出现故障和程序执行错误都是随机事件,事先无法预料,如电源掉电、存储器出错、运算溢出等,采用中断技术可以有效地进行系统的故障检测和自动处理。

(2) 实时信息处理。在实时信息处理和工业控制系统中,需要对采集的信息立即做出响应,以避免丢失数据,采用中断技术可以进行信息的实时处理。

(3) 并行操作。当外部设备与 CPU 以中断方式传送数据时,可以实现 CPU 与外部设备之间的并行操作,使系统效率大大提高。

(4) 分时处理。现代操作系统具有多任务处理功能,使同一个微处理器可以同时运行多道程序,通过定时和中断方式,将 CPU 按时间分配给每个程序,从而实现多任务之间的定时切换与处理。

(5) 底层功能调用。利用软件中断指令可以使应用程序调用 DOS 操作系统的底层功能,方便快捷地使用计算机的资源。

7.1.2　中断过程

一个完整的中断过程包括中断请求、中断判优、中断响应、中断处理和中断返回五个部分。

1. 中断请求

中断过程以外部设备或应用程序向 CPU 发出中断请求为开始。

1) 中断源

引起中断的原因或发出中断请求的来源称为中断源。中断源一般有以下几种:

(1) 外部 I/O 设备,如键盘、鼠标、磁盘等;

(2) 系统定时器,如定时器/计数器芯片 8253/8254 发出的定时中断信号;

(3) 计算机硬件故障,如电源掉电等;

(4) 执行中断指令 INT、调试程序或程序出错而产生的中断调用。

其中前三种中断请求由外部设备提出,外部中断源利用 CPU 的中断请求输入引脚产生中断请求信号。一般 CPU 设有两个中断请求输入引脚:可屏蔽中断请求输入引脚和不可屏蔽中断请求输入引脚。

最后一种中断请求发生在 CPU 内部,不通过 CPU 的中断请求输入引脚,由 CPU 内部的中断控制逻辑直接处理。

2）和中断请求相关的电路

外部设备的中断请求输入逻辑电路常配置有中断请求触发器和中断屏蔽触发器。

（1）中断请求触发器

每个中断源发中断请求信号的时间是不确定的，而 CPU 在何时响应中断也是不确定的。所以，每个中断源都有一个中断请求触发器，来锁存自己的中断请求信号，并保持到 CPU 响应这个中断请求之后才将其清除。如图 7-2 所示为由 D 触发器构成的中断请求电路。

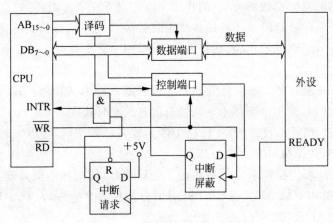

图 7-2 简单的中断请求电路

（2）中断屏蔽触发器

在有多个中断源的实际系统中，为了增加控制的灵活性，常在每个中断源的接口电路中设置一个中断屏蔽触发器，只有当此触发器处于非屏蔽状态时，中断请求才能被送至 CPU，否则将被屏蔽掉。如图 7-2 中的由 D 触发器构成的中断屏蔽电路，只有在中断请求触发器被置位，同时中断屏蔽触发器输出也为高电平（即未屏蔽）的情况下与门才能打通，通过 INTR 引脚发出中断请求。

8088/8086 CPU 系统中所用的中断控制器芯片 8259 有 8 个中断请求输入引脚，芯片内部就设置有中断请求触发器和中断屏蔽触发器电路。

另外，8088/8086 CPU 内部还设有一个中断允许触发器，该触发器仅对 INTR 引脚输入的中断请求有效，由标志寄存器中的 IF 标志位控制，可用 STI 指令开中断或用 CLI 关中断。当中断允许触发器置 1 时，称为开中断，允许 CPU 响应 INTR 引脚输入的中断请求；当中断允许触发器清零时，称为关中断，禁止 CPU 响应 INTR 请求。通常，当 CPU 复位时，中断允许触发器也复位为“0”，即关中断。当 CPU 响应中断后，CPU 默认也会自动关中断。因此若想使 CPU 在执行中断服务程序时能响应更高优先级的中断请求，都需要在中断服务程序中用 STI 指令来开中断。

2. 中断判优

一般情况下，计算机系统有多个中断源，例如 8088/8086 最多可有 256 个中断源，各种中断源有同时提出中断请求的可能。当多个中断申请同时送到 CPU 时,CPU 必须能分轻重缓急合理处置。CPU 一次只能接收一个中断源的请求,当多个中断源同时向 CPU 提出中断请求时,CPU 必须找出中断优先级最高的中断源,这一过程称为中断判优。中断判优可以采用硬件方法,也可采用软件方法。

3. 中断响应

中断源向 CPU 发出中断请求,若其优先级别最高,则 CPU 在满足一定条件的情况下,中断当前程序的运行,发出中断响应信号 $\overline{\text{INTA}}$。CPU 响应中断后会自动完成以下工作:① 关中断;② 将当前程序的断点地址以及标志寄存器的内容入栈保护;③ 找到中断服务程序的入口地址,将段地址送 CS,偏移地址送 IP,然后转去执行中断服务程序。

4. 中断服务

中断服务是执行中断的主体部分,不同的中断请求有各自不同的中断服务内容,开发人员需要根据中断源所要完成的功能,事先编写相应的中断服务程序,等待中断响应后调用执行。

5. 中断返回

中断服务程序的最后一条指令是中断返回指令 IRET。当执行到该指令时,便返回主程序,从断点处继续执行原被中断的程序。

7.1.3　中断识别和优先级管理

实际系统中一般会有多个中断源,这些中断源都是通过 CPU 的中断请求输入引脚向 CPU 提出中断请求的。当 CPU 收到中断请求时,需要识别出它是哪些中断源提出的,对多个同时提出请求的中断源判别它们的优先级,先响应优先级别最高的中断申请。

中断源的优先级判别,可以通过软件查询和硬件电路两种方法实现。

1. 软件查询法

软件查询法的基本原理是:当 CPU 接收到中断请求信号后,通过程序查询以确定是哪些外设申请了中断,并判断它们的优先级。

使用软件查询法进行中断源识别和判优需要简单的硬件电路支持,如图 7-3 所示,外设的中断请求输入信号连接到三态缓冲器的输入端,并相"或"后,送到 CPU 的中断请求引脚,这样任一外设有中断请求,都可向 CPU 送出中断请求信号。CPU 响应中断后,进入中断服务程序。在中断服务程序的开始部分增加一段优先级判断的查询程序,读取外设的中断请求信号,然后逐位检测它们的状态,检测的顺序是按优先级的高低来确定的,最先检测到的中断源具有最高的优先级,最后检测到的中断源具有最低的优先级。CPU 首先响应优先级最高的中断请求,在处理完优先级最高的中断请求后,再转去响应并处理优先级较低的中断源请求。其流程如图 7-4 所示。

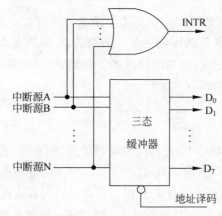

图 7-3　软件查询法的接口电路

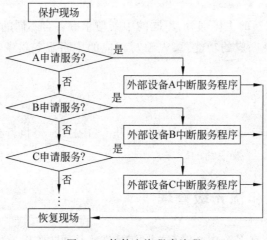

图 7-4　软件查询程序流程

软件查询法一般有屏蔽法和移位法两种查询方法。屏蔽法是将不需检测的位屏蔽掉。移位法是将各检测位逐次移入 CF 标志位中,然后检测其状态,最后根据检测结果转入相应的程序段。假设三态缓冲器(或中断请求触发器)的端口地址为 340H,屏蔽法和移位法的程序段分别如下:

1) 屏蔽法

```
MOV  DX,340H
IN   AL,DX
TEST  AL,80H      ;先检测 D₇ 位,优先级最高
JNZ  AISR         ;若 D₇ =1 则转入 AISR 中断服务程序
TEST  AL,40H
JNZ  BISR         ;若 D₆ =1 则转入 BISR 中断服务程序
TEST  AL,20H
JNZ  CISR         ;若 D₅ =1 则转入 CISR 中断服务程序
    ⋮
```

2）移位法

```
MOV  DX,340H
IN   AL,DX
RCL  AL,1
JC   AISR
RCL  AL,1
JC   BISR
     ⋮
```

利用软件查询法确定中断优先级的优点是硬件简单,程序层次分明,只要改变程序中的查询次序即可改变中断源的优先级,而不必变更硬件连接。查询的次序即为优先级的次序,最先查询的优先级最高。其缺点是速度慢,从 CPU 响应中断到进入中断服务的时间较长,实时性差,特别是当中断源较多时尤为突出。此外,查询要占用 CPU 时间,降低了 CPU 的使用效率。

2. 硬件优先权排队电路

硬件优先权排队电路具有速度快、节省 CPU 时间等优点。

1）链式优先权排队电路

链式优先权排队电路如图 7-5 所示。当该电路接到来自 CPU 的中断响应信号后,沿链式电路进行传递,最靠近中断响应信号的外设优先权最高,越远的设备优先权越低。例如,若 1 号外设通过中断输入 1 发出中断请求,则触发器 F/F A 输出高电平,打开与门 A₁,从中断输出 1 端向该外设发出中断应答信号,转去对 1 号外设服务,同时关闭与门 A₂,封锁其后所有的中断请求输入信号;若 1 号外设没有中断请求,则触发器 F/F A 输出低电平,关闭与门 A₁,打开与门 A₂,此时如果 2 号外设有中断请求,响应信号便传递给 2 号外设,向 2 号外设接口发出应答信号,同时封锁 3 号外设之后的中断请求;也就是说,若级别高的设备发出了中断请求,在它接到中断响应信号的同时,封锁其后的较低优先级设备,只有等它的中断服务结束后才允许为低优先级的设备服务。

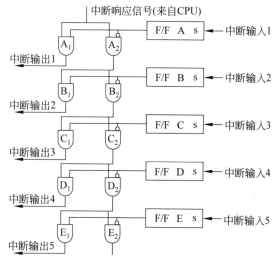

图 7-5　链式优先权排队电路

2) 中断优先权编码电路

用编码器和比较器组成的中断优先权排队电路如图 7-6 所示。其工作过程如下：

(1) 若当前没有任何外设发出中断请求,则或门输出低电平信号,与门 1 和与门 2 关闭,不会向 CPU 发出中断请求信号。

(2) 若当前 CPU 没有为任何外设进行中断服务,则此时优先权失效信号为高电平;当图中所示的 8 路中断输入中的任一路有中断请求,则或门输出高电平信号,与门 2 打开,即可发出中断请求信号送至 CPU 的 INTR。

(3) 若当前 CPU 正处于中断服务中,此时优先权失效信号为低电平,与门 2 是关闭的。如果此时又有新的中断请求产生,它能否中断当前正在进行的中断服务,取决于新中断输入的优先权。8 条中断输入线的任一条,经过优先权编码器可以产生三位二进制优先权编码 $A_2A_1A_0$,优先权最低的编码为 000。若有多个输入端同时发出中断请求,编码器只输出优先权最高的那个中断输入端的编码至比较器。当前正进行中断服务的优先权编码通过数据总线送至优先权寄存器,然后输出编码 $B_2B_1B_0$ 至比较器。比较器比较编码 $A_2A_1A_0$ 与 $B_2B_1B_0$ 的大小,若 $A_2A_1A_0 > B_2B_1B_0$,则"A>B"端输出高电平,表示当前发出中断请求的中断源优先权更高,打开与门 1,将中断请求信号送至 CPU 的 INTR 输入端,CPU 就中断当前正在进行的中断处理程序,转去响应更高级的中断。若 $A_2A_1A_0 < B_2B_1B_0$,则"A>B"端输出低电平,封锁与门 1,不向 CPU 发出新的中断申请。

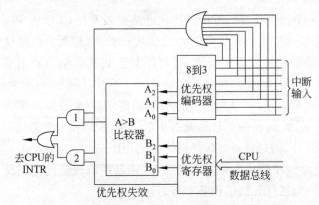

图 7-6 编码器和比较器组成的优先权排队电路

3. 专用中断控制器

采用软件查询法或上述的硬件优先权排队电路虽然都能解决中断优先级的问题,但它们或多或少都有一定的局限性。微机中用得较多的还是专用的可编程中断控制器芯片,比如 Intel 8259A。

可编程中断控制器作为专用的中断优先权管理芯片,一般可接收多级中断请求,实现对多级中断请求的优先级排队,并从中选出级别最高的中断请求。还可以通过编程选择不同的优先权排队策略,例如申请中断的各中断源到底是采用优先级固定方式,还是采用优先级循环方式等。专用的中断控制器内部一般还设有中断屏蔽寄存器,用户可通过编程设置中断屏蔽控制字,从而改变原来的优先级。另外,中断控制器还支持中断嵌套。由专用的中断控制器组成的中断系统如图 7-7 所示。

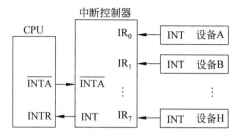

图 7-7　专用中断控制器组成的中断系统

由于可以通过编程来设置或改变中断控制器的工作方式,因此使用方便灵活。本章后续内容将详细介绍 Intel 8259A 中断控制器的使用及编程方法。

7.1.4　中断服务程序

1. 中断服务程序的结构

CPU 响应中断后,就会中止当前的程序,转去执行一个中断服务程序,以完成为相应设备的服务。中断服务程序的流程如图 7-8 所示。

1) 保护现场

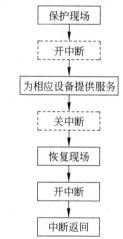

CPU 响应中断时,自动完成主程序断点地址以及标志寄存器的保护工作。假如主程序中使用的寄存器在中断服务程序中也要使用,若不保护这些寄存器在中断前的内容,中断服务程序会将其修改,这样,从中断服务程序返回主程序后,程序将无法正确执行下去。因此,在中断服务程序开头应先将中断服务程序用到的寄存器的原内容压入堆栈保护起来,这个过程称为保护现场。如果中断服务程序中使用的寄存器与主程序中使用的寄存器没有冲突,这一步骤可以省略。现场保护是由用户使用 PUSH 指令来实现的。

2) 开中断

图 7-8　中断服务程序流程

由于 CPU 响应中断时自动将 IF 标志位置 0,也就是关闭了中断,如果在执行该中断服务程序的过程中允许响应更高一级的中断,实现中断的嵌套,可在保护现场后通过 STI 指令开中断。之所以在保护现场后进行操作,是因为 CPU 在响应中断后已关中断,保护现场后再开中断就不会对现场保护造成干扰。如果不允许中断嵌套,可以不使用这条指令。

3) 中断服务

中断服务是中断服务程序的主体部分,不同的中断请求有各自不同的中断服务内容,需要根据中断源所要完成的功能编写具体的程序段,等待中断请求响应后调用执行。

4) 关中断

如果有上述的开中断指令,为了使现场恢复工作顺利进行而不被打断,应在此处通过 CLI 指令实现关中断。

5）恢复现场

当中断处理完毕后,用户通过一系列的 POP 指令将保存在堆栈中的各个寄存器的内容弹出,即恢复主程序断点处寄存器的原值。但要注意数据恢复的次序,最先压进堆栈的寄存器的内容最后弹出堆栈。

6）中断返回

中断服务程序的最后一条指令是返回主程序的 IRET 指令。通过执行中断返回指令,系统将保存在堆栈中的断点的 IP 和 CS 值弹出,从而恢复主程序断点处的地址值,同时还自动恢复标志寄存器 FR 的内容,使 CPU 转到被中断的主程序继续执行。

例如,某中断服务程序如下所示。在该程序中用到了 DS、AX、BX、CX、DX 等寄存器,因此在开头通过 PUSH 指令将其入栈保护,在中断服务程序最后再通过 POP 指令将保护的内容弹回到原来的寄存器中,进行现场的恢复。有时中断服务程序中用到的寄存器在主程序中并未用到,但考虑到程序的移植等原因,最好仍保留保护现场和恢复现场的指令。本程序开头没有开中断,因此不允许中断嵌套。

```
ISR1   PROC FAR      ;中断服务程序
       PUSH DS        ;保护现场
       PUSH AX
       PUSH BX
       PUSH CX
       PUSH DX
       ...
       POP DX         ;恢复现场
       POP CX
       POP BX
       POP AX
       POP DS
       IRET
ISR1   ENDP
```

2. 中断服务程序与子程序调用的比较

从程序执行的顺序看,中断过程类似于子程序调用,CPU 原执行的程序相当于主程序,中断服务程序相当于子程序,但是这两者之间却有着本质上的区别。主要区别如下:

（1）在子程序调用中,什么时间调用子程序是由程序员事先安排的。当需要转入子程序时,通过在主程序中执行一条调用子程序的指令即可实现。在中断系统中,什么时间从现行程序进入中断服务程序是随机的,即中断服务程序虽然是事先编写好的,但是何时执行事先并不知道。如果说调用子程序是由主程序主动发起的,那么,进入中断服务程序必须由中断源主动申请。

（2）在中断系统中,往往有多个中断源同时申请中断服务,即有多个中断服务程序同时要求执行的情况发生;但在子程序调用时,每次只能调用唯一的一个子程序。

（3）子程序通常与调用它的主程序或上一层子程序之间有非常紧密的联系,而中断服务程序一般与被中断的现行程序之间没有关系。

由上面的分析可以看出,中断服务程序的调用比子程序调用复杂得多。

7.2　8088/8086 的中断系统

7.2.1　8088/8086 的中断系统结构

1. 中断类型号

在微机系统中,各种中断源都被统一地编排了一个互不相同的号码,用以唯一地标识一个中断源,这个号码称为中断类型码或中断类型号。在 IBM PC/XT 系统中,中断号的有效范围是 0～255(即 00H～0FFH),即可处理 256 种中断。这些中断又可分为外部中断和内部中断两大类。

2. 中断向量与中断向量表

微机系统处理中断的步骤中,最重要的一步就是如何根据不同的中断类型号找到相应的中断服务程序。目前用得最多的是中断向量法(或称中断矢量法),即每个中断类型号对应唯一的中断服务程序入口地址。这里的入口地址指的是中断服务程序第一条可执行指令的地址。这样,只要 CPU 得到和中断源相对应的中断类型号,就可以转到中断服务程序执行了。中断服务程序的入口地址称为中断向量。中断向量由 16 位的段地址和 16 位的偏移地址组成。

8088/8086 CPU 系统把所有中断源的中断服务程序的入口地址放在一起集中管理,在内存区的 00000H～003FFH 建立一个中断向量表,按照中断号由 0 到 255 的顺序,从内存物理地址为 0 处开始依次存放。因此,中断向量表中存放的全是中断服务程序的入口地址。当中断源发出中断请求时,只要得到中断类型号,即可查找该表,找出对应的中断向量,就可转入相应的中断服务程序了。

8088/8086 CPU 系统的中断向量表位于内存的最低端,根据以上所述,每个中断向量占 4B 的空间,其中前两个字节存放中断服务程序入口地址的偏移量(IP),后两个字节存放中断服务程序入口地址的段地址(CS),因此总共占用 256×4B＝1024B 的存储空间。

整个中断向量表是按中断类型号由 0 到 255 顺序排列的。8088/8086 中断向量表的具体内容如表 7-1 所示。

表 7-1　8088/8086 中断向量表的内容

物理地址	内　　容
00000	0 号中断服务程序偏移地址低字节
00001	0 号中断服务程序偏移地址高字节
00002	0 号中断服务程序段地址低字节
00003	0 号中断服务程序段地址高字节
00004	1 号中断服务程序偏移地址低字节
00005	1 号中断服务程序偏移地址高字节
00006	1 号中断服务程序段地址低字节

物理地址	内　容
00007	1号中断服务程序段地址高字节
00008	2号中断服务程序偏移地址低字节
⋮	⋮
003FF	255号中断服务程序段地址高字节

将中断类型号乘以4即可计算出某中断类型号所对应的中断向量在整个中断向量表中的位置。如中断类型号为20H,则中断向量的存放位置为20H×4＝80H,即00080H～00083H这4个字节存放的就是20H中断所对应的中断服务程序的入口地址。假设这4个字节的内容从低到高依次为00H、0F0H、30H、0FFH,则中断服务程序的入口地址为0FF30H:0F000H。当系统响应20H号中断时,会自动查找中断向量表,找出对应的中断向量装入到CS和IP中,即可转到该中断服务程序。

7.2.2　8088/8086的中断类型

80x86的中断源可分为两大类,即硬件中断和软件中断。硬件中断也叫外部中断,是由外部(主要是外设)的请求引起的中断。硬件中断又分为非屏蔽中断(NMI)和可屏蔽中断(INTR)两种类型。软件中断也称为内部中断,是由指令的执行所引起的中断。软件中断均不受IF标志位的影响,与硬件电路无关。

1. 软件中断

8088/8086 CPU系统的软件中断主要有以下几种情况:

1) 除法错误中断

若发现除数为0或商超出寄存器所能表达的范围,即产生此中断。该中断的类型号为0。

2) 指令INT n中断

此中断是由指令INT n的执行所产生的中断,中断类型号为n。

3) 溢出中断

此中断是由INTO指令引起的中断,中断类型号为4。该指令执行时先检测OF标志位,若OF＝1则产生溢出中断;否则,此指令不起作用,程序继续执行下一条指令。

4) 断点中断

此中断是由程序中的断点所引起的中断,中断类型号为3。

5) 单步中断

若标志位TF＝1,则CPU在每一条指令执行完以后引起一个类型为1的中断。这可以做到单步执行程序,是一种强有力的调试手段。

2. 硬件中断

8088/8086有两个外部中断请求输入引脚,分别是可屏蔽中断(interrupt request,INTR)和非屏蔽中断(non maskable interrupt,NMI)。这两个引脚都可以接收外部设备的中断请求。

1) 可屏蔽中断

CPU 响应可屏蔽中断请求必须满足 3 个条件: ①无总线请求; ②CPU 允许中断,即 IF 标志位为 1; ③CPU 执行完当前指令。

CPU 在响应外设的中断请求后,进入两个连续的中断响应总线周期,图 7-9 所示为 8088 的中断响应周期。每个响应周期由 4 个 T 状态组成。在第一个中断响应周期的 T_1 时刻,将总线置于浮空状态,在 $T_2 \sim T_4$ 状态通过 $\overline{\text{INTA}}$ 引脚产生一个负脉冲,表明 CPU 已响应该中断请求。请求中断的外设在接到第二个 $\overline{\text{INTA}}$ 负脉冲以后,也即在第二个中断响应周期的 $T_2 \sim T_3$ 状态,把中断类型号送到数据总线,CPU 在 T_4 状态的前沿采样数据总线,得到中断类型号。在取得中断类型号后,即可到中断向量表的对应位置取出中断服务程序的入口地址,转去为该中断服务。

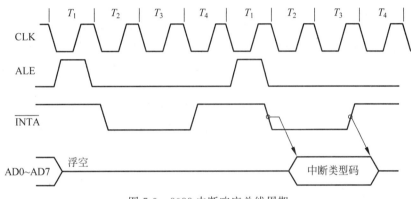

图 7-9　8088 中断响应总线周期

INTR 引脚是一个高电平触发的输入信号,而 CPU 是在当前指令周期的最后一个 T 状态采样中断请求输入引脚 INTR 的,因此从 INTR 引脚上来的中断请求信号必须保持到当前指令结束。

当 8088/8086 工作在最小工作模式时,中断响应信号 $\overline{\text{INTA}}$ 由 CPU 直接发出;而在最大工作模式时,则通过 8288 总线控制器发出。在中断响应总线周期中,$\text{M}/\overline{\text{IO}}$ 为低电平。

2) 非屏蔽中断

非屏蔽中断由 NMI 引脚引入,它不受中断允许标志 IF 的影响,一般用来处理系统运行过程中发生的紧急情况,如系统板上的 RAM 在读写时产生的奇偶校验错、I/O 通道中的扩展板出现奇偶校验错以及 8087 的异常中断等重要场合,优先级较高。这种中断一旦发生,系统会立即响应。

从 NMI 引脚输入的中断请求信号采用边沿触发,其优先级高于从 INTR 引脚来的中断请求。CPU 采样到非屏蔽中断请求时,自动给出中断类型号 2,而不经上述的可屏蔽中断那样的中断响应总线周期。

3. 8088/8086 CPU 的中断处理过程

8088/8086 对各种中断进行响应和处理过程的主要区别在于如何获取中断类型号,在取得中断类型号后的处理过程是一样的,其顺序为:

(1) 将中断类型号放入暂存器保存。

(2) 将状态标志寄存器内容压入堆栈,以保护当前运行程序的状态信息。

(3) 将 IF 和 TF 标志清 0。将 TF 清 0 是为了防止 CPU 以单步方式执行中断服务程序。因为 CPU 在中断响应时自动关闭了 IF 标志,用户如允许进行中断嵌套,必须在中断服务程序中用开中断指令 STI 来重新置 IF=1。

(4) 保护断点。断点是指在响应中断时,主程序当前指令后面一条指令的地址。因此保护断点的动作就是将当前的 IP 和 CS 的内容入栈,保护断点的作用是在中断服务完成后正确地返回主程序。

(5) 根据取到的中断类型号,在中断向量表中找出相应的中断向量,将其装入 IP 和 CS,然后转去执行中断服务程序。

4. 8088/8086 的中断优先级

8088/8086 CPU 共支持 256 个中断源,各种中断源有同时提出中断请求的可能,当多个中断请求同时送到 8088/8086 时,CPU 必须分轻重缓急,预先把所有中断源进行分级。当 CPU 同时遇到两个或两个以上的中断请求时,就按它们的优先级次序,先为级别最高的中断源服务。

8088/8086 把所有中断源划分为 4 个等级,其中软件中断(单步中断除外)优先级最高,排在第 2 位的是非屏蔽中断,然后是可屏蔽中断,优先级最低的是单步中断。中断响应流程如图 7-10 所示。

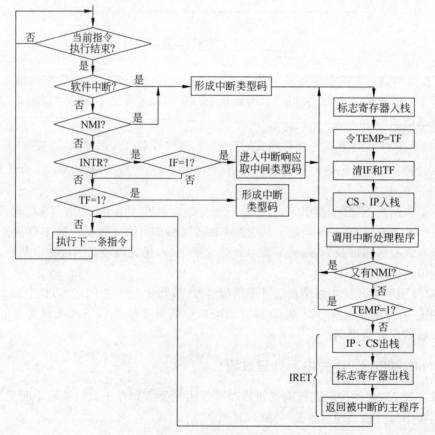

图 7-10　中断响应流程

7.2.3　中断服务程序的装载

为了让 CPU 响应中断后正确转入中断服务程序,须将已经编写好的中断服务程序的入口地址填入中断向量表中。中断服务程序的装载是中断应用的一个重要环节,归纳起来有如下几种情况:

(1) 由 BIOS 提供的中断服务,其中断向量在系统加电后由 BIOS 负责装载;

(2) 由操作系统提供的中断服务,其中断向量在启动后由操作系统负责装载;

(3) 用户自己编写的中断服务程序,其中断向量由用户自己进行装载。

把用户自己编写的中断服务程序的入口地址写入中断向量表,有直接装入和系统功能调用装入两种方法。

1) 直接装入法

即利用 MOV 指令直接将中断服务程序的入口地址装入中断向量表的指定地址单元中。假设中断类型号为 n,则将中断服务程序的偏移地址写入 4n 开始的两个存储单元,段地址写入 4n+2 开始的两个存储单元。

例如,某中断源所分配的中断类型号为 0AH,将中断类型号乘 4,也即其中断向量应放在中断向量表的 00028H~0002B 四个单元中。若中断服务程序为 INT_SUB,直接装入法的程序段如下:

```
SUB  AX,AX                ;AX=0
MOV  ES,AX                ;ES=0
MOV  AX,OFFSET INT_SUB    ;取中断服务程序的偏移地址
MOV  ES:28H,AX            ;将偏移地址放入 0000:0028H 起始的两个单元中
MOV  AX,SEG INT_SUB
MOV  ES:2AH,AX            ;将段地址放入 0000:002AH 起始的两个单元中
```

2) 系统功能调用装入法

为了方便中断向量的读出和写入,操作系统提供了两个子功能供用户程序调用。

(1) 从中断向量表中读出中断向量:由 INT 21H 的 35H 功能调用实现。

```
入口参数:AL=中断类型号
出口参数:ES:BX =中断程序的入口地址
```

(2) 把中断向量写入中断向量表:由 INT 21H 的 25H 功能调用实现。

```
入口参数:AL=中断类型号
DS:DX =入口地址
```

出口参数:无

例如,采用系统功能调用将中断类型号 0AH 对应的中断服务程序 INT_SUB 的入口地址装入中断向量表,程序段如下:

```
MOV   AX,SEG INT_SUB
MOV   DS,AX                 ;段地址送 DS
MOV   DX,OFFSET INT_SUB     ;偏移地址送 DX
MOV   AH,25H                ;25H 功能调用
MOV   AL,0AH                ;中断类型号送 AL
INT   21H
```

7.3　8259A 中断控制器

在一个计算机系统中,中断控制器是专门用来管理 I/O 中断的器件,它的功能是接收外部设备的中断请求,并对中断请求进行处理后再向 CPU 发出中断请求。在中断响应总线周期中,中断控制器还要负责送出中断类型号。在执行中断服务程序的过程中,中断控制器仍然负责管理外部中断源的中断请求,从而实现中断的嵌套与禁止,而如何对中断进行嵌套和禁止则与中断控制器的工作模式及状态有关。

Intel8259A 芯片是一个可编程的中断控制器,可通过软件设置它的工作模式,使用非常灵活方便。另外,8259A 中断控制器的功能也比较强大,1 片 8259A 能管理 8 级中断,并可以利用多片 8259A 实现主从式级联系统,在不增加任何其他电路的情况下,可以用 9 片 8259A 来管理 64 级中断。

7.3.1　8259A 的外部特性和内部结构

1. 8259A 的外部引脚

Intel 8259A 为双列直插式封装,有 28 个引脚,如图 7-11 所示。下面分别介绍这些引脚的名称及其功能。

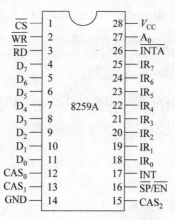

图 7-11　8259A 的外部引脚

V_{CC} 与 GND：电源与地。

$D_7 \sim D_0$：数据线，双向，与系统的数据总线相连，用来与 CPU 进行数据交换。

$\overline{RD}$：读信号，输入，来自 CPU 的 $\overline{IOR}$。当 CPU 向 8259A 发出读信号时，用来通知 8259A 将其内部某个寄存器的值送到数据总线上。

$\overline{WR}$：写信号，输入，来自 CPU 的 $\overline{IOW}$。它的作用与 $\overline{RD}$ 信号的作用相反，当 CPU 向 8259A 发出写信号时，说明数据总线上有数据等待 8259A 接收。

$IR_7 \sim IR_0$：中断请求输入，由中断源输入给 8259A。这 8 个引脚可分别接收 I/O 设备的中断请求。在多片 8259A 组成的主从式系统中，主片 $IR_7 \sim IR_0$ 分别与各从片的 INT 引脚相连，而各从片的 $IR_7 \sim IR_0$ 端则直接与外部 I/O 设备相连。

INT：中断请求，输出。在单片系统中，该引脚与 CPU 的 INTR 引脚相连。当来自外部设备的中断请求信号被 8259A 识别和处理后，8259A 通过该引脚向 CPU 发出中断请求。在组成主从式级联系统时，主 8259A 的 INT 引脚和 CPU 的 INTR 相连，从片的该引脚和主片的 $IR_7 \sim IR_0$ 之一相连。

$\overline{INTA}$：中断响应，输入。它用来接收来自 CPU 的中断应答信号，即当 8259A 通过 INT 引脚向 CPU 发出中断请求时，若条件满足，则 CPU 向 8259A 发出中断应答信号。

$\overline{CS}$：片选信号，输入。一般来自地址译码器的输出，为 CPU 对 8259A 的选择信号。

$\overline{SP}/\overline{EN}$(slave program/enable buffer)：从设备编程/使能缓冲器，双向。该引脚是作输入还是输出与 8259A 的工作方式有关。①如果 8259A 工作在非缓冲方式，该引脚为输入信号，$\overline{SP}$ 起作用，作为主片/从片的选择控制信号。当系统中只有单片 8259A 时，该引脚必须接高电平。如果系统是由多片 8259A 组成的主从式级联系统，则主片的 $\overline{SP}/\overline{EN}$ 端接高电平，从片的 $\overline{SP}/\overline{EN}$ 端接低电平。②如果 8259A 工作在缓冲方式，该引脚作输出信号使用，$\overline{EN}$ 起作用，此时，该引脚与总线缓冲器的允许端相连，8259A 通过该引脚发出缓冲器的使能信号。

$CAS_2 \sim CAS_0$：级联信号。在多片 8259A 组成的主从式系统中，主片与所有从片的这三个引脚分别连在一起。对于主片来讲，这三个信号是输出信号，由它们的不同组合 000 ~ 111，分别确定是连在哪个 IR_i 上的从片工作。对于从片来讲，这三个信号是输入信号，以此判别本从片是否被选中。

A_0：内部寄存器的选择，输入。在系统中，必须分配给 8259A 两个端口地址，其中一个为偶地址，一个为奇地址，并且要求偶地址较低，奇地址较高。

在 8088 系统中，由于系统的数据总线是 8 位的，因此 8259A 的 $D_7 \sim D_0$ 可以直接与系统的数据总线相连，而此时 8259A 的 A_0 端也可以直接与地址总线的 A_0 端相连，这样 8259A 就被分配了两个相邻的一奇一偶的端口地址，从而满足 8259A 对端口地址的要求。

但是，在一个 8086 系统中，由于数据总线是 16 位的，因此 8259A 的 A_0 端的连接方式与 8088 系统不同。这里有一个较为简单的解决方法，即将 8086 系统中 16 位数据总线中的高 8 位弃之不用，直接将 8259A 的 $D_7 \sim D_0$ 端与数据总线的低 8 位相连。但是，需要注意一点，此时分配给 8259A 芯片的两个端口地址在系统中并不是相邻的一奇一偶地址，而是相邻的两个偶地址，此时 8259A 的 A_0 端与地址总线的 A_1 端相连，而地址总线的 A_0 端总是为 0，这样就满足了 8259A 对端口地址的要求。

在实际的 8086 系统中，对 8259A 端口地址的分配就是按照上述的方法，即分配给

8259A 两个相邻的偶地址。其中一个 $A_1=0$，$A_0=0$，这个地址较低；另外一个 $A_1=1$，$A_0=0$，这个地址较高。

2. 8259A 的内部结构

图 7-12 所示为 8259A 的内部结构框图，其主要模块的功能如下：

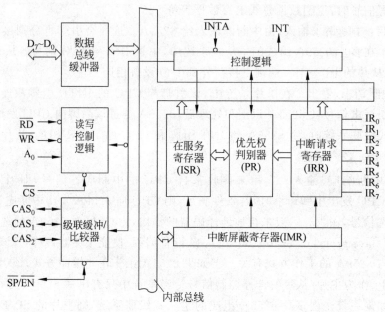

图 7-12　8259A 的内部结构

1) 中断请求寄存器(interrupt request register，IRR)

这是一个 8 位的寄存器，用来接收来自 $IR_0 \sim IR_7$ 的中断请求信号，并在 IRR 的相应位置位。中断源产生中断请求的方式有两种：一种是边沿触发方式，另一种是电平触发方式。

2) 优先权判别器(priority resolver，PR)

它在中断响应期间，可以根据控制逻辑规定的优先权级别以及中断屏蔽寄存器 IMR 的内容，对 IRR 中保存的所有中断请求进行优先权排队，将其中优先权级别最高的中断请求位送入 ISR，表示要对其进行服务。

3) 当前服务寄存器(in service register，ISR)

这也是一个 8 位的寄存器，用来记录当前正在处理的中断请求，通过给相应位置位实现。在中断嵌套方式下，可以将其内容与新进入的中断请求的优先级别进行比较，以决定能否进行嵌套。ISR 的置位是在中断响应的第一个 $\overline{INTA}$ 有效时完成的。

4) 中断屏蔽寄存器(interrupt mask register，IMR)

IMR 是一个 8 位的寄存器，用来存放中断屏蔽字，它是由用户通过编程来设置的，以决定是否屏蔽从 $IR_7 \sim IR_0$ 来的中断请求。

5) 控制逻辑

在 8259A 的控制逻辑电路中，有一组初始化命令字寄存器($ICW_1 \sim ICW_4$)和一组操作命令字寄存器($OCW_1 \sim OCW_3$)，这 7 个寄存器均可通过编程来设置。控制逻辑可以按照编程所设置的工作方式来管理 8259A 的全部工作。

这 7 个寄存器通过不同的端口地址进行访问,其中,ICW_1、OCW_2、OCW_3 通过 $A_0 = 0$ 的端口访问,而 $ICW_2 \sim ICW_4$、OCW_1 通过 $A_0 = 1$ 的端口访问。

6) 数据总线缓冲器

这是一个 8 位的双向、三态缓冲器,用作 8259A 与系统数据总线的接口,用来传输初始化命令字、操作命令字、状态字和中断类型号。

7) 读/写控制逻辑

接收来自 CPU 的读/写命令,完成规定的操作。具体动作由片选信号 $\overline{CS}$、地址输入信号 A_0 以及读($\overline{RD}$)和写($\overline{WR}$)信号共同控制。当 CPU 对 8259A 进行写操作时,它控制将写入的数据(包括初始化命令字和操作命令字)送相应的命令寄存器中;当 CPU 对 8259A 进行读操作时,它控制将相应的寄存器(IRR、ISR、IMR)的内容输出到数据总线。

8) 级联缓冲器/比较器

它用在级联方式的主从结构中,用来存放和比较各 8259A 的从设备标志(ID)。与此部件相关的是三条级联线 $CAS_0 \sim CAS_2$ 和 $\overline{SP/EN}$,其中 $CAS_0 \sim CAS_2$ 是多片 8259A 相互连接的专用总线。级联系统中全部 8259A 的 $CAS_0 \sim CAS_2$ 对应端互连,在中断响应期间,主 8259A 从所有申请中断的从片中选出优先级最高的从 8259A,将其从设备标志(ID)输出到级联线 $CAS_0 \sim CAS_2$ 上。级联系统中的从片在收到这个从设备标志后,与自己的级联缓冲器中保存的从设备标志相比较,若相等则说明本片被选中。这样,在后续的 $\overline{INTA}$ 有效期间,被选中的从设备就把中断类型号送至数据总线。

3. 8259A 的工作过程

下面以单片 8259A 为例介绍其工作过程。

(1) 中断源通过 $IR_0 \sim IR_7$ 向 8259A 发中断请求,使 IRR 的对应位置 1。

(2) 若此时 IMR 中的对应位为 0,即该中断请求没有被屏蔽,则进入优先级排队。8259A 分析这些请求,若条件满足,则通过 INT 向 CPU 发中断请求。

(3) CPU 接收到中断请求信号后,如果满足条件,则进入中断响应,通过 $\overline{INTA}$ 引脚发出连续两个负脉冲。

(4) 8259A 收到第一个 $\overline{INTA}$ 时,做如下动作:

① 使 IRR 的锁存功能失效,目的是防止此时再来中断导致的中断响应错误,到第二个 $\overline{INTA}$ 时恢复有效;

② 使 ISR 的对应位置 1,表示已为该中断请求服务;

③ 使 IRR 的对应位清 0。

(5) 8259A 在收到第二个 $\overline{INTA}$ 时,做如下动作:

送中断类型号。中断类型号由初始化命令 ICW_2 及 $IR_0 \sim IR_7$ 引脚的编码共同决定(详见 7.3.2 节编程部分);如果 8259A 工作在中断自动结束方式,则此时清除 ISR 的相应位。

这里要说明一点,若 8259A 工作在级联方式下,并且从片中的中断请求级别最高,则在第一个 $\overline{INTA}$ 脉冲结束时,主 8259A 将从设备标志 ID 送到 $CAS_0 \sim CAS_2$ 上,在第二个 $\overline{INTA}$ 脉冲有效期间,由被选中的从 8259A 将中断类型号送至数据总线。

7.3.2　8259A 的编程

8259A 的编程结构如图 7-13 所示。8259A 共有 7 个 8 位的寄存器,这 7 个寄存器被分为两组:第一组寄存器一共 4 个,用来存储初始化命令字(initialization command words,ICW),分别称为 $ICW_1 \sim ICW_4$,这 4 个初始化命令字一般在计算机启动时完成设置,在以后的工作过程中不再改变。第二组寄存器有 3 个,用来存储操作命令字(operation command words,OCW),分别称为 $OCW_1 \sim OCW_3$。这 3 个操作命令字用来动态地控制中断处理过程,比如对中断的屏蔽等,并且可以被多次设置。

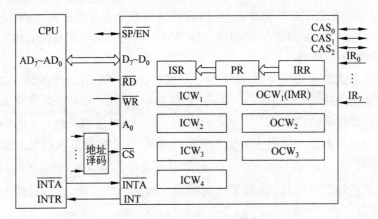

图 7-13　8259A 的编程结构

如前所述,8259A 的 A_0 引脚在连接 8088 和 8086 时略有不同。但对于 8259A 来说,它只根据 A_0 引脚的电平来判断到底是哪一个端口被访问,因此不管外部数据总线是 8 位还是 16 位的系统,在 8259A 看来,仍然是一个为偶地址,另一个为奇地址,并且偶地址较低,奇地址较高。在下面各个操作字的说明中,标出了 8259A 的 A_0 引脚的取值,以说明这个命令字是被写入哪一个端口地址的。

1. 8259A 的初始化命令字

在 8259A 的这 4 个初始化命令字中,ICW_1 被写入偶地址端口,$ICW_2 \sim ICW_4$ 被写入奇地址端口。

1) ICW_1 的格式与含义

ICW_1 叫作芯片控制初始化命令字,要求写入偶地址端口,其格式如图 7-14 所示。各位的具体含义如下:

A_0	D_7	D_6	D_5	D_4	D_3	D_2	D_1	D_0
0	×	×	×	1	LTIM	×	SNGL	IC_4

图 7-14　ICW_1 的格式

$D_7 \sim D_5$:这几位在 8088/8086 系统中不用,可以取任意值。

D_4：该位设置为 1，是 ICW_1 的标志位。OCW_2 与 OCW_3 这两个操作命令字也写入 8259A 的偶地址端口，为加以区分，OCW_2 与 OCW_3 的 D_4 位总是为 0，这样，8259A 就可以识别写入的是哪一个命令字了。

D_3（LTIM）：该位用来设定中断源以何种触发方式向 8259A 发出中断请求。触发方式有如下两种形式：

边沿触发输入方式（edge trigger input mode，ETIM）：8259A 将 $IR_0 \sim IR_7$ 输入端出现的上升沿作为中断请求信号。

电平触发形式（level trigger input mode，LTIM）：8259A 将 $IR_0 \sim IR_7$ 输入端出现的高电平作为中断请求信号。

如果 LTIM 取值为 0，则中断请求采用边沿触发方式；如果 LTIM 取值为 1，则采用电平触发方式。

D_2：在 8088/8086 系统中始终为 0。

D_1（SNGL）：该位用来表明本片是否与其他 8259A 芯片处于级联状态，如果取值为 1，表明系统中只有一片 8259A；如果取值为 0，表明系统中有多片 8259A。由 8088/8086 和 8259A 组成的单片系统和级联系统的连接如图 7-15 所示。

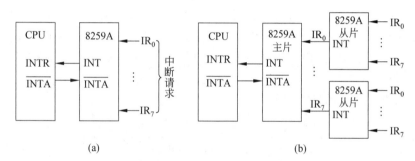

图 7-15　单片系统和级联系统

（a）单片系统；（b）级联系统

D_0（IC_4）：该位用来表明初始化程序是否需要设置 ICW_4 命令字，如果需要设置则该位须为 1。在 8088/8086 系统中，ICW_4 命令字是必须设置的，也就是说，该位必须设置为 1。

2）ICW_2 的格式与含义

ICW_2 用来设定中断类型号，必须对应奇地址端口，其格式如图 7-16 所示。

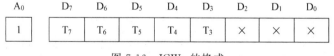

图 7-16　ICW_2 的格式

一片 8259A 能接收 8 个中断源的中断请求，因此对应的中断类型号也应有 8 个，中断类型号的高五位与 ICW_2 的高五位相同，低三位为中断输入引脚 IR_i 的编码 i，由 8259A 自动插入。比如，若由 IR_0 引脚引入中断，则低三位取值为 000，以此类推，若由 IR_7 引脚引入中断，则低三位取值为 111。因此，在设置 ICW_2 的初始化命令字时，只有高五位是有效的。

当用户设置了 ICW_2 以后，来自各中断请求引脚的中断源的中断类型号也就唯一地确定了。表7-2给出了来自各中断请求引脚的中断源的中断类型号与ICW_2及引脚编号的关系。例如,若在初始化时写入$ICW_2=48H$,则来自$IR_0 \sim IR_7$各引脚的中断源的中断类型号分别为48H,49H,…,4FH。反之,如果系统要求来自$IR_0 \sim IR_7$各引脚的中断源的中断类型号为80H~87H,则在初始化时写入ICW_2的高五位就应该是10000B,而低三位则任意。

表7-2　中断类型号与ICW_2及引脚编号的关系

ICW_2	D_7	D_6	D_5	D_4	D_3	D_2	D_1	D_0
IR_0	T_7	T_6	T_5	T_4	T_3	0	0	0
IR_1	T_7	T_6	T_5	T_4	T_3	0	0	1
IR_2	T_7	T_6	T_5	T_4	T_3	0	1	0
IR_3	T_7	T_6	T_5	T_4	T_3	0	1	1
IR_4	T_7	T_6	T_5	T_4	T_3	1	0	0
IR_5	T_7	T_6	T_5	T_4	T_3	1	0	1
IR_6	T_7	T_6	T_5	T_4	T_3	1	1	0
IR_7	T_7	T_6	T_5	T_4	T_3	1	1	1

3) ICW_3的格式与含义

ICW_3用来设定主片/从片标志,必须写入奇地址端口,ICW_3的具体格式与该8259A是主片还是从片有关。显然,只有当系统中含有多片8259A时,该命令字才有意义。前面曾经提到过,ICW_1的D_1位用来指明系统中是否有多片8259A,因此,只有当ICW_1的D_1位为0时,才设置ICW_3。

对主片来讲,ICW_3的格式如图7-17所示。

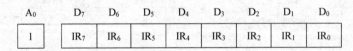

图7-17　主片的ICW_3的格式

每一位对应一个中断请求引脚,哪条IR_i引脚上连接有从片,则相应ICW_3的D_i位为1,反之为0。因此,主片的ICW_3用来指出该片的哪个引脚连接有从片。比如当$ICW_3=$AAH(10101010B)时,表明在IR_7、IR_5、IR_3、IR_1这四个引脚上连接有从片,而另外的则没有。

对从片来讲,ICW_3的格式如图7-18所示。

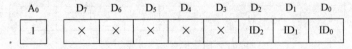

图7-18　从片的ICW_3的格式

$ID_0 \sim ID_2$是从设备标志ID的编码,它等于该从片的INT端所连接的主片的IR_i引脚的编码i。例如,某从片连在主片的IR_3端,则该从片的ICW_3的低三位应设置为011。因此,从片的ICW_3用来指出本片连在主片的哪一个引脚。ICW_3的高五位无用,可写入任意值,但一般都赋0。

4) ICW_4 的格式与含义

ICW_4 叫作方式控制初始化命令字,必须写入奇地址端口。当 ICW_1 的 D_1 位(IC_4)为 1 时,才需要设置 ICW_4;否则不需要设置。

ICW_4 的具体格式如图 7-19 所示。

A_0	D_7	D_6	D_5	D_4	D_3	D_2	D_1	D_0
1	0	0	0	SFNM	BUF	M/S	AEOI	μPM

图 7-19 ICW_4 的格式

$D_7 \sim D_5$:这三位总设置为 0。

D_4(special fully nested mode,SFNM):如果该位取值为 1,说明系统工作在特殊的全嵌套方式下。要解释这个问题,首先得了解全嵌套方式的概念。

所谓嵌套,是指在执行较低级别中断服务程序的过程中,CPU 可以为更高级别的中断提供服务。

全嵌套方式为 8259A 的默认工作方式,也是最常用的。当系统没有对 8259A 进行过其他设置的话,系统将工作在该模式下,其优先级次序为 $IR_0 > IR_1 > \cdots > IR_7$,以此决定是否能进入中断嵌套。如果系统正在进行中断处理,此时收到新的中断请求,8259A 将其与当前正在处理的中断进行优先级比较,如果高于当前中断的优先级,则进行中断嵌套,否则不予响应。

而特殊的全嵌套方式仅用在级联系统中的主片。例如在图 7-20 所示的级联系统中,对于主片来说,从片的所有 IR 端都具有相同的优先级。若当前 CPU 正在为从片 IR_4 端的中断源进行服务,但从片的 IR_0 端又发出中断请求,这时若主片工作在全嵌套方式下是不会响应的。但若主片工作在特殊的全嵌套方式,则会响应该请求。特殊全嵌套工作方式不但允许优先级更高的中断请求进入,也允许同级的中断请求进入,以确保对同一个从片的不同 IR_i 输入的中断能按优先级进入中断嵌套,实现真正的完全嵌套的优先级结构。此时,可设置主片工作在特殊的全嵌套方式,从片工作于全嵌套方式。

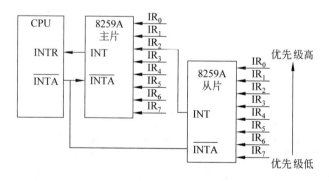

图 7-20 特殊全嵌套方式示意图

D_3(BUF):该位为 1,8259A 工作于缓冲方式;该位为 0,8259A 工作于非缓冲方式。

D_2(M/S):当 D_3 为 1,即当 8259A 工作在缓冲方式,该位有效。此时若 D_2(M/S)为 1,表明该片为主片;若 D_2(M/S)为 0,则该片为从片。当 D_3 为 0 时,D_2 位无效。

8259A 芯片的 $D_0 \sim D_7$ 端有两种和系统数据总线的连接方式,即非缓冲方式和缓冲方式。在小系统中,比如只有单片或少数几片 8259A 时,一般采用非缓冲方式,此时 8259A 可直接与系统数据总线相连。在非缓冲方式下,用 $\overline{SP}/\overline{EN}$(此时 $\overline{SP}$ 有效)来标识 8259A 是主片还是从片。当只有单片 8259A 时, $\overline{SP}/\overline{EN}$ 接 +5V;当多片 8259A 级联时,主片的 $\overline{SP}/\overline{EN}$ 接 +5V,从片的 $\overline{SP}/\overline{EN}$ 接地,如图 7-21(a)所示。在一个较大的系统中,比如采用多片 8259A 级联组成的主从式系统,一般采用缓冲方式,即将 8259A 通过总线驱动器和数据总线相连,此时芯片的 $\overline{SP}/\overline{EN}$(此时 $\overline{EN}$ 有效)和总线驱动器相连,作为总线驱动器的使能信号。因 $\overline{SP}/\overline{EN}$ 接总线驱动器,因此需通过对 ICW4 编程来确定是主片还是从片。缓冲方式下 8259A 和系统数据总线的连接如图 7-21(b)所示。

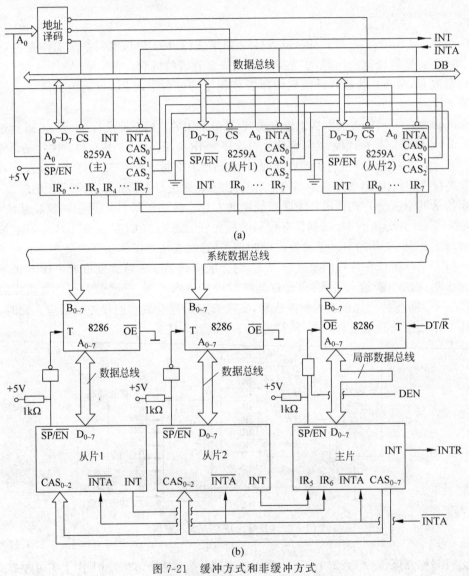

图 7-21 缓冲方式和非缓冲方式

(a) 非缓冲方式;(b) 缓冲方式

如图 7-21 所示,在多片主从式系统中,主片的 $CAS_2 \sim CAS_0$ 这 3 个引脚分别与从片的 $CAS_2 \sim CAS_0$ 相连,主片正是靠这 3 个引脚来通知从片,以告知其发出的中断请求是否得到响应。当从片向主片的 IR_n 发出中断请求时,如果此时主片未对该中断请求端加以屏蔽的话,那么主片通过 INT 端向 CPU 发出中断请求信号。CPU 响应中断后,同单片 8259A 系统一样,CPU 从 $\overline{INTA}$ 端发送两个负脉冲。主片在收到第一个 $\overline{INTA}$ 信号后,将中断服务寄存器 ISR 的对应位置 1,同时中断请求寄存器 IRR 中的对应位清 0,并且同时将从片的标识号送到 $CAS_2 \sim CAS_0$,此时,从片判断自身的标号是否与 $CAS_2 \sim CAS_0$ 上的取值一致,如果一致,则从片也对 $\overline{INTA}$ 信号作出响应,将本片的中断服务寄存器 ISR 的相应位置 1,同时中断请求寄存器 IRR 中的对应位清 0。在第二个 $\overline{INTA}$ 信号到达后,主片不作出任何响应,从片则将对应的中断类型号送到数据总线。

D_1(AEOI):如果该位为 1,则 8259A 工作在中断自动结束方式。在这种方式下,当第二个 $\overline{INTA}$ 脉冲到来时,ISR 的相应位会自动清除。这样,在中断处理过程中,8259A 中就没有"正在处理"的标识。此时,若有中断请求出现,且 IF=1,则无论其优先级如何(比本级高、低或相同),都将得到响应。这种方式比较简单,只能用在单片 8259A 且多个中断不会嵌套的系统中,主从式结构一般不用中断自动结束方式。如果设置 $D_1=0$ 则不用中断自动结束方式,这时必须在程序的适当位置(一般在中断服务程序最后)使用中断结束命令(见 OCW_2 的说明),使 ISR 中的相应位复位,从而结束中断。

D_0(μPM):CPU 类型选择。该位取值为 1,则表明该系统为 8088/8086 系统;如果取值为 0,则为 8080 或 8085 系统。

5)8259A 的初始化流程

对 8259A 的初始化必须按照如图 7-22 所示的流程进行。从初始化流程图中可以看出,此时需送几个初始化命令字、写入的顺序及写入的端口地址都有要求。8259A 通过写入次序、端口地址及各初始化命令字的标志位来区别它们,从而实现了一个端口地址可对应多个写入内容,有效地减少了芯片引脚的数目。

8259A 的初始化命令字总结如下:

(1)ICW_1 必须写入偶地址口,$ICW_2 \sim ICW_4$ 必须写入奇地址口。

(2)$ICW_1 \sim ICW_4$ 的设定次序固定不变,不可颠倒。

(3)对每一片 8259A 均需设置 ICW_1 和 ICW_2。是否设置 ICW_3、ICW_4 均由 ICW_1 的相应位指明。只有在级联方式下,主、从片才需要设置 ICW_3;当 8088/8086 系统需要设置特殊全嵌套方式、缓冲方式、中断结束方式时,才设置 ICW_4。

(4)在级联方式下,对每片 8259A 均要单独编程,其中主片和从片的 ICW_3 的格式及功能均不相同,应视具体硬件的连接方式而定。

6)8259A 的初始化编程举例

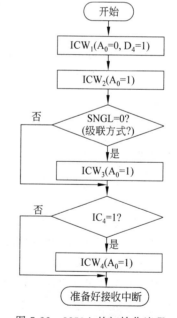

图 7-22　8259A 的初始化流程

【例 7-1】　下面是 IBM PC/XT 的 ROM BIOS 对 8259A 的初始化部分。在 IBM PC/XT 中只用一片 8259A 进行中断管理,故不需 ICW_3。在 IBM PC/XT 中,8259A 的端口地址为 20H 和 21H。

ICW_1:

IBM PC/XT 配置	ICW_1
需设置 ICW4	$D_0 = 1$
单片系统	$D_1 = 1$
	$D_2 = \times$
边沿触发	$D_3 = 0$
ICW1 的标志位	$D_4 = 1$
	$D_5 \sim D_7 = \times \times \times$

若任意位全部设置为 0,则 $ICW_1 = 00010011B = 13H$。

ICW_2:在 IBM PC/XT 中,规定 8259A 的 8 个中断请求输入端 $IR_0 \sim IR_7$ 所对应的中断类型号为 08H~0FH,故 $ICW_2 = 08H$。

ICW_4:

IBM PC/XT 配置	ICW_4
8088/8086	$D_0 = 1$
不使用中断自动结束方式	$D_1 = 0$
缓冲方式,主片	$D_3 = 1, D_2 = 1$
不使用特殊全嵌套方式	$D_4 = 0$
	$D_5 \sim D_7 = 000$

故 $ICW4 = 00001101B = 0DH$。

初始化程序如下:

```
MOV   AL, 13H      ;ICW₁
OUT   20H, AL
MOV   AL, 08H      ;ICW₂
OUT   21H, AL
MOV   AL, 0DH      ;ICW₄
OUT   21H, AL
```

【例 7-2】 在 IBM PC/AT 中,硬件的中断管理由两片 8259A 构成。从片的中断请求输出端 INT 与主片的中断请求输入端 IR_2 相连。主片的端口地址仍为 20H 和 21H,从片的端口地址为 A0 和 A1H。

解:主片的初始化程序如下:

```
MOV   AL, 11H      ;ICW₁(级联方式,边沿触发,需设 ICW₃、ICW₄)
OUT   20H, AL
MOV   AL, 08H      ;ICW₂(中断类型号为 08~0FH)
OUT   21H, AL
MOV   AL, 04H      ;ICW₃(表示主片的 IR₂ 端接有从片)
OUT   21H, AL
MOV   AL, 01H      ;ICW₄(非缓冲方式,非中断自动结束,一般全嵌套方式)
OUT   21H, AL
```

IBM PC/AT 主片的各初始化命令字和 PC/XT 中 8259A 的初始化命令字基本相同，只有个别位有一些差别。在 ICW$_1$ 中，因为由两片 8259A 组成一个级联系统，因此 D$_1$＝0；ICW$_2$ 则完全相同；在 PC/AT 中，8259A 工作于非缓冲方式，也就是说，主片和从片通过 $\overline{SP}/\overline{EN}$ 引脚加以分辨。最大的差别是 ICW$_3$。在级联系统中，主片和从片的 ICW$_3$ 必须分别编程。

从片的初始化程序如下：

```
MOV   AL，11H    ;ICW₁(级联方式，边沿触发。需 ICW₃、ICW₄)
OUT   0A0H，AL
MOV   AL，70H    ;ICW₂(中断类型号为 70H～77H)
OUT   0A1H，AL
MOV   AL，02H    ;ICW₃(从片接到主片的 IR₂ 端)
OUT   0A1H，AL
MOV   AL，01H    ;ICW₄(非缓冲方式，非中断自动结束，一般全嵌套方式)
OUT   0A1H，AL
```

从片的初始化命令字中，ICW$_2$ 和 ICW$_3$ 与主片不同。在 IBM PC/AT 中，从片的各中断请求输入端所对应的中断类型号为 70H～77H。而 ICW$_3$ 则表示从片接至主片的 IR$_2$ 端。

2. 8259A 的操作命令字

8259A 一共有三个操作命令字，分别为 OCW$_1$、OCW$_2$、OCW$_3$。这些命令字是在 8259A 初始化编程以后，由用户在应用程序中设置的。与初始化命令字不同，它们在写入时并没有严格的次序要求，在系统运行过程中，可多次改写操作命令字。用于对中断处理过程进行动态控制。其中 OCW$_1$ 必须写入奇地址端口，OCW$_2$ 和 OCW$_3$ 必须写入偶地址端口。

1) OCW$_1$ 的格式与含义

OCW$_1$ 的格式如图 7-23 所示。

图 7-23　OCW$_1$ 的格式

OCW$_1$ 叫作中断屏蔽操作命令字，当 OCW$_1$ 中的某一位为 1 时，则对应的 IR$_i$ 端的中断请求被屏蔽；如果为 0，则对应的 IR$_i$ 端的中断请求被允许，来自 IR$_i$ 的中断请求信号就可以进入优先级排队。比如，OCW$_1$＝17H(00010111B)，则 IR$_7$、IR$_6$、IR$_5$、IR$_3$ 上的中断请求允许，其余的则被屏蔽。

2) OCW$_2$ 的格式与含义

在介绍 OCW$_2$ 的格式以前，先说明一下 8259A 的几种工作方式。

(1) 设置优先级的方式

前面曾介绍过全嵌套方式和特殊全嵌套方式，在这两种情况下，IR$_0$～IR$_7$ 端的优先级是固定的,$IR_0 > IR_1 > IR_2 > IR_3 > IR_4 > IR_5 > IR_6 > IR_7$,即 IR_0 的优先级最高,IR_7 的优先级最低。优先级固定方式适合于系统中各中断源的重要程度明显不同的场合,这也是 8259A 初始化后默认的工作方式。8259A 也允许编程改变这种固定次序,把最高优先级赋予任一 IR 端。如可以编程指定 IR_6 为最高优先级,则优先级次序固定为 $IR_6 > IR_7 > IR_0 > IR_1 > IR_2 > IR_3 > IR_4 > IR_5$。

但是当系统中多个中断源的重要程度差不多时,若仍采用优先级固定的方式,则有可能发生某个中断源独占中断资源,而另一些无法得到中断服务的情况。因此宜采用优先级循环的工作方式。优先级循环又分为优先级自动循环和优先级特殊循环两种情况。

优先级自动循环方式是指各中断请求的优先级在不断变化,当一个 I/O 设备申请中断并获得响应后,它的优先级自动降为最低。就像我们在日常生活中排队买东西,如果你刚买完,还想再买的话,必须到队伍最后重新排队一样。当 8259A 被设置为优先级自动循环方式后,初始的优先级队列由高到低为 IR_0,IR_1,…,IR_6,IR_7。比如当 IR_2 申请中断并得到响应后,此时优先级队列重新排列,由高到低依次为 IR_3,IR_4,…,IR_7,IR_0,IR_1,IR_2。

优先级特殊循环方式与优先级自动循环方式相比,只有一点不同,即可以设置开始的最低优先级。而不像优先级自动循环方式那样最初 IR_7 级别最低。例如,编程设定 IR_4 为最低优先级,那么 IR_5 就为最高优先级,其余各级按循环方法类推。

(2) 中断结束方式

在前面介绍初始化命令字 ICW$_4$ 的 D_1(AEOI)位时,提到了中断自动结束方式,即在第二个 $\overline{INTA}$ 信号的后沿,将对应的 ISR 位复位。在 8259A 中,还有另外两种中断结束方式:一般的中断结束方式和特殊的中断结束方式。

一般的中断结束方式是指在中断服务程序结束前,CPU 通过写操作命令字(OCW$_2$)的方式向 8259A 发出中断结束命令(见例 7-6),通过这种方式把当前服务寄存器 ISR 中优先级最高的 IS 位清零。

发中断结束命令的情形如下:假设 8259A 初始化后工作在默认的一般全嵌套方式下,此时优先级是固定的,即 IR_0 最高,IR_7 最低。若 IR_4 端有中断请求,并且 CPU 也通过 $\overline{INTA}$ 端给出了中断应答信号,在第二个中断响应总线周期,CPU 得到 IR_4 对应的中断类型号,然后从中断向量表得到中断服务程序的入口地址后,转去为该中断源服务。当 CPU 响应了 IR_4 的中断后,8259A 会在当前服务寄存器 ISR 的相应位置1,表示当前正在为该中断服务。当中断服务程序执行到最后时,CPU 向 8259A 发 EOI 命令,即告诉 8259A IR_4 的中断服务已经结束,在 ISR 寄存器中和 IR_4 相关的位应该被置为 0,这样 IR_4 才能再次申请中断。试想一下,如果没有 EOI 命令的话会出现什么情况? CPU 在执行完中断服务程序后肯定返回主程序继续执行了,但是之后来自 IR_4 端的中断请求不会再得到响应,因为在当前服务寄存器 ISR 中相应位为 1,表明它仍然在服务中。从以上的叙述中可以看出在中断服务程序最后发中断结束命令的重要性。

一般中断结束方式应用于全嵌套方式下,特殊的中断结束方式用于特殊全嵌套方式下。在特殊全嵌套方式下,无固定的优先级序列(使用设置优先权命令或特殊屏蔽方式),此时,根据 ISR 的内容无法确定出刚刚所响应的中断。当中断处理程序结束时,需向 8259A 发出特殊的中断结束命令来指出要清除当前中断服务寄存器中的哪个 IS 位。

优先级循环方式和中断结束方式都可用 OCW_2 进行设定。与这些操作有关的命令和方式控制大都以组合格式使用 OCW_2，而不完全是按位来进行设置。下面先介绍有关位的定义，然后再说明组合格式。OCW_2 必须写入偶地址端口，且要求 $D_4D_3 = 00$。

OCW_2 的格式如图 7-24 所示。

A_0	D_7	D_6	D_5	D_4	D_3	D_2	D_1	D_0
0	R	SL	EOI	0	0	L_2	L_1	L_0

图 7-24　OCW_2 的格式

D_7（R）：优先级循环控制位。$D_7 = 1$ 表示优先级循环方式，反之为优先级固定方式。循环方式包括上面介绍的优先级自动循环方式和优先级特殊循环方式。采用优先级自动循环方式起始时 IR_7 级别最低，采用优先级特殊循环方式可由 $L_2 \sim L_0$ 的编码来确定最低优先级（此时要求 $D_6 = 1$）。

D_6（SL）：用来指定 $L_2 \sim L_0$ 是否有效。$D_6 = 1$ 时，OCW_2 的低 3 位即 $L_2 \sim L_0$ 有效，反之无效。

D_5（EOI）：中断结束命令位。$EOI = 1$ 使当前服务寄存器 ISR 的相应位清 0。当系统采用非自动中断结束方式（ICW_4 中的 AEOI 位为 0）时，ISR 中的置 1 的位就要由该命令位来清除。

$D_2 \sim D_0$（$L_2 \sim L_0$）：这三位对应的二进制编码有 8 个，即 000～111。它们的作用有两个：在中断结束命令中（$EOI = 1$），用来指出清除的是 ISR 的哪一位（此时即为特殊的 EOI 命令）；另外可以用于指出在优先级循环时初始哪个 IR_i 的级别最低。注意：只有在 $D_6 = 1$ 时这三位才起作用。

D_7、D_6、D_5 这三位配合使用可以实现不同的功能，一方面，它们可以设定 8259A 的优先级循环方式；另一方面，它们可向 8259A 发出中断结束命令。表 7-3 对这三位取值的各种组合作了详细说明。

表 7-3　OCW_2 中各位的组合

R	SL	EOI	$L_2 \sim L_0$	功　　能
0	0	1	无效	一般的 EOI 命令
0	1	1	给出要清除的 ISR 某位的编码	特殊的 EOI 命令
1	0	1	无效	优先级循环的一般 EOI 命令
1	1	1	给出循环优先级初始时最低优先级的引脚编码	优先级循环的特殊 EOI 命令
1	0	0	无效	设置在 AEOI 模式下的优先级自动循环命令
0	0	0	无效	清除在 AEOI 模式下的优先级自动循环命令
1	1	0	给出初始时最低优先级的引脚编码	设置优先级特殊循环命令由 $L_2 \sim L_0$ 给出初始的最低优先级
0	1	0	无效	无效操作

举例如下：

(1) 当 $R=1,SL=1,EOI=0$ 时，$D_2 \sim D_0$ 位有效，用来设置优先级特殊循环方式。若 $D_2 D_1 D_0 = 101$ 时，则起始时 IR_5 为最低优先级，这样系统初始的优先级队列由高到低依次为 IR_6、IR_7、IR_0、IR_1、IR_2、IR_3、IR_4、IR_5。

(2) 当 $R=1,SL=1,EOI=1$ 时，$D_2 \sim D_0$ 位有效，此时将 ISR 中的指定 IS_n 位清 0，用来通知 8259A 对应的中断已经处理完毕，而 n 的取值由 $D_2 \sim D_0$ 位确定。比如 $D_2 D_1 D_0 = 101$ 时，实际上是将 IS_5 清 0。

在 IBM PC/XT、AT、PS/2 及其兼容机中，OCW_2 最常用的位组合是 $00100000 = 20H$。

3) OCW_3 的格式与含义

OCW_3 主要用来控制 8259A 的中断屏蔽方式、设置中断查询以及读取内部寄存器的状态。介绍 OCW_3 前，需要先了解一下 8259A 的另外几种工作方式。

(1) 中断屏蔽方式

普通屏蔽方式：可通过对中断屏蔽寄存器 IMR 的相应位置位来屏蔽对应引脚上的中断请求，由 OCW_1 命令字的 1 位或几位置 1 来实现。

特殊屏蔽方式：当系统工作在特殊屏蔽方式时，8259A 允许任何未被屏蔽（即 IMR 中相应位为 0）的中断请求产生中断，而不管这些中断请求的优先级的高低。而一般情况下，只有较高级的中断才能打断当前中断。

(2) 中断查询方式

一般情况下，8259A 通过 INT 引脚向 CPU 发出中断请求。实际上，8259A 还有另外一种工作方式——中断查询方式，即用软件查询的方式而不是中断向量方式来实现对中断源的服务，一般用在多于 64 级中断的场合。如果系统工作在中断查询方式下，则 CPU 内部的中断允许触发器复位，这样就禁止了外部设备从 INT 端向 CPU 发出中断请求。

下面介绍 OCW_3 的格式与含义。OCW_3 必须写入 $A_0=0$ 的端口地址，且要求 $D_4 D_3 = 01, D_7 = 0$。

OCW_3 的格式如图 7-25 所示。

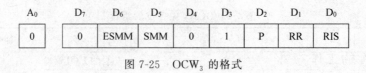

A_0	D_7	D_6	D_5	D_4	D_3	D_2	D_1	D_0
0	0	ESMM	SMM	0	1	P	RR	RIS

图 7-25　OCW_3 的格式

D_7：该位必须为 0。

D_6(ESMM)：特殊屏蔽方式允许位。当 $D_6 = 1$ 时，D_5(SMM) 位才有效；如果 $D_6 = 0$，则 D_5(SMM) 位无效。

D_5(SMM)：当 D_6(ESMM) 为 1 时，该位有效。若 $D_6 D_5 = 11$，则 8259A 进入特殊屏蔽方式。这时，8259A 允许任何未被屏蔽（即 IMR 中相应位为 0）的中断请求产生中断，而不管这些中断请求的优先级高低。（一般情况下，只有较高级的中断才能打断当前中断）。若 $D_6 D_5 = 10$，则取消特殊屏蔽方式。

D_4 和 D_3：这两位为 OCW_3 的标识位，必须为 01。

D_2(P)：查询方式位，当 $D_2 = 1$ 时，8259A 工作于中断查询方式。在查询方式下，8259A

不通过 INT 引脚发出中断请求,事实上,CPU 会忽略这个引脚的状态(可通过断开 INT 信号或使 IF 标志位为 0),对外设的中断服务通过软件查询方式实现。CPU 先使 OCW₃ 中的 P=1,通知 8259A 工作于中断查询方式,接着执行一条 IN 指令,产生一个读信号送 8259A,8259A 收到这个信号后,送出一个查询字供 CPU 读取。查询字的格式如图 7-26 所示。

图 7-26　查询字的格式

其中 $I(D_7)=1$ 表示有外部设备申请中断服务,由 $W_2W_1W_0$ 表示当前外部设备申请中断的最高级别。例如若这三位为 101,则当前级别最高的中断请求为 IR_5。当 I=0 时,表明没有设备发出中断请求,$W_2W_1W_0$ 位无效。CPU 可通过读 $A_0=0$ 的端口地址得到该查询字。

$D_1(RR)$:读寄存器命令字。$D_1=1$ 时允许读 ISR 和 IRR 寄存器,前提是 D_2 必须为 0,即不处于查询方式。

$D_0(RIS)$:读 ISR 和 IRR 的选择位,它必须和 D_1 位结合起来使用。当 $D_1D_0=10$ 时,读 IRR 的内容;当 $D_1D_0=11$ 时,读 ISR 的内容。$D_2D_1D_0=010$ 时对 ISR 和 IRR 的读出要对 $A_0=0$ 的端口地址进行操作。不论在什么情况下,读 $A_0=1$ 的端口地址均可得到 IMR 的内容。

【例 7-3】　要求 8088/8086 CPU 读取 IRR 和 IMR 的值,分别送寄存器 BL 和 BH。可编制如下程序:

```
MOV  AL,00001010B
OUT  PORT0,AL      ;写 OCW₃,指出要读 IRR 寄存器的值,PORT0 为偶地址
IN   AL,PORT0      ;读 IRR 寄存器的值,PORT0 为偶地址
MOV  BL,AL
IN   AL,PORT1      ;读 IMR 寄存器的值,PORT1 为奇地址
MOV  BH,AL
```

3. 8259A 的工作方式小结

通过对 8259A 的初始化命令字及操作命令字的学习,我们对 8259A 的工作方式已经有了一个初步的认识。下面对 8259A 的工作方式进行简单的小结。

1) 引入中断请求的方式

8259A 提供了两种引入中断请求的方式:一种是电平触发方式,由 ICW₁ 的 $D_3=1$ 决定;

另一种是边沿触发方式,由 ICW₁ 的 $D_3=0$ 决定。

2) 中断屏蔽方式

利用写 OCW₁ 可以对 $IR_0\sim IR_7$ 中的任一中断请求进行屏蔽,已经被屏蔽的中断请求不能进入优先权判别器进行优先级排队。当 OCW₃ 的 $D_6D_5=11$ 时,8259A 处于特殊屏蔽方式。此时只要 CPU 允许中断,就可以响应任何非屏蔽中断,中断优先级不再起作用。

3) 中断嵌套方式

8259A 提供了两种中断嵌套方式。一种是全嵌套方式,由 ICW_4 的 $D_4=0$ 决定。这是一种最常用的方式,此时中断源的中断优先级排队顺序为 $IR_0>IR_1>\cdots>IR_7$,允许高级中断打断低级中断。另一种是特殊的全嵌套方式,由 ICW_4 的 $D_4=1$ 决定。在这种方式下,优先级队列排序虽然还是 IR_0 最高,IR_7 最低,但它允许同级打断同级,主要用在级联系统中的主片,因为只有这种方式才能保证来自同一从片的中断请求都能进入中断响应,并保持相应的中断优先级。

4) 中断优先级的规定

由 OCW_2 的 D_7 决定 8259A 是工作在优先级循环方式($D_7=1$)还是优先级固定方式($D_7=0$)。优先级固定方式规定 IR_0 的优先级最高,IR_7 的优先级最低。而优先级循环方式则规定刚刚服务过的中断源的优先级变为最低,从而实现优先级循环轮转。在这种方式下,初始的优先级队列可以采用系统的默认值(即 $IR_0>IR_1>\cdots>IR_7$),也可由 OCW_2 的 $D_6=1$ 与 $D_2 \sim D_0$ 的编码来联合设定。

5) 中断结束方式

8259A 有两种中断结束方式:一种是中断自动结束方式,由 ICW_4 的 $D_1=1$ 设置,此时在第二个 $\overline{INTA}$ 有效期间,8259A 可以自动清除 ISR 的相应位,从而结束中断。另一种是非自动中断结束方式,由 OCW_2 的 $D_5=1$ 设置。用户可在中断服务程序的适当位置写入该命令来实现对 ISR 的相应位(默认是对应当前优先级别最高的位或由 OCW_2 的 $D_6=1$ 和 $D_2 \sim D_0$ 的编码来联合决定的位进行清除,以结束中断。

6) 缓冲方式及其主/从片设置

当多片 8259A 组成级联系统时,一般采用缓冲方式,由 ICW_4 的 $D_3=1$ 决定。此时 $\overline{SP}/\overline{EN}$ 引脚作为输出信号,用作缓冲器的使能端。因此,需用 ICW_4 的 $D_2=1$ 或 $D_2=0$ 来确定本片是主片还是从片。

7) 查询方式

当系统中断源多于 64 个时可采用查询方式,它的特点是用软件查询的方式提供中断响应。要求先送使 OCW_3 的 $D_2=1$ 的查询命令,然后令 CPU 关中断,最后读 $A_0=0$ 的端口地址得到查询字,即可实现中断响应。

8) 读 8259A 的状态

8259A 中的寄存器 IRR、ISR 和 IMR 的内容均可由用户读出。当用户要读 IRR 或 ISR 的内容时,先要写 OCW_3,由 $D_1 D_0=10$ 或 11 决定读出的是 IRR 的值还是 ISR 的值,然后通过一条输入指令读 $A_0=0$ 的端口地址即可。而当用户要读 IMR 的内容时,不需写入 OCW_3,直接用一条输入指令去读 $A_0=1$ 的端口地址即可。

7.3.3 8259A 的综合应用实例

8259A 的性能优越,在许多微机系统中都采用它来做中断控制器。从 8088/8086 到 80286、80386,均直接采用单片 8259A 或两片 8259A 级联来工作,80486 机虽然采用了集成技术,但芯片内部仍相当于两片 8259A 级联。

【例 7-4】 在一个由 8088 CPU 和 8259A 构成的中断系统中,中断控制器 8259A 与系统的硬件连接如图 7-27 所示。

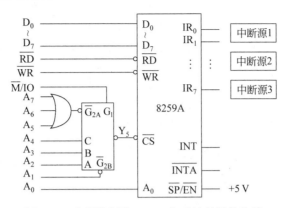

图 7-27　中断控制器 8259A 与系统的硬件连接

(1) 假设未参加地址译码的地址线全部置 0,该片 8259A 的端口地址是什么?

(2) 要求中断源 1～中断源 3 的中断类型号分别为 68H、6CH 和 6FH,则各中断源应分别接在 8259A 的哪个引脚上? 此时,ICW_2 的值应是什么?

(3) 8259A 的 INT 和 $\overline{INTA}$ 引脚应分别接在系统总线的哪一根上?

解：(1) 若要使 8259A 片选有效,则 $A_7A_6A_5A_4A_3A_2A_1$ 的电平应为 0001010,则 8259A 的端口地址如下：

A_7	A_6	A_5	A_4	A_3	A_2	A_1	A_0	
0	0	0	1	0	1	0	0	偶地址
0	0	0	1	0	1	0	1	奇地址

故偶地址为 14H,奇地址为 15H。

(2) 68H 即 $\boxed{01101}\ \boxed{000}$ B,因此中断源 1 应接在 IR_0；

6CH 即 $\boxed{01101}\ \boxed{100}$ B,因此中断源 2 应接在 IR_4；

6FH 即 $\boxed{01101}\ \boxed{111}$ B,因此中断源 3 应接在 IR_7。

此时,ICW_2 的值可为 $\boxed{01101}×××$B,其中,×××可为任意值。

(3) 此时的 INT 和 $\overline{INTA}$ 应分别接在系统控制总线的 INTR 和 $\overline{INTA}$。

【例 7-5】 某片 8259A 的 IR_0、IR_2、IR_5 引脚上接有中断源的中断请求,相对应的中断类型号为 80H、82H、85H,中断服务程序的入口地址分别为：段地址同为 4000H,偏移地址依次为 2640H、5670H 和 8620H。要求中断请求信号为边沿触发,固定优先级,采用中断自动结束方式,一般全嵌套,非缓冲方式。试完成中断向量表的设置以及 8259A 的初始化。(假设端口地址为 70H 和 71H,CPU 为 8088。)

解：因为是单片系统,因此不需要设 ICW_3。其他初始化命令字如下：

```
ICW₁ : ×××10×11B
ICW₂ : 10000×××B
ICW₄ : 00000×11B
OCW₁ : 11011010B(开放 IR₀、IR₂ 和 IR₅)
```

主程序如下:

```
; 利用 25H 功能调用,装载中断服务程序入口地址到中断向量表
CLI                      ;关中断,设置中断向量
PUSH   DS                ;保护 DS 的值
MOV    DX,4000H          ;送中断向量的段地址(对应 IR₀)
MOV    DS,DX
MOV    DX,2640H          ;送中断向量的偏移地址
MOV    AL,80H            ;送中断类型号
MOV    AH,25H            ;25H 功能调用
INT    21H
MOV    DX,4000H          ;送中断向量的段地址(对应 IR₂)
MOV    DS,DX
MOV    DX,5670H          ;送中断向量的偏移地址
MOV    AL,82H            ;送中断类型号
MOV    AH,25H            ;25H 功能调用
INT    21H
MOV    DX,4000H          ;送中断向量的段地址(对应 IR₅)
MOV    DS,DX
MOV    DX,8620H          ;送中断向量的偏移地址
MOV    AL,85H            ;送中断类型号
MOV    AH,25H            ;25H 功能调用
INT    21H               ;系统功能调用
POP    DS                ;恢复 DS 的值
; 对 8259A 初始化,所有为"×"的位全取 0
MOV    AL,13H            ;ICW₁
OUT    70H,AL
MOV    AL,80H            ;ICW₂
OUT    71H,AL
MOV    AL,03H            ;ICW₄
OUT    71H,AL
MOV    AL,0DAH           ;OCW₁
OUT    71H,AL
STI                      ;开中断
```

【例 7-6】 有一个小型控制系统,CPU 选用 8088,中断控制器选用 8259A,用一片 8253 作为定时器。要求 8253 通道 0 的输出作为中断请求接在 8259A 的 IR_7,每隔 1s 向 CPU 发一次中断请求,在显示器上输出一行提示信息"This is an interrupt!",8253 的 CLK_0 端输入的时钟频率为 10kHz。试完成相应程序(包括主程序和中断服务程序)。(设 8259A 的端口地址为 20H 和 21H,8253 的端口地址为 30H～33H,8259A 的 IR_7 端所对应的中断类型号为 47H。)

解:对 8253 通道 0:选用方式 3,计数初值为 $1 \times 10K = 10000$,控制字为 00110110B。

对 8259A:采用边沿触发,一般全嵌套,非中断自动结束,固定优先级。命令字如下:

```
ICW₁: ×××10×11B
ICW₂: 01000×××B
ICW₄: 00000×11B
OCW₁  01111111B(开放 IR₇)
```

主程序如下：

```
        DATA SEGMENT PARA PUBLIC 'DATA'
            MESS DB 'This is an interrupt!',13,10,'$'
        DATA ENDS
        STACK SEGMENT PARA STACK 'STACK'
            DB 256 DUP (0)
        STACK ENDS
        CODE SEGMENT PARA PUBLIC 'CODE'
            ASSUME CS:CODE,DS:CODE,SS:STACK
            ;装载中断服务程序入口地址到中断向量表
START:CLI                           ;关中断,设置中断向量
        PUSH   DS                   ;保护 DS 的值
        MOV   DX,SEG INT8253        ;送中断向量的段地址
        MOV   DS,DX
        MOV   DX,OFFSET INT8253     ;送中断向量的偏移地址
        MOV   AL,47H                ;送中断类型号
        MOV   AH,25H                ;系统功能调用
        INT   21H                   ;将中断向量存到 0000:011CH 开始的存储区
        POP   DS                    ;恢复 DS 的值
        ;对 8259A 初始化,所有×的位全取 0
        MOV   AL,13H                ;ICW₁
        OUT   20H,AL
        MOV   AL,40H                ;ICW₂
        OUT   21H,AL
        MOV   AL,03H                ;ICW₄
        OUT   21H,AL
        MOV   AL,7FH                ;OCW₁
        OUT   21H,AL
        ;对 8253 初始化
        MOV   AL,36H                ;写控制字
        OUT   33H,AL
        MOV   AX,10000             ;送计数初值
        OUT   30H,AL
        MOV   AL,AH
        OUT   30H,AL
        STI                        ;开中断
AGAIN: HLT                         ;等待中断
        JMP   AGAIN
        ;中断服务程序
INT8253: PUSH  AX                   ;保护现场
        PUSH  DX
        MOV   AX,DATA               ;9 号功能调用,显示提示信息
        MOV   DS,AX
        LEA   DX,MESS
        MOV   AH,9
        INT   21H
        MOV   AL,20H                ;OCW₂ 为 20H
        OUT   20H,AL                ;发中断结束命令 EOI
```

```
          POP   DX                    ;恢复现场
          POP   AX
          IRET
          MOV   AH,4CH                 ;终止当前程序,返回 DOS
          INT 21H
CODE ENDS
END START
```

主程序开始运行,完成对芯片的初始化后,就在 HLT 指令处等待中断,只要 8253 的定时时间到,就可通过 IR$_7$ 向 8259A 发中断请求,8259A 再向 CPU 发中断请求;CPU 响应中断后,8259A 送出中断类型号 47H,CPU 经计算后到 0000:011CH 开始的存储区取出已存放好的中断向量,转向中断服务子程序,输出提示信息;中断返回后,在主程序中经 JMP 指令,转向 HLT 指令,再次等待 8253 的下一个中断请求。此过程循环往复。

练 习 题

一、选择题

1. 8086/8088 的中断向量表(　　)。

    A. 用于存放中断类型码　　　　　　　　B. 用于存放中断服务程序入口地址

    C. 是中断服务程序的入口　　　　　　　D. 是中断服务程序的返回地址

2. 8086/8088 CPU 中以下中断源需要通过中断响应周期读取中断类型码的是(　　)。

    A. 除法错中断　　　　B. 单步中断　　　　C. INTR 中断　　　　D. NMI 中断

3. 当 8086/80888 CPU 的 INTR＝1,且中断允许位 IF＝1 时,CPU 完成(　　)后响应该中断请求,进行中断处理。

    A. 当前时钟周期　　　　　　　　　　　　B. 当前总线周期

    C. 当前指令周期　　　　　　　　　　　　D. 下一个指令周期

4. "INT n"中断是(　　)。

    A. 由外部设备请求产生的　　　　　　　　B. 由系统断电引起的

    C. 通过软件调用的内部中断　　　　　　　D. 可用 IF 标志位屏蔽的

5. 非屏蔽中断的中断类型号是(　　)。

    A. 1　　　　　　　　B. 2　　　　　　　　C. 3　　　　　　　　D. 4

6. 8086/8088 的中断是向量中断,其中断服务程序的入口地址由(　　)提供。

    A. 外设中断源

    B. CPU 的中断逻辑电路

    C. 中断控制器读回中断类型号左移 2 位

    D. 中断类型号指向的中断向量表

7. 根据下面提供的 8088/8086 内存数据,可得 INT 11H 中断服务程序的入口地址为(　　)。

> 0000:0040 B3 18 8A CC 4D F8 00 F0 41 F8 00 F0 C5 18 8A CC
> 0000:0050 39 E7 00 F0 A0 19 8A CC 2E E8 00 F0 D2 EF 00 F0

    A. F000:F84D   B. A019:8ACC

    C. CC8A:19A0   D. 4DF8:00F0

8. 8086/8088 响应中断的优先级次序为(   )。

    A. 软件中断——NMI 中断——INTR 中断——单步中断

    B. NMI 中断——软件中断——INTR 中断——单步中断

    C. 软件中断——NMI 中断——单步中断——INTR 中断

    D. 软件中断——INTR 中断——NMI 中断——单步中断

9. 中断类型号为 40H 的中断服务程序入口地址存放在中断向量表中的起始地址是(   )。

    A. DS:0040H   B. DS:0100H   C. 0000:0040H   D. 0000:0100H

10. 8088/8086 在响应中断请求时(   )。

    A. INTA 输出一个负脉冲,将中断类型码从 $AD_0 \sim AD_7$ 读入

    B. INTA 输出两个负脉冲,在第二个负脉冲时读取中断类型码

    C. INTA 输出一个负脉冲,再进行一次 I/O 读周期,读取中断类型码

    D. INTA 输出一个负脉冲,同时提供 I/O 读的控制信号,读取中断类型码

11. 下列关于 8259A 可编程中断控制器的叙述,不正确的是(   )。

    A. 多片 8259A 能够级联使用,最多可以扩展至 128 级优先权控制

    B. 8259A 具有辨认中断源的功能

    C. 8259A 具有向 CPU 提供中断类型码的功能

    D. 8259A 具有将中断源按优先级排队的功能

12. 采用 4 片可编程中断控制器 8259A 级联工作,可以使 CPU 的可屏蔽中断扩大到(   )。

    A. 29 级   B. 64 级   C. 32 级   D. 16 级

13. 有三片 8259 级联,从片分别接入主片的 IR_2 和 IR_5,则主 8259 和两片从 8259 的 ICW_3 的内容分别为(   )。

    A. 24H,02H,05H   B. 48H,02H,05H

    C. 24H,01H,02H   D. 12H,02H,05H

14. 对 8259A 进行初始化时,必须设置的两个初始化命令字是(   )。

    A. ICW_1、ICW_2 B. ICW_1、ICW_4

    C. ICW_2、ICW_4 D. ICW_2、ICW_3

15. 若 8259A 的 ICW_2 设置为 28H,则从 IR_3 引入的中断请求的中断类型码是(   )。

    A. 2CH   B. 2AH   C. 2BH   D. 2DH

二、填空题

1. 8259A 有两种中断触发方式:_____ 和 _____。

2. 对于 8259A 的中断请求寄存器 IRR,当某一个 IR_i 端呈现 _____ 时,表示该端有

中断请求。

3. 在8088系统中,若某外设的中断类型号为75H,则中断服务子程序的入口地址应该存放在内存地址_____到_____中,其中入口地址的段地址存放在_____和_____单元中,入口地址的偏移地址存放在_____和_____单元中。

4. 8086/8088 CPU的可屏蔽中断请求信号INTR的有效电平是_____,非屏蔽中断请求信号NMI是_____。

5. CPU响应中断时,必须先保护当前程序的断点状态,然后才能执行中断服务子程序。这里的断点指的是_____。

6. 内部中断是由_____引起的,外部中断是由_____引起的,如输入/输出设备产生的中断。

三、简答题

1. 什么是中断?其作用有哪些?

2. 简述一个中断的全过程。

3. 什么是非屏蔽中断?什么是可屏蔽中断?它们得到CPU响应的条件是什么?

4. 什么是中断向量?什么是中断向量表?

5. 若中断类型号为35H的中断服务程序放在存储器从5566H:7788H开始的地方,则内存物理地址000D4H～000D7H连续4个单元的内容依次是什么?

6. 某8088系统只使用一片8259A,若该8259A的中断请求信号采用电平触发方式,普通全嵌套中断优先级,数据总线无缓冲,采用自动中断结束方式,并且中断类型码为20H～27H,写出它的初始化命令字ICW_1、ICW_2、ICW_4。

7. 某8088系统采用8259A作为中断控制器芯片,回答以下问题:

(1) 若某时刻8259A的IRR内容是08H,说明哪个引脚有中断请求?

(2) 某时刻8259的ISR内容是09H,说明现在CPU正在为哪些引脚的中断请求进行服务?中断嵌套情况怎样?

(3) 假如初始化时ICW_2的内容是38H,某时刻响应中断时获得的中断类型号是3AH,说明哪个引脚有中断请求?其中断服务入口地址应放在中断向量表的什么位置?

第 8 章

可编程定时器/计数器芯片 8254

本章重点内容

◇ 定时和计数的基本知识

◇ 8254 的内部结构和引脚功能

◇ 8254 的工作方式

◇ 8254 的初始化编程

本章学习目标

定时和计数是微机控制系统中常用的功能。通过本章的学习,应了解定时和计数的基本知识;掌握可编程定时器/计数器接口芯片 8254 的内部结构和工作方式;熟悉 8254 的编程方法;了解 8254 在微机系统中的应用。

8.1 定时器/计数器概述

在微机系统或智能化仪器仪表的工作过程中,经常需要使系统处于定时工作状态,如定时检测、定时扫描、定时中断或延时一段时间实现某种控制等,也往往要求有计数器能对外部事件进行计数。

1. 定时功能的实现

要实现定时或延时控制,通常有三种方法:软件定时、不可编程的硬件定时、可编程的硬件定时器。

1)软件定时

采用软件定时,即让计算机执行一个程序段(也称延时程序),由执行该程序段所有指令花费的时间构成一个固定的时间间隔,从而达到定时或延时的目的。通过恰当地选择指令并安排循环次数,可以很容易地实现软件定时。

下面为通过双层循环来实现延时的子程序示例,通过调整寄存器 CX 和 AX 的值,即可改变定时时间。延时较短的话,可通过单层循环来实现。

```
        DELAY PROC
        MOV CX, 0010H
D1:     MOV AX, 0F00H
D2:     DEC AX
        JNZ D2
```

```
        LOOP D1
        RET
     DELAY ENDP
```

　　软件定时的优点是不需要硬件开销,只需编写延时程序即可;缺点是执行延时程序要占用 CPU 的时间,降低了 CPU 的利用率。

　　2) 不可编程的硬件定时

　　不可编程的硬件定时是采用电子元器件构成电路,通过调整和改变电路中定时元件(如电阻和电容)的数值大小,即可实现调整和改变定时的数值与范围。例如,常用的单稳延时电路是用一个输入脉冲信号去触发单稳电路,经过预定的时间间隔之后产生一个输出信号,从而达到延时的目的,其延时时间间隔的长短由电路中的电阻、电容值(即 RC 时间常数)决定。这种定时方法的缺点是在硬件连接好以后,其定时值和定时范围不能通过程序(软件)的方法予以控制和改变。

　　3) 可编程的硬件定时器

　　可编程的硬件定时器的定时值及定时范围可以很容易地由软件编程来确定和改变,能够满足各种定时和计数要求,因而在微型计算机系统的设计和应用中得到了广泛的应用。

　　常用的可编程定时器/计数器芯片很多,如 Intel 公司的 8253、8254 等。在很多单片机内部都有可编程的定时/计数器部件,如 8051 系列单片机中就有两个定时/计数器。这种可编程的定时/计数器工作方式灵活,编程简单,使用方便,可用来实现事件计数、定时控制、频率测量、脉宽测量、信号发生、信号检测等。此外,定时/计数器还可以作为串行通信中的波特率发生器等。

2. 计数功能的实现

　　计数器是数字电路中广泛使用的逻辑部件,是时序逻辑电路中最重要的逻辑部件之一。计数器除用于对输入脉冲的个数进行计数外,还可以用于分频、产生节拍脉冲等。例如在生产线上对零件和产品的计数,对大桥和高速公路上车流量的统计,在入口处对人流量进行统计,等等。

　　计数器按功能分类,有加法计数器、减法计数器和既具有加法又有减法功能的可逆计数器;按计数进制的不同,可分为二进制计数器、十进制计数器和任意进制计数器。

　　图 8-1 所示为一不可编程的计数器电路,由两个与非门构成单脉冲发生器,计数器芯片 74LS161 对其产生的脉冲进行计数,计数结果送入字符译码器并驱动数码管,使之显示单脉冲发生器产生的脉冲个数。

　　实际上,定时器也工作于计数方式,只是对周期恒定的脉冲个数进行计数而已。由于脉冲的周期恒定,故计数值就恒定地对应于一定的时间。计数器既可对周期恒定的脉冲进行计数,也可对随机的脉冲信号进行计数,比如高速公路上车流量的统计等。所以定时器和计数器本质上都是通过对脉冲的计数来工作的。

　　本章以 Intel 8254 可编程定时器/计数器接口芯片为例,详细介绍其内部结构、功能特点、编程使用方法及应用实例。通过对该芯片的学习,可以了解和掌握计算机与实时控制系统中的定时/计数技术。

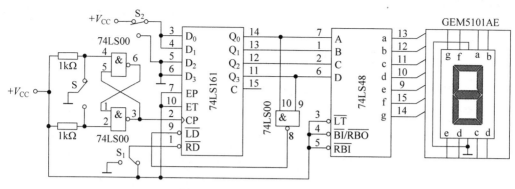

图 8-1　不可编程的计数器电路

8.2　8254 的内部结构及引脚功能

8254 是 Intel 公司生产的可编程间隔定时器(programming interval timer),是在 8253 的基础上稍加改进而推出的改进型产品,比 8253 具有更优良的性能,两者的硬件组成及引脚完全相同。8254 采用 HMOS 工艺制成,使用单一＋5V 电源,24 引脚双列直插式封装。

8254 的主要功能如下:

(1) 有 3 个独立的 16 位减法计数器;

(2) 每个计数器可按二进制或 BCD 码进行计数;

(3) 每个计数器可编程工作于 6 种不同的工作方式;

(4) 每个计数器允许的最高计数频率达 10MHz,其中 8254 为 8MHz,8254-2 为 10MHz (8253 最高为 2.6MHz);

(5) 8254 有状态读回命令(8253 没有),利用此命令除了可以读出当前计数器的计数值外,还可以读出状态寄存器的内容;

(6) 计数脉冲可以是恒定周期的时钟信号,也可以是随机的脉冲信号。

8254 可用于多种场合,例如外部事件计数器、可编程方波频率发生器、分频器、实时时钟以及程控单脉冲发生器等。

8.2.1　8254 的内部结构

8254 的内部结构和外部引脚如图 8-2 所示。

8254 内部由数据总线缓冲器(data bus buffer)、读/写逻辑(read/write logic)、控制字寄存器(control word register)和三个独立的计数器组成。

1. 数据总线缓冲器

数据总线缓冲器用于 8254 和系统数据总线的连接,为 8 位的双向三态缓冲器。在 CPU 对 8254 进行初始化编程时,写入 8254 的控制字及计数初值都是通过数据总线缓冲器和内部总线传送的。CPU 读取 8254 指定计数器的当前计数值或状态信息时,也是通过内

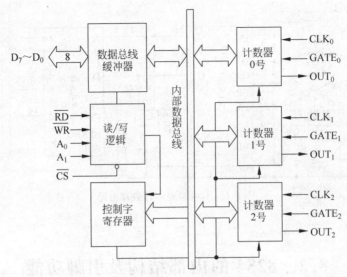

图 8-2　8254 的内部结构和外部引脚

部总线和数据总线缓冲器送到系统数据总线,被 CPU 读取的。

2. 读/写逻辑

读/写逻辑接收系统总线的输入信号,产生整个器件工作的控制信号。8254 共有 4 个端口地址,三个计数器及控制字寄存器各占一个端口地址,由 A_1、A_0 的四种组合来选择(见表 8-1)。$\overline{WR}$ 和 $\overline{RD}$ 决定数据传送的方向,$\overline{WR}$ 为低电平表示 CPU 正在向 8254 写控制字或者向某个计数器送计数初值,$\overline{RD}$ 为低电平表示 CPU 正在读指定计数器的当前计数值或状态信息,这两个信号都是在 $\overline{CS}$ 为低(即选中 8254)时有效,否则 8254 忽略这两个信号,使数据总线缓冲器处于高阻态,与系统数据总线脱开,故不能进行编程,也不能进行读写操作。

3. 控制字寄存器

当读写控制逻辑中的 $A_1A_0=11$ 时,选中控制字寄存器。此时,若 CPU 对 8254 进行写操作,则数据被储存在控制字寄存器中,以确定计数器的工作方式。控制字寄存器只能写入。

4. 计数器 0,计数器 1,计数器 2

8254 的计数器 0、计数器 1 和计数器 2 是 3 个完全独立的计数器,它们的内部结构相同,如图 8-3 所示。

图中,CE(counting element)是一个 16 位的可预置初值的减 1 计数器,启动计数后,每来一个 CLK 脉冲,CE 部件就执行一次减 1 操作,当计数到 0 时定时或计数结束,从 OUT 端输出一信号。计数器在工作前必须通过编程给其送一个确定的计数初值。因 8254 的外部数据引脚和内部总线都是 8 位的,所以 16 位的计数初值需分两次传送。这个初值不是直接装载到 CE 的,而是先加载到 CR(count register,计数寄存器)内部。CR 由两个 8 位的寄存器 CR_M 和 CR_L 组成,M 和 L 分别代表高位字节和低位字节。写入 CR_M 和 CR_L 中的初值经 CLK 脉冲的一个上升沿和一个下降沿后将其同时装入 CE 中。和 CE 相连的 OL_M 和

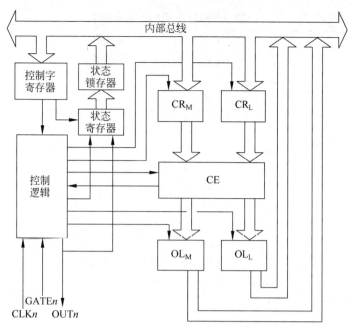

图 8-3　计数器的内部结构框图

OL_L 是两个 8 位的锁存器，OL 代表输出锁存(output latch)。在正常计数过程中，输出锁存器跟随减 1 计数器的变化而变化。当 CPU 想了解当前的计数情况时，须向 8254 发数据锁存命令，之后即可读取锁存的当前计数值。读取完成后，输出锁存器继续随计数器的变化而变化。在计数过程中，计数器受到门控信号 GATE 的控制。计数器的输入与输出以及与门控信号之间的关系取决于工作方式。

8.2.2　8254 的引脚功能

图 8-4 所示为 24 引脚双列直插封装形式的 8254 芯片，引脚分 3 部分：与外设相连的计数器引脚、与系统总线相连的引脚及电源引脚。表 8-1 所示为各引脚的功能说明。

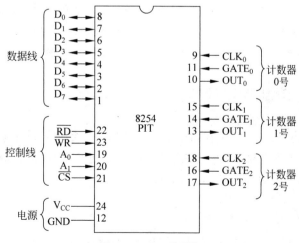

图 8-4　8254 的引脚

表 8-1　8254 引脚的功能说明

符号	引脚号	类型	名称及功能		
$D_7 \sim D_0$	1~8	I/O	双向三态数据信号线,和系统数据总线相连		
CLK_0	9	I	计数器 0 的时钟输入端		
OUT_0	10	O	计数器 0 的输出端		
$GATE_0$	11	I	计数器 0 的门控输入端		
GND	12		接地端		
OUT_1	13	O	计数器 1 的输出端		
$GATE_1$	14	I	计数器 1 的门控输入端		
CLK_1	15	I	计数器 1 的时钟输入端		
$GATE_2$	16	I	计数器 2 的门控输入端		
OUT_2	17	O	计数器 2 的输出端		
CLK_2	18	I	计数器 2 的时钟输入端		
A_0、A_1	19、20	I	在 CPU 对 8254 进行读写操作时,用来选择三个计数器之一或控制字寄存器。通常和系统的地址总线相连		
			A_1	A_0	选择
			0	0	计数器 0
			0	1	计数器 1
			1	0	计数器 2
			1	1	控制字寄存器
$\overline{CS}$	21	I	该引脚为低电平时选中 8254 使其开始工作,响应 $\overline{RD}$ 和 $\overline{WR}$ 端的读写控制信号,否则对读写信号不予响应		
$\overline{RD}$	22	I	在 CPU 对 8254 读操作期间为低		
$\overline{WR}$	23	I	在 CPU 对 8254 写操作期间为低		
V_{CC}	24		接+5V 电源		

8.3　8254 的控制字及工作方式

8254 芯片上电后,其初始状态是不确定的,包括其工作方式、计数值以及计数器的输出状态等,因此需通过编程才能确定其工作状态。编程包括两部分内容:一是给所用计数器通道的控制字寄存器赋值,以确定计数器的工作方式等;二是给计数器送计数初值。

8.3.1　8254 的控制字和状态字

8254 的方式控制字、计数器锁存命令字以及读回命令字用来设置各计数通道的工作方式,对计数器的当前计数值和计数状态进行锁存,以方便 CPU 读取计数器的状态。这三个控制字或命令字都是写至控制字寄存器端口的。

1. 方式控制字

方式控制字用来设置所选计数通道的工作方式,格式如图 8-5 所示。

D_7	D_6	D_5	D_4	D_3	D_2	D_1	D_0
SC_1	SC_0	RW_1	RW_0	M_2	M_1	M_0	BCD

图 8-5　8254 的方式控制字格式

1）计数器选择（select counter，SC）

SC_1、SC_0 用于选择计数器。8254 内部三个计数器的工作是完全独立的，但 8254 控制字寄存器的端口地址只有一个，所以需要由这两位来区分是哪一个计数器的控制字，如表 8-2 所列。在进行计数器工作方式设置时，$SC_1 SC_0 = 11$ 无意义。

表 8-2　SC_1、SC_0 ——计数器选择

SC_1	SC_0	含义
0	0	选择计数器 0
0	1	选择计数器 1
1	0	选择计数器 2
1	1	无意义

2）计数器的读写操作类型（read/write，RW）

RW_1 和 RW_0 用于选择读写计数初值的方式及发锁存计数器命令，CPU 向计数通道写入计数初值和读取当前计数值共有三种方式，如表 8-3 所示。例如，若计数初值为 0040H 时，可令 $D_5 D_4 = 01$，在送初值时，只需将 40H 写入对应通道计数寄存器的低 8 位即可，此时高 8 位自动置 0；若计数初值为 1000H，则可令 $D_5 D_4 = 10$，只需写入高 8 位，而低 8 位就自动为 0；若计数初值为 1234H，则只能选择 $D_5 D_4 = 11$，因 8254 的数据线是 8 位的，需执行两次 OUT 指令，先写入低 8 位，后写入高 8 位。

表 8-3　RW_1、RW_0 ——CPU 读/写操作选择

RW_1	RW_0	含　　义
0	0	计数器锁存命令
0	1	只读写低位字节
1	0	只读写高位字节
1	1	先读写低位字节，后读写高位字节

3）计数器的工作方式

M_2、M_1、M_0 这三位用于决定计数器的工作方式，8254 的每个计数器有 6 种工作方式，具体定义如表 8-4 所示。

表 8-4　8254 计数器的工作方式定义

M_2	M_1	M_0	工作方式	工作方式定义
0	0	0	0	计数结束中断方式
0	0	1	1	硬件触发单拍脉冲
×	1	0	2	频率发生器
×	1	1	3	方波发生器

M_2	M_1	M_0	工作方式	工作方式定义
1	0	0	4	软件触发选通
1	0	1	5	硬件触发选通

注：为和 Intel 未来的产品兼容，×位最好置为 0。

4) 计数器的计数方式

8254 的每个计数通道都有两种计数方式：$D_0 = 1$ 表示采用 BCD 码计数；$D_0 = 0$ 采用二进制计数。在 BCD 计数制下，计数初值的范围为 0000～9999；在二进制计数制下，计数初值的范围为 0000H～FFFFH。因 8254 采取减 1 计数，因此不论是采用二进制计数，还是 BCD 码计数，最大的计数初值都是 0。对于 BCD 码计数，0 代表 10000；对于二进制计数，0 代表 65536。

2. 计数器锁存命令字

8254 的每个计数通道都有一个 16 位输出锁存器 OL(由两个 8 位的输出锁存器组成，见图 8-3)，在计数过程中，其值随减一计数器的值而变化。若想了解某通道当前的计数情况，可令 $D_5 D_4 = 00$，发出计数器锁存命令。当 8254 接收到该命令后，将所选通道的当前计数值锁存至输出锁存器 OL 中(CE 可以继续计数)，供 CPU 读取，计数器锁存命令字的格式如图 8-6 所示。

D_7	D_6	D_5	D_4	D_3	D_2	D_1	D_0
SC_1	SC_0	0	0	×	×	×	×

图 8-6　8254 的计数器锁存命令字格式

其中：

$SC_1 SC_0$：选择要锁存的计数通道($SC_1 SC_0 = 11$ 无意义)；

$D_5 D_4$：是计数器锁存命令字的标志位，必须为 00；

$D_3 \sim D_0$：无关位，为兼容未来产品，建议置为 0。

计数器需到对应计数器端口而不是控制字端口读取锁存的计数值。当对计数器重新编程，或 CPU 读取了锁存的计数值后，自动解除锁存状态，输出锁存器 OL 继续随 CE 值的变化而变化。

3. 读回命令字

8254 除了比 8253 计数频率更高外，还多了一个读回命令。8254 的读回命令可同时锁存多个通道的当前计数值，而且还可以锁存计数器的状态信息，而计数器锁存命令字只能锁存一个计数通道的当前计数值。读回命令字的格式如图 8-7 所示。

D_7	D_6	D_5	D_4	D_3	D_2	D_1	D_0
1	1	$\overline{COUNT}$	$\overline{STATUS}$	CNT_2	CNT_1	CNT_0	0

图 8-7　8254 的读回命令字格式

其中：

$D_7 D_6 = 11$ 为读回命令字的标志位；

$D_5 = 0$ 锁存选定计数器（由 $D_1 \sim D_3$ 位决定）的当前计数值，否则不锁存计数值；

$D_4 = 0$ 锁存选定计数器的状态信息，否则不锁存状态信息；

$D_3 \sim D_1$ 为计数器选择位，为 1 选中对应计数器；

D_0 留作未来扩展用，规定为 0。

读回命令写入控制端口，所选计数器的状态信息和计数值则需通过对应计数器端口读取。如果读回命令的 D_5 和 D_4 位都为 0，则状态信息和计数值都要读回，读取的顺序是：先读取状态信息，后读取计数值。

4. 状态字

8254 的每个计数器都有一个状态字，在通过读回命令将其锁存后，即可由 CPU 读取。状态字的格式如图 8-8 所示。

D_7	D_6	D_5	D_4	D_3	D_2	D_1	D_0
Output	Null Count	RW_1	RW_0	M_2	M_1	M_0	BCD

图 8-8　8254 的状态字的格式

其中：

D_7 反映计数器 OUT 引脚的状态，$D_7 = 1$ 表示 OUT 引脚为高电平，否则为低电平；

D_6 反映计数初值是否已从 CR 装入 CE 中，$D_6 = 1$ 表示还未装入，若此时读取 CE 的计数值是无效的；$D_6 = 0$ 表示可读计数值；

$D_5 \sim D_0$ 的状态与该计数通道方式控制字的对应位相同。

8.3.2　8254 的工作方式和操作时序

8254 共有 6 种工作方式，即方式 0～方式 5。对于每一种工作方式，由时钟输入信号 CLK 确定计数器递减的速率，门控信号 GATE 用于允许或禁止计数器计数，计数结束时在输出端 OUT 产生一个信号。

无论采用哪一种工作方式，都会遵循下面几条原则：

（1）控制字写入计数器后，所有的控制逻辑电路立即复位，输出端 OUT 进入初始态。初始状态为高电平还是低电平由工作方式决定。

（2）计数初值写入后，要经过时钟信号 CLK 的一个上升沿和一个下降沿之后，减 1 计数器才开始计数，因为需通过这个 CLK 脉冲的下降沿将 CR 的内容送至 CE。

（3）在时钟信号 CLK 的上升沿，8254 采样 GATE 信号。GATE 信号有电平触发和边沿触发两种（方式 0、4 为电平触发，方式 1、5 为边沿触发，方式 2、3 可为两者之一）。在边沿触发时，GATE 信号可为很窄的脉冲信号，而在电平触发时 GATE 信号须保持一定宽度。

（4）在时钟脉冲 CLK 的下降沿时，计数器作减 1 计数，输出端 OUT 的波形也都是在时钟周期的下降沿时产生电平的变化。

（5）8254 内部没有时钟发生电路，它依靠外时钟信号进行工作，因此，对该芯片进行初始化时至少需有一个通道的时钟输入端(CLK)有信号输入。

8254 有两种启动计数的方式,即软件启动和硬件启动。软件启动是在 GATE(门控)信号为高电平时,写入计数初值后,立即启动计数器工作;硬件启动是在写入计数初值后计数器不工作,只有当 GATE 信号出现 0 到 1 的跳变后,计数器才开始工作。

另外,方式 2 和方式 3 具有初值自动重装的功能,即当计数结束后,减 1 计数器减到规定值的时候,存放在初值寄存器中的计数初值自动重新装入减 1 计数器,这种功能称为初值自动装载。

下面就 8254 的 6 种工作方式分别作一介绍。

1. 方式 0:计数结束中断方式(interrupt on terminal count)

方式 0 由软件启动,常被用来对事件进行计数,当计数器减为 0 时输出端 OUT 变为高电平,如图 8-9 所示。其工作过程为:

(1) 当 CPU 写入控制字后,OUT 端变低(若原来就为低电平,则继续维持低电平)。

(2) 当 CPU 写入计数初值后,在下一个 CLK 脉冲的下降沿开始减 1 计数,因此如果计数初值为 n,则 OUT 是在 $n+1$ 个 CLK 脉冲之后才变高的。

(3) 在计数过程中,OUT 信号线一直维持为低电平。计数到 0 时,OUT 输出端变为高电平,可用此信号向 CPU 发出中断申请。

(4) GATE 信号必须为高电平才能进行计数。若计数过程中 GATE 信号变低,则暂停计数,如图 8-10 所示。

(5) 在计数过程中可改变计数值,计数新值立即有效。

(6) 不自动重新计数,需要重新将计数值写入计数器后才再次开始计数。

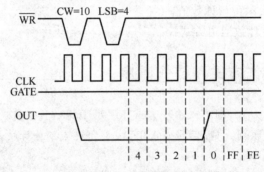

图 8-9　方式 0 工作时序图

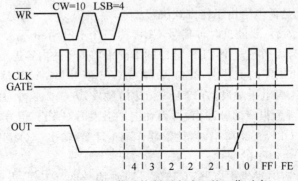

图 8-10　GATE 信号控制下方式 0 的工作时序

2. 方式 1：硬件触发单拍脉冲（hardware retriggerable one-shot）

方式 1 由硬件启动，可由门控信号 GATE 控制输出一个单拍脉冲信号，如图 8-11 所示。其工作过程为：

（1）当 CPU 写入控制字之后，输出 OUT 变为高电平。

（2）当 CPU 写完计数初值后，计数器并不马上开始计数，直到门控脉冲信号 GATE 启动之后的下一个 CLK 下降沿才开始计数，输出 OUT 变低。

（3）在计数过程中 OUT 都维持为低，直到计数到 0，输出变高，因此输出为一个单拍负脉冲。

（4）若外部 GATE 再次触发，则将再产生一个负脉冲。

（5）在计数过程中可改变计数值，但新计数值是在下次触发启动后有效。若在计数过程中出现新的触发脉冲，则计数器重新开始计数，因此使输出负脉冲加宽。

方式 1 也称为可重复触发的单稳态触发器。OUT 端输出高电平为单稳态触发器的稳态，OUT 端为低电平是暂稳态，由门控信号 GATE 的上升沿触发后由稳态进入暂稳态，经过一段可调的时间间隔后又自动回到稳态。暂稳态的持续时间由计数初值决定，如初值为 n，则为 n 个 CLK 脉冲的宽度。

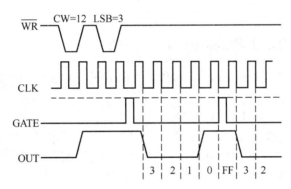

图 8-11　方式 1 工作时序图

3. 方式 2：速率发生器（rate generator）

在这种工作方式下，8254 可以产生连续的、周期性的负脉冲，如图 8-12 所示。该方式的计数过程可通过软硬件来进行启动。如果 GATE=1，则写入计数初值后，计数器启动减 1 计数；如送初值时 GATE=0，则初值送入后计数器不启动，等到 GATE=1 后才启动。其工作过程为：

（1）当写入控制字后，输出端 OUT 变为高电平。

（2）如果 GATE 为高电平，在写入计数初值后，计数器开始对输入时钟 CLK 计数。在计数过程中输出始终保持为高，直到计数器减到 1 时，输出端由高变低，再经过一个 CLK 周期，也就是计数到 0 时，输出端又由低跳变为高，产生一宽度为 CLK 周期的负脉冲，且计数器自动从初值开始重新计数，结果使 OUT 端输出一串连续的负脉冲。

（3）计数过程受门控信号控制。当 GATE 变低时停止计数。在 GATE 变高后，计数器从初始值开始重新减 1 计数。

(4) 在计数过程中可以改变计数初值,若在未结束当前计数前遇到 GATE 信号的上升沿,则在下一个时钟脉冲的下降沿开始按新的计数初值进行计数。若 GATE 一直维持高电平,则在当前计数周期结束后,在下个计数周期开始,使用新的计数值开始计数。

方式 2 也称为可编程的分频器。若计数初值为 n,则输出的时钟频率为输入时钟频率的 $1/n$。但输出的周期信号并不是方波,而是 $n-1$ 个 CLK 周期的高电平,1 个 CLK 周期的低电平。

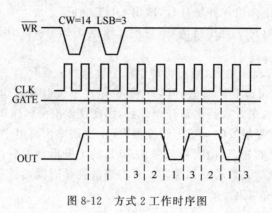

图 8-12　方式 2 工作时序图

4. 方式 3：方波发生器(square wave mode)

此方式与方式 2 基本相同,不同之处在于方式 3 可以产生周期性的方波,如图 8-13 所示。其工作过程为:

(1) 写入控制字后,OUT 输出变为高电平。

(2) 在写完计数初值后自动开始计数。当计数初值 n 为偶数时,输出高低电平持续时间完全相同的对称方波;当 n 为奇数时,则输出准方波,高电平持续时间为 $(n+1)/2$ 个 CLK 周期,低电平持续时间为 $(n-1)/2$ 个 CLK 周期。

(3) 其余同方式 2。

由于方式 3 输出的波形是方波,并且具有自动重装计数初值的功能,因此,一旦计数开始,8254 就会在 OUT 端输出连续不断的方波。

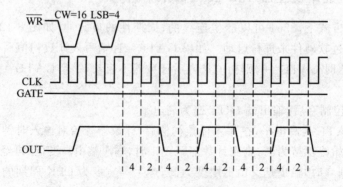

图 8-13　方式 3 工作时序图

5. 方式 4：软件触发选通（software triggered strobe）

在这种方式下，写入计数初值后，即在下一个 CLK 的下降沿开始减 1 计数，计数结束后产生一个负脉冲，负脉冲的宽度为 1 个 CLK 周期，可用该信号作为选通信号。在实际电路设计中可用该信号完成数据锁存等工作。其工作时序图如图 8-14 所示。其工作过程为：

（1）当写入控制字后，输出 OUT 变高电平。

（2）当写入计数值，且 GATE 为高电平时，立即开始计数（相当于软件触发启动），当计数到 0 后，输出变低，产生一个时钟周期的低电平脉冲，计数器停止计数。

（3）门控信号 GATE＝1 时允许计数，GATE＝0 时暂停计数。

（4）若在计数过程中改变计数初值，则新值写入后的下一个 CLK 周期开始按新计数值重新计数。

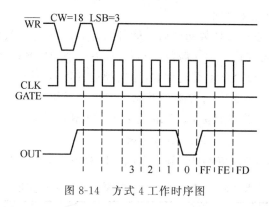

图 8-14　方式 4 工作时序图

6. 方式 5：硬件触发选通（hardware triggered strobe）

在这种工作方式下，由门控信号 GATE 的上升沿触发开始计数，计数结束产生一个负脉冲，如图 8-15 所示。其工作过程为：

（1）设置控制字后，输出 OUT 变为高电平。

（2）在设置计数值之后，计数器并不立即开始计数，而是由门控脉冲 GATE 的上升沿触发启动。

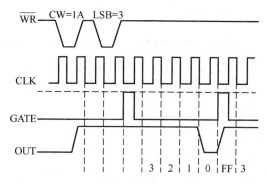

图 8-15　方式 5 工作时序图

（3）当计数到0时,输出一个时钟周期的负脉冲,然后OUT恢复为高,停止计数。要等到下次门控脉冲触发才能再计数。

（4）在计数过程中(或者计数结束后),如果门控信号GATE再次出现上升沿,计数器将从计数初值重新开始计数。

（5）在计数过程中,写入新的计数初值,不会影响当前的计数过程,只有在新的GATE脉冲作用下,才会按新的计数初值开始计数过程,也就是说新计数值下次有效。

7. 8254 各种工作方式小结

1) 写入控制字后 OUT 输出端的初始状态

在6种方式中,只有方式0在写入控制字后OUT输出变低电平,其他5种方式OUT输出变高电平。

2) 启动计数与重复计数的条件

所有工作方式都要在写入计数初值后才能开始计数。方式0、2、3和4在写入计数初值后计数过程就开始了,而方式1和5需要给GATE端一个触发脉冲才能启动计数。这6种方式中,只有方式2和3可以自动重复计数,输出周期性信号,这两种方式一经写入计数值,在GATE端为高电平的情况下,计数器就开始不停顿地工作,直到CPU重新写入控制字为止。其他4种方式都是一次性计数,如要继续工作须重新启动计数。

3) 计数初值 n 对 OUT 端输出波形的影响

给计数通道送初值 n 后,对OUT端输出波形的影响如表8-5所示。

表 8-5　计数初值 n 对 OUT 端输出波形的影响

工作方式	计数初值对输出波形的影响
0	经过 $n+1$ 个 CLK 脉冲的低电平后,OUT 端变为高电平
1	经 GATE 门控信号启动后,输出一个宽度为 n 个 CLK 周期的单拍负脉冲
2	产生周期信号,每个周期由 $n-1$ 个 CLK 周期的高电平和 1 个 CLK 周期的负脉冲组成(第 1 个周期除外,其高电平的宽度为 n 个 CLK 周期)
3	产生方波信号,若 n 为偶数,则每个周期的高低电平的宽度都为 $n/2$ 个 CLK 周期;若 n 为奇数,则每个周期的高电平的宽度为 $(n+1)/2$ 个 CLK 周期,低电平的宽度为 $(n-1)/2$ 个 CLK 周期
4	经过 $n+1$ 个 CLK 周期的高电平后,OUT 端输出一个 CLK 周期的负脉冲
5	经 GATE 门控信号启动后,经过 $n+1$ 个 CLK 周期的高电平后,OUT 端输出一个 CLK 周期的负脉冲

从表8-5中可以看出,方式2、4、5输出的波形都可以产生宽度为一个CLK时钟周期的负脉冲,它们的主要区别是:方式2可以连续不断地输出负脉冲;方式4通过软件触发,而方式5通过硬件触发。

4) 门控信号 GATE 的作用

方式0、2、3、4中,GATE信号为低电平或变低时暂停计数,高电平时允许计数;方式1、5则需要GATE信号的上升沿来启动计数。GATE信号的作用如表8-6所示。GATE信号总是在CLK时钟信号的上升沿被采样。

表 8-6　门控信号 GATE 的作用

工作方式	高电平	低电平或负跳变	上升沿
0	允许计数	禁止计数	—
1	—	—	启动计数,下一个 CLK 脉冲使输出变低
2	允许计数	禁止计数,使 OUT 立即为高	重新装入计数初值,启动计数
3	允许计数	禁止计数,使 OUT 立即为高	重新装入计数初值,启动计数
4	允许计数	禁止计数	—
5	—	—	启动计数,下一个 CLK 脉冲开始计数

5) 在计数过程中改变计数值

8254 在不同方式时都可以在计数过程中写入新的计数值,新的计数值何时起作用因方式不同而有差别,如表 8-7 所示,表中的"立即有效"都是指写入计数值后的下一个 CLK 脉冲以后,新的计数值开始起作用。

表 8-7　各工作方式在计数过程中改变计数值的影响

工作方式	改变计数值	工作方式	改变计数值
0	立即有效	3	外部触发后有效或计数到 0 后有效
1	GATE 重新触发后有效	4	立即有效
2	计数到 1 后有效	5	GATE 重新触发后有效

8.4　8254 的初始化编程及应用

8.4.1　8254 的初始化编程

8254 的初始化编程包括两部分内容:先给相应计数通道送控制字,规定计数器的工作方式及计数初值的数制类型,然后再向相应通道写入计数初值。任一计数通道的控制字都写至控制字寄存器的端口地址中,由控制字中的 $D_7 D_6$ 位来确定是哪个计数通道的控制字,而计数初值则是写至各个计数通道的端口地址。

初始化编程的步骤如下:

(1) 写入控制字,规定计数通道的工作方式。

(2) 写入计数初值。若控制字的 $D_5 D_4 = 01$(只写低位字节),则只需给计数寄存器的低位字节赋值,高位字节自动置 0;若 $D_5 D_4 = 10$(只写高位字节),则只需给计数寄存器的高位字节赋值,低位字节自动置 0;若为 16 位计数初值,则需分两次写入,先写入低位字节,再写入高位字节。

【例 8-1】　已知 8254 与系统总线的连接电路如图 8-16 所示。已知时钟端 CLK_2 输入信号的频率为 2MHz,使 OUT_2 产生频率为 1kHz 的方波,试编写计数器 2 的初始化程序。

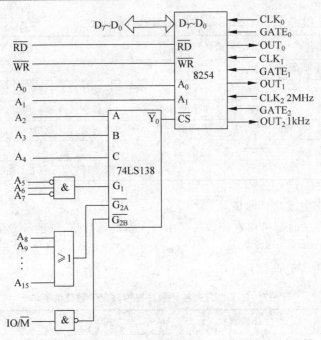

图 8-16　8254 与系统总线的连接电路

分析：首先确定 8254 的端口地址。根据图 8-16 中地址译码电路的连接情况，可知：

A_{15}	A_{14}	A_{13}	A_{12}	A_{11}	A_{10}	A_9	A_8	A_7	A_6	A_5	A_4	A_3	A_2	A_1	A_0
0	0	0	0	0	0	0	0	0	1	0	0	0	0	×	×

因此 8254 的端口地址应为 40H～43H，其中控制字寄存器的端口地址为 43H，计数器 2 的端口地址为 42H。根据题目要求，计数器 2 应工作于方式 3，作分频器使用，$GATE_2$ 接高电平，计数初值应为：

$$2 \times 10^6 / 1 \times 10^3 = 2000D = 07D0H$$

写初值到计数器端口的顺序及初值的数制必须和方式控制字中规定的格式一致。本题既可采用 BCD 码计数，也可采用二进制计数。在采用 BCD 码计数时，因低位字节为 00，还可以选择只写高位字节，因此有多种初始化方式。

方法一：采用二进制计数

```
MOV  AL，10110110B    ;计数器2,方式3,二进制计数,先写低8位,再写高8位
OUT  43H，AL          ;送控制字寄存器端口
MOV  AX，2000         ;此处也可写作 MOV AX,07D0H,但不能写作 2000H
OUT  42H，AL          ;先写入低8位至计数器2
MOV  AL，AH
OUT  42H，AL          ;再写入高8位至计数器2
```

方法二：采用 BCD 码计数，只写高位字节

```
MOV  AL，10100111B    ;计数器2,方式3,BCD计数,只写高8位
OUT  43H，AL
MOV  AL，20H
OUT  42H，AL
```

方法三：采用 BCD 码计数，先写低 8 位，再写高 8 位

```
MOV   AL, 10110111B    ;计数器 2,方式 3,BCD 计数,先写低 8 位,再写高 8 位
OUT   43H, AL
MOV   AL, 00H
OUT   42H, AL
MOV   AL, 20H
OUT   42H, AL
```

【例 8-2】　在一个数据采集系统中，采用 1 片 8254，每隔 5s 采集一个数据，现场主时钟的振荡频率为 1MHz，编程实现该功能。

分析：可选择 8254 工作于方式 2，每隔 5s 输出一个脉冲信号，触发数据的采集。因输入的时钟频率为 1MHz，输出时钟周期为 5s，即时钟频率为 0.2Hz，故计数初值应为：

$$1 \times 10^6 / 0.2 - 5 \times 10^6$$

而 8254 内部的一个计数通道即使采用二进制计数，最大计数初值也只有 65 536，因此可采用将 8254 内部两个计数器串接的方法。例如将计数器 0 的 CLK_1 端接现场主时钟 1MHz，其输出 OUT_0 接至计数器 1 的 CLK_1 输入端，只要给计数器 0 和计数器 1 选择合适的计数初值，即可在 OUT_1 端输出 0.2Hz 的信号。电路连接如图 8-17 所示。

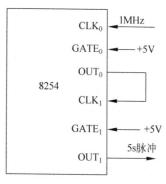

图 8-17　例 8-2 电路连接图

可使计数器 0 工作于方式 3 采用二进制计数，则控制字为 36H(00 11 011 0B)；计数器 1 工作于方式 2，每隔 5s 产生一个脉冲触发数据的采集，则控制字为 54H(01 01 010 0B)。分配计数器 0 的计数初值为 50000(0c350H)，计数器 1 的计数初值为 100(64H)。

8254 的端口地址用以下符号表示：

控制字寄存器：CTRL

0 号计数器：PRT0

1 号计数器：PRT1

实现上述过程的程序如下：

```
MOV   DX, CTRL
MOV   AL, 36H          ;计数器 0 工作于方式 3
OUT   DX, AL
MOV   AL, 54H          ;计数器 1 工作于方式 2
OUT   DX, AL
MOV   DX, PRT0
MOV   AL, 50H          ;计数器 0 低位字节
OUT   DX, AL
MOV   AL, 0C3H         ;计数器 0 高位字节
OUT   DX, AL
MOV   DX, PRT1
MOV   AL, 64H          ;计数器 1 低位字节
OUT   DX, AL
```

【例8-3】 某8254的端口地址为40H～43H,编程实现读取计数通道1的当前计数值。

分析:8254在正常工作过程中计数在不断进行,因此若想读取当前的计数值,则应该先将当前计数过程暂停或锁存当前计数值,然后再读取。8254读取当前计数值的方式有三种:

(1) 使门控信号GATE=0,让计数过程暂停,然后读计数通道的当前计数值;

(2) 对指定的计数通道写计数器锁存命令,然后从对应计数通道读取当前计数值;

(3) 通过读回命令锁存。读回命令不仅可以锁存3个计数器的计数值,还可以锁存计数器的状态信息。

下面是通过计数器锁存命令读取计数通道1的当前计数值的程序段。具体步骤如下:

(1) 向控制字寄存器端口发锁存命令。

(2) 从计数器1端口地址读取锁存的计数值。

程序段如下:

```
MOV  AL, 01000000B      ;对通道1发计数器锁存命令
OUT  43H, AL            ;写入控制字端口43H
IN   AL, 41H            ;读计数锁存器的低8位
MOV  CL, AL             ;存于CL中
IN   AL, 41H            ;读计数锁存器的高8位
MOV  CH, AL             ;存于CH中
```

8.4.2 8254在IBM PC系列机中的应用

在IBM PC/XT系统板上使用的定时器/计数器芯片是8253-5,而在IBM PC/AT中使用的则是8254。8253/8254的三个计数器各负其责:计数器0定时向中断控制器8259A发中断请求以维持系统时钟;计数器1用于周期性地向DMA控制器发送数据请求信号,供存储器刷新用;计数器2接到扬声器,以控制扬声器发声。各计数器的输入时钟频率均为1.193 18MHz。计数器0和计数器1的门控信号GATE接至高电平,始终有效。计数器2的门控信号输入端则由8255A的PB口的第0位控制。

IBM PC中8253/8254的连接电路如图8-18所示。

在PC系列机上,系统分配给8253/8254的端口地址是40H～43H,其中43H是控制字寄存器的地址,40H、41H、42H分别为计数器0～2的地址。

1. 计数器0

计数器0工作于方式3,OUT$_0$接至8259A的IR$_0$端,每隔固定时间产生一次中断,用来维持系统日历时钟。计数初值为0(65 536),因此输出脉冲频率为

$$1.193\,18\times10^6\,Hz/65\,536\approx18.2Hz$$

即每秒约产生18.2次中断,约每55ms产生一次中断。操作系统利用计数器0的这个特点,通过中断类型码为08H的中断服务程序实现了日历时钟计时功能。计数器0的初始化程序如下:

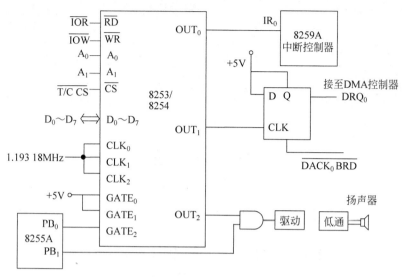

图 8-18 IBM PC 中 8253/8254 的连接电路

```
MOV AL, 0011 0110B      ;工作于方式 3,二进制计数,先低后高写入计数初值
OUT 43H, AL             ;写入控制字端口
MOV AL, 0               ;计数初值为 0
OUT 40H, AL             ;写入低字节计数值
OUT 40H, AL             ;写入高字节计数值
```

2. 计数器 1

计数器 1 的输出端 OUT_1 接到 DMA 控制器,以实现对动态存储器的定时刷新,2ms 内刷新 128 次,即 15.6 μs 刷新一次,因此计数器 1 的工作方式设定为方式 2,计数初值设为 18,每隔约 15μs 向 DMA 控制器发一次请求信号,使 DMA 进行存储器刷新。程序如下:

```
MOV AL, 0101 0100B      ;工作于方式 2,二进制计数,只写低 8 位计数值
OUT 43H, AL             ;写入控制字端口
MOV AL, 18              ;计数初值为 18
OUT 41H, AL             ;将初值写入计数值 1
```

3. 计数器 2

计数器 2 只能工作在方式 3,使 OUT_2 端输出一定频率的方波,经驱动和滤波后得到近似的正弦波,来控制扬声器的音调。而扬声器能否发声还受控于并行接口芯片 8255A,必须使 PB_0 和 PB_1 同时为高电平,扬声器才能发出预先设定频率的声音。

假设发声频率为 880Hz,则计数初值应为 $1.193\,18 \times 10^6\,Hz/880Hz \approx 1355$。程序如下:

```
MOV AL，10110110B        ;工作于方式3,二进制计数
OUT 43H，AL              ;写入控制字
MOV AX，1355             ;计数初值
OUT 42H，AL              ;写入低8位计数值
MOV AL，AH
OUT 42H，AL              ;写入高8位计数值
```

练 习 题

1. 8254 有几个计数通道? 每个通道有几种工作方式? 每种工作方式的主要特点是什么?

2. 8254 的初始化编程包括哪几部分? 其在顺序上有无要求?

3. 设 8254 的 4 个端口地址分别为 90H、92H、94H、96H,且已知通道 0 的时钟频率为 2.5MHz。

(1) 通道 0 的最大定时时间是多长?

(2) 使用 74LS138 译码器完成 8254 端口地址的译码(可附加与或非门)。

(3) 若用计数通道 0 周期性地产生 5ms 的定时中断(方式 2),试编写初始化程序段。

(4) 若要产生 1s 的定时中断,试说明在不增加芯片的情况下如何实现。

4. 设 8254 的计数器 2 产生频率为 20kHz 的方波,设端口地址为 140H～143H,已知时钟端 CLK_2 输入的信号频率为 2MHz。

(1) 该通道的计数初值为多少?

(2) 编写计数器 2 的初始化程序。

5. 某系统中 8253 的连接如题图 8-1 所示,CLK_x 外接 1MHz 时钟,OUT_x 输出波形如题图中所示。

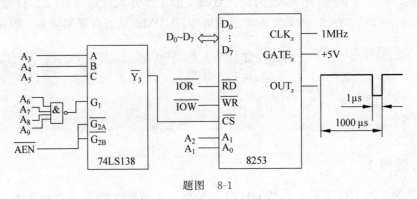

题图 8-1

(1) 确定该 8253 的地址范围。

(2) 若用控制字 01110101B(75H)来初始化该 8253,则用的是哪个计数器?

(3) 根据题图确定十进制形式的计数初值。

(4) 编写初始化该 8253 的程序片段(控制字为 01110101B)。

6. 8253 通道 2 输出端接有一发光二极管(经非门驱动),发光二极管以点亮 1 秒、熄灭 1 秒的间隔工作,其电路连接图如题图 8-2 所示。

(1) 写出 $\overline{CS}$ 管脚的端口地址范围;

(2) 编写程序段实现以上二极管闪烁工作。

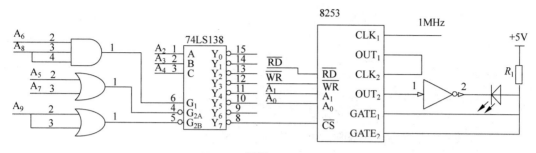

题图　8-2

第9章

数据的并行传输及并行接口芯片 8255A

本章重点内容

◇ 数据并行传输的基本知识
◇ 8255A 的内部结构和引脚功能
◇ 8255A 的工作方式及编程应用

本章学习目标

数据并行传输是计算机系统信息交换的重要方式之一。通过本章的学习,读者应了解数据并行传输的基本知识,掌握可编程并行接口芯片 8255A 的内部结构和工作方式,熟悉 8255A 的编程方法,了解 8255A 在微机系统中的应用。

9.1 数据的并行传输

计算机系统的数据传输,分为并行传输和串行传输两大类。所谓并行传输,指数据以成组的方式在多根数据线上同时传输,这种机制也称为并行通信。串行传输则是将数据经过转换后一位一位地发送出去或接收进来。两种传输方式各有特点,相对应的接口电路也不相同。在相同传输速度的情况下,并行传输比串行传输的信息率高。但若采用并行方式进行远距离传输时,传输信号线的成本会成为突出问题。例如要传输 1B 的数据,在无条件传输时需 8 根线,而查询式传输时,至少需要 10 根传输线。在进行远距离传输时,使用这种方式线路的投资巨大。而串行传输由于按位传输,只需要一两根通信线即可传输数据,虽然传输速率较低,但可大大降低通信线路的投资成本,因此串行传输在远距离传输和通信方面优势突出。

并行传输有下列特点:

(1) 并行传输是在多根数据线上,与输入/输出设备或被控对象之间传输信息。在实际应用中,当 CPU 与外设之间同时需要传输两位以上信息时,就应采用并行接口。

(2) 并行传输适用于近距离的传输。由于各种 I/O 设备和被控对象多为并行数据线连接,CPU 用并口来组成应用接口很方便,故使用十分普遍。

(3) 并行传输的数据不需要固定的格式,而串行传输的信息则对数据有格式要求。例如异步串行通信中,每帧数据都要有起始位、数据位、奇偶校验位以及停止位等信息。

(4) 从并行传输的接口电路结构来看,有硬线连接接口和可编程接口之分。硬线连接接口的工作方式及功能用硬线连接来设定,无法通过软件编程的方法改变。如果接口的工作方式及功能可以用软件编程来改变,则为可编程接口。

目前微机系统中使用的大多是可编程并行接口芯片。这种芯片有多种不同的工作方式,可由其内部的控制电路根据 CPU 送入的控制字加以选择。

Intel 8255A 是一种通用的可编程的并行输入/输出接口芯片,它有三个并行的 8 位 I/O 口,可通过编程设置多种工作方式,可进行无条件传送、查询式传送和中断方式传送。8255A 用于连接外部设备时,通常不需再附加外部电路,价格低廉,使用方便。它可直接与 Intel 系列的 CPU 连接,在中小型微机系统中有着广泛的应用。

9.2　8255A 的内部结构和引脚功能

9.2.1　8255A 的内部结构

8255A 作为主机与外设之间的接口芯片,必须提供与主机相连的数据线、地址线及控制线接口信号。同时内部具有与外设连接的 A、B 和 C 三个端口。由于 8255A 可编程,所以必须具有逻辑控制部分,因而 8255 内部结构由三部分电路组成:与 CPU 的接口电路、内部逻辑控制电路和与外设连接的输入/输出接口电路。

8255A 将 3 个端口分为两组,即 $PA_0 \sim PA_7$ 与 $PC_4 \sim PC_7$ 组成 A 组,$PB_0 \sim PB_7$ 与 $PC_0 \sim PC_3$ 组成 B 组。如图 9-1 所示,相应的控制器也分为 A 组控制器与 B 组控制器。

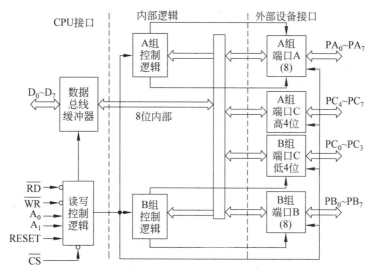

图 9-1　8255A 的内部结构

1. 数据端口 A、B、C

8255A 芯片中有 3 个 8 位的并行输入/输出端口:A 口、B 口和 C 口,其中 C 口既可以看作是一个独立的 8 位 I/O 口,也可以看作是两个独立的 4 位 I/O 口。这 3 个端口均可作为 CPU 和外设进行数据传输时的缓冲器或锁存器,可通过编程设置为多种工作方式,通用性强,使用灵活。当工作在无条件传输时,A、B、C 三个端口均可作为输入口或输出口。当工作在查询式传输或中断传输时,端口A和端口B可作为独立的输入或输出端口,端口C为端口A和端口B提供控制和状态信息。

数据端口A、B、C分为A、B两组。A组包括端口A和端口C的高4位,B组包括端口B和端口C的低4位。

2. A组和B组控制

这是两组根据8255A初始化编程时给出的方式选择控制字来控制8255工作方式的电路。A组和B组控制电路内部设有控制寄存器,可以根据CPU送来的编程命令决定两组的工作方式,也可以根据编程命令对C口的指定位进行置位/复位的操作。

3. 数据总线缓冲器

8255A内部有一个三态双向8位缓冲器,是8255与系统数据总线的接口。输入/输出的数据以及CPU发出的命令控制字和外设的状态信息,都是通过这个缓冲器传送的。

4. 读/写控制逻辑

读/写控制逻辑电路负责管理8255A所有的内部和外部的数据传输过程,包括数据和控制字。它接收来自CPU地址总线和控制总线的输入信号,然后向A组、B组控制电路发送命令。

9.2.2 8255A 的引脚功能

图9-2所示为40引脚双列直插式封装的8255A芯片的引脚图,其引脚信号可分为两组:一组与CPU相连,一组与外设相连。各引脚的功能与作用如下:

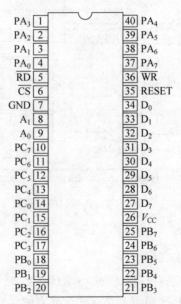

图 9-2　8255A 芯片的引脚图

1. 与 CPU 相连的引脚

$\overline{CS}$：片选信号，输入，低电平有效，此引脚为低电平时选中 8255A，启动 CPU 与 8255A 之间的通信，一般接地址译码器的输出端。

$D_0 \sim D_7$：8 位数据信号，双向，三态，与系统数据总线相连，用于传输通过 8255A 发送和接收的数据，以及 CPU 发出的命令控制字和外设的状态信息。

$A_0 \sim A_1$：地址信号，单向，输入，三态，一般与系统地址总线的最低两位相连，用来选择 8255A 的三个数据端口和控制字寄存器。这两个引脚上的信号组合决定对 8255A 内部的哪一个口或寄存器进行操作，如表 9-1 所示。

表 9-1 8255A 端口选择

$\overline{CS}$	A_1	A_0	选中的端口
0	0	0	A 口
0	0	1	B 口
0	1	0	C 口
0	1	1	控制字寄存器
1			未选中 8255A

RESET：复位信号，输入，高电平有效。使 8255 内部所有寄存器（包括控制字寄存器）清零，同时置 A、B、C 三个端口为输入方式。

$\overline{RD}$：读信号，输入，低电平有效。当 8255A 芯片被选中，同时 $\overline{RD}$ 为低电平时，使 8255A 能通过系统数据总线送出数据或状态信息至 CPU，也即允许 CPU 从 8255A 读取信息。

$\overline{WR}$：写信号，输入，低电平有效。当 8255A 芯片被选中，同时 $\overline{WR}$ 为低电平时，使 CPU 输出到系统总线上的数据或控制字被写到 8255A 的相应寄存器。

$\overline{RD}$、$\overline{WR}$、$\overline{CS}$、RESET 以及地址线 A_1、A_0 一起构成了 8255A 的读写控制逻辑。其中 $\overline{CS}$、$\overline{RD}$、$\overline{WR}$、A_1、A_0 这几个信号的组合决定了 8255A 的所有具体操作，如表 9-2 所示。

表 9-2 8255A 的操作功能表

操作类型	$\overline{CS}$	$\overline{RD}$	$\overline{WR}$	A_1	A_0	操 作	数据传送方式
读操作	0	0	1	0	0	读 A 口	A 口数据 → 数据总线
	0	0	1	0	1	读 B 口	B 口数据 → 数据总线
	0	0	1	1	0	读 C 口	C 口数据 → 数据总线
写操作	0	1	0	0	0	写 A 口	数据总线数据 → A 口
	0	1	0	0	1	写 B 口	数据总线数据 → B 口
	0	1	0	1	0	写 C 口	数据总线数据 → C 口
	0	1	0	1	1	写控制口	数据总线数据 → 控制口
无效	1	×	×	×	×	芯片未选中，三态	
	0	0	1	1	1	非法组合，控制字寄存器只写不读	
	0	1	1	×	×	无操作，三态	

2. 与外设相连的引脚

由三个 8 位输入/输出端口组成,其中:

$PA_0 \sim PA_7$:对应 A 口,用来连接外设。

$PB_0 \sim PB_7$:对应 B 口,用来连接外设。

$PC_0 \sim PC_7$:对应 C 口,用来连接外设或者作为联络信号。

9.3　8255A 的控制字和状态字

8255A 共有三种工作方式可供选择:

方式 0:基本的输入/输出方式,A、B 和 C 口均可工作于方式 0。

方式 1:选通的输入/输出方式,只有 A 口和 B 口可以工作于方式 1。

方式 2:双向传输方式,只有 A 口可以工作于方式 2。

8255A 在复位后,所有的 I/O 口均被置为输入方式。若要改变方式,需向其控制字寄存器写入控制字。8255 的控制字根据 D_7 位的不同分为工作方式选择控制字和对端口 C 进行置位/复位控制字。$D_7 = 1$ 表示该控制字是工作方式选择控制字,$D_7 = 0$ 表示该控制字是对端口 C 进行置位/复位控制字。

9.3.1　工作方式选择控制字

8255A 的工作方式选择控制字定义如图 9-3 所示。

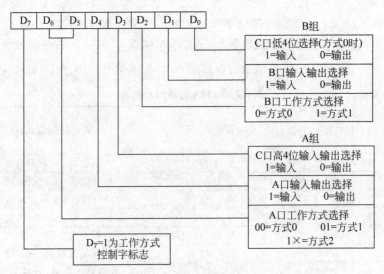

图 9-3　8255A 的工作方式选择控制字定义

$D_7 = 1$,表示该控制字是工作方式选择控制字。

$D_6 \sim D_3$ 定义 A 组的工作方式。其中 $D_6 D_5$ 定义 PA 口的工作方式,因为 PA 口有 3 种工作方式,因此需要两个二进制位来表示,$D_6 D_5$ 为 00、01 和 1× 分别表示 PA 口工作在方式 0、方式 1 和方式 2;$D_4 = 1$ 表示 PA 口用于数据输入,$D_4 = 0$ 表示 PA 口用于数据输出;PC 口单独工作时默认工作于方式 0,因此只需要说明是输入还是输出即可,其中 $D_3 = 1$ 表示 $PC_4 \sim PC_7$ 口用于数据输入,$D_3 = 0$ 表示 $PC_4 \sim PC_7$ 口用于数据输出。

$D_2 \sim D_0$ 定义 B 组的工作方式。PB 口有两种工作方式,因此用 1 个二进制位的两种状态 0 和 1 即可表示,D_2 为 0 和 1 分别表示 PB 口工作在方式 0 和方式 1;$D_1 = 1$ 表示 PB 口用于数据输入,$D_1 = 0$ 表示 PB 口用于数据输出;$D_0 = 1$ 表示 $PC_0 \sim PC_3$ 口定义为数据输入,$D_0 = 0$ 表示 $PC_0 \sim PC_3$ 口定义为数据输出。

【例 9-1】 某系统要求使用 8255A 的 A 口工作于方式 0,输出;B 口工作于方式 0,输入;C 口工作于方式 0,输入。则控制字为 10001011B,即 8BH。若 8255A 控制字寄存器的端口地址为 243H,则可通过下列初始化程序段完成对三个端口的工作方式的设置:

```
MOV  DX, 243H
MOV  AL, 8BH
OUT  DX, AL
```

9.3.2 对端口 C 进行置位/复位控制字

对 C 口进行置位/复位控制字也写入控制字寄存器端口,而非写入 C 口的端口地址中。当 8255A 接收到控制字时会对最高位进行检测。若 $D_7 = 1$,则确认为工作方式选择控制字;若 $D_7 = 0$,则是 C 口置位/复位控制字。

只有 C 口才有按位置位/复位的功能。当 A 口和 B 口工作在方式 1 和方式 2 时,须由 C 口的固定配合位产生中断允许信号。另外,也可以利用 C 口的这一功能实现对外设的控制,例如可编程使 C 口某一位输出一个开关量或产生一个脉冲,作为外设的启动或停止信号,这在某些控制应用中可简化软件的设计。

8255A 对端口 C 进行置位/复位控制字定义如图 9-4 所示。

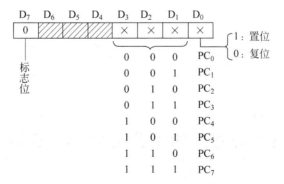

图 9-4 8255A 对端口 C 进行置位/复位控制字定义

$D_7 = 0$,表示该控制字是对端口 C 进行置位/复位的控制字。

$D_6 D_5 D_4$ 未定义,可以为任意值。

$D_3D_2D_1$ 用来选择 PC 口 8 位中的某一位。

D_0 用于确定对 $D_3D_2D_1$ 所选择的位进行的是置位还是复位的操作,$D_0=0$ 表示对 PC 口中被选择的位进行复位操作,$D_0=1$ 表示对 PC 口中被选择的位进行置位操作。

【例 9-2】 某 8255 的控制字为 00001001B,最高位为 1,表示此控制字为对 PC 口进行置位/复位的控制字,作用为将 PC_4 置为 1。若 8255A 控制字寄存器的端口地址为 243H,则可通过下列程序段完成设置:

```
MOV   DX, 243H
MOV   AL, 09H
OUT   DX, AL
```

9.3.3 读端口 C 的状态字

当 PA 口、PB 口工作于方式 1 和方式 2 时,需要通过 PC 口发送或者接收与外部设备进行联络的信号。执行 C 口的正常读操作就能得到外部设备的状态。从表 9-1 中可以看出,控制字寄存器端口是只写不读的,所以读 PC 口的状态需要通过端口 C 的地址实现。

下面给出三个状态字的格式。每位的信号说明见 9.4 节。

(1) 方式 1 输入状态字

D_7	D_6	D_5	D_4	D_3	D_2	D_1	D_0
I/O	I/O	IBF_A	$INTE_A$	$INTR_A$	$INTE_B$	IBF_B	$INTR_B$
A 组					B 组		

(2) 方式 1 输出状态字

D_7	D_6	D_5	D_4	D_3	D_2	D_1	D_0
$\overline{OBF_A}$	$INTE_A$	I/O	I/O	$INTR_A$	$INTE_B$	$\overline{OBF_B}$	$INTR_B$
A 组					B 组		

(3) 方式 2 状态字

D_7	D_6	D_5	D_4	D_3	D_2	D_1	D_0
$\overline{OBF_A}$	$INTE_1$	IBF_A	$INTE_2$	$INTR_A$			
A 组					B 组		

9.4 8255A 的工作方式和工作时序

由 8255A 的工作方式选择控制字定义可知,8255A 最多有三种工作方式,这三种工作方式分别为:方式 0—基本输入/输出;方式 1—选通输入/输出;方式 2—双向选通输入/输出。工作方式的选择可通过向控制字寄存器端口写入控制字来实现。

9.4.1　方式 0：基本输入/输出

在这种方式下，PA、PB 和 PC 口均可提供简单的输入和输出操作，可提供两个 8 位口（PA 口和 PB 口）和两个 4 位口（$PC_0 \sim PC_3$，$PC_4 \sim PC_7$），任何一个口都可以用作输入或输出，因此可以有 16 种组合。输出具有数据锁存功能，输入具有数据缓冲功能。

该方式一般用于与简单外设的无条件传送，也可用作查询式输入/输出。用于无条件传送时，CPU 直接用 IN 和 OUT 指令即可完成对连接到 8255A 相应端口的外设的读和写，此时不需要应答式联络信号，外设总是处于准备就绪状态。用于查询传送时，A 口和 B 口可以分别作为数据端口，而取 C 口的某些位作为这两个数据端口的控制和状态信息。

9.4.2　方式 1：选通输入/输出

A 口和 B 口工作于方式 1 时，仍作为两个独立的 8 位 I/O 数据通道，可单独连接外设，通过编程设定为输入或输出。而 PC 口则有 6 位（分成两个 3 位）分别作为 PA 口和 PB 口的选通和应答联络信号，而且各位的功能是固定的，不能用程序改变。PC 口剩下的两位仍可工作于方式 0，可通过编程设置为输入或输出。

8255A 的 PA 口或 PB 口工作在方式 1 时，可用于 CPU 和外设之间以中断方式进行数据传输，CPU 也可以通过查询的方式读取数据。

1. 方式 1 输入

8255A 的 A 口和 B 口工作于方式 1 作输入时，$PC_3 \sim PC_5$ 固定用于 A 口的联络信号，$PC_0 \sim PC_2$ 则固定用于 B 口的联络信号。剩下的 PC_6、PC_7 则可以作基本的输入/输出用。图 9-5 给出了 8255A 的 PA 口和 PB 口方式 1 的输入组态。

选通的输入方式由选通的端口（A 口或 B 口）及选通信号 $\overline{STB}$（strobe）、输入缓冲器满信号 IBF（input buffer full）和中断请求信号 INTR（interrupt request）组成。具体定义为：

A 口：$\overline{STB}_A(PC_4)$，$IBF_A(PC_5)$，$INTR_A(PC_3)$

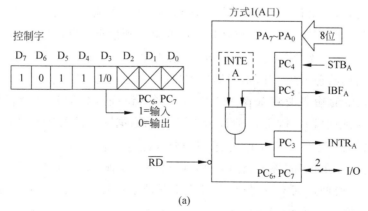

(a)

图 9-5　8255A 的 PA 口和 PB 口方式 1 的输入组态

(a) A 口方式 1 输入；(b) B 口方式 1 输入

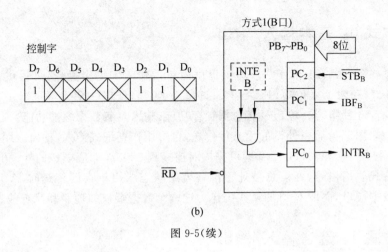

图 9-5(续)

B 口：$\overline{STB}_B(PC_2)$，$IBF_B(PC_1)$，$INTR_B(PC_0)$

应答联络信号的功能如下：

$\overline{STB}$：选通信号，低电平有效，为来自外设的输入信号。该信号的下降沿把外设送来的数据打入到 8255A 内部的输入缓冲器中。

IBF：输入缓冲器满，高电平有效，是 8255A 对外设输入的 $\overline{STB}$ 的应答信号。该信号在 $\overline{STB}$ 有效后经过 t_{SIB} 时间后变为高电平(见图 9-6)，表示 8255A 内部的输入缓冲器中已接收到一个新的数据；当 CPU 发出读信号时，8255A 将数据送至数据总线后，在 $\overline{RD}$ 信号的后沿即上升沿该信号无效。

INTR：中断请求信号，高电平有效，为 8255A 的输出信号，用于向 CPU 发出中断请求。当 $\overline{STB}$、IBF 和 INTE 均为高时 INTR 被置为高，也就是说，当选通信号结束，数据已被送入 8255A 内部的输入缓冲器中，并且内部的 INTE 被置为高，则可通过该引脚向 CPU 发出中断请求信号。$\overline{RD}$ 信号的下降沿 CPU 读取数据前该引脚被清除为低电平。

INTE：中断允许信号，高电平有效。要特别注意的是该信号没有外部引脚，只能通过对 C 口指定位的置位/复位来设置。用户可通过对 PC_4 的置位来使 $INTE_A$ 置 1，通过对 PC_2 的置位使 $INTE_B$ 置 1，使 A 口和 B 口允许发出中断请求。可通过对 PC_4 或 PC_2 设置复位控制字使 $INTE_A$ 或 $INTE_B$ 变为低电平，禁止中断。对 PC_4 和 PC_2 位操作的结果对 PC_4 和 PC_2 的引脚状态不产生影响，只影响 $INTE_A$ 和 $INTE_B$ 的状态。

8255A 方式 1 的输入时序如图 9-6 所示。当外设准备好数据，即数据已经输送至 8255A 的端口 A 或端口 B 时，发出 $\overline{STB}$ 选通信号，将数据锁存到 8255A 的数据输入缓冲器中。选通信号的宽度至少为 500ns。选通信号变低经过 t_{SIB} 后，8255A 输出 IBF 输入缓冲器满信号(高电平)，阻止外设输入新的数据，并可供 CPU 查询；如果中断允许，在选通信号结束后，经过 t_{SIT} 时间后向 CPU 发出 INTR 中断请求信号。CPU 响应中断，发出 $\overline{RD}$ 信号，把数据读入 CPU。$\overline{RD}$ 有效信号经过 t_{RIT} 后清除中断请求。然后 $\overline{RD}$ 信号结束，使 IBF 变低，表示输入缓冲器已空，通知外设可以输入新的数据。

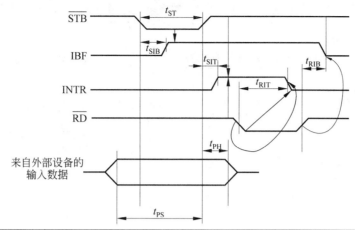

图 9-6 8255A 方式 1 的输入时序

符号	参 数 含 义	持续时间		单位
		最短	最长	
t_{ST}	$\overline{STB}$ 脉冲宽度	500		ns
t_{SIB}	$\overline{STB}=0$ 到 $IBF=1$		300	ns
t_{SIT}	$\overline{STB}=1$ 到 $INTR=1$		300	ns
t_{RIT}	$\overline{RD}=0$ 到 $INTR=0$		400	ns
t_{RIB}	$\overline{RD}=1$ 到 $IBF=0$		300	ns
t_{PS}	数据提前 $\overline{STB}$ 无效的时间	0		ns
t_{PH}	数据保持时间	180		ns

若工作在方式 1 采用查询式输入时,CPU 先查询 8255A 的输入缓冲器是否满,即 IBF 是否为高。若 IBF 为高,则 CPU 就可以从 8255A 读入数据。采用中断方式传送时,应该先用 C 口置位控制字使 $INTE_A$ 或 $INTE_B$ 允许中断,即使 PC_4(A 口)或 PC_2(B 口)置"1"。

2. 方式 1 输出

8255A 的 A 口和 B 口工作于方式 1 输出时,C 口的 PC_3、PC_6、PC_7 分配给 A 口,$PC_0 \sim PC_2$ 分配给 B 口。剩下的 PC_4、PC_5 则可以作简单输入/输出用。A 口和 B 口工作于方式 1 输出时的控制字及 C 口各位的配合关系如图 9-7 所示。

带选通的输出方式由选通的端口(A 口或 B 口)及输出缓冲器满信号 $\overline{OBF}$(output buffer full)、外设响应信号 $\overline{ACK}$(acknowledge)和中断请求信号 INTR(interrupt request) 组成。具体定义为:

A 口:$\overline{OBF}_A$(PC_7),$\overline{ACK}_A$(PC_6),$INTR_A$(PC_3)

B 口:$\overline{OBF}_B$(PC_1),$\overline{ACK}_B$(PC_2),$INTR_B$(PC_0)

$\overline{OBF}$:输出缓冲器满信号,低电平有效,该信号是 8255A 输出给外设的一个联络信号。 当 CPU 对 8255A 的 A 口或 B 口执行 OUT 指令,将数据写入至其内部的指定端口(A 口或

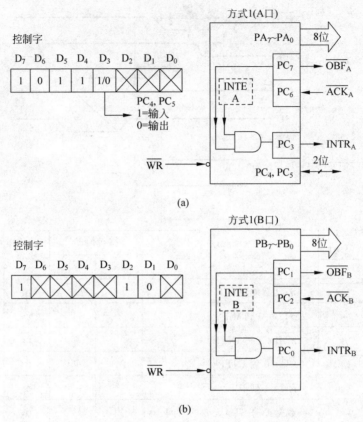

图 9-7 8255A 的 A 口和 B 口方式 1 的输出组态

(a) A 口方式 1 输出；(b) B 口方式 1 输出

B 口)后,该信号有效,表示外设可以把数据取走。该信号由 $\overline{WR}$ 信号的后沿(上升沿)置为低,外设将数据取走后,由 $\overline{ACK}$ 的前沿(下降沿)将其恢复为高(见图 9-8)。

$\overline{ACK}$:为外设给 8255A 的响应信号,低电平有效。当该信号为低时,表示 CPU 通过 8255A 传送过来的数据已被外设接收。该信号的前沿使 $\overline{OBF}$ 无效,后沿使 INTR 有效。

INTR:中断请求信号,高电平有效。当输出装置已经接收了 CPU 输出的数据后,由该引脚向 CPU 发出中断请求,请求 CPU 继续输出数据。当 $\overline{OBF}$、$\overline{ACK}$ 以及内部的 INTE 同时为高时使其有效。

INTE:中断允许信号,高电平有效,分别由对 PC_6 和 PC_2 的置位/复位来控制。INTE 置位表示允许中断。通过对 PC_6 的置位控制字来使 $INTE_A$ 置 1,通过对 PC_2 的置位控制字使 $INTE_B$ 置 1,使 A 口和 B 口允许中断。使用 PC_6 或 PC_2 的复位控制字可以使 $INTE_A$ 或 $INTE_B$ 复位,以禁止中断。

8255A 方式 1 输出时序如图 9-8 所示。CPU 输出数据,发出 $\overline{WR}$ 信号。$\overline{WR}$ 信号的上升沿有三个作用:一是经过 t_{WB} 时间后,将数据输出到 8255A 的相应端口;二是使 $\overline{OBF}$ 信号有效,表明输出缓冲区已满,通知外设来取数据,实质上 $\overline{OBF}$ 信号就是数据送往外设的选通信号;三是清除中断请求信号。外设接收数据后发出 $\overline{ACK}$ 信号,它一方面使 $\overline{OBF}$ 无效,另一方面 $\overline{ACK}$ 上升沿使 INTR 有效,发出新的中断请求信号,让 CPU 输出新的数据。

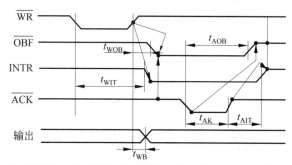

符号	含　义	持续时间		单位
		最短	最长	
t_{WOB}	$\overline{WR}=1$ 到 $\overline{OBF}=0$		650	ns
t_{WIT}	$\overline{WR}=0$ 到 INTR$=0$		850	ns
t_{AOB}	$\overline{ACK}=0$ 到 $\overline{OBF}=1$		350	ns
t_{AK}	$\overline{ACK}$ 脉冲宽度	300		ns
t_{AIT}	$\overline{ACK}=1$ 到 INTR$=1$		350	ns
t_{WB}	$\overline{WR}=1$ 到数据至 8255A		350	ns

图 9-8　8255A 方式 1 的输出时序

采用查询方式输出时,CPU 在输出数据后查询 $\overline{OBF}$ 是否变高。若变高表明输出缓冲器空,即数据已被外设接收,可以输出新的数据。若采用中断方式传送时,必须先用 C 口置位控制字使之允许中断,即使 INTE$=1$。

9.4.3　方式 2：双向选通输入/输出

在这种方式下,可使外设在单一的 8 位数据总线上既能发送数据,又能接收数据。在此方式下,既可工作于程序查询方式,也可工作于中断方式。

8255A 只允许 A 口使用方式 2,该方式占用 C 口的 $PC_3 \sim PC_7$。实际上,方式 2 就是 A口方式 1 的输入与输出方式的组合,各控制状态信号的功能也相同。而 C 口余下的 $PC_0 \sim PC_2$ 正好可以充当 B 口方式 1 的控制状态信号线。B 口不用或工作于方式 0 时,C 口的这 3条线也可以工作于方式 0,作为通用 I/O。A 口工作于方式 2 时的控制字及联络信号线如图 9-9 所示。

工作于中断方式时,PC_3 定义为中断请求信号 INTR$_A$,PC_4 定义为外设输入选通信号$\overline{STB_A}$,PC_5 定义为输入缓冲器满信号 IBF$_A$,PC_6 定义为外设输入响应信号 $\overline{ACK_A}$,PC_7 定义为输出缓冲器满信号 $\overline{OBF_A}$。方式 2 时中断允许位用到两个,其中 INTE$_1$ 是输出中断允许位,通过对 C 口的 PC_6 置位/复位来控制;INTE$_2$ 是输入中断允许位,由 PC_4 置位/复位控制。输入和输出时的中断请求共用一个 INTR$_A$(PC_3)引脚。因此,CPU 在响应中断时,一般在中断服务程序中先查询由端口 C 提供的 IBF$_A$ 和 $\overline{OBF_A}$ 的状态来加以区分。

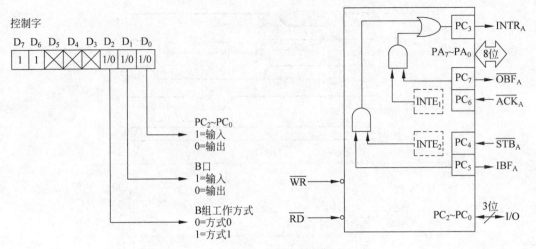

图 9-9 A 口方式 2 控制字及联络信号线

方式 2 是一种双向工作方式,如果一个并行外部设备既可以作为输入设备,又可以作为输出设备,并且输入/输出动作不会同时进行,可将其连接至 8255A 的 A 口,使 A 口工作于方式 2。

【例 9-3】 要求 A 口工作于方式 2,输入/输出均允许中断,即 PC_4 和 PC_6 均需置位。B口工作于方式 1 输入,同样允许中断,即应使 PC_2 置位。8255A 控制字寄存器的端口地址用 CTRL_PORT 表示。初始化程序如下。

```
MOV   AL,11000110B        ;按要求设置 A 口、B 口的工作方式
OUT   CTRL_PORT,AL
MOV   AL,00001001B        ;PC₄ 置位,A 口输入允许中断
OUT   CTRL_PORT,AL
MOV   AL,00001101B        ;PC₆ 置位,A 口输出允许中断
OUT   CTRL_PORT,AL
MOV   AL,00000101B        ;PC₂ 置位,B 口输入允许中断
OUT   CTRL_PORT,AL
```

9.5 8255A 的应用

【例 9-4】 如图 9-10 所示,CPU 通过 8255A 从 B 口输入 8 个开关的状态来控制 A 口对应指示灯的亮灭,合上开关,指示灯点亮。试编写 8255A 的初始化程序及控制程序。

分析:

(1) 开关和指示灯的状态

从电路连接图中可以看出,A 口相应口线输出高电平,则指示灯点亮。而开关合上时,B 口输入低电平信号。因此程序中需对 B 口输入的信息求反后,再把该信息输出至 A 口,

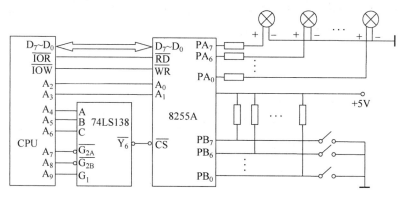

图 9-10　8255 控制开关、指示灯电路图

才能达到题目要求。

（2）控制字

由电路图可知，8255A 的 A 口和 B 口用于简单外设的无条件传送，A 口连接指示灯，工作于方式 0，作输出；B 口得到开关的信息，工作于方式 0，作输入；C 口没有使用，故控制字应为 10000010B，即 82H。

（3）8255A 的端口地址

8255A 的 $\overline{CS}$ 端连接至三八译码器的 $\overline{Y_6}$ 端，因此若 8255A 片选有效，则 $A_9 A_8 A_7 =$ 100，$A_6 A_5 A_4 =110$；而 CPU 地址引脚 $A_3 A_2$ 连接至 8255A 的 $A_1 A_0$，也就是说 CPU 的 $A_1 A_0$ 没有参加译码，是一个部分译码电路，因此 8255A 的每个端口都会产生一个地址范围，如表 9-3 所示。

表 9-3　例 9-4 中 8255A 的端口地址范围

端口	A_9	A_8	A_7	A_6	A_5	A_4	A_3	A_2	A_1	A_0	地址范围
PA 口	1	0	0	1	1	0	0	0	×	×	260H～263H
PB 口	1	0	0	1	1	0	0	1	×	×	264H～267H
PC 口	1	0	0	1	1	0	1	0	×	×	268H～26BH
控制字端口	1	0	0	1	1	0	1	1	×	×	26CH～26FH

编程时可取第一个地址作为端口地址，即取 CPU 端的 $A_1 A_0 =00$，程序如下：

```
     MOV   DX，26CH      ;8255A 的控制字端口地址
     MOV   AL，82H       ;确定 A 口方式 0 输出,B 口方式 0 输入
     OUT   DX，AL        ;送工作方式控制字
     MOV   DX，264H      ;从 B 口读入开关状态
L1： IN   AL，DX
     NOT   AL           ;取反,使合上开关所对应的值为 1
     MOV   DX，260H      ;输出到端口 A,使指示灯状态和开关一致
     OUT   DX，AL
     JMP   L1
```

每执行程序一次，合上开关对应的指示灯就会点亮。

【例 9-5】　如图 9-11 所示，CPU 通过 8255A 并行接口芯片与打印机连接，当 CPU 通过

PC_5 检测到打印机空闲时,由 PC_2 向打印机送出一个负脉冲信号 $\overline{STB}$,经由 8255A 的 B 口送出欲打印的字符,使打印机开始打印。

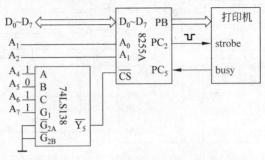

图 9-11　8255A 与打印机的接口电路图

根据接口电路图中地址线的连接可知,该 8255A 的 A 口地址为 0D0H,B 口地址为 0D2H,C 口地址为 0D4H,控制寄存器地址为 0D6H。CPU 通过查询打印机的状态决定是否传输要打印的字符,因此可设定 8255A 的 B 口和 C 口均工作在方式 0,B 口和 PC_2 为输出,PC_5 为输入,故 8255A 的方式选择控制字为 88H。完成上述任务的程序如下:

```
        MOV    AL, 10001000B        ;工作方式选择控制字
        OUT    0D6H, AL
        MOV    AL, 00000101B        ;用 C 口置位/复位控制字使 PC₂ 置 1
        OUT    0D6H, AL             ;使打印机的 STB 引脚初始状态为高
        LEA    SI, DATA             ;待打印字符串首地址送 SI
        MOV    CX, COUNT            ;待打印字符个数送 CX
CHECK:  IN     AL, 0D4H             ;读 C 口
        TEST   AL, 20H              ;查询 PC₅ 了解打印机状态
        JNZ    CHECK                ;若打印机忙则等待
        MOV    AL, [SI]
        OUT    0D2H, AL             ;从 B 口输出待打印字符
        MOV    AL, 00000100B        ;PC₂ 置 0
        OUT    0D6H, AL
        INC    AL                   ;PC₂ 置 1,产生一个负脉冲
        OUT    0D6H, AL
        INC    SI
        LOOP   CHECK
```

练　习　题

一、选择题

1. Intel 8255A 使用了(　　)个端口地址。

　　A. 1　　　　　　　　B. 2　　　　　　　　C. 3　　　　　　　　D. 4

2. 8255A 在方式 1 工作时,端口 A 和端口 B 作为数据输入/输出使用,而端口 C 的各

位分别作为端口 A 和端口 B 的控制信息和状态信息。其中作为端口 A 和端口 B 的中断请求信号的分别是端口 C 的( )。

    A. PC_4 和 PC_2 B. PC_5 和 PC_1

    C. PC_6 和 PC_7 D. PC_3 和 PC_0

  3. 8255A 的端口 A 或端口 B 工作在方式 1 输入时,端口与外设的联络信号有( )。

    A. 选通输入 $\overline{STB}$ B. 中断请求信号 INTR

    C. 中断允许信号 INTE   D. 输入缓冲器满信号 IBF

  4. 当 8255A 的端口 A 和端口 B 都工作在方式 1 输入时,端口 C 的 PC_7 和 PC_6( )。

    A. 被禁止使用   B. 只能作为输入使用

    C. 只能作为输出使用   D. 可以设定为输入或输出使用

  5. 8255A 的 A 口工作在方式 2 时,B 口( )。

    A. 可工作在方式 0 或方式 1   B. 可工作在方式 1 或方式 2

    C. 只能工作在方式 1   D. 只能空着

  6. 8255A 的方式选择控制字的正确值为( )。

    A. 0A0H   B. 7FH   C. 70H   D. 09H

  7. 8255A 工作方式设置为方式 1 时,CPU 与外设通信( )。

    A. 可以采用中断方式传送,或者采用查询方式传送

    B. 只能采用中断方式传送

    C. 可以进行双向方式传送

    D. 只能采用无条件传送方式或查询方式传送

  8. 当 8255A 工作于方式 2 时,要占用几条联络信号线?( )

    A. 2   B. 3   C. 4   D. 5

  9. 8255A 的 PA 口工作在方式 2,PB 口工作在方式 1 时,其 PC 端口( )。

    A. 用作两个 4 位 I/O 端口

    B. 部分引脚作联络信号,部分引脚作 I/O 线

    C. 全部引脚均作联络信号

    D. 作 8 位 I/O 端口,引脚都为 I/O 线

  10. 若采用 8255A 的 PA 端口输出控制一个七段 LED 显示器,8255A 的 PA 口应工作于( )。

    A. 方式 0   B. 方式 1

    C. 方式 2   D. 前面 3 种的任一方式

二、填空题

  1. Intel 8255A 是一个_____接口芯片。

  2. 8255A 内部具有_____个输入/输出端口,每个端口的数据寄存器的长度为_____位。

  3. 8255A 与 CPU 连接时,地址线一般与 CPU 的地址总线的_____连接。

  4. 8255A 工作在方式 1 或方式 2 时,INTE 为_____,它的置 1/清 0 由_____进行控制。

5. 8255A 可允许中断请求的工作方式有_____和_____。

6. 8255A 端口 C 按位置位/复位控制字中的_____位决定对端口 C 的某一位置位或复位。

7. 8255A 控制字的最高位 $D_7 =$_____时,表示该控制字为方式控制字。

8. 8255A 的端口 A 的工作方式由方式控制字的_____位决定。

9. 8255A 的端口 C 的按位置位/复位功能是由控制字中的 $D_7 =$_____来决定的。

三、简答题

1. 8255A 的方式选择控制字和 C 口置位/复位的控制字的端口地址是否一样? 8255A 怎样区分这两种控制字?

2. 若 8255A 的端口 A 定义为方式 0,输入;端口 B 定义为方式 1,输出;端口 C 的高 4 位定义为方式 0,输出。若 8255A 的端口地址为 80H~83H,试编写初始化程序。

3. 假设某片 8255A 的使用情况如下:A 口为方式 0 输入,B 口为方式 0 输出。此时连接的 CPU 为 8088,系统地址总线的 A_1、A_2 分别接至 8255A 的 A_0、A_1,而 8255A 芯片的 $\overline{CS}$ 来自 $A_3 A_4 A_5 A_6 A_7 = 00101$,则 8255A 的端口地址分别是什么? 试写出初始化程序。

4. 电路连接如题图 9-1 所示,试确定 8255A 的端口地址范围,并编写通过 PC_7 输出一个负脉冲的程序段。

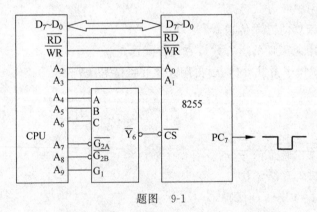

题图 9-1

第10章

串行通信接口技术

本章重点内容

◇ 串行通信基本概念
◇ 常用的串行通信接口标准
◇ 可编程串行通信接口芯片 8251A

本章学习目标

串行数据传输是计算机系统重要的信息交换方式之一。通过本章的学习,应了解串行异步通信和串行同步通信的基本知识,掌握 RS-232C 等常用接口标准及其用法,熟悉可编程串行接口芯片 Intel 8251A 的内部结构、引脚及工作过程。

10.1　串行通信

10.1.1　串行通信与并行通信

微机系统与外界的信息交换有两种基本方式:并行通信方式和串行通信方式。在并行通信方式中,并行传输的各位数据同时传输,数据有多少个二进制位,就至少需要多少条传输线。串行通信方式是将传输数据按时间顺序一位接一位地传送,数据的各二进制位可以分时使用同一条传输线,因此串行通信可以减少连线,最少用一条线即可进行传输。并行通信与串行通信的数据传输示意图如图 10-1 所示。

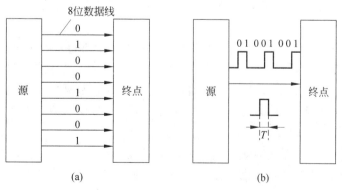

图 10-1　并行通信与串行通信的数据传输示意图

(a) 并行通信;(b) 串行通信

在图 10-1(a)所示的并行通信方式中,一个字节(8 位)数据是在 8 条并行传输线上同时由源点传到终点;在图 10-1(b)所示的串行通信方式中,数据是在单根传输线上一位接一位地按时间顺序传送。这样,一个字节的数据要通过同一条传输线分 8 次由低位到高位按顺序传送。假设用相同时钟控制传送,采用并行方式传输一个字节的数据需要 1 个时钟周期的时间,而采用串行方式同样传输一个字节的数据至少需要 8 个时钟周期。

并行通信和串行通信各有优缺点。并行通信传输效率高,但传送时数据宽度有多少位就需要有多少条传输线,使用的传输线多。串行通信尽管传输效率较低,但它最少只需要一条传输线,大大节省了传输线的数量,尤其是在进行远距离的数据传输时,这个优点就更为明显。所以,并行通信和串行通信各有其适宜的应用场合。近距离传输时,微机系统与其他设备的通信采用并行通信较多,而在远距离通信中往往采用串行通信。

10.1.2　串行通信技术的常用术语和基本概念

1. 单工、半双工和全双工

单工、半双工和全双工是数据通信中用以表示三种数据传送方式的专用术语。具体情况如图 10-2 所示。

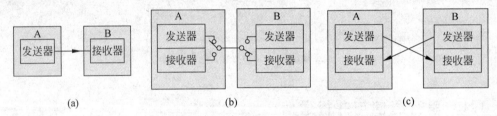

图 10-2　单工、半双工和全双工数据通路
(a) 单工; (b) 半双工; (c) 全双工

1) 单工

单工(simplex)仅能进行一个方向的数据传送,即从设备 A 到设备 B。因此在单工数据通路中,A 只能作为发送器,B 只能作为接收器。例如,无线电广播就属于单工传送方式,收音机只能接收来自电台的广播信号,而不能进行相反方向的数据传送。

2) 半双工

半双工(half duplex)能在设备 A 和设备 B 之间交替地进行双向数据传送,但不能同时进行。可以简单地概括为"双向,但不同时"。某一时刻,A 作为发送器,B 作为接收器,数据由 A 流向 B;而在另一时刻,B 作为发送器,A 作为接收器,数据由 B 流向 A。典型的半双工传送的例子是日常生活中的对讲机,只能 A 说 B 听,或 B 说 A 听。

3) 全双工

全双工(full duplex)能够在两个方向同时进行数据传送。具体地说,在设备 A 向设备 B 发送数据的同时,设备 B 也可以向设备 A 发送数据。显然,为了实现全双工通信,设备 A 和设备 B 必须有独立的发送器和接收器,从 A 到 B 的数据通路必须完全与从 B 到 A 的数据通路分开。这样,在同一时刻当 A 向 B 发送数据,B 也向 A 发送数据时,实际上在使用两个逻辑上完全独立的单工数据通路。比如我们日常使用的手机，A 和 B 即便同时说话也能听到彼此的声音。

2. 数据传输率

数据传输率即单位时间内的数据位传输量。通常用每秒传输的二进制位数来表示，称为比特率，单位为 bps(bit per second)。

另外，在数据通信领域还有另外一个描述数据传输率的常用术语——波特率，即每秒传输的波特数。波特(Baud)的原始定义是指通信中的信号码元(signal element)传送速率单位，以数据通信的创始人 Émile Baudot(法国人)的名字命名。例如，若每秒传送 1 个信号码元，则传输率为 1 波特。若每个信号码元所含信息量为 1b，则波特率等于比特率。若每个信号码元所含信息量不等于 1b，则波特率不等于比特率。例如，在 4 相调制系统中，每次调制取 4 种相位差值，用 2 位二进制位代表。此时，比特率为波特率的 2 倍。

在计算机中一个信号码元有高、低两种电平，它们分别代表逻辑值"1"和"0"，所以每个信号码元所含信息量刚好为 1b。这样，波特率与每秒传输的二进制位数达到了吻合。因此，在计算机数据传输中人们常将比特率称为波特率。但在其他一些场合，这两者的含义是不相同的，使用时需注意它们之间的区别。国际上规定了一个标准波特率系列，即 110bps、300bps、600bps、1200bps、1800bps、2400bps、4800bps、9600bps、14.4kbps、19.2kbps、28.8kbps、33.6kbps、56kbps 等。

每秒钟所传输的字符数和波特率是两种概念。1 个字符由若干二进制位组成，串行通信信号线上所传输的字符数据是逐位传送的，例如在异步串行通信中，传送一个 ASCII 字符，除 7 个数据位外，还需有 1 位起始位，若采用 1 位奇偶校验位、1 位停止位，在传输速率为 1200bps 的情况下，每秒所能传送的字符数是 1200/(1+7+1+1)=120 个。

3. 发送时钟和接收时钟

在串行通信中，发送器需要用一定频率的时钟信号来控制发送每个数据位所占用的时间，接收器也需要用一定频率的时钟信号来检测每一位输入的数据。发送器使用的时钟信号称为发送时钟，接收器使用的时钟信号称为接收时钟。也就是说，串行通信所传送的二进制数据序列在发送时是以发送时钟作为数据位的划分界限，在接收时是以接收时钟作为数据位的检测和采样定时。

串行数据的发送由发送时钟控制。数据的发送过程是：首先把要发送的并行数据(如 1 个字节的 8 位数据)送入发送器中的移位寄存器，然后在发送时钟的控制之下，把移位寄存器中的数据串行逐位移出到串行输出线上。每个数据位的时间间隔由发送时钟周期来决定。

串行数据的接收是由接收时钟对串行数据输入线进行定时采样。数据的接收过程是：在接收时钟的每一个时钟周期采样一个数据位，并将其移入接收器中的移位寄存器，最后组合成并行数据，存入到接收数据缓冲寄存器中。

4. 波特率因子

由上文可知，若用发送(或接收)时钟直接作为移位寄存器的移位脉冲，则串行线上的数据传输率(波特率)在数值上等于时钟频率。但在发送或接收过程中有可能会受到环境噪声的干扰,使得信号产生畸变,使得数据传输准确度降低。在实际使用中,常常使发送(或接收)时钟频率为波特率的若干倍,且两者之间存在一定的比例系数关系,这个比例系数称为波特率因子或波特率系数。假定发送(或接收)时钟频率为 f,则 f 和波特率因子、波特率三者之间在数值上存在如下关系:

$$f=波特率因子×波特率$$

例如,当发送的波特率为 1200bps 时,若波特率因子为 16,则发送时钟频率 $f=19\,200\mathrm{Hz}$,即 19.2kbps。换句话说,当发送(或接收)时钟频率一定时,可通过选择不同的波特率因子来得到不同的波特率。

设置波特率因子的目的之一是提高数据的传输精度。比如在波特率因子为 16 时,每 16 个时钟节拍才发送一个数据位,在接收端接收数据时,也是在每个数据位的中心点(也就是第 8 个节拍)才采样数据的,这样可大大降低由于干扰造成的信号传输错误。另外,在发送和接收时钟频率固定的情况下,也可以通过调整波特率因子得到不同的发送和接收波特率。

在实际的串行通信接口电路中(如后面将要介绍的可编程串行接口芯片 8251A),其发送和接收时钟信号通常由外部专门的时钟电路提供或由系统主时钟信号分频来产生,因此发送和接收时钟频率往往是固定的,但通过编程可选择各种不同的波特率因子(例如 1、16、32、64 等),从而可以得到各种不同的数据传输波特率,十分灵活方便。

5. 串行异步通信方式与串行同步通信方式

为了使发送、接收信息准确,发送、接收两端的动作必须相互协调配合。若两端互不协调,则无论怎样提高发送和接收动作的时间精确度,也会有极微量的误差,随着时间的增加,就会有误差积累,最终会产生失步。发送、接收动作一旦失步,就不能正确传输信息,因此,整个计算机通信系统能否正确工作,在很大程度上依赖于是否能很好地实现同步。为避免失步,需要有使发送和接收动作相互协调配合的措施。我们将这种协调发送和接收动作的措施称为"同步"。串行数据传输方式有以下两种。

1) 异步方式

异步方式是计算机通信中常用的一种数据信息传输方式。串行异步传输的数据格式如图 10-3 所示。

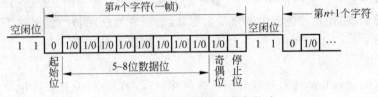

图 10-3 串行异步传输的数据格式

串行异步通信方式是把一个字符看作一个独立的信息传送单元,字符与字符之间的传输时间间隔是任意的。而每一个字符中的各位以固定的时间传送。在异步方式中,收、发双方取得同步的方法是在字符格式中设置起始位和停止位。在一个有效字符正式传送前,发送器先发送一个起始位,然后发送有效字符位,在字符结束时再发送一个停止位,起始位至停止位构成一帧;接收器不断地检测或监视串行输入线上的电平变化,当检测到有起始位出现时,便知道接着是有效字符位的到来,并开始接收有效字符,当检测到停止位时,就知道传输的字符结束了。经过一段随机的时间间隔之后,又进行下一个字符的传送过程。

　　由于串行异步通信方式总是在所传送每个字符的头部即起始位处进行一次重新定位,所以即使收、发双方的时钟频率存在一定偏差,但只要不使接收器在一个字符的起始位之后的采样出现"错位"现象,则数据传送仍可正常进行。因此,异步通信的发送器和接收器可以各自使用自己的本地时钟。

　　下面对图 10-3 所示串行异步传输的数据格式进行具体说明。

　　(1) 起始位:必须是持续一位时间的逻辑"0"电平,标志着传送一个字符的开始。

　　(2) 数据位:5～8 位。它紧跟在起始位之后,是被传送字符的有效数据位。传送时,先传送字符的低位,后传送高位。

　　(3) 奇偶校验位:仅占 1 位。可以为奇校验或偶校验,也可以不设置校验位。

　　(4) 停止位:为 1 位、1.5 位或 2 位。它一定是逻辑"1"电平,标志着传送一个字符的结束。

　　在一个字符传送前,线路处于空闲(idle)状态,输出线上为逻辑"1"电平;传送一开始,输出线由"1"变为"0"电平,并持续 1 位时间,表明起始位的出现;起始位后面为 5～8 个数据位,数据位是按"低位先行"的规则传送,即先传送字符的最低位,接着依次传送其余各位;数据位后面是校验位,可以是奇校验或偶校验,也可不设置校验位;最后发送的一定是"1"电平,以作为停止位,它可以是 1 位、1.5 位或 2 位。

　　在实际应用中,串行异步通信的数据格式,包括数据位的个数、校验位的设置及停止位的数目,都可以根据实际使用的要求,通过可编程串行接口电路用软件命令的方式进行灵活的设置。在不同的传输系统中,这些通信格式的设定可以不同;但在同一个传输系统的发送端和接收端,双方的设定必须一致,否则将会因收、发双方约定的不一致而造成数据传输的错误与混乱。

　　由上面的介绍可以看出,在串行异步通信方式中,为发送一个字符需要一些附加的信息位,即一个起始位、一个奇偶校验位以及 1 位、1.5 位或 2 位停止位。这些附加信息位不是有效信息本身,它们可以起到使字符成帧的"包装"作用,常称为额外开销或通信开销。假定每一个字符由 7 位组成,传送时带有 1 位校验位,那么为了在异步接口上传送一个字符,必须发送 10 位、10.5 位或 11 位。因此,如果假定只使用 1 位停止位,那么所发送的 10 位中只有 7 位是有效数据位。整个通信能力的 30% 成了额外开销,而且这种开销保持恒定,与发送的字符数无关。可见,采用串行异步通信方式时,其通信效率较低。

　　通常,串行异步通信适用于传送数据量较少或传输率要求不高的场合。快速传输大量的数据时,一般采用通信效率较高的同步通信方式。

　　2) 同步方式

　　在上面介绍的异步方式中,并不要求收、发两端对传输数据的每一位均保持同步,而仅要求在一个字符的起始位后,使其中的每一位同步。而同步方式则要求对传送数据的每一位都必须在收、发两端严格保持同步,即所谓"位同步"。因此,在同步方式中收、发两端需用同一个时钟源作为时钟信号。

同步方式传送的字符没有起始位和停止位,它不是用起始位表示字符的开始,而是用被称为同步字符的二进制序列来表示数据发送的开始。即发送器总是在发送有效数据之前,先发送同步字符去通知接收器有效数据的第一位何时到达。然后,有效数据信息以连续串行的形式发送,每个时钟周期发送一位数据。接收器搜索到同步字符后,才开始接收有效数据位。所以,同步传送时,字符代码间不留空隙,它严格按照固定的速率发送和接收每次传送的所有数据位。若发送器在发送数据过程中出现没有准备好发送数据的情况,则发送器将发送同步字符来填充。串行同步通信的信息格式如图 10-4 所示。

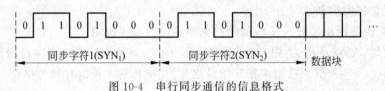

图 10-4　串行同步通信的信息格式

由于同步通信收、发两端需用同一个时钟源作为时钟信号,因此发送方在发送数据的同时要以某种方式将时钟信号也发送过去,接收方用这个共同的时钟信号来控制数据的接收,从而达到双方动作的同步。然而,在远距离的通信中,不可能将发送方的时钟信号通过单独的信号线传送给接收方。一种可行的做法是,将时钟信号在发送端通过专门的编程器与发送的数据一起编码,在接收端再通过解码器从接收信号中提取出来,以作为接收端的时钟信号。例如,著名的曼彻斯特(Manchester)编码方式就是让所传送数码的"1""0"极性变化中包含有同步信息,即让同步传输的数据流中携带有同步时钟信号。有关这方面的编码和解码的具体技术,可查阅有关资料,此处不再详述。

最后分析一下同步方式的通信效率问题。如前所述,同步方式不是通过在每个字符的前后添加"起始位"和"停止位"来实现同步,而是采用在连续发送有效数据字符之前发送同步字符来实现收、发双方之间的同步。这就是说,同步方式的通信开销是以数据块为基础的,即不管发送的数据块是大还是小,额外传送的比特数都是相同的。因此,每次传送的数据块越大,其非有效数据信息所占比例越小,通信效率越高。同步方式的通信效率比异步方式高得多,通常可达 95％以上。

6. 差错校验

信息的正确性对计算机的可靠工作具有极其重要的意义。但在信息的存储与传输过程中,常出现由于某种干扰或其他不可靠因素的存在而发生差错的情形。

在串行通信中,传输线路上噪声干扰的存在会导致在信息传输过程中出现错误,为保证信息传输的正确性,必须对传输的数据信息的差错进行检查或校正,即进行差错校验。校验是数据通信中的重要环节之一。常用的校验方法有下述两种。

1) 奇偶校验

奇偶校验是最简单、最常用的校验方法。它的基本原理是在所传输的有效数据位中附加冗余位(即校验位)。冗余位的存在使整个信息位(包括有效信息和校验位)中"1"的个数为奇数或偶数。整个信息位经过线路传输后,若原来所具有的"1"的个数奇偶性发生了变化,则说明出现了传输差错,可由专门的检测电路检测出来。这种利用信息位中"1"的个数奇偶性来达到校验目的的编码称为奇偶校验码。使整个信息位"1"的个数为奇数的编码称为奇校验码,而使整个信息位"1"的个数为偶数的编码称为偶校验码。附加的信息位称为奇偶校验位,简称校验位。需要传送的数据位本身称为有效信息位。

通常可将一个校验过程分为编码和解码两个过程。下面以偶校验为例说明其编码和解码过程。

(1) 编码:发送器在某一数据发送前,统计有效信息位中"1"的个数。若为奇数,则在附加的校验位处写"1";若为偶数,则在校验位处写"0",以使整个信息位"1"的个数为偶数。这一过程也称为配校验位。

例如,若有效信息为 1011101,则偶校验编码为 <u>1011101</u> 1(最后 1 位为校验位)。

又如,若有效信息为 1011100,则偶校验编码为 <u>1011100</u> 0(最后 1 位为校验位)。

(2) 解码:接收器在接收数据时,将接收到的整个信息位(包括校验位)经由专门的检测电路一起统计。若"1"的个数仍为偶数,就认为接收的数据是正确的;否则,表明有差错出现,应停止使用这个数据,需重新传送,或作其他的专门处理。

例如在可编程串行通信接口芯片 8251A 中,如果接收器检测到奇偶校验错,则将接口电路中状态寄存器的相应位置"1",以供 CPU 查询检测。

简单的奇偶校验码(如上述那种只配一位校验位的校验码)的检错能力是很低的,只能检查出一位错。如果两位同时出错,则检查不出来,即失去了检错能力。另外,简单的奇偶校验码没有纠错校正功能,因为它不具备对错误定位的能力,例如在偶校验中,尽管可以知道接收到的代码 10110000 是非法的,但却无法判定错误发生在哪一位上。但是,由于奇偶校验码简单易行,编码和解码电路简单,不需增加很多设备,所以仍在误码率不高的许多场合得以广泛应用。

2) CRC 校验

CRC 是循环冗余校验(cyclic redundancy check)的英文缩写。CRC 校验是计算机和数据通信中常用的校验方法中最重要的一种。它的编码效率高,校验能力强,对随机错码和突发错码(即连续多位产生错码)均能以较低的冗余度进行严格校错。而且它是基于整个数据块传输的一种校验方法,所以同步串行通信多采用 CRC 校验。

CRC 校验是利用编码的原理,对所要传送的二进制码序列按特定的编码规则产生相应的校验码(CRC 校验码),并将 CRC 校验码放在有效信息代码之后,形成一个新的二进制序列,并将其发送出去;接收时,再依据特定的规则检查传输过程是否产生差错,如发现有错,可要求发送方重新传送,或作其他专门处理。

由于篇幅所限,这里不再介绍有关 CRC 校验的具体编码及解码方法,而仅给出上面几点概括性的说明,详细内容可查阅有关书籍或专门著作。

7. 信号的调制与解调

计算机的串行通信和并行通信都是数字信号的通信,即传送的都是以"0""1"序列组成的数字信号。数字信号的频带很宽,因此对传输线有一定要求。但在远距离传输时,为节约成本,大都采用公共电话线进行传输,而普通双绞电话线的频带宽度通常不超过 3000Hz。如果数字信号直接在电话线上传送,传输中信号的高次谐波会严重衰减,信号到了接收端后将发生严重畸变和失真。即使用性能较高的 75Ω 同轴通信电缆传送,也不能避免。

一般说来,数据传输的最大距离取决于传输速率和传输线的电气性能。对于同种传输线,传输速率越高,传输距离越短。为了保证信号传送的可靠性,在远距离通信中引入通信设备,在通信线路上采用调制/解调技术,发送方使用调制器(modulator)把要传送的数字信号转换为适合在电话线上传输的音频模拟信号;接收方则使用解调器(demodulator)从线路上测出这个模拟信号,将其还原成数字信号。实际中通常把调制和解调电路集成在一起,构成完整的调制解调器(modem)。

10.2　串行通信接口标准

在数据通信、计算机网络以及分布式工业控制系统中,经常采用串行通信来交换数据和信息,因此,串行通信接口直接面向的并不是某个具体的通信设备,而是各式各样需要通过串行方式进行数据传输的设备。接口的标准化在系统设计过程中发挥着重要的作用,统一规范的接口标准可大大减少开发人员的工作时间。因此要进行串行通信接口的设计,就必须了解串行通信接口标准,然后按照标准来设计接口电路。

串行接口的标准化是指与通信设备相连接的信号的内容、形式以及接插件引脚的排列等的标准化。串行通信接口技术经过几十年的使用和发展,目前已形成数十个标准,大家比较熟悉的主要有:美国电子工业协会(EIA)制订并推出的 RS-232C、RS-422 和 RS-485 等,在计算机和智能设备中广泛使用的通用串行总线接口标准 USB,曾在数字视音频领域广泛使用的 IEEE1394,在单片机中使用较多的 I^2C、SPI 接口标准等。限于篇幅,本节以 RS-232C 为主进行讨论,同时介绍其他几种标准(如 RS-422A、RS-485)。

10.2.1　RS-232C

RS-232C 接口是目前最常用的串行通信接口标准之一,是 1969 年由美国电子工业协会(EIA)联合贝尔公司、一些调制解调器厂家及计算机终端生产厂家共同制定的用于串行通信的标准。其中,RS(recommended standard)代表推荐标准,232 为标准的代号,C 为标准的版本号。

RS-232C 标准的全称是数据终端设备(data terminal equipment,DTE)和数据通信设备(data communication equipment,DCE)之间串行二进制数据交换接口技术标准。DTE 包括计算机、终端等,而 DCE 包括调制解调器等。RS-232C 最初是为电传打印机设备制定的,因此它的引脚通常也和调制解调器传输有关。但随着计算机的普及应用,被广泛应用于计算机系统、外设或终端之间的串行通信。

在讨论 RS-232C 接口标准之前,先说明以下两点:

(1) RS-232C 标准最初是为远程通信连接 DTE 与 DCE 而制定的。因此,这个标准的制定并未考虑计算机系统的应用要求。但目前它又广泛地被借用于计算机(更准确地说,是计算机接口)与终端或外设之间的近端连接。显然,这个标准的有些规定和计算机系统是不一致的,甚至是相矛盾的。

(2) RS-232C 标准中所提到的"发送"和"接收",都是站在 DTE 立场上,而不是站在

DCE 的立场上来定义的。

1．RS-232C 标准的机械特性及引脚定义

RS-232C 并未定义连接器的物理特性，因此，出现了 DB-25、DB-15 和 DB-9 等各种类型的连接器，其引脚的定义也各不相同。IBM PC 和 IBM PC/XT 机采用 DB-25 连接器，分主、辅两个信号通道，可实现全双工通信，主信道提供异步通信使用的 9 个电压信号，辅信道提供 20mA 电流环串行通信所需的信号。在 IBM PC/AT 机及以后，不再支持 20mA 电流环接口，而使用 DB-9 连接器作为提供多功能 I/O 卡或主板上 COM$_1$ 和 COM$_2$ 两个串行接口的连接器。目前广泛使用的是 DB-9 连接器。DB-25 和 DB-9 连接器的引脚如图 10-5 所示。RS-232C 最基本、最常用的 9 个引脚及其功能如表 10-1 所示。

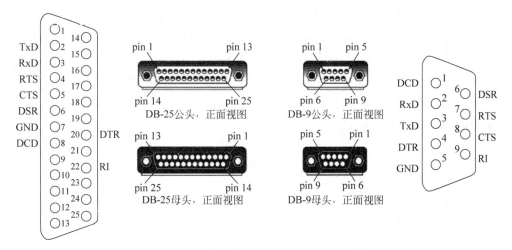

图 10-5　RS-232C 标准常用的 DB-25 和 DB-9 连接器引脚

表 10-1　RS-232C 最常用的引脚及其功能

DB-25 引脚编号	名称	功　能	DB-9 引脚编号	名称	功　能
2	TxD	发送数据	1	DCD	数据载波检测
3	RxD	接收数据	2	RxD	接收数据
4	RTS	请求发送	3	TxD	发送数据
5	CTS	允许发送	4	DTR	数据终端准备好
6	DSR	数据通信设备准备好	5	GND	信号地
7	GND	信号地	6	DSR	数据通信设备准备好
8	DCD	数据载波检测	7	RTS	请求发送
20	DTR	数据终端准备好	8	CTS	允许发送
22	RI	振铃指示	9	RI	振铃指示

在表 10-1 所列常用接口信号中，除了发送数据 TxD、接收数据 RxD 及信号地 GND 以外，还有几个联络控制信号以保证数据通信的可靠进行。下面予以具体解释。

（1）DTR(data terminal ready)：数据终端准备好。当数据终端设备接通电源并进入工作状态后即向数据通信设备发出 DTR 信号。

(2) DSR(data set ready)：数据通信设备准备好。在数据通信设备接通电源并进入工作状态后即向数据终端设备发出 DSR 信号。

有时将 DTR 和 DSR 信号直接接到电源上，一上电就立即有效。但这两个准备好信号有效，仅表示设备可用，并不说明通信链路可以开始进行通信，能否进行通信由下面的控制信号决定。

(3) RTS(request to send)：请求发送。当数据终端设备准备发送数据时，向数据通信设备发出 RTS 信号。

(4) CTS(clear to send)：允许发送。这是数据通信设备允许数据终端设备开始发送数据的控制信号，是对 RTS 的响应信号。

RTS 和 CTS 用于半双工串行通信系统中发送和接收方式之间的切换。在全双工系统中，因配置有双向的数据传输通道，故不需要 RTS 和 CTS 联络信号。

(5) DCD(data carrier detected)：数据载波检测。当数据通信设备检测到线路上出现有效载波信号后，就向数据终端设备发出 DCD 信号。

(6) RI(ring indicate)：振铃指示。当数据通信设备接收到电话交换设备的振铃信号时，则输出 RI 信号至数据终端设备。

2. RS-232C 的电气特性

RS-232C 标准对电气特性、逻辑电平作了明确规定，RS-232C 采用负逻辑电平。

1) 在 TxD 和 RxD 引脚上电平定义

逻辑 1(MARK)＝－3～－15V

逻辑 0(SPACE)＝＋3～＋15V

MARK 和 SPACE 是电传打字机中的术语，分别表示传号和空号。

2) 在 RTS、CTS、DSR、DTR 和 CD 等控制线上电平定义

信号有效(接通，ON 状态，正电压)＝＋3～＋15V

信号无效(断开，OFF 状态，负电压)＝－3～－15V

介于－3～＋3V 之间的电压将使计算机无法正确判断输出信号的意义，可能得到 0，也可能得到 1，在串行通信时会出现大量误码，使得到的结果不可信。因此，在实际工作时应保证传输的电平在＋3～＋15V 或－3～－15V 之间。RS-232C 接口发送端和接收端之间的信号允许有 2V 的电压降落，即有 2V 的噪声容限。

由上述可见，RS-232C 电平与通常计算机中的 TTL 电平并不兼容。因此，在两者之间通信需加电平转换电路。

3. RS-232C 电平转换电路

RS-232C 用正负电压来表示逻辑状态，与 TTL 以高低电平表示逻辑状态的规定不同。因此，为了能够同计算机接口或终端的 TTL 器件连接，必须在 RS-232C 与 TTL 电路之间进行电平和逻辑关系的变换。

目前集成电路转换器件使用较为广泛，如 MC1488、SN75150 芯片可实现 TTL 电平到 EIA 电平的转换，而 MC1489、SN75154 可实现 EIA 电平到 TTL 电平的转换。使用时 MC1489 电路需接＋5V 电源电压，而 MC1488 电路则需接＋12V、－12V 两种电源电压。

采用 MC1488 和 MC1489 实现 RS-232C 的 EIA 电平与 TTL 电平的转换电路如图 10-6
所示。

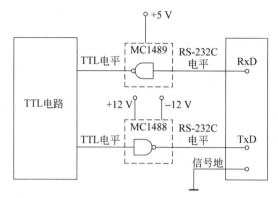

图 10-6　RS-232C 的 EIA 电平与 TTL 电平的转换电路

MAX232 芯片可完成 TTL↔EIA 电平的双向转换,是专为 RS-232 标准串口设计的单电源电平转换芯片。MAX232 芯片由单一的 +5V 电源供电,内部集成 2 组 RS-232C 驱动器,只需配 5 个高精度的钽电容即可完成电平转换,转换后的串行信号 TxD、RxD 可直接与计算机的串口连接。采用 MAX232 实现 RS-232C 与 TTL 电平的转换电路如图 10-7 所示。

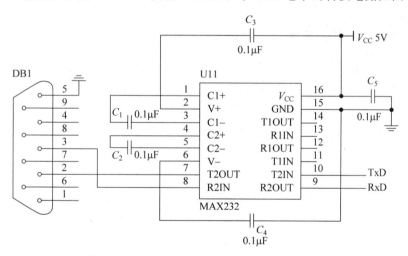

图 10-7　RS-232C 电平与 TTL 电平的转换电路

4. 常见的几种 RS-232C 电缆连接方式

在采用 RS-232C 标准进行串行数据通信时,常常会遇到究竟如何选择或制作连接电缆的问题。图 10-8 所示为几种典型的 RS-232C 电缆连接方式。

图 10-8(a)是将 DB-25 连接器的 25 个引脚通过电缆一一对应相连,称为全双向标准连接方式,电缆一端是 DTE,另一端是 DCE。这种方式目前已很少使用。图 10-8 的(b)、(c)连接方式中,DB-9 连接器的电缆两端均为 DTE,没有 DCE(调制解调器)出现,每一个 DTE 都假定与自己通信的对方是 DCE,而实际上又没有 DCE 的存在。图 10-8(b)为零调制解调

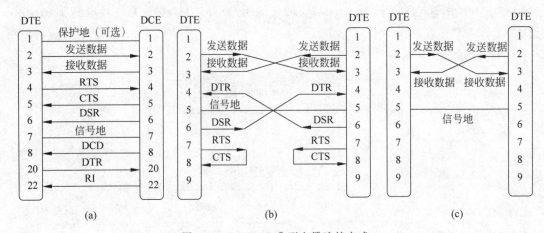

图 10-8 RS-232C 典型电缆连接方式

(a) 全双向标准连接方式; (b) 零调制解调器连接方; (c) 最简三线连接方式

器(null modem)的连接方式,两条数据线(TxD)与(RxD)交叉连接,双方都可发也可收。在这种方式下,通信双方的任何一方,只要请求发送 RTS 和数据终端准备好 DTR 有效就能开始发送和接收。图 10-8(c)是目前使用最广泛的最简三线连接方式,它适用于那些不需要有请求发送(RTS)和允许发送(CTS)功能要求的计算机终端接口。

5. RS-232C 的传输距离和传输速率

RS-232C 规定最大的负载电容为 2500pF,这个电容限制了传输距离和传输速率,由于RS-232C 的发送器和接收器之间具有公共信号地(GND),属于非平衡电压型传输电路,不使用差分信号传输,因此不具备抗共模干扰的能力,共模噪声会耦合到信号中,在不使用调制解调器时,RS-232C 能够可靠进行数据传输的最大通信距离为 50ft(约为 15m),若通过RS-232C 进行远程数据传输时,必须通过调制解调器进行通信连接,或改为 RS-422、RS-485等差分传输方式。

RS-232C 标准规定的传输速率有 50、60、75、110、300、1200、2400、4800、9600、19 200bps,适用于不同传输速率的设备。在仪器仪表或工业控制场合,9600bps 是最常见的传输速度。传输距离和传输速度成反比,适当地降低传输速度,可以延长 RS-232 的传输距离,提高通信的稳定性。

尽管后来出现的一些串行通信接口标准比 RS-232C 传得远,也传得快,但远没有 RS-232C应用广泛,这主要是由于 RS-232C 接口比较简单,最简连接只需要三根线即可,而且在实际应用中很多场合也并不需要很高的传输速度,设备之间离得也比较近。因此 RS-232C 适合本地设备之间传输速度要求不高的场合。随着技术的发展,绝大多数 PC 已经没有 RS-232C接口,可采用 USB 转 RS-232C 转换器实现和工业现场设备的串行通信。

10.2.2 RS-449、RS-423A、RS-422A

RS-232C 的不足主要有以下四点:

（1）接口的信号电平值较高，易损坏接口电路的芯片，又因为与 TTL 电平不兼容，故需使用电平转换电路方能与 TTL 电路连接。

（2）传输速率较低，在异步传输时波特率最高为 19.2kbps。

（3）接口使用一根信号线和一根信号返回线构成共地的传输形式，这种共地传输容易产生共模干扰，所以抗噪声干扰弱。

（4）传输距离有限，最大传输距离标准值为 15m。

针对 RS-232C 在数据传输时最大距离仅为 15m，信号最高速率不能超过 20kbps，且采用不平衡驱动方式，接口处各信号线间产生串扰等缺陷问题，EIA 之后颁布了三个新标准：

（1）EIA RS-449：使用串行二进制交换的数据终端和数据电路端接设备的通用 37 针和 9 针接口，1977 年 11 月颁布。

（2）EIA RS-423A：非平衡电压数字接口电路的电气特性，1978 年 9 月颁布。

（3）EIA RS-422A：平衡电压数字接口电路的电气特性，1978 年 9 月颁布。

其中 RS-449 主要是关于机械连接和功能方面的标准规范，而 RS-423A 与 RS-422A 主要是关于电气特性方面的接口标准。EIA 通过将电气特性的技术规范与机械和功能特性分开，在制定标准的方法上实现了规模化。需要进一步说明的是，RS-232C 既是一种电气标准，又是一种物理接口功能标准。RS-449、RS-423A、RS-422A 及 RS-485 在概念上与 RS-232C 不同。RS-449 是一个物理接口标准，而 RS-423A、RS-422A 及 RS-485 则是电气标准，例如，采用 RS-423A 电气标准，既可以通过 RS-232C 的物理接口标准来实现，也可以通过 RS-449 的物理接口标准来实现。

下面简单说明 RS-449、RS-423A、RS-422A 及 RS-485 的主要特点，详细内容可查阅这些标准的相关资料。

RS-449 采用两种连接器：37 针连接器和 9 针连接器。在多通道通信中的主要信道使用 37 针连接器，而辅信道只需使用 9 针连接器即可。RS-449 机械技术规范提供了一种锁紧装置，它不需要特殊工具（RS-232C 需要改锥）就能锁紧或松开，提高了安装操作的方便性。RS-449 的传输距离最长可达 1200m，信号最高速率 100kbps 以上。

RS-423A 采用单端驱动的非平衡发送器和差分接收器，由接收器的一端接收发送端的信号地，如图 10-9 所示。RS-423A 改善了 RS-232C 的电气特性，同时与 RS-232C 兼容，它一端可与 RS-232C 连接，另一端可与 RS-422 连接，提供了一种从旧技术到新技术过渡的手段。RS-423A 比 RS232C 的传输速率更高，且可传输的距离更远，在短距离（10m）传输时传输速率高达 300kbps。

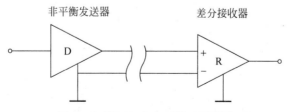

图 10-9　RS-423A 电气接口示意图

RS-422A 采用平衡驱动和差分接收的数据传输方式，通过两对双绞线可以全双工方式进行收发，典型的 RS-422A 四线接口示意图如图 10-10 所示。RS-422A 的发送驱动器

(driver)以两线之间的电压差为+2~+6V时表示逻辑"1",为-2~-6V时表示逻辑"0",接收端(receiver)以两线间的电压差大于+200mV表示逻辑"1",小于-200mV表示逻辑"0"。RS-422A的信号电平比RS-232C低,故不易损坏接口电路芯片,且该电平与TTL电平兼容,方便与TTL电路连接。由于采用双线传输和差分接收器,大大提高了其抗共模干扰能力,传输距离和传输速度显著增加。RS-422A能在1219m距离内达到100kbps的传输速率,在距离约12m内传输速率可高达10Mbps。RS422A的另一个优点是支持点对多的全双工通信,一个发送器可最多连接10个接收器,而RS-232C和RS-423A仅支持点对点的连接。另外,在进行较远距离传输时RS-422A需要在传输电缆的最远端连接一个终接电阻,其阻值约等于传输电缆的特性阻抗。在短距离传输时(一般在300m以下)可不接终接电阻。

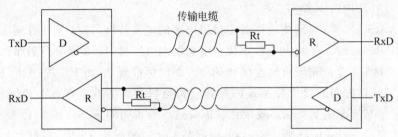

图 10-10　典型的 RS-422A 四线接口

10.2.3　RS-485

使用 RS-422A 进行全双工通信需要两对双绞线,使得线路成本增加。在许多工业控制及通信系统中,往往有多点互连而不是两点直连。伴随这样的应用需求,主从结构形式的 RS-485 标准产生了。

RS-485 标准是 RS-422A 的变型,它与 RS-422A 都采用平衡差分电路,区别在于 RS-485 可用于多个站点之间共用一对线路以总线方式进行联网,但通信只能是半双工的,线路如图 10-11 所示。由于共用一对线路,在任何时刻只允许一个发送器发送数据,其他发送器须处于关闭(高阻)状态,这可以通过发送器芯片上的发送控制端实现。

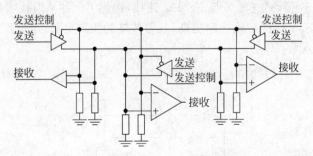

图 10-11　RS-485 多点连接系统

RS-485 接口的传输速率以及传输距离和 RS-422A 相同,但 RS-485 接口允许连接多达32 个收发器,即具有多站能力,这样用户可以利用单一的 RS-485 接口方便地建立起设备网络。如果在一个网络中连接的设备超过了 32 个,还可以使用中继器进行扩展。

几种常用串行接口标准的比较如表 10-2 所示。

表 10-2　RS-232C、RS-422 和 RS-485 主要性能指标比较

接口 性能	RS-232C	RS-422	RS-485
传输方向	全双工	全双工	半双工
信号类型	单端	差分	差分
最大传输速率	20kbps	10Mbps	10Mbps
最大传输距离/m	15	1219	1219
抗干扰能力	弱	强	强
节点数	点对点,即 1 收 1 发	多站,1 发 10 收	多站,1 发 32 收
传输介质	扁平或多芯电缆	2 对双绞线	1 对双绞线

10.3　可编程串行通信接口芯片 8251A

随着大规模集成电路技术的发展,多种通用的可编程同步和异步接口芯片(universal synchronous asynchronous receiver/transmitter, USART)被推出,虽然它们有各自的特点,但就其基本功能结构来说是类似的,均具有串行接收或发送、异步和同步传输数据的能力。

常用的串行接口芯片有 8250 和 8251A 等。在 IBM PC 中使用的是串行通信接口芯片 8250。8250 属于 UART,只支持异步通信,采用全双工、双缓冲结构,芯片外部有 40 个引脚。而 8251A 属于 USART,芯片有 28 个引脚。

下面以 Intel 8251A 为例,介绍可编程串行通信接口芯片的功能和用法。8251A 接口芯片既可以实现串行异步传输,也可以实现串行同步传输,可通过编程对其进行功能配置,以满足串行传输的各种需求,和 Intel 系列的 CPU 连接也很方便。虽然 8251A 功能较强,但它需要外部时钟电路。因此采用 8251A 作为串行接口电路时,需要比较复杂的外围电路。

10.3.1　8251A 的基本性能

8251A 可编程串行通信接口芯片的主要特性如下:

(1) 既可以实现同步传输,也可以实现异步传输。

(2) 同步传输时,每个字符可有 5～8 位数据位,既可以内同步也可以外同步,采用内同步时可自动插入同步字符;8251A 允许同步方式下增加奇偶校验位进行校验。同步传输时的波特率为 DC～64kbps。

(3) 异步传输时,数据格式为 1 位起始位,1 位奇/偶校验位,5～8 位数据位和 1、1.5 或 2 位的停止位。接收/发送时钟频率可设置为通信波特率的 1、16 或 64 倍。可产生异步通信中的中止字符。可检测假启动位,自动检测和处理中止字符。异步传输时的波特率为

DC~19.2kbps。

　　(4) 完全双工,具有双缓冲的接收器和发送器。

　　(5) 具有对传输过程中奇偶校验错误、格式错误以及溢出错误的自动检测功能。

　　(6) 所有输入/输出电平与 TTL 兼容,单一＋5V 电源,单一 TTL 电平时钟。

10.3.2　8251A 的引脚功能

　　8251A 芯片是 N 沟道硅栅工艺 MOS 器件,采用 28 脚 DIP 封装,其外部引脚如图 10-12 所示。

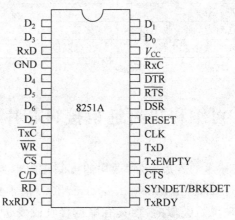

图 10-12　8251A 引脚图

　　8251A 芯片的引脚可以分为两大类:一类是与 CPU 连接的引脚,另一类是与外设或调制解调器连接的引脚,如图 10-13 所示。

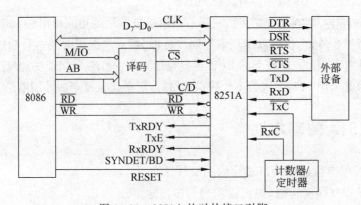

图 10-13　8251A 的对外接口引脚

1. 8251A 与 CPU 的接口信号

　　8251A 与 CPU 之间的接口信号可分为以下五种类型。

1）数据线 $D_7 \sim D_0$

双向 8 位数据线,三态,与 CPU 的数据总线相连。实际上,这 8 位数据线上不只是传输收发的数据信息,也传输 CPU 写入 8251A 的控制命令以及从 8251A 读取的状态信息。

2）片选及读/写控制信号

(1) $\overline{\text{CS}}$:片选信号,输入,低电平有效。$\overline{\text{CS}}$ 端连接到地址译码器的某个输出端。$\overline{\text{CS}}$ 为低电平时,8251A 被选中,可以与 CPU 传送数据;反之,$\overline{\text{CS}}$ 为高电平时,8251A 未被选中,8251A 的数据总线处于高阻状态,读写控制信号对芯片不起作用。

(2) $\overline{\text{RD}}$:读控制信号,输入,低电平有效。当该信号有效时,CPU 可从 8251A 读取数据或状态信息。

(3) $\overline{\text{WR}}$:写控制信号,输入,低电平有效。当该信号有效时,CPU 可向 8251A 写入数据或控制信息。

(4) $C/\overline{D}$:控制/数据信号,输入。该引脚有两种状态,用以区分 CPU 对 8251A 的操作是读写数据还是控制或状态信息。若此输入端为高电平,则 CPU 对 8251A 的操作就是写控制字或读状态字;如果该输入端为低电平,读写的内容就是数据。通常,将该引脚与系统地址线的最低位 A_0 相连,因此 8251A 就占有两个端口地址,偶地址为数据端口,奇地址为控制端口和状态端口。

$\overline{\text{CS}}$、$C/\overline{D}$、$\overline{\text{RD}}$、$\overline{\text{WR}}$ 的信号组合编码与相应的操作之间的关系如表 10-3 所示。

表 10-3　8251A 的读/写控制真值表

$\overline{\text{CS}}$	$C/\overline{D}$	$\overline{\text{RD}}$	$\overline{\text{WR}}$	操　　作
0	0	0	1	CPU 从 8251A 读数据
0	0	1	0	CPU 向 8251A 写数据
0	1	0	1	CPU 读取 8251A 的状态字
0	1	1	0	CPU 向 8251A 写控制命令
0	×	1	1	$D_7 \sim D_0$ 为高阻态
1	×	×	×	$D_7 \sim D_0$ 为高阻态

由表 10-3 容易看出,当片选信号 $\overline{\text{CS}}$ 为 0(有效)时,若 $C/\overline{D}$ 为 0,则 CPU 对 8251A 进行读写数据的操作;若 $C/\overline{D}$ 为 1,则进行读取状态或写入控制命令的操作。而当片选信号 $\overline{\text{CS}}$ 为 1(无效)时,芯片未被选中,则 CPU 无法对 8251A 进行任何读写操作。

3）复位信号 RESET

输入,高电平有效。当这个引脚上出现 6 个时钟宽度的高电平时,芯片被复位。复位后,芯片处于空闲状态。8251 必须在初始化编程后才能脱离空闲状态。通常将此复位端与系统的复位线相连,使它受到加电自动复位和人工复位的控制。

4）时钟信号 CLK

外部时钟输入端,为芯片内部电路提供时钟,可以从系统时钟发生器上取得。这个时钟不是串行发送或接收的时钟,与数据传输速率并无直接关系,但是为了使电路工作可靠,在同步方式下最好使 CLK 频率大于 TxC 或 RxC(收或发时钟)的 30 倍,异步方式须大于收发时钟的 4.5 倍。

5）收发联络信号

(1) TxRDY(transmitter ready):发送器准备好信号,输出,高电平有效。该信号有效表示发送缓冲器已空,CPU 可以向 8251A 送入新的数据。该信号的状态受到操作命令控制字中 TxEN 位(允许发送)的控制。当把 TxRDY 信号作为向 CPU 请求数据的中断信号时,TxEN 位就可以看作是中断控制的屏蔽位。在 8251A 的状态字中有一位 TxRDY,CPU 也可以用查询的方式判断是否可以送新的数据。当 8251A 从 CPU 接收了一个新的数据字符后,TxRDY 输出线变为低电平,同时状态字中的 TxRDY 位被复位。

(2) TxEMPTY(transmitter empty):发送器空信号,输出,高电平有效。当它有效时,表示发送移位寄存器已空,此时发送缓冲器的数据可送入发送移位寄存器中逐位送出。

(3) RxRDY(receiver ready):接收器准备好信号,输出,高电平有效。当它有效时,表明 8251A 已经从串行输入线接收了一个数据字符,正等待 CPU 取走。在中断方式时,RxRDY 可作为向 CPU 发出的中断请求信号;在查询方式时,RxRDY 作为状态字中的一个状态位供 CPU 检测。

(4) SYNDET/BRKDET(synchronous detect/break detect):同步检测或中止符检测信号。该信号在同步方式和异步方式下具有不同的含义和作用。

8251A 工作于同步方式时,该引脚为 SYNDET。8251A 有两种同步方式,即内同步和外同步。若采用内同步,当从 RxD 引脚收到一个(单同步)或两个(双同步)同步字符时,SYNDET 输出高电平,同时将状态字的 SYNDET 位置"1",表示已达到同步,后续接收到的是有效数据。若采用外同步,当片外检测电路搜索到同步字符后,向该引脚输入一个高电平信号,表示已达到外同步,接收器可开始接收有效数据。一旦开始正常接收数据,同步检测端就恢复低电平输出。也就是说,在同步方式下,该端是输入还是输出,取决于初始化程序对 8251A 设定的是内同步还是外同步。

8251A 工作于异步方式时,该引脚为 BRKDET,输出,高电平时表示 8251 已检测到对方发送的"中止符"(编程规定长度为全 0 的字符),同时将状态字中的 SYNDET/BRKDET 位置"1"。恢复正常数据接收时,该引脚被复位。

2. 8251A 与外设或调制解调器的接口信号

(1) RxD(receiver data):输入,用来接收外设送来的串行数据。按规定格式经接收移位寄存器完成串—并转换后,存放在接收数据缓冲寄存器中,等待 CPU 读取。接收移位寄存器和接收数据缓冲寄存器构成了接收的双缓冲器结构。

(2) TxD(transmitter data):输出,发送的数据先由 CPU 送入发送数据缓冲寄存器,经发送移位寄存器完成并—串转换,并按要求插入附加字符或附加位后,一位一位移到 TxD 引脚发送出去。发送数据缓冲寄存器和发送移位寄存器构成了发送的双缓冲器结构。

(3) $\overline{\text{RxC}}$(receiver clock):接收器时钟信号输入端,控制接收串行数据的速率。在 $\overline{\text{RxC}}$ 上升沿采样数据,将其送至移位寄存器。

(4) $\overline{\text{TxC}}$(transmitter clock):发送器时钟信号输入端,控制发送串行数据的速率。每个数据的移位输出是在 $\overline{\text{TxC}}$ 的下降沿实现的。

对于同步方式,接收方的 $\overline{\text{RxC}}$ 应与发送方的 $\overline{\text{TxC}}$ 使用共同的时钟源,且 $\overline{\text{TxC}}$ 和 $\overline{\text{RxC}}$ 的时钟频率应与波特率相同;对于异步方式,$\overline{\text{TxC}}$ 和 $\overline{\text{RxC}}$ 可由本地的时钟发生器提供,其时钟频率可以编程设定为波特率的 1 倍、16 倍或 64 倍。例如:若接收数据的波特率为 300bps,若编程设定波特率因子为 16,则 $\overline{\text{RxC}}$ 端的时钟频率应为 $300\text{Hz} \times 16 = 4800\text{Hz}$。在

实际使用中,$\overline{\text{TxC}}$ 和 $\overline{\text{RxC}}$ 往往连接在一起,用同一个时钟源。

（5）$\overline{\text{RTS}}$(request to send)：请求发送信号,输出至调制解调器（或其他外设）,低电平有效。$\overline{\text{RTS}}$ 有效,表示 CPU 已准备好发送数据。使操作命令控制字中的 D_5(RTS)位置"1",则 $\overline{\text{RTS}}$ 引脚输出低电平。

（6）$\overline{\text{CTS}}$(clear to send)：允许发送信号,由调制解调器（或其他外设）输入,低电平有效。$\overline{\text{CTS}}$ 有效,表示允许 8251A 发送数据,它实际上是对 $\overline{\text{RTS}}$ 的应答信号。只有当 $\overline{\text{CTS}}$ 为低且操作命令控制字中 TxEN 位＝1 时,发送器才可发送数据。如果在数据发送过程中 $\overline{\text{CTS}}$ 无效或使 TxEN 位＝0,则发送器将正在发送的字符发送结束后,停止发送数据。

（7）$\overline{\text{DTR}}$(data terminal ready)：数据终端准备好信号,向调制解调器（或其他外设）输出,低电平有效。$\overline{\text{DTR}}$ 有效,表示数据终端设备（CPU）已准备就绪。使操作命令控制字中 D_1(DTR)位置"1",则 $\overline{\text{DTR}}$ 引脚输出低电平。

（8）$\overline{\text{DSR}}$(data set ready)：数据装置准备好信号,由调制解调器（或其他外设）输入,低电平有效。$\overline{\text{DSR}}$ 有效,表示调制解调器（或其他外设）已经准备好。它实际上是对 $\overline{\text{DTR}}$ 的回答信号。当 $\overline{\text{DSR}}$ 有效时,将使状态寄存器的 D_7(DSR)位置"1",所以 CPU 通过读状态字即可得知 $\overline{\text{DSR}}$ 信号的状态。

10.3.3　8251A 的内部结构与工作原理

8251A 的内部功能结构如图 10-14 所示。由图 10-14 可以看出,8251A 主要由 5 个部分组成：数据总线缓冲器、读/写逻辑控制电路、发送器、接收器及调制解调器控制电路。各部分之间通过内部数据总线相互联系与通信。

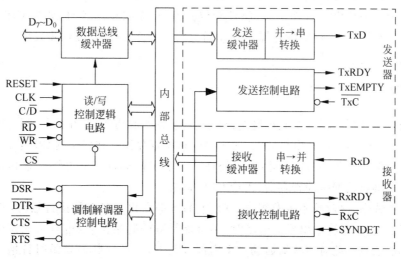

图 10-14　8251A 内部功能结构图

1. 数据总线缓冲器

数据总线缓冲器是三态、双向的 8 位缓冲器,用作 8251A 与系统数据总线之间的接口,是 CPU 与 8251A 之间信息交换的通道。CPU 用输入/输出指令对 8251A 读/写数据或读状态字/写控制字,都通过数据总线缓冲器进行。

2. 读/写逻辑控制电路

读/写控制逻辑电路对系统送入 8251A 的控制信号进行译码,以实现对 8251A 的读/写操作功能。

3. 发送器

发送器由发送缓冲器和发送控制电路组成。发送器的功能是将待发送的并行数据转换成所要求的帧格式,按发送时钟 $\overline{\text{TxC}}$ 的节拍,由 TxD 引脚一位一位地串行发送出去。

在异步方式下,当操作命令控制字中的 TxEN 位被置位且 $\overline{\text{CTS}}$ 信号为低电平时,才能开始发送过程。发送器接收 CPU 送来的并行数据,由发送控制电路加上起始位、奇偶校验位、停止位,在发送时钟 $\overline{\text{TxC}}$ 的作用下,从数据输出端 TxD 逐位串行发送出去。异步方式下发送器的另一个功能是发送中止符。中止符是通过在线路上发送连续的"0"(2 帧以上)来构成的。由于在异步方式下一帧的末尾一定是停止位("1"),所以在正常发送时连续发送"0"的时间不会达 1 帧以上。因此,8251A 规定:若发送"0"的时间在 2 帧以上,则为发送中止符。只要编程将 8251A 操作命令控制字中的 D_3(SBRK)位置"1",则 8251A 就发送中止符。8251A 也具有检测对方发送中止符的功能。当检测到中止符时,则使对应的状态位置"1",并在相应的引脚上输出有效信号(详见后面有关状态字和引脚的说明)。

在同步方式下,也要在 TxEN 位被置位且 $\overline{\text{CTS}}$ 信号有效的情况下,才能开始发送过程。发送器首先根据初始化程序对同步格式的设定,发送一个同步字符(单同步格式)或两个同步字符(双同步格式),然后再发送数据块。如果初始化程序设定有奇偶校验,则发送器会将数据块中每个数据字符加上奇/偶校验位。另外,在同步发送时,如果 CPU 来不及把新的数据提供给 8251A,此时发送器会自动插入同步字符,以满足在同步发送时不允许数据之间存在间隙的要求。

4. 接收器

接收器由接收缓冲器和接收控制电路组成。接收器的功能是,在接收时钟 $\overline{\text{RxC}}$ 的作用下,从数据接收端 RxD 接收串行数据,送至接收移位寄存器,同时进行校验,若发现错误,则置位状态寄存器中的相关位,以便 CPU 处理。一个字符接收完毕再将接收移位寄存器中并行数据送入接收数据缓冲寄存器,以待 CPU 取走。

在异步方式下,接收器不断监视 RxD 线上的电平变化。在无数据传输时,RxD 线上为高电平。当发现 RxD 线上出现低电平时,则可能是真的起始位,但也有可能是由干扰脉冲造成的假起始信号。此时接收器启动一个内部计数器,其计数脉冲就是时钟信号。当计数器计到一个数据位宽度的一半时(假设接收时钟频率为波特率的 16 倍时,则为计数到第 8 个脉冲),又重新采样 RxD 线,若仍为低电平,则确认其为真的起始位,而不是噪声干扰信号;如果为高电平,则考虑其为噪声干扰信号。这就是 8251A 所具有的对假起始位的鉴别能力。对 RxD 采样的具体情形如图 10-15 所示。

8251A 采样到真正起始位后便开始有效数据位的采样。如果接收时钟频率是波特率

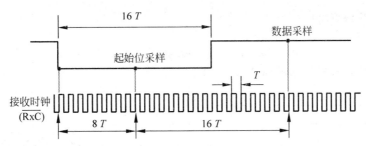

图 10-15　异步方式接收时钟频率为波特率的 16 倍时的数据采样示例

的 16 倍,则每隔 16 个时钟脉冲采样一次 RxD(见图 10-15),然后将采样到的数据送至接收移位寄存器,经过移位操作,并经奇偶校验和去掉停止位,得到转换后的并行数据,存入接收缓冲寄存器中,然后将状态寄存器中的 RxRDY 位置"1",并在 RxRDY 引脚上输出高电平,表示已经接收到一个有效数据字符,通知 CPU 取走。对于少于 8 位的数据字符,8251A 将它们的高位填"0"。

在同步方式下,接收器首先搜索同步字符。8251A 监视 RxD 线,每出现一个数据位就把它移位接收进来,经串并转换后送到接收数据缓冲器中,与同步字符(由初始化程序设定)寄存器的内容相比较,看其是否相等。若不等,则 8251A 重复上述过程。当找到同步字符后(若编程规定为双同步,则出现在 RxD 线的两个相邻字符必须与规定的字符相同),则将状态寄存器中的 SYNDET 位置 1,并在 SYNDET 引脚上输出一个有效信号,表示已找到同步字符。在确认已达到同步后,才开始进行有效数据的同步传输,每隔一个接收时钟周期采样一次 RxD 线上的数据位,并把接收到的数据位送到接收移位寄存器中。每当收到的数据达到设定的一个字符的位数时,就将移位寄存器中的数据送到接收缓冲寄存器中,然后使状态寄存器的 RxRDY 位置"1",并在 RxRDY 引脚上输出高电平,表示已收到了一个数据字符,通知 CPU 取走。

5. 调制解调器控制电路

调制解调器控制电路提供了 4 个用于和调制解调器及其他数据终端设备接口时的控制信号 $\overline{DTR}$、$\overline{DSR}$、$\overline{RTS}$ 和 $\overline{CTS}$,通过它们可以有效地实现数据通信过程的联络与控制。信号的含义与 RS-232C 标准相同。

10.3.4　8251A 的编程

8251A 的工作方式和操作过程都可通过程序进行设定和控制。8251A 的初始化编程包括两部分,一是规定其工作方式,二是发操作命令。规定工作方式即设定 8251A 的一般工作特性(如异步方式或同步方式、字符格式、传输率等),它是通过 CPU 向 8251A 输出"方式选择控制字"来实现的;操作命令用来指定 8251A 的具体操作(如发送器允许、接收器允许、请求发送等),它是通过 CPU 向 8251A 输出"操作命令控制字"来实现的。

下面先介绍 8251A 的方式选择控制字、操作命令控制字及状态字的具体格式,然后给出 8251A 初始化及数据传送流程。

1. 方式选择控制字

方式选择控制字用于规定 8251A 的工作方式,它必须紧跟在复位操作之后由 CPU 写入。8251A 方式选择控制字的格式如图 10-16 所示。

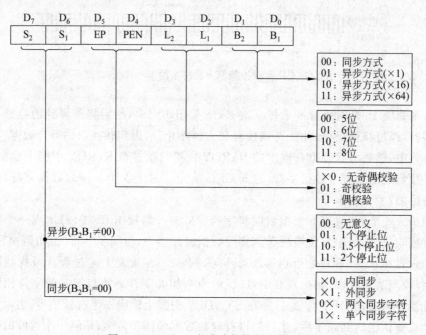

图 10-16　8251A 方式选择控制字的格式

(1) 最低两位 $B_2 B_1$ 用于确定 8251A 是以异步还是同步方式工作,以及在异步方式下的波特率因子。$B_2 B_1 = 00$ 时,为同步方式;$B_2 B_1 \neq 00$ 时,为异步方式,且由 $B_2 B_1$ 的三种代码组合设定发送/接收时钟频率为波特率的 1 倍(×1)、16 倍(×16)或 64 倍(×64)。即

$$发送 / 接收时钟频率 = 发送 / 接收波特率 \times 波特率因子$$

(2) $L_2 L_1$ 两位用于设置每个字符的数据位数,可以是 5~8 位。

(3) EP 和 PEN 用于决定是否校验以及校验方式。可以不校验,或采用奇校验/偶校验。

(4) $S_2 S_1$ 两位在同步方式($B_2 B_1 = 00$)和异步方式($B_2 B_1 \neq 00$)时的含义有所不同。异步方式确定停止位的位数;同步方式则确定是内同步还是外同步,以及同步字符的个数。

2. 操作命令控制字

操作命令控制字只有在设定了方式选择控制字之后才能由 CPU 写入,让 8251A 实现某种操作或进入规定的工作状态。8251A 的操作命令控制字的格式如图 10-17 所示。

(1) TxEN:发送允许位。TxEN=1 时发送器才能由 TxD 引脚向外部发送串行数据。

(2) DTR:数据终端准备好信号控制位。DTR=1 时强制 $\overline{DTR}$ 引脚输出低电平。

(3) RxE:接收允许位。RxE=1,8251A 才能从 RxD 引脚接收串行数据。

(4) SBRK:发送中止符位。SBRK=1,TxD 引脚连续发送"0"信号(2 帧以上)。正常通信过程中该位应为"0"。

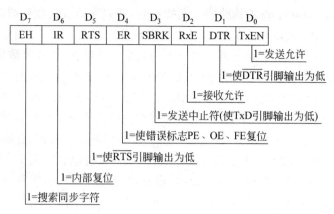

图 10-17 8251A 的操作命令控制字的格式

（5）ER：清除状态字的出错位。状态字共有三个出错标志位：奇偶校验错 PE、溢出错 OE、帧格式错 FE。ER＝1 同时将这三个出错标志位清 0。

（6）RTS：请求发送信号控制位。RTS＝1 将使 8251A 的 $\overline{RTS}$ 引脚输出低电平，表示 CPU 已做好发送数据准备，请求向调制解调器或外设发送数据。

（7）IR：内部复位控制位。IR＝1 使 8251A 内部复位，并回到接收方式选择控制字的状态。

（8）EH：搜索方式位。EH 位只对同步方式有效，EH＝1 表示开始搜索同步字符。因此对于同步方式，一旦使接收器允许（RxE＝1），必须同时使 EH＝1。

需要说明的是，方式选择控制字与操作命令控制字都是由 CPU 作为控制字写入 8251A 的，写入时的端口地址也相同。为了在芯片内不致造成混淆，8251A 采用了对写入次序进行控制的方法来区分两种控制字。在复位后先写入的控制字，被 8251A 解释为方式选择控制字，此后写入的是操作命令控制字，且在芯片再次复位以前，所有写入的控制字都是操作命令字。

3. 状态字

CPU 可在 8251A 工作过程中利用输入指令（IN 指令）读取当前 8251A 的状态字，从而可以检测接口和数据传输的工作状态。8251A 的状态字格式如图 10-18 所示。

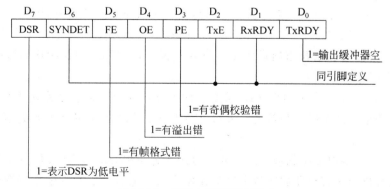

图 10-18 8251A 的状态字格式

(1) PE(parity error)：奇偶校验错。在接收时,8251A 检查接收到的每一个字符的"1"的个数,若不符合要求,将该标志位置 1,发出奇偶校验出错信息。它不中止 8251A 的工作。

(2) OE(overrun error)：溢出错。8251A 是双缓冲器结构,在接收数据时,先由移位寄存器把串行数据变为并行数据,送到接收数据缓冲寄存器,然后通过执行 IN 指令送至 CPU 中。若数据已变为并行且已送至接收数据缓冲寄存器中时,8251A 就可以接收另一个新的字符。但是,若已接收到第二个字符的停止位,且要把第二个字符传送到接收数据缓冲寄存器中时,CPU 还未取走上一个数据,就会出现将上次数据覆盖的错误,此时 PE 标志位置 1。它不中止 8251A 继续接收下一个字符的工作,但上一个字符将会丢失。

(3) FE(frame error)：帧格式错,只对异步方式有效。当一个字符结束而没有检测到规定的停止位时,将 PE 标志位置 1。它也不中止 8251A 的工作。

上述三个出错标志位可用操作命令字中的 ER 位复位。

(4) RxRDY、TxE 和 SYNDET/BRKDET：与同名引脚的状态和含义相同,此处不再重述。

(5) DSR：数据通信设备准备好。该状态位为 1 表示 $\overline{\text{DSR}}$ 引脚为低电平,说明调制解调器或其他外设已处于准备好状态。

(6) TxRDY：发送准备好。该状态位与 TxRDY 引脚的含义略有不同。TxRDY 状态位为"1"只反映当前发送缓冲器已空,而 TxRDY 输出引脚为"1",除发送缓冲器已空外,还需要满足 $\overline{\text{CTS}}$ 引脚为低和 TxEN 引脚为高,即存在如下逻辑关系：

$$\text{输出引脚 TxRDY 为"1"} = \text{发送缓冲器空} \cdot (\overline{\text{CTS}} = 0) \cdot (\text{TxEN} = 1)$$

若 $\overline{\text{CTS}}$ 引脚为低、TxEN 引脚为高,则 TxRDY 状态位与 TxRDY 引脚的状态总是相同的。通常 TxRDY 状态位供 CPU 查询,而 TxRDY 引脚的输出信号作为向 CPU 的中断请求信号。

4. 8251A 的编程

对 8251A 的初始化编程,必须在复位操作之后,先通过方式选择控制字对其工作方式进行设定。

如果设定 8251A 工作于异步方式,那么必须在输出方式选择字之后通过操作命令控制字对有关操作进行设置,然后才可进行数据传送。在数据传送过程中,也可使用操作命令控制字进行某些操作设置或读取 8251A 的状态字;在数据传送结束时,若使操作命令字中的 IR 位为"1",通过内部复位命令使 8251A 复位,则它又可重新接收方式选择控制字,从而改变工作方式完成其他传送任务。当然也可在一次数据传送结束后不改变工作方式,则此时就不需要进行内部复位以及重新设置工作方式的操作。8251A 的初始化和数据传送流程如图 10-19 所示。

如果设定 8251A 工作于同步方式,那么在输出方式选择控制字之后应紧跟着输出一个同步字符,在一个或两个同步字符之后再输出操作命令控制字,后面的操作过程与异步方式相同。

8251A 有数据端口和控制端口两个端口地址。对控制端口写入时,是往 8251A 的方式选择寄存器、操作命令寄存器或同步字符寄存器写入。那么到底写入哪个寄存器呢？实际上 8251A 控制端口是依照写入顺序来区分的。对 8251A 进行初始化的约定如下：

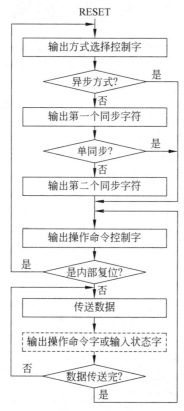

图 10-19　8251 的初始化和数据传送流程

（1）芯片复位后，首先写入控制端口的内容被解释为方式选择控制字；

（2）若方式选择控制字中规定 8251A 工作在同步方式，则接着往控制端口输出 1 或 2 个同步字符，同步字符被写入同步字符寄存器；

（3）之后，只要没有复位命令，不管是同步方式还是异步方式，由 CPU 往控制端口写入的内容将作为操作命令字送到其内部的操作命令寄存器中；

（4）往数据端口写入的值将作为数据送到数据输出缓冲寄存器。

5．初始化编程举例

1）异步方式下的初始化编程举例

（1）方式选择控制字的设定

例如，8251A 工作于异步方式，波特率因子为 16，每个字符 7 个数据位，采用偶校验，1 个停止位，则方式控制字应为：01111010B＝7AH。

（2）操作命令字的设定

例如，使 8251A 的发送允许，接收允许，使状态寄存器中的 3 个错误标志位复位，使数据终端准备好信号 $\overline{\text{DTR}}$ 输出低电平，则操作命令控制字为：00010111B＝17H。

若 8251A 的控制口地址为 141H，并已对 8251A 进行了复位操作，则初始化程序如下：

```
MOV  DX, 141H
MOV  AL, 7AH
OUT  DX, AL      ;输出方式选择字
MOV  AL, 17H
OUT  DX, AL      ;输出操作命令字
```

CPU 执行上述程序之后,即完成了对 8251A 异步方式的初始化编程。

2) 同步方式下的初始化编程举例

设 8251A 工作于同步方式,内同步,发送 2 个同步字符,同步字符为 16H,每字符 7 个数据位,偶校验,则方式选择字为 00111000B=38H。

若使发送允许,接收允许,错误标志复位,开始搜索同步字符,并通知调制解调器或外设,数据终端设备已准备就绪,则操作命令字为 10010111B=97H。

若 8251A 控制口的端口地址为 141H,并已对 8251A 进行了复位操作,则初始化程序如下:

```
MOV  DX, 141H
MOV  AL, 38H
OUT  DX, AL      ;输出方式选择字
MOV  AL, 16H
OUT  DX, AL      ;输出两个同步字符,同步字符为 16H
OUT  DX, AL
MOV  AL, 97H
OUT  DX, AL      ;输出操作命令字
```

CPU 执行上述程序之后,即完成了对 8251A 同步方式的初始化编程。

10.3.5 8251A 应用举例

利用 8251A 实现相距较近(不超过 15m)的两台微机之间的相互通信,其硬件连接如图 10-20 所示。由于是近距离通信,两台微机可直接通过 RS-232C 电缆连接,且通信双方均作为数据终端设备(DTE)。由于采用 RS-232C 接口标准,所以需要加电平转换电路。另外,通信时均认为对方已经准备就绪,因此可不用 $\overline{DTR}$、$\overline{DSR}$ 及 $\overline{RTS}$、$\overline{CTS}$ 联络信号,仅使 8251A 的 $\overline{CTS}$ 接地即可。

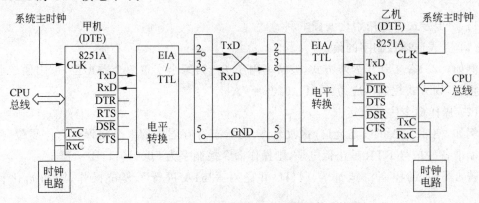

图 10-20 利用 8251A 进行双机通信硬件连接图

甲、乙两机可进行半双工或全双工通信。CPU 与接口之间可按查询方式或中断方式进行数据传送。本例采用异步传送方式,通过查询状态位进行数据的发送和接收。8251A 控制口的端口地址用 CTRL_PORT 表示,数据口的端口地址用 DATA_PORT 表示。下面给出发送端与接收端的初始化及控制程序。

1) 发送端初始化及控制程序

```
START: MOV DX, CTRL_PORT
       MOV AL,00H
       OUT DX,AL
       OUT DX,AL                ;向 8251A 连续三次写入 00H
       OUT DX,AL
       MOV AL,40H
       OUT DX,AL                ;内部复位命令
       MOV AL,7AH      ;方式选择字:异步方式,7 位数据,1 位停止位,偶校验,波特率因子16
       OUT DX,AL
       MOV AL,11H               ;操作命令字:发送允许,清除错误标志
       OUT DX,AL
       MOV SI,OFFSET BUF1       ;发送数据块首地址
       MOV CX,COUNT            ;发送数据块字节数
NEXT:  MOV DX,CTRL_PORT
       IN AL,DX                 ;读状态字
       TEST AL,01H              ;查询状态位 TxRDY 是否为"1"
       JZ NEXT                  ;发送未准备好,则继续查询
       MOV DX,DATA_PORT
       MOV AL,[SI]              ;发送准备好,则从发送区取一字节数据发送
       OUT DX,AL
       INC  SI                  ;修改地址指针
       LOOP NEXT                ;未发送完,继续
       HLT
```

2) 接收端初始化及控制程序

```
BEGIIN:MOV DX, CTRL_PORT
       MOV AL,00H
       OUT DX,AL
       OUT DX,AL                ;向 8251A 连续三次写入 00H
       OUT DX,AL
       MOV AL,40H               ;内部复位命令
       OUT DX,AL
       MOV AL,7AH               ;方式选择控制字
       OUT DX,AL
       MOV AL,14H
       OUT DX,AL                ;操作字选择
       MOV DI,OFFSET BUF2       ;接收数据块首地址
       MOV CX,COUNT            ;接收数据字节数
LI:    MOV DX,CTRL_PORT
       IN  AL,DX                ;读状态字
```

```
TEST AL,02H              ;查询状态位 RxRDY 是否为"1"
JZ  L1                   ;接收未准备好,则继续查询
TEST AL,08H              ;检测是否有奇偶校验错
JZ  ERR                  ;若有,则转出错处理
MOV DX,DATA_PORT
IN   AL,DX               ;接收数据
MOV [DI],AL              ;存入接收数据区
INC  DI                  ;修改地址指针
LOOP L1                  ;未接收完,继续
HLT
```

这里对上述发送端和接收端初始化程序中首先"向8251A连续三次写入00H"的操作解释如下:

由图10-19所示的8251A初始化流程可知,在对其输出方式选择控制字之前,必须使8251A处于复位状态。但是在实际使用中,不一定能够确保此时8251A处于此种状态。为此,在写入方式选择控制字之前,应对其进行复位操作。而当使用内部复位命令(40H)对其进行复位操作时,又必须使8251A处于准备接收操作命令字的状态。为达到此目的,可采用的一种方式(Intel数据手册建议)就是在写入内部复位命令(40H)之前,实施向其连续写入三次00H的引导操作(均写入控制口中)。经过分析可以发现,在第一次写入00H时,分两种情况:

(1) 如果8251A处于准备接收操作命令控制字的状态,则00H被解释成操作命令字,但它及相继写入的两个00H均不会产生任何具体操作;

(2) 如果8251A处于准备接收方式选择控制字的状态(即已处于复位状态),则00H被解释成设定同步方式(因为最低两位为00)、两个同步字符(因为最高位为00),所以后续写入的两个00H将作为两个同步字符被接收。查询8251A的初始化流程可以发现,在双同步方式下,写完两个同步字符后即进入"输出操作命令控制字"的流程,此时,刚好可以写入内部复位命令(40H),之后即可正确地写入方式选择控制字了。

练 习 题

一、选择题

1. 串行异步通信中,收发双方必须保持(　　)。
   A. 收发时钟相同　　　　　　　　　　B. 停止位相同
   C. 数据格式和波特率相同　　　　　　D. 以上都正确
2. 串行通信中,使用波特率来表示数据的传送速率,它是指(　　)。
   A. 每秒钟传送的字符数　　　　　　　B. 每秒钟传送的字节数
   C. 每秒钟传送的字数　　　　　　　　D. 每秒钟传送的二进制位数
3. 串行通信中,若收发双方的动作由同一个时钟信号控制,则称为(　　)串行通信。
   A. 同步　　　　　B. 异步　　　　　C. 全双工　　　　　D. 半双工
4. 在数据传输率相同的情况下,同步串行传输的速度要高于异步串行传输,其原因是

（　　　）。

　　A. 由于采用 CRC 循环码校验　　　　　　　B. 双方通信同步

　　C. 发生错误的概率小　　　　　　　　　　D. 附加的冗余信息量少

　　5. 设串行异步通信的数据格式是：1 个起始位，7 个数据位，1 个校验位，1 个停止位。若传输率为 1200bps，则每秒钟传输的最大字符数为（　　　）。

　　A. 10 个　　　　　　B. 110 个　　　　　　C. 120 个　　　　　　D. 240 个

　　6. 传送 ASCII 码字符时，D_7 位为校验位，若采用偶校验，传送字符"4"的 ASCII 码 34H 时的编码为（　　　）。

　　A. B4H　　　　　　　B. 34H　　　　　　　C. 35H　　　　　　　D. B5H

　　7. 如果约定在字符编码的传送中采用偶校验，若接收到校验代码 11010010，则表明传送中（　　　）。

　　A. 未出现错误　　　　　　　　　　　　　B. 出现奇数位错

　　C. 出现偶数位错　　　　　　　　　　　　D. 最高位出错

　　8. 在数据传送过程中，数据由串行变为并行，或由并行变为串行，这种转换是通过接口电路中的（　　　）实现的？

　　A. 数据寄存器　　　B. 移位寄存器　　　C. 锁存器　　　　　D. 状态寄存器

　　9. 两台微机间进行串行全双工通信时，最少需要（　　　）根线。

　　A. 2　　　　　　　　B. 3　　　　　　　　C. 4　　　　　　　　D. 5

　　10. Intel 公司生产的用于数据串行通信的可编程接口芯片是（　　　）。

　　A. 8259A　　　　　　B. 8237A　　　　　　C. 8255A　　　　　　D. 8251A

　　11. 8251A 的 TxD、RxD 引脚的信号符合（　　　）电平。

　　A. DTL　　　　　　　B. TTL　　　　　　　C. HTL　　　　　　　D. RS-232C

　　12. 若 8251A 方式选择控制字的地址为 2F1H，则操作命令控制字的地址是（　　　）。

　　A. 2F0H　　　　　　　B. 2F1H　　　　　　C. 2F2H　　　　　　D. 2F3H

二、填空题

　　1. 在串行异步通信中，使用波特率表示数据的传送速率，它是指＿＿＿＿＿。

　　2. 串行传送数据的方式有＿＿＿＿＿、＿＿＿＿＿两种。

　　3. 传送 ASCII 码字符时，D_7 位为校验位，若采用奇校验，在传送字符"B"的 ASCII 码 42H 时，其编码为＿＿＿＿＿。

　　4. 8251A 工作在同步方式时，最大波特率为＿＿＿＿＿；工作在异步方式时，最大波特率为＿＿＿＿＿。

　　5. 8251A 工作在同步方式时，引脚同步检测信号 SYNDET 可作为输入或输出信号使用，若工作在外同步方式，该引脚为＿＿＿＿＿；若工作在内同步方式，该引脚为＿＿＿＿＿。

　　6. 如果 8251A 设定为异步通信方式，发送器和接收器时钟皆为 19.2kHz，波特率为 1200，字符数据长度为 7 位，1 位停止位，采用偶校验。则 8251A 的方式选择控制字为＿＿＿＿＿。

三、简答题

　　1. 串行通信的主要特点是什么？

2. 什么是全双工方式？什么是半双工方式？

3. 简要说明异步方式与同步方式的主要特点。

4. 画出串行异步传输的数据格式图。

5. 什么叫波特率因子？若波特率因子为 16，波特率为 1200，则时钟频率应为多少？

6. 试说明奇偶校验的规则及特点。

7. RS-232C 是哪两种设备之间的通信接口标准？常用的 RS-232C 接口信号有哪些？

8. 说明 8251A 异步方式与同步方式初始化流程的主要区别。

9. 对 8251A 进行初始化编程：工作于异步方式，偶校验，7 个数据位，2 个停止位，波特率因子为 16；使出错标志位复位，发送器允许，接收器允许，输出"数据终端准备好"有效信号。8251A 的端口地址为 50H、51H。

10. 对 8251A 进行初始化编程：工作于同步方式，内同步，双同步字符，奇校验，每字符 7 个数据位，使出错标志复位，发送器允许，接收器允许，开始搜索同步字符，通知调制解调器数据终端设备已准备就绪。8251A 的端口地址为 50H、51H。

11. 编写采用查询方式通过 8251A 输出内存缓冲区中 100 个字符的程序段，并附简要程序注释。要求：8251A 工作于异步方式，奇校验，2 个停止位，7 个数据位，波特率因子 64；8251A 的端口地址为 50H、51H。内存缓冲区起始偏移地址为 2000H。

第11章

模拟通道 I/O 接口技术

本章重点内容

◇ D/A 转换工作原理

◇ A/D 转换工作原理

◇ 典型 D/A 转换器芯片 DAC0832

◇ 典型 A/D 转换器芯片 ADC0809

◇ D/A 转换器、A/D 转换器与微处理器的接口

本章学习目标

通过本章的学习,了解 D/A 转换、A/D 转换的基本原理和方法,掌握典型 D/A 转换器 DAC0832、A/D 转换器 ADC0809 的工作原理和性能特点,熟悉它们与微处理器的接口和应用方法。了解 D/A 转换器、A/D 转换器芯片的发展过程及一般数据采集系统和控制系统的组成。

11.1　概　　述

基于计算机的测控系统首先需要检测被控对象的各种物理量,如温度、压力、速度、浓度、流量等,需要用各种传感器将这些物理量转换成电压或电流信号。由传感器输出的信号通常是模拟信号,而计算机只能处理数字信号,因而需要使用 A/D 转换器把模拟信号转换成数字信号后,才能输入到计算机中进行计算处理。计算机输出的是数字量,而大多数执行机构不能直接接收数字信号,需用 D/A 转换器将数字信号变成模拟信号后,传送到执行机构,以实现对生产过程或被控对象的控制。由此可见,A/D、D/A 转换器在实际应用中起着至关重要的作用,它们是计算机与模拟信号接口的关键部件。事实上,在诸如通信、图像处理等其他系统中,A/D、D/A 转换器也有同样的作用。

将模拟量(analog)转化为数字量(digital)的过程称作模/数(A/D)转换,将数字量转化成模拟量的过程称作数/模(D/A)转换,完成相应转换功能的器件称为模/数转换器(A/D 转换器,ADC)和数/模转换器(D/A 转换器,DAC)。

图 11-1 所示的计算机测控系统可以看作是由两部分组成的:一部分是将现场各种传感器采集的模拟信号变为数字信号送至计算机进行处理的测量系统,另一部分是由计算机、DAC、放大驱动和执行机构组成的控制系统。实际应用系统中,这两部分都可以独立存在。

模/数和数/模转换按转换信号的性质主要分为三类:

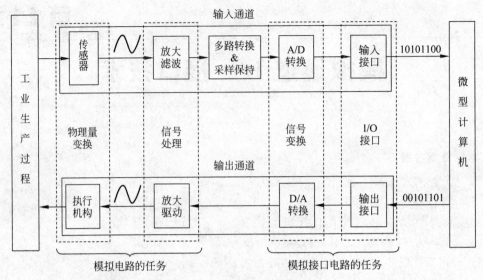

图 11-1   典型的计算机测控系统组成

(1) 数字-电压、电压-数字转换；
(2) 电压-频率(脉宽)、频率(脉宽)-电压转换；
(3) 轴角-数字、数字-轴角转换。
本章主要介绍数字-电压和电压-数字转换的基本原理、控制方法及应用。

11.2 D/A 转换器

11.2.1 D/A 转换器的工作原理

D/A 转换器用来将数字量转换成模拟量。对它的基本要求是输出电压 V_O 和输入数字量 D 成正比，即

$$V_O = D \times V_{ref} \tag{11-1}$$

式中，V_{ref} 为模拟基准电压。数字量 D 是一个 n 位的二进制整数，可以表示为

$$D = d_{n-1}2^{n-1} + d_{n-2}2^{n-2} + \cdots + d_0 2^0 = \sum_{i=0}^{n-1} d_i 2^i \tag{11-2}$$

式中，$d_0, d_1, \cdots, d_{n-1}$ 为输入的数字量的代码；n 为数字量位数。将 D 代入式(11-1)中，可得

$$V_O = V_{ref} \sum_{i=0}^{n-1} d_i 2^i \tag{11-3}$$

每一位数字量 $d_i (i = 0, 1, \cdots, n-2, n-1)$ 可以取 0 或 1，每一位数字值都有一定的权 2^i，对应一定的模拟量 $d_i \times 2^i \times V_{ref}$。为了将数字量转换成模拟量，应该将每一位都转换成相应的模拟量，然后将所有项相加得到模拟量。D/A 转换器一般都是基于这一原理进行设计的。

　　D/A 转换器一般由电阻网络、模拟电子开关、基准电压、运算放大器等组成,如图 11-2 所示。常用的 DAC 有权电阻网络 DAC、T 形电阻网络 DAC、开关树型 DAC、双极性 DAC 等。

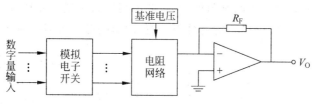

图 11-2　D/A 转换器电路组成示意图

1. 权电阻网络 DAC

　　图 11-3 所示为 4 位的权电阻网络 D/A 转换器。与二进制代码对应的每个输入位,各有一个模拟开关和一个权电阻。当某一位数字代码为"1"时,开关合上,将该位的权电阻接至基准电压以产生相应的权电流。此权电流流入运算放大器的求和点,转换成相应的模拟电压输出。当数字输入代码为"0"时,开关断开,因而没有电流流入求和点。

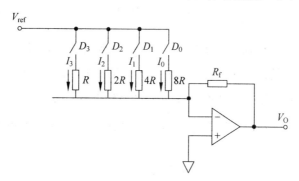

图 11-3　权电阻网络 D/A 转换器

　　由图可知

$$V_O = -(I_0 D_0 + I_1 D_1 + I_2 D_2 + I_3 D_3)R_f \tag{11-4}$$

其中

$$I_0 = \frac{V_{ref}}{8R}, \quad I_1 = \frac{V_{ref}}{4R}, \quad I_2 = \frac{V_{ref}}{2R}, \quad I_3 = \frac{V_{ref}}{R}$$

$$V_O = -\left(\frac{D_0}{8} + \frac{D_1}{4} + \frac{D_2}{2} + \frac{D_3}{1}\right) \cdot \frac{R_f}{R} V_{ref} \tag{11-5}$$

当二进制位数为 n 时,有

$$V_O = -\frac{R_f}{R} V_{ref} \cdot \sum_{i=1}^{n} \frac{D_{n-i}}{2^{i-1}} \tag{11-6}$$

其中,$D_i = 0$ 或 1。

　　权电阻网络 DAC 虽然简单、直观,但当位数较多时,各个电阻阻值相差较大,要想在这样大的阻值范围内保证每个电阻都有很高的精度是十分困难的,在工艺上很难实现。

2. T形电阻网络 DAC

在实际应用中,通常由 T 形电阻网络和运算放大器构成 D/A 转换器,如图 11-4 所示。T 形电阻网络只需要 R 和 $2R$ 两种阻值,在工艺上很容易实现。在集成电路中,由于所有的元件都做在同一芯片上,所以电阻的特性很一致,误差问题也可以得到很好的解决。

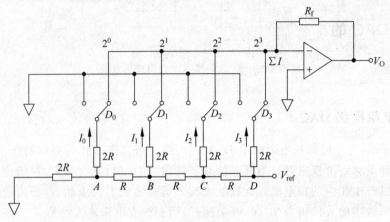

图 11-4 T形电阻网络 D/A 转换器

从图 11-4 中可以看出,任一个支路中,如果开关倒向左边,支路中的电阻便接地了,这对应于该位的 $D=0$ 的情况;如果开关倒向右边,电阻就接到加法电路的相加点 $\sum I$ 上去了,对应于该位 $D=1$ 的情况。对图 11-14 所示电路,很容易算出 D、C、B、A 各点的电位分别为 V_{ref}、$\frac{1}{2}V_{\text{ref}}$、$\frac{1}{4}V_{\text{ref}}$、$\frac{1}{8}V_{\text{ref}}$,当各支路的开关倒向右边时,各支路电流分别为

$$I_0 = \frac{V_A}{2R} = \frac{V_{\text{ref}}}{16R}$$

$$I_1 = \frac{V_B}{2R} = \frac{V_{\text{ref}}}{8R}$$

$$I_2 = \frac{V_C}{2R} = \frac{V_{\text{ref}}}{4R}$$

$$I_3 = \frac{V_D}{2R} = \frac{V_{\text{ref}}}{2R}$$

运算放大器的输入电流 $\sum I$ 为:

$$I = I_0 + I_1 + I_2 + I_3 = \frac{V_{\text{ref}}}{2R}\left(\frac{1}{2^0}D_3 + \frac{1}{2^1}D_2 + \frac{1}{2^2}D_1 + \frac{1}{2^3}D_0\right) \tag{11-7}$$

运算放大器的输出电压为:

$$V_O = -IR_{\text{f}} = -V_{\text{ref}}\frac{R_{\text{f}}}{2R}\left(\frac{1}{2^0}D_3 + \frac{1}{2^1}D_2 + \frac{1}{2^2}D_1 + \frac{1}{2^3}D_0\right) \tag{11-8}$$

当二进制位数为 n 位时,有

$$V_O = -V_{ref} \frac{R_f}{2R} \sum_{i=1}^{n} \frac{D_{n-i}}{2^{i-1}} \tag{11-9}$$

其中，$D_i = 0$ 或 1，表示二进制数各位的值。

综上所述，T 形电阻网络可将二进制数字信号转换成与其数值成正比的电流，再由运算放大器将模拟电流转换成模拟电压输出，从而实现由数字信号到模拟信号的转换。

11.2.2　DAC 的主要技术参数

1. 分辨率

分辨率指最小输出电压(对应的输入数字量只有最低位为"1")与最大输出电压(对应的输入数字量所有位全为"1")之比。如 n 位 D/A 转换器，其分辨率可以表示为 $\frac{1}{2^n - 1}$。分辨率也常用百分比表示，比如 8 位 DAC 的分辨率为 $\frac{1}{255} = 0.39\%$，显然，位数 n 越多，分辨率越高。在实际使用中，常用输入数字量的位数来表示分辨率的大小。

2. 转换速率/建立时间

转换速率实际是由建立时间来反映的。建立时间是指数字量为满刻度值(各位全为 1)时，DAC 的模拟输出电压达到某个规定值(比如，90%满量程或 $\pm\frac{1}{2}$LSB 满量程)时所需要的时间。

建立时间是 D/A 转换速率快慢的一个重要参数。显然，建立时间越长，转换速率越低。根据建立时间的长短，可以将 DAC 分成超高速($<100\text{ns}$)、较高速($100\text{ns} \sim 1\mu\text{s}$)、高速($1 \sim 10\mu\text{s}$)、中速($10 \sim 100\mu\text{s}$)、低速($\geqslant 100\mu\text{s}$)几挡。电流输出型 DAC 的转换时间较短，电压输出型 DAC 转换时间要长一些，主要取决于运算放大器的响应时间。

3. 转换精度

转换精度通常又分为绝对转换精度和相对转换精度，一般用误差大小表示。

绝对转换精度是指对应于给定的数字量，输出端实际测得的模拟输出值(电流或电压)与理论值之间的误差。它与 D/A 转换芯片的内部结构、外部电路的配置及基准电压源的精度等有关。

相对转换精度指在零点和满刻度已经校准的前提下，对应于给定的数字量，其模拟量输出值与其理论值之差。通常，相对转换精度比绝对转换精度更有实用性。

相对转换精度一般用满量程电压 V_{FSR} 的百分数或以最低有效位(LSB)的分数形式表示。例如：

n 位 DAC 的相对转换精度为 $\pm 0.1\%$，设满量程输出电压 V_{FSR} 为 5V，则最大误差为 $\pm 0.1\% \, V_{FSR} = \pm 5\text{mV}$；

n 位 DAC 的相对转换精度为 $\pm\frac{1}{2}$LSB，而 1LSB $= \frac{1}{2^n}$，则可能出现的最大误差为

$$\Delta A = \pm \frac{1}{2} \frac{V_{FSR}}{2^n} = \pm \frac{V_{FSR}}{2^{n+1}} \qquad (11\text{-}10)$$

4. 线性误差

理想情况下 DAC 的转换特性应该是线性的。但实际上输出特性并不是理想的线性。一般将实际转换特性偏离理想转换特性的最大值，称为线性误差。

此外，影响 DAC 转换的环境因素还有工作温度等，工作温度会对运算放大器和电阻网络等产生影响。所以只有在一定的工作温度范围内才能保证精度指标。

11.2.3　典型 DAC 器件及与 CPU 的连接

DAC 芯片种类很多，按芯片内部结构及其与 CPU 接口方法的不同，可以分为片内无输入寄存器和有输入寄存器两种。例如：无输入寄存器的 DAC 芯片有 AD1408 等，有单级输入寄存器的 DAC 芯片有 AD7524、AD558 等，有双级输入寄存器的 DAC 芯片有 DAC0832、AD7528、DAC1210 等。在应用中，片内没有数据输入寄存器的芯片不能直接和微机总线相连，需通过并行接口芯片如 74LS273、Intel 8255 等连接。内部有数据输入寄存器的芯片可以直接和微机总线相连。

按分辨率高低，可分为 8 位 DAC（如 DAC0832、AD1408、AD558/559 等），10 位 DAC（如 AD561 等），12 位 DAC（如 DAC1210/1209/1208/1232、AD562/563、AD7520/7521 等），16 位 DAC（如 DAC1136/1137 等）。

本节介绍两种实际中应用较多，且在接口方法上具有一定典型性的芯片——DAC0832 和 DAC1210。

1. DAC0832

DAC 0832 是美国 National Semiconductor 公司生产的 8 位 D/A 转换芯片，内有 R-2R T 形电阻网络，具有数据输入寄存器和 DAC 寄存器两级缓冲结构，与微计算机接口方便。DAC 0832 为电流型输出，芯片内部提供了反馈电阻 R_{fb}，只需加一个运算放大器，即可获得对应的电压输出。

DAC 0832 的主要技术参数如下：

- 分辨率：8 位；
- 电流建立时间：1μs；
- 工作电源：+5～+15V 单一电源供电；
- 基准电压：−10～+10V；
- 功耗：20mW。

1）内部结构与外部引脚

DAC0832 的内部结构及外部引脚如图 11-5 所示。

DAC0832 各引脚的功能如下：

$D_7 \sim D_0$——数字量输入端，可直接与 CPU 数据总线相连。

I_{OUT1}、I_{OUT2}——模拟电流输出端 1 和 2，$I_{OUT1} + I_{OUT2} =$ 常数。

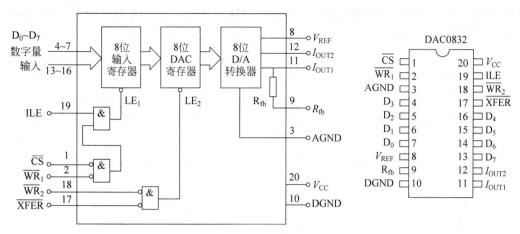

图 11-5　DAC0832 内部结构和外部引脚

$\overline{CS}$——片选端,低电平有效。

ILE——输入锁存允许端。

$\overline{WR_1}$、$\overline{WR_2}$——写信号 1 和 2,低电平有效。

$\overline{XFER}$——传送控制信号,低电平有效。

R_{fb}——反馈电阻接出端。在芯片内部此端和 I_{OUT1} 端之间已接有一个反馈电阻 R_{fb},其值为 $15k\Omega$。

V_{REF}——基准电压输入端,范围为 $+10\sim-10V$。此电压越稳定模拟输出精度越高。

V_{CC}——电源电压,$+5\sim+15V$。

AGND——模拟地。

DGND——数字地。

DAC0832 内部由 8 位输入寄存器,8 位 DAC 寄存器和 8 位 D/A 转换器组成。

(1) 8 位输入寄存器的锁存使能端 $\overline{LE_1}$ 由与门 1 进行控制。当 $\overline{CS}$、$\overline{WR_1}$ 为低电平,ILE 为高电平时,输入寄存器的输出跟随数据输入变化。这三个控制信号任一个无效,例如 $\overline{WR_1}$ 由低电平变高电平时,则 $\overline{LE_1}$ 变低,输入数据立刻被锁存入输入寄存器中。

(2) 8 位 DAC 寄存器的锁存使能端 $\overline{LE_2}$ 由与门 3 进行控制,当 $\overline{XFER}$ 和 $\overline{WR_2}$ 二者都有效时,DAC 寄存器的输出跟随输入变化,此后若 $\overline{XFER}$ 和 $\overline{WR_2}$ 中任意一个信号变高电平时,输入寄存器的内容被锁存至 DAC 寄存器中。

(3) 8 位 D/A 转换器对 DAC 寄存器的输出进行转换,输出与数字量成一定比例的模拟量电流。当输入数字量为全 1 时,引脚 I_{OUT1} 输出电流最大,为 $\dfrac{255}{256}\dfrac{V_R}{R_{fb}}$;当输入全 0 时,$I_{OUT1}$ 为 0。

2) DAC0832 的工作方式

根据对 DAC0832 的输入寄存器和 DAC 寄存器的控制方法的不同,DAC0832 有三种工作方式,分别是双缓冲工作方式、单缓冲工作方式和直通工作方式。

(1) 双缓冲方式

DAC0832 芯片内有两级数据寄存器,当工作于双缓冲方式时,数据通过两个寄存器锁存后才送入 D/A 转换电路,也就是要执行两次写操作才能完成一次 D/A 转换。双缓冲方式需要两个地址译码信号分别接到 $\overline{CS}$ 端和 $\overline{XFER}$ 端,即需要两个不同的端口地址。至于 $\overline{WR_1}$、$\overline{WR_2}$,则可一起接 CPU 的 $\overline{IOW}$ 信号。

双缓冲工作方式的优点是,DAC0832 的数据接收和启动转换可异步进行,可在 D/A 转换的同时进行下一数据的接收,以提高模拟输出通道的转换速率。更重要的是,当需要多个模拟输出通道同时进行 D/A 转换时,可先分别通过各自的 DAC0832 的输入寄存器接收数据,再控制所有的 DAC0832 同时传送数据到各自的 DAC 寄存器中,以实现多个 D/A 转换同步输出,所以此方式特别适合于多个模拟输出通道同时输出的应用场合。

(2) 单缓冲方式

工作于单缓冲方式时,需使两级寄存器中的某一级处于直通状态。通常是使第二级 DAC 寄存器直通,方法是将 $\overline{WR_2}$ 和 $\overline{XFER}$ 两端都固定接地。在单缓冲方式下,数据只要一写入 DAC 芯片,就立即进行数/模转换,省去了一条输出指令。此方式适用于只有一路模拟量输出或几路模拟量非同步输出的场合。

【例 11-1】 图 11-6 所示为工作于单缓冲方式下的 DAC 连接电路图,其中输入寄存器工作在锁存状态,而 DAC 寄存器工作在直通方式,即 $\overline{WR_2}$ 和 $\overline{XFER}$ 都为低电平。这样当 $\overline{WR_1}$ 来一个负脉冲时,就可完成一次 D/A 变换。

另外,DAC0832 直接得到的转换输出结果是电流信号,为将其转换为电压信号,应加接一个运算放大器,这时得到的输出电压 V_{OUT} 是单极性的,极性与 V_{REF} 相反。如果要输出双极性电压,则应在输出端再接一个运算放大器作为偏置电路。

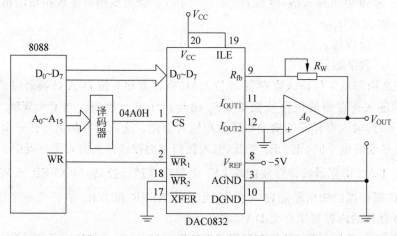

图 11-6　DAC0832 单缓冲方式的外部连接电路

图 11-6 中的电路需在软件配合下才能实现 D/A 转换。假设输入寄存器端口地址为 4A0H,要转换的数据放在内存偏移地址为 1000H 的单元。实现 D/A 转换的程序如下:

```
MOV   BX, 1000H
MOV   AL, [BX]        ;数据送 AL 中
MOV   DX, 4A0H       ;输入寄存器端口地址
OUT   DX, AL          ;进行 DAC
```

【例 11-2】　DAC0832 可用作波形发生器,下面一段程序可使图 11-6 的输出端 V_{OUT} 产生一个如图 11-7 所示的锯齿波。输入的数字量从 0 开始,逐次加 1,当达到 FFH 时,加 1 则清 0,模拟输出又为 0,然后再循环,输出锯齿波。

```
            MOV   DX,4A0H
            MOV   AL,00H        ;初值
ROTATE:OUT   DX,AL              ;向 DAC 送数据
            CALL   DELAY        ;调用延迟子程序
            INC   AL
            JMP   ROTATE
DELAY:MOV   CX,DATA             ;向 CX 中送延时常数
            LOOP   DELAY
            RET
```

调整延时常数,可以改变锯齿波的周期。如果想得到一个负向锯齿波,只要将程序中 INC AL 改为 DEC AL 即可。

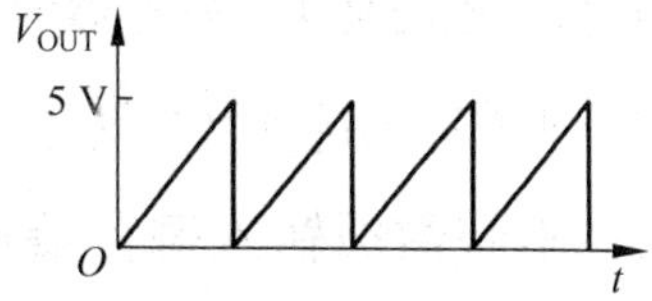

（3）直通方式

在此方式下,DAC0832 内部的两个寄存器都处于直通状态,即 ILE、$\overline{\text{CS}}$、$\overline{\text{WR}_1}$、$\overline{\text{WR}_2}$ 和 $\overline{\text{XFER}}$ 都处于有

图 11-7　利用 DAC0832 产生锯齿波

效电平状态,数据直接送入 D/A 转换器电路进行 D/A 转换。这种方式可用于一些不采用微机的控制系统中。

2. DAC1210

DAC1210 是 12 位 D/A 转换芯片,电流建立时间为 $1\mu s$,单电源（+5～+15V）工作,参考电压最大为 ± 25V,低功耗（20mW）,输入信号端与 TTL 电平兼容。它的内部结构与外部引脚如图 11-8 所示。

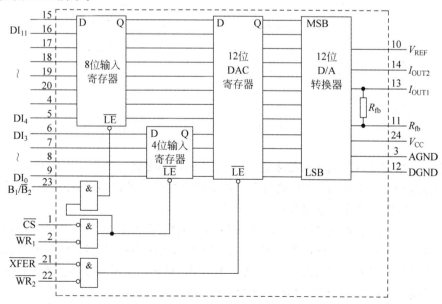

图 11-8　DAC1210 的内部结构与外部引脚

由图 11-8 可见,DAC1210 的基本结构与 DAC0832 相似,也是由两级缓冲寄存器组成。主要差别在于它是 12 位数字量输入,为了便于和 8 位微处理器接口,它的第一级寄存器分成了一个 8 位的输入寄存器和一个 4 位的输入寄存器,以便利用 8 位数据总线分两次将 12 位数据写入 DAC 芯片。这样 DAC1210 内部就有 3 个寄存器,需要 3 个端口地址,为此,DAC1210 内部提供了 3 个 $\overline{\text{LE}}$ 信号的控制逻辑。引脚中的 $\text{B}_1/\overline{\text{B}_2}$ 是写字节 1/字节 2 的控制信号,当 $\text{B}_1/\overline{\text{B}_2}=1$ 时,只写 8 位输入寄存器;当 $\text{B}_1/\overline{\text{B}_2}=0$ 时,只写 4 位输入寄存器。

DAC1210 的使用方法与 DAC0832 类似。区别主要有以下两点:

(1) 由于输入数字量要分两次送入芯片,如果采用单缓冲方式(这时只能使 12 位 DAC 寄存器直通),芯片将有短时间的不确定输出,因此 DAC1210 与 8 位 CPU 相接时,必须工作在双缓冲方式下。

(2) 两次写入数据的顺序:一定要先写高 8 位到 8 位输入寄存器,后写低 4 位到 4 位输入寄存器。原因是 4 位寄存器的 $\overline{\text{LE}}$ 端只受 $\overline{\text{CS}}$、$\overline{\text{WR}_1}$ 控制,两次写入都使 4 位寄存器的内容更新,而 8 位寄存器写入与否是可以受 $\text{B}_1/\overline{\text{B}_2}$ 控制的。

3. 不带数据输入寄存器的 DAC 的使用

对于不带数据输入寄存器的 DAC 器件来说,当数据量加到其输入端时,在输出端将随之建立相应的电流或电压,并且它们随着输入数据变化而变化。同理,当输入数据消失时,输出电流或电压也会消失。在微机系统中,数据来自 CPU,8088 执行输出指令后,数据在总线上的保持时间只有 2 个时钟周期,这样模拟量在输出端的保持时间也很短。但在实际使用中,要求转换后的电流或电压保持到下次数据输入前不发生变化。为此就要求在 DAC 的前面增加一个数据锁存器,再与总线相连,如图 11-9 所示中译码器的接法决定了锁存器的端口地址。

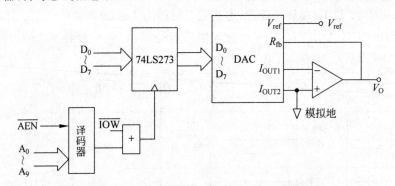

图 11-9　不带数据输入寄存器的 DAC 连接

对于 8 位数据总线的微机系统来说,如果使用内部不带寄存器的 12 位 DAC,需要两个锁存器和总线相连。工作时,CPU 通过两条输出指令往两个锁存器对应的端口地址中输出 12 位 DAC 的数据。具体的连接如图 11-10 所示。

采用图 11-10 所示的电路时,CPU 要执行两次输出指令,DAC 才得到转换后的电流。在第一次执行输出指令后,DAC 得到了一个局部输入,此时输出端会得到一个局部的、实际上并不需要的模拟量输出,因而产生了一个干扰输出,显然这是不希望的。为此往往用两级数据锁存结构来解决这一问题,电路如图 11-11 所示。

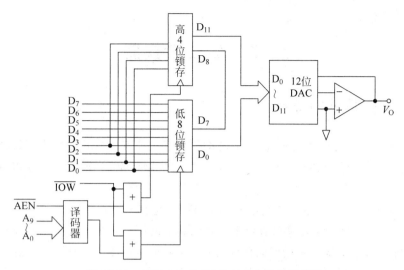

图 11-10　超过 8 位的 DAC 与 8 位总线的连接

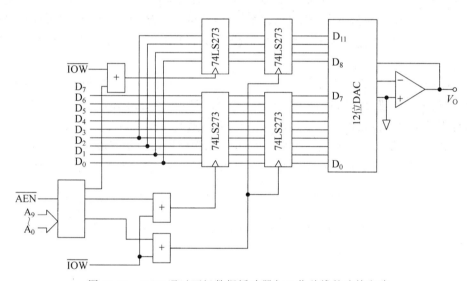

图 11-11　DAC 通过两级数据缓冲器与 8 位总线的连接电路

　　工作时 CPU 先用两条输出指令把数据送到第一级数据锁存器,然后通过第三条输出指令把数据送到第二级数据锁存器,从而使 DAC 一次得到 12 位待转换的数据。

　　可以想到,由于第二级数据锁存器并没有和数据总线相连,所以第三条输出指令仅仅是使第二级锁存器得到一个选通信号,使得第一级锁存器的输出数据打入第二级锁存器。

　　具体程序段如下:

```
MOV  AL, DATAL
OUT  PORTL, AL        ;低 8 位数据送入第一级锁存器
MOV  AL, DATAH
OUT  PORTH, AL        ;高 4 位数据送入第一级锁存器
OUT  PORT, AL         ;全部数据送第二级锁存器
```

11.3 A/D 转换器

11.3.1 A/D 转换的过程

A/D 转换器处于模拟输入通道中,是模拟信号源与计算机或其他数字系统之间传递信息的桥梁。它将连续变化的模拟信号转换为 n 位二进制数字信号,便于计算机或数字系统进行处理。

模拟量转换成数字量,通常要经过采样、保持、量化和编码四个步骤。

(1) 采样:将时间连续的模拟信号变成时间离散的模拟信号。这个过程是通过模拟开关实现的。模拟开关每隔一定的时间间隔 T(称为采样周期)闭合一次,一个连续信号通过这个开关,就形成一系列的脉冲信号,称为采样信号。采样频率的设定要遵循采样定理。

采样定理:如果采样频率 f 不小于随时间变化的模拟信号 $f(t)$ 的最高频率 f_{max} 的 2 倍,即 $f \geqslant 2f_{max}$,则采样信号 $f(KT)$ 包含了 $f(t)$ 的全部信息,通过 $f(KT)$ 可以不失真地恢复 $f(t)$。因此,采样定理规定了不失真采样的频率下限。在实际应用中常取 $f = (5 \sim 10)f_{max}$。

(2) 保持:A/D 转换器在进行 A/D 转换期间,通常要求输入的模拟量保持不变,以保证 A/D 转换的准确进行。因此,采样信号应送至采样保持电路(亦称采样保持器)进行保持。采样保持器对系统精度有很大影响,特别是对一些瞬变模拟信号更为明显。

(3) 量化:在数字系统中只有 0 和 1 两个状态,而模拟量的状态很多,ADC 的作用就是把这个模拟量分为很多小份的量来组成数字量以便数字系统识别,所以量化的作用就是用数字量表示模拟量。显然,量化过程会引入误差,称为量化误差。最大量化误差为 $\frac{1}{2}$ LSB。

(4) 编码:编码是将离散幅值经过量化以后变为二进制数字的过程。对相同范围的模拟量,编码位数越多,量化误差越小。

11.3.2 A/D 转换器的工作原理

按照工作原理,A/D 转换器可分为计数式、逐次逼近型、双积分型和并行 A/D 转换器几类。

按转换方法,A/D 转换器分为直接 A/D 转换器和间接 A/D 转换器。所谓直接转换指将模拟量直接转换成数字量,而间接转换则是将模拟量转换成中间量,再将中间量转换成数字量。

按 A/D 转换器的输出方式,可分为并行、串行、串并行等。

下面分别介绍几种主要的 A/D 转换器的工作原理。

1. 计数式 ADC

这是一种 ADC 的原理模型。图 11-12 所示为一个 8 位的计数式 ADC,由 DAC 转换器、计数器和比较器组成。

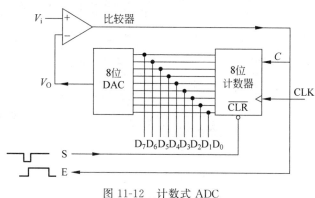

图 11-12　计数式 ADC

图中，V_i 是待转换的模拟输入电压，$D_7 \sim D_0$ 是转换后的数字量输出，同时也是 DAC 的输入。DAC 的输出电压 V_O 接至比较器的反相端，与同相端的模拟输入电压 V_i 进行比较。计数式 ADC 的工作过程如下：

首先启动信号 S 由高电平变为低电平，使计数器清零，当 S 恢复到高电平时，计数器开始计数。开始时，DAC 的输出电压 $V_O = 0$，此时，比较器同相端的模拟输入 $V_i > 0$，比较器输出高电平，使计数器控制信号 C 为 1，计数器开始对时钟信号 CLK 进行计数，并送至 DAC 进行数/模转换。随着 DAC 的输入端获得的数字量不断增加，其输出电压 V_O 不断上升，在 $V_O < V_i$ 时，比较器的输出总为 1。当 V_O 上升到等于并开始大于 V_i 时，比较器的输出变为低电平，即 C＝0，使计数器停止计数，此时的数字输出量 $D_7 \sim D_0$ 就是与模拟输入电压 V_i 等效的数字量，计数信号 C 的负向跳变也是 ADC 的转换结束信号，可用来作为 ADC 转换结束的状态标志。

计数器 ADC 的缺点是速度比较慢，特别是输入的模拟电压比较大的时候，转换速度更慢。而且随着转换精度的提高（即计数器位数增加），转换时间也随之增加。在实际中很少采用此种转换器。

2. 逐次逼近式 ADC

这种 ADC 是将计数式 ADC 中的计数器换成了由控制电路控制的逐次逼近寄存器，是目前使用最多的一种 ADC。和计数式 ADC 一样，逐次逼近式 ADC 在转换时，也用 DAC 的输出电压来驱动比较器的反向端。所不同的是要用一个逐次逼近寄存器存放转换出来的数字量，转换结束时，将数字量送到缓冲寄存器中，如图 11-13 所示。

当启动信号由高电平变为低电平时，逐次逼近寄存器清 0，这时 DAC 的输出电压 V_O 也为 0。当启动信号变为高电平时，转换开始，逐次逼近寄存器开始计数。逐次逼近式寄存器工作时与普通计数器不同，它不是从低位往高位逐一进行计数和进位，而是从最高位开始，通过设置试探值来进行计数。即当第一个时钟脉冲来到时，控制电路把最高位置 1 送到逐次逼近寄存器，使它的输出为 10000000。这个数字送入 DAC，使 DAC 的输出电压 V_O 为满量程的 $\dfrac{128}{255}$。这时如果 $V_O > V_i$，比较器输出为低电平，控制电路据此清除逐次逼近寄存

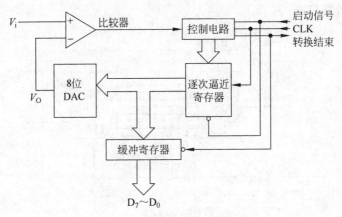

图 11-13   逐次逼近式 ADC

器中的最高位,使该寄存器内容变为 00000000;如果 $V_O \leqslant V_i$,则比较器输出高电平,控制电路使最高位的 1 保留下来,逐次逼近寄存器的内容保持为 10000000。下一个时钟脉冲使次低位 D_6 为 1,如果原最高位被保留,逐次逼近寄存器的值变为 11000000,DAC 的输出电压 V_O 为满量程的 $\dfrac{192}{255}$,并再次与 V_i 作比较。如果 $V_O > V_i$,比较器输出的低电平使 D_6 复位;如果 $V_O \leqslant V_i$,比较器输出的高电平保留了次高位 D_6 为 1。再下一个时钟脉冲对 D_5 位置"1",然后根据对 V_O 和 V_i 的比较,决定保留还是清除 D_5 位上的 1,……重复这一过程,直到 $D_0 = 1$,再与输入 V_i 比较。经过 N 次比较后,逐次逼近寄存器中得到的值就是转换后的数字量。

转换结束后,控制电路送出一个低电平作为结束信号,这个信号的下降沿将逐次逼近式寄存器的数字量送入缓冲寄存器,从而得到数字量的输出。一般来说,N 位逐次逼近式 ADC 只用 N 个时钟脉冲就可以完成模/数转换。N 一定时,转换时间是一常数。显然逐次逼近式 ADC 的转换速度是比较快的。

由上可知,逐次逼近式 ADC 首先将高电位置 1,这相当于取最大允许电压的 1/2 与输入电压比较。如果搜索值在最大允许电压的 1/2 范围中,那么最高位置 0;此后,次高位置 1,相当于在 1/2 范围内再作对半搜索,根据搜索值确定次高位复位还是保留;依次类推。因此逐次逼近法也常称为二分搜索法或对半搜索法。

3. 双积分式 ADC

双积分式 ADC 因对输入模拟电压和基准电压进行两次积分而得名。双积分式 ADC 主要由积分器、比较器、计数器等组成,如图 11-14 所示。

下面以输入正极性模拟电压为例,说明双积分式 ADC 的工作原理。双积分式 ADC 的工作过程主要分为两个积分阶段:

1) 对输入模拟电压 V_i 积分阶段

此时,开关 AS_1 接通,将被转换的模拟电压 V_i 接到积分器的输入端,积分器从原始状态(0V)开始积分,积分时间固定为 T_1。当积分到达 T_1 时,积分器的输出电压 V_O 为

$$V_O = -\frac{1}{RC}\int_0^{T_1} V_i \, dt \tag{11-11}$$

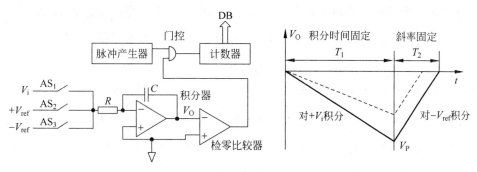

图 11-14　双积分式 ADC 工作原理

如果被转换电压 V_i 在 T_1 时间内是恒定值,则

$$V_O = -\frac{T_1}{RC}V_i \tag{11-12}$$

2) 对基准电压 V_{ref} 积分阶段

T_1 结束后,AS_1 断开,AS_3 接通,对 $-V_{ref}$ 进行反向积分。基准电压 V_{ref} 的极性须与被转换电压 V_i 的极性相反,若输入的模拟电压 V_i 的极性为负,则 AS_2 接通。这时,积分器的输出电压开始复原,当积分器输出电压回到起点(0V)时,积分过程结束。设这段时间为 T_2,此时积分器的输出为

$$V_O + \frac{1}{RC}\int_0^{T_2} V_{ref}\,\mathrm{d}t = 0 \tag{11-13}$$

即

$$V_O = -\frac{T_2}{RC}V_{ref} \tag{11-14}$$

由式(11-12)和式(11-14)可得

$$T_2 = \frac{T_1}{V_{ref}}V_i \tag{11-15}$$

式(11-15)中,T_1 和 V_{ref} 为常量,故第二次积分时间间隔 T_2 和被转换的模拟电压 V_i。由图 11-14 可以看出,被转换电压 V_i 越大,则 V_O 的数值越大,T_2 时间间隔越长。若在 T_2 时间间隔内计数,则计算值即为被转换电压 V_i 的等效数字值。

双积分式 ADC 的优点是抗干扰能力强,工作性能比较稳定,可实现高精度的模/数转换。但由于先后进行了两次积分,转换速度较低,因此这种转换器大多应用于要求精度较高而转换速度要求不高的仪器仪表中,例如高精度的数字直流电压表等。而逐次逼近式 ADC 的转换速度比双积分式的转换速度高得多,精度也可以做得较高,控制电路也不算复杂。但因为它是对瞬时值进行转换,所以对常态干扰抑制能力较差,适用于要求转换速度较高的场合。

11.3.3　ADC 的主要技术参数

1. 分辨率

分辨率是指 A/D 转换器响应输入电压微小变化的能力。通常用数字输出的最低位

(LSB)所对应的模拟输入的电平值表示。如果输入电压的满量程用 V_{FS} 表示，A/D 转换器的位数为 n，则分辨率为 $\dfrac{1}{2^n-1}V_{FS}$。所以位数越高，分辨率也越高。由于分辨率与转换器的位数 n 直接相关，所以也常用位数来表示分辨率。

例如，对于 8 位的 A/D 转换器而言，若输入的满量程电压为 5V，则 A/D 转换器的分辨率为 $\dfrac{5}{255}V\approx0.0196V=19.6mV$，也就是说低于 19.6mV 的电压变化此 A/D 转换器是分辨不出来的。再比如，若采集的温度范围是 $0\sim300℃$，对应输入电压为 $0\sim5V$，则此 A/D 转换器对温度的分辨率为 $\dfrac{300}{255}℃\approx1.176℃$，只能分辨超过 1.176℃ 的温度变化。

值得注意的是，分辨率和精度是两个不同的概念，不要把两者相混淆，即使分辨率很高，也可能由于 ADC 内部的温度漂移、线性度等原因，而使其精度不够高。

2. 转换时间

转换时间是指 ADC 完成一次转换所需的时间，即从启动信号开始到转换结束并得到稳定的数字输出量所需的时间。

3. 精度

精度可分为绝对精度和相对精度。

(1) 绝对精度：指对应给定的模拟输入量，ADC 输出端数字量的实际值与理论值之差的最大值。通常用数字量的最小有效值(LSB)的分数值来表示绝对精度。例如±1 LSB、±1/2 LSB、±1/4 LSB 等。

(2) 相对精度：指在零点与满量程校准后，任意数字量输出所对应模拟输入量的实际值与理论值之差。用模拟电压满量程的百分比表示。

4. 电源灵敏度

电源灵敏度指 A/D 转换器的供电电源的电压发生变化时，产生的转换误差。一般用电源电压变化 1% 时相应的模拟量变化的百分数来表示。

5. 量程

量程指所能转换的模拟输入电压范围，分单极性、双极性两种类型。例如：

单极性：量程为 $0\sim+5V,0\sim+10V,0\sim+20V$

双极性：量程为 $-5V\sim+5V,-10\sim+10V$

6. 输出逻辑电平

多数 ADC 的输出逻辑电平与 TTL 电平兼容。在考虑数字量输出与微处理器的数据总线接口时，应注意是否需要三态逻辑输出，是否要对数据进行锁存等。

11.3.4　典型 ADC 器件及与 CPU 的连接

为了满足多种需要，目前国内外各半导体器件生产厂家设计生产出了多种多样的 ADC

芯片,它们有的精度高、速度快,有的则价格低廉。从功能上讲,有的不仅具有 A/D 转换的基本功能,内部还有放大器和三态输出锁存器;有的甚至还包括多路开关、采样保持器等,已发展为一个单片的小型数据采集系统。

尽管 ADC 芯片的品种、型号很多,其内部功能强弱、转换速度快慢、转换精度高低有很大区别,但从用户最关心的外特性看,无论哪种芯片,都必不可少地包括以下 4 种基本信号引脚:模拟信号输入(单极性或双极性)、数字量输出(并行或串行)、转换启动信号、转换结束信号等。除此之外,各种不同型号的芯片可能还会有一些其他各不相同的控制信号。选用 ADC 芯片时,除了必须考虑各种技术要求外,通常还需要了解芯片以下两方面的特性。

(1) 数字量输出的方式是否有可控三态输出。有可控三态输出的 ADC 芯片允许输出线与微机系统数据总线直接相连,并在转换结束后利用读信号 $\overline{RD}$ 选通三态门,即可将转换结果送上总线。没有可控三态输出(包括内部根本没有输出三态门,和虽有三态门但外部不可控两种情况)的 ADC 芯片则不允许数据输出线与系统的数据总线直接相连,而必须通过 I/O 接口与 CPU 交换信息。

(2) 启动转换的控制方式有脉冲控制式和电平控制式。对脉冲启动转换的 ADC 芯片,只要在其启动转换引脚上施加一个宽度符合芯片要求的脉冲信号,就能启动转换。一般能和 CPU 配套使用的芯片,CPU 的 I/O 写脉冲都能满足 ADC 芯片对启动脉冲的要求。对电平启动转换的 ADC 芯片,在转换过程中启动信号必须保持规定的电平不变,否则,如中途撤销规定的电平,就会停止转换而可能得到错误的结果。为此,必须用 D 触发器或可编程并行 I/O 接口芯片的某一位来锁存这个电平,或用单稳态电路来对启动信号进行定时变换。

具有上述两种数字输出方式和两种启动转换控制方式的 ADC 芯片都不少,在实际使用时应特别注意看清芯片说明。下面介绍两种常用芯片的性能和使用方法。

1. ADC0808/0809

ADC0808 和 ADC0809 除精度等略有差别外,其余各方面基本相同(ADC0808 是 0809 的简化版)。它们都是 CMOS 器件,内部不仅包括一个 8 位的逐次逼近式的 ADC 部分,而且还提供一个 8 通道的模拟多路开关和通道寻址逻辑,因而可把它当作简单的"数据采集系统"。利用它可直接输入 8 个单端的模拟信号分时进行 A/D 转换,其在多点巡回检测和过程控制、运动控制中应用十分广泛。

1) 主要技术指标和特性

(1) 分辨率:8 位。

(2) 转换时间:取决于芯片时钟频率,外接 CLK 为 640kHz 时,典型的转换时间为 $100\mu s$。

(3) 总的不可调误差:ADC0808 为 $\pm 1/2LSB$,ADC0809 为 $\pm 1LSB$。

(4) 输入模拟电压范围:

单极性:$0\sim +5V$

双极性:$\pm 5V$、$\pm 10V$(需外加电路)

(5) 片内有 8 路模拟开关,可输入 8 路模拟量。

(6) 片内有可控的三态输出缓冲器,数据输出端可直接与数据总线相连。

（7）使用时不必进行零点和满刻度调整。

（8）启动转换控制为脉冲式(正脉冲)，上升沿使所有内部寄存器清零，下降沿使 A/D 转换开始。

（9）单一电源：+5V

2）内部结构和外部引脚

ADC0808/0809 的内部结构和外部引脚分别如图 11-15 和图 11-16 所示。内部各部分的作用结合引脚定义加以说明。

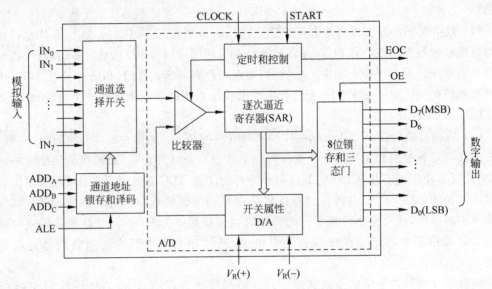

图 11-15　ADC0808/0809 内部结构框图

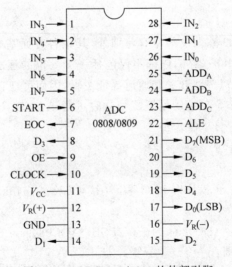

图 11-16　ADC0808/0809 的外部引脚

（1）IN$_0$～IN$_7$——8 路模拟输入，通过 3 个通道选择信号 ADD$_A$、ADD$_B$、ADD$_C$ 控制内部的通道选择开关来选通其中一路。

（2）$D_7 \sim D_0$——A/D 转换后的数据输出端，为三态可控输出，故可直接和微处理器数据线连接。8 位排列顺序是 D_7 为最高位，D_0 为最低位。

（3）ADD_A、ADD_B、ADD_C——模拟输入通道选择地址信号，ADD_A 为低位，ADD_C 为高位。地址信号与选中通道的对应关系如表 11-2 所示。

表 11-2　地址信号与选中通道的对应关系

ADD_C	ADD_B	ADD_A	选中通道
0	0	0	IN_0
0	0	1	IN_1
0	1	0	IN_2
0	1	1	IN_3
1	0	0	IN_4
1	0	1	IN_5
1	1	0	IN_6
1	1	1	IN_7

在与微机接口时，输入通道的选择可有两种方法，一种是通过地址总线选择，一种是通过数据总线选择。

（4）$V_R(+)$、$V_R(-)$——正、负参考电压输入端，用于提供片内 DAC 电阻网络的基准电压。在单极性输入时，$V_R(+)=5V$，$V_R(-)=0V$；双极性输入时，$V_R(+)$、$V_R(-)$ 分别接在正、负极性的参考电压上。

（5）ALE——地址锁存允许信号，高电平有效。当此信号有效时，ADD_A、ADD_B、ADD_C 3 位地址信号被锁存，译码选通对应的模拟通道。在使用时，该信号常和 START 信号连在一起，以便同时锁存通道地址和启动 A/D 转换。

（6）START——A/D 转换启动信号，正脉冲有效。加于该端的脉冲的上升沿使逐次逼近寄存器清零，下降沿使 A/D 转换开始，如正在进行转换时又接到新的启动脉冲，则原来的转换进程被中止，重新从头开始转换。

（7）EOC——转换结束信号，高电平有效。该信号在 A/D 转换过程中为低电平，转换结束变为高电平。该信号可作为 A/D 转换的状态信号供 CPU 查询，也可作为中断请求信号向 CPU 申请取走 A/D 转换结果。在需要对某个模拟量不断采样、转换的情况下，EOC 也可作为启动信号反馈接到 START 端，但在刚加电时需由外电路第一次启动。

（8）OE——输出允许信号，高电平有效。当微处理器送出该信号时，ADC0808/0809 的输出三态门被打开，使转换结果通过数据总线被读走。在中断工作方式下，该信号往往连接 CPU 发出的中断响应信号。

（9）CLOCK——工作时钟，要求频率范围为 10kHz～1MHz（典型值为 640kHz），可由时钟发生器电路分频得到。

3）工作时序与使用说明

ADC0808/0809 的工作时序如图 11-17 所示。当通道选择地址信号有效时，ALE 信号一出现，地址便马上被锁存，这时转换启动信号紧随 ALE 之后（或与 ALE 同时）出现。START 的上升沿将逐次逼近寄存器 SAR 复位，在该上升沿之后的 $2\mu s + 8$ 个时钟周期内 EOC 信号将变低电平，以指示转换操作正在进行中，直到转换完成后 EOC 再变高电平。微处理器收到变为高电平的 EOC 信号后,便立即送出 OE 信号,打开三态门,读取转换结果。

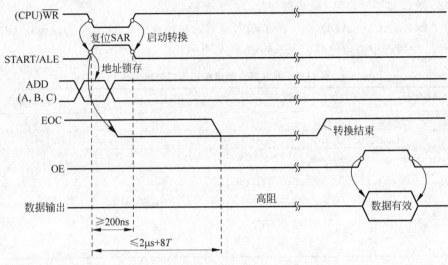

图 11-17　ADC0808/0809 的工作时序

一般可采用以下方法读取 A/D 转换后的数字量:

(1) 固定延时等待法:不需应答信号,微处理器通过执行一段延时程序,以保证正确读取转换结果。这种方法接口简单,但 CPU 效率低。

(2) 查询等待法:在微处理器发出 A/D 转换启动命令后,就不断反复测试转换结束信号 EOC 的状态,一旦发现 EOC 有效,就执行输入转换结果数据的指令。这种方法接口简单,CPU 同样效率低,且从 A/D 转换完成到微处理器查询到转换结束并读取数据,可能会有相当大的时延。

(3) 中断法:当转换完成后,转换结束信号 EOC 有效,可通过 EOC 向 CPU 发出中断申请,当微处理器响应中断时,在中断服务程序中执行转换结果数据的读入。采用这种方法,CPU 可与 A/D 转换器并行工作,效率高,硬件接口简单。但要注意 EOC 的变低相对于启动信号有 $2\mu s + 8$ 个时钟周期的延迟,要设法使它不致产生假的中断请求。为此,最好利用 EOC 上升沿产生中断请求,而不是靠高电平产生中断请求。

【例 11-3】 在图 11-18 所示的电路中,假设 ADC0809 的端口地址为 86H(由地址译码电路决定)。编写程序将连接到 IN_3 端的模拟量转换为数字量,并送到 CPU 内部的 AL 寄存器中。

分析:由图 11-18 可知,模拟输入通道的选择信号通过数据总线的低 3 位给出,地址译码电路输出和其他总线控制信号组成 ADC0809 的读写控制逻辑。由于 ADC0809 芯片输出端具有可控的三态门,因此芯片的 $D_0 \sim D_7$ 直接和系统的数据总线相连。

如前所述,读取 A/D 转换结果的方法有三种,下面是采用固定延时等待法的程序段。

```
MOV   AL，03H
OUT   86H，AL
CALL  DELAY_1ms
IN    AL，86H
```

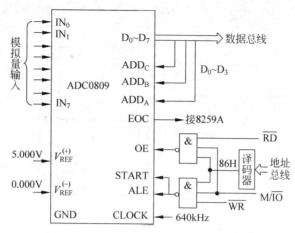

图 11-18　ADC0809 和系统总线连接示例

程序解释如下：当 CPU 向 ADC 0809 芯片执行输出指令"OUT 86H，AL"时，可使 M/$\overline{\text{IO}}$、$\overline{\text{WR}}$ 和地址译码信号同时有效，此时图中下方的与门打开，使地址锁存允许信号 ALE 和转换启动信号 START 同时有效，其中 ALE 将出现在数据总线低 3 位上的模拟通道号锁入 ADC 0809 内部的通道地址锁存器中，START 信号启动芯片开始 A/D 转换。因 ADC0809 的转换时间为 $100\mu s$，故此处延时 1ms 的子程序可确保 A/D 转换完成。在延时子程序后，通过执行输入指令"IN AL，86H"，使 M/$\overline{\text{IO}}$、$\overline{\text{WR}}$ 和地址译码信号有效，这时图中上方的与门打开，使输出允许 OE 有效，ADC 0809 的输出三态门被打开，已转换好的数据就出现在数据总线上，送到 CPU 内部的寄存器 AL 中。

本例若采用中断法读取转换结果，可将 ADC0809 的 EOC 端连接到 8259，由 8259 向 CPU 发出中断请求。CPU 响应中断，在中断服务程序中读取转换结果。

【例 11-4】　图 11-19 所示为将 8255 作为 CPU 和 ADC0809 之间的接口芯片的电路，采用查询方式，编写从 $IN_0 \sim IN_7$ 采集 8 路模拟信号，并把采集到的数字量存入内存 DATA 开始的 8 个单元的程序段。

分析：从图中地址译码电路的连接可以看出 8255 的端口地址为 378H～37BH，其中 PA 口用于输入 A/D 转换的结果，$PB_0 \sim PB_2$ 用于选择模拟输入通道，PB_3 和 PB_4 用于对转换过程进行控制。通过查询 PC_1（EOC）的状态判断转换是否结束。

8255 的初始化程序如下：

```
INIT_8255 PROC NEAR
    PUSH   DX
    PUSH   AX
    MOV    DX,037BH     ;控制口地址
    MOV    AL,91H       ;8255 的 A,B,C 口都工作于方式 0,A 入 B 出,PC₁ 入
    OUT    DX,AL
    POP    AX
    POP    DX
    RET
INIT_8255 ENDP
```

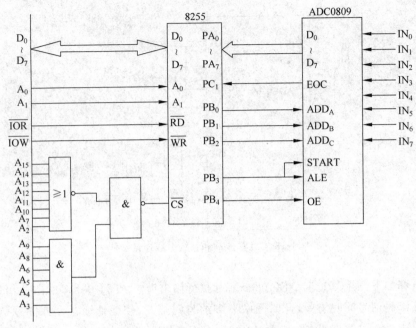

图 11-19　通过 8255 连接 ADC0809 的电路

主程序段如下：

```
START: MOV   AX,SEG DATA
       MOV   DS,AX
       LEA   SI,DATA
       CALL  INIT_8255     ;调用 8255 初始化子程序
       MOV   BL,0          ;送通道号,初始为采集 IN₀ 的模拟信号
       MOV   CX,8          ;采集 8 次
AGAIN: MOV   AL,BL
       MOV   DX,379H       ;B 口地址
       OUT   DX,AL         ;送通道地址
       OR    AL,08H        ;即 00001000,使 PB₃ 置高电平,PB 口其他位保持不变
       OUT   DX,AL         ;通过 ALE 锁存通道地址,置 START 为高
       AND   AL,0F7H       ;即 11110111,使 PB₃ 置低电平,其他位保持不变
       OUT   DX,AL         ;置 START 为低,产生正脉冲信号,启动转换
       NOP                 ;空操作,等待转换
       MOV   DX,37AH       ;C 口地址
WAIT1: IN    AL,DX         ;读 EOC 信号
       TEST  AL,02H        ;检测 PC₁,是否完成转换
       JZ    WAIT1         ;转换未完成,继续等待
       MOV   DX,379H       ;B 口地址
       MOV   AL,BL
       OR    AL,10H        ;置 PB₄=1,允许输出结果
       OUT   DX,AL         ;输出 OE 信号
       MOV   DX,378H       ;A 口地址
       IN    AL,DX         ;读入转换数据
       MOV   [SI],AL       ;送入内存单元
```

```
        INC   SI            ;修改内存地址
        INC   BL            ;修改通道地址
        LOOP  AGAIN         ;未采集完,继续采集下一个通道
        HLT
```

2. ADC1210

ADC1210 是美国 National Semiconductor 公司生产的一种低功耗、中速、低价格的 12 位逐次逼近式 A/D 转换器。器件中包含了 R-2R T 形薄膜电阻网络、CMOS 模拟开关和逐次逼近逻辑电路以及场效应管电压比较器等有关电路。ADC1210 只有一个模拟输入通道,其基本技术指标如下:

(1) 分辨率:12 位;

(2) 线性精度:±1/2 LSB;

(3) 转换速率:$100\mu s$;

(4) 采用单电源±5～±15V 工作;

(5) 模拟输入信号可为双极性或单极性。

ADC1210 的启动转换输入端为 $\overline{SC}$,采用负脉冲信号启动转换,$\overline{SC}$ 信号的下降沿使输出复位,之后出现的上升沿启动转换。为保证复位正常,要求负脉冲的宽度要不少于一个时钟周期。ADC1210 的转换结束信号为 $\overline{CC}$,低电平有效,且一直维持到下次启动转换为止,CPU 可通过查询 $\overline{CC}$ 端的状态或者在转换结束后通过该端发中断请求来读取转换结果。ADC1210 芯片内有输出锁存器,但不具备三态功能,故不能直接和系统数据总线相连,需外接三态门。ADC1210 输出的数字量有正、负逻辑之分,取决于输入端与比较部分引脚的接法。

图 11-20 所示为 ADC1210 和系统总线的连接图。从图 11-20 可以看到,由于 ADC1210 没有三态输出控制,所以通过两片外接的三态门 74LS244 和总线相连。启动转换信号通过执行一条 OUT 指令给出,此时 $\overline{IOW}$ 和启动 A/D 转换的端口地址同时有效,通过 RS 触发器连接至 $\overline{SC}$ 端。图 11-20 中的 RS 触发器的作用是使 $\overline{SC}$ 端产生满足要求的负脉冲宽度。

CPU 启动 A/D 转换后,通过对转换结束信号 $\overline{CC}$ 进行查询来判断转换是否完成。如果 $\overline{CC}$ 为低电平,则表示转换结束。于是,CPU 执行两条输入指令把 12 位的转换结果通过三态门 74LS244 读出。

设 PORTSC 为启动 ADC 端口。下面是用查询方式读取 A/D 转换后的数据的程序段。

```
START: MOV   AL, 01H
        OUT   PORTSC, AL    ;启动 A/D 转换
 WAIT:  IN    AL, PORTH     ;读取转换结束信号,PORTH 为高位三态门地址
        MOV   CL, 4
        ROL   AH, CL        ;左移 4 次
        JC    WAIT1         ;如 CC 为高电平,则继续等待
        IN    AL, PORTH     ;转换结束,先读取高位数据
        AND   AL, 0FH       ;屏蔽高 4 位
        MOV   AH, AL        ;保存转换结果的高 4 位
        IN    AL, PORTL     ;读取低位数据
```

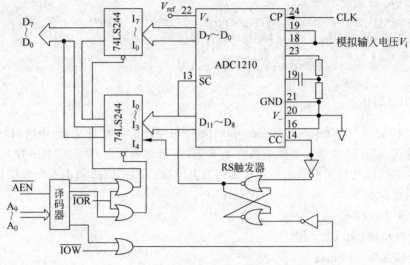

图 11-20 ADC1210 和系统总线的连接

上述程序执行完后,AX 中为 ADC 转换结果。

11.3.5 ADC 芯片接口电路设计要点

ADC 芯片型号众多,既有通用而廉价的 AD570、AD7574、ADC80、AD0801(0802、0803、0804、0808、0809),也有高精度的 AD574、ADC1130、AD578、AD1131,还有高分辨力的 ADC1210(12 位)、ADC1140(16 位),低功耗的 AD7550、AD7574,等等。

无论哪种型号的 ADC 芯片,对外引脚都类似。一般 ADC 芯片的引脚涉及这样几种信号:模拟输入信号,数据输出信号,启动转换信号和转换结束信号。ADC 芯片与系统相连接时,需要考虑这些信号的连接问题。

1. 输入模拟电压的连接

ADC 芯片的输入模拟电压往往既可以是单端信号,也可以是差动信号,常用 $V_{IN}(-)$、$V_{IN}(+)$ 或 $IN(-)$、$IN(+)$ 之类的符号标明输入端。如果是单端输入的正向信号,则把 $V_{IN}(-)$ 接地,信号加到 $V_{IN}(+)$ 端;如果用单端输入的负向信号,则把 $V_{IN}(+)$ 接地,信号加到 $V_{IN}(-)$ 端;如果用差动输入,则模拟信号加到 $V_{IN}(+)$ 和 $V_{IN}(-)$ 端之间。

2. 数据输出线和系统总线的连接

ADC 芯片一般有两种输出方式。

一类输出端具有可控的三态输出门,可由读信号控制。如 ADC0809,输出端可以直接和系统总线相连,转换结束后,CPU 通过执行一条输入指令,产生读信号,将数据从 ADC 中读出。

另一类输出端虽有三态门,但其不受外部控制,而是当 ADC 转换结束后便自动接通,如 AD570。此外,还有一些 ADC 没有三态输出门,ADC 的数据输出线不能直接与系统总线相连接,而必须通过诸如并行接口的 I/O 通道或者附加的三态门电路实现 ADC 和 CPU 之间的数据传输。

当 8 位以上的 ADC 与系统连接时,还要考虑 ADC 的输出位数和总线位数的对应关系,这种情况下,一是按位对应于数据总线(如 16 位),CPU 可通过对字的输入指令读取 ADC 的转换数据;二是用读/写控制逻辑,将数据按字节分时读出,如 CPU 可以分两次读取转换数据。使用这两种方法时,当然要注意 ADC 芯片是否有三态控制输出功能,如没有,则须外加三态门。

3. 启动信号的提供

ADC 要求的启动信号一般有电平启动和脉冲启动两种形式。

有些 ADC 要求使用电平启动,如 AD570、AD571、AD572。对这类芯片,整个转换过程都必须保证启动信号有效,如中途撤走信号,就会停止转换而得到错误的结果。为此,CPU一般要通过并行接口来对 ADC 芯片发启动信号,或者用 D 触发器使启动信号在 A/D 转换期间保持有效的电平。

另一些 ADC 芯片要求使用脉冲信号来启动,如 ADC0804、ADC0809、ADC1210 等,对这类芯片,通常用 CPU 执行输出指令时发出的片选信号和写信号即可产生启动脉冲,从而开始转换。

4. 转换结束信号和数据的读取

ADC 结束时,ADC 会输出转换结束信号,通知 CPU 读取数据。CPU 通常采用下列四种方式和 ADC 进行联络并实现对转换数据的读取。

(1) 程序查询方式。在这种方式下,CPU 不断查询 ADC 的转换结束信号,一旦发现有效,则认为 ADC 完成转换,可用输入指令读取数据。

(2) 中断方式。用这种方式时,把转换结束信号作为中断请求信号,送入中断控制器的中断请求输入端。实际上,有些 ADC 芯片就是用 $\overline{\text{INTR}}$ 来标注转换结束信号端的。

(3) 固定的延迟程序方式。用这种方式时,要预先精确地知道完成一次 A/D 转换所需的时间,这样,CPU 发出启动命令后,执行一个固定的延时程序,此程序执行完后,A/D 转换也正好结束,于是 CPU 读取数据。

(4) DMA 方式。此方式常用于高速 A/D 变换。当 A/D 变换的速度超过 CPU 的控制速度后,CPU 无法对 ADC 进行控制,而 ADC 的控制则由硬件逻辑电路来完成。所谓转换结束信号已不是一次 A/D 转换结束的信号,而是一批 A/D 转换的数据在硬件逻辑的控制下,存入高速缓存器后,通知系统 DMA 控制器而发出的 DMA 请求信号,然后系统进入DMA 期间,在高速缓冲区与系统 RAM 间进行 DMA 数据传送。

对于前三种方式而言,如果 A/D 转换的时间较长并且有几件事情需要 CPU 进行处理,那么使用中断方式效率是比较高的。但是,如果 A/D 转换时间较短,那么,中断方式就失去了优势,因为响应中断、保留现场、恢复现场、退出中断这一系列环节所花费的时间将和 A/D转换的时间相当,此时可采用查询和固定延时方式进行转换数据的读取。

5. 地线的连接问题

实际使用 ADC 时,有一个问题必须特别引起注意,这就是正确处理地线的连接问题。在数字量和模拟量并存的系统中,存在两类电路芯片,一类是模拟电路,一类是数字电路,有时这两类电路在一个芯片内共存,如 DAC、ADC 的内部主要是模拟电路,运算放大器等内部则完全是模拟电路,它们均属于模拟电路芯片。而 CPU、锁存器、译码器等属于数字电路芯片,这两类芯片要使用独立的电源供电。并且,各个"模拟地"和"数字地"应单独走线,最后再将模拟地和数字地通过 0Ω 电阻等阻隔干扰的方式连在一起一点接地,以免造成回路中的数字信号通过数字地线干扰模拟信号。

练 习 题

1. A/D 和 D/A 转换器在微机应用中分别起什么作用?

2. D/A 转换器的主要技术参数有哪几种? 反映了 D/A 转换器的什么性能? 已知某 12 位 DAC 的满刻度输出电压 $V_{FS}=10V$,试求该 DAC 的分辨率和最小分辨电压。

3. 对于一个 8 位 D/A 转换器:

(1) 若最小输出电压增量为 0.02V,试问当输入的二进制数字量为 01001101 时,输出电压 V_O 是多少?

(2) 假设 D/A 转换器的转换误差为 1/2LSB,若某一系统中要求 D/A 转换器的精度小于 0.25%,试问这一 D/A 转换器能否应用?

4. D/A 转换器一般由哪些部分组成? T 形电阻网络 DAC 有什么特点?

5. DAC0832 有哪几种工作方式? 每种工作方式适用于什么场合?

6. 以 8 位 PC(如 IBM PC/XT)为控制核心,采用 DAC0832 设计一个可产生方波、三角波、锯齿波的信号发生电路。要求画出接口电路图,并编写产生这三种波形的程序段。

7. A/D 转换器的主要参数有哪几种? 反映了 A/D 转换器的什么性能? 设被测温度变化范围为 300~1000℃,要求测量误差不超过 ±1℃,应选用分辨率为多少位的 A/D 转换器?

8. A/D 转换器和微机接口中的关键问题有哪些?

9. 逐次逼近式 ADC 主要由哪些部分组成? 影响转换精度的因素有哪些?

10. 双积分式 ADC 的工作原理是什么? 这种形式的 ADC 具有什么特点? 适合什么场合使用?

11. 假设以 IBM PC/XT 控制 ADC0809 构成一个压力参数采集系统,要求用固定延时等待法连续采集 200 个压力值,采集结果存放在以 BUFF 为开始的内存缓冲区中。设 ADC0809 的端口地址为 0230H,画出接口电路,编写数据采集程序(假定压力传感器输出为 0~5V 的电压)。

12. 如题图 11-1 所示,ADC0809 通过 8255A 与 PC 总线连接。

(1) 根据图中的连接情况,写出 8255A 芯片的 A 口、B 口、C 口及控制寄存器的端口地址,未用的地址线均设为 0。

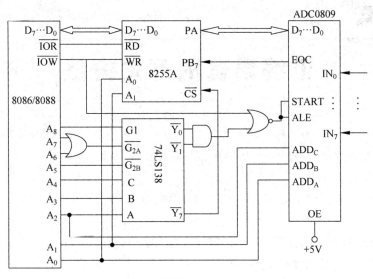

题图 11-1

（2）说明本电路中启动 A/D 转换的方法。

（3）电路中 ADC0809 的 EOC 端有什么作用？若不检测 EOC 端，采用什么方法可以得到正确的 A/D 转换后数字量？

（4）编写 CPU 通过 8255 为接口电路，以查询方式从 ADC0809 通道 IN_7 开始进行 A/D 转换并连续采样 16 个数据，然后对下一通道 IN_6 采样 16 次，直到通道 IN_0 采样完毕，采样所得数据存放在数据段中起始地址为 1000H 的连续内存单元中。

附录 A

汇编语言的开发方法

汇编语言源程序的开发过程包括编辑、汇编、连接等步骤。本书源程序的命令行开发方法只需要几个文件。

（1）文本编辑器：用于编写汇编语言源程序，比如"记事本"软件等，其扩展名必须是.asm。

（2）汇编程序：MASM 5.x 是 MASM.EXE；MASM 6.x 是 ML.EXE 和 ML.ERR，如果在"纯 DOS"环境还需要 DOSXNT.EXE。

（3）连接程序：LINK.EXE。

（4）库管理程序：LIB.EXE（如果不创建子程序库，此文件也不需要）。

（5）调试程序：DEBUG.EXE。

在 64 位操作系统下因兼容性问题已不支持直接运行 MASM.EXE、LINK.EXE 和 DEBUG.EXE，推荐下载 DOSBox 软件（去官网下载）。DOSBox 是一个 X86 模拟程序，集成了 DOS 系统，可在此软件下运行上述程序。建议将汇编语言源程序、汇编程序、连接程序放在同一个文件夹下，以方便程序的执行。

图 A-1 所示为 DOSBox 的运行界面。

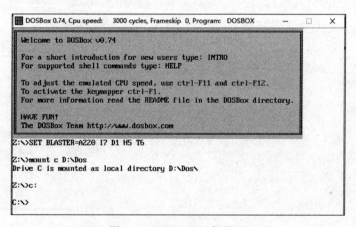

图 A-1　DOSBox 运行界面

另一种方法是下载一些汇编语言的集成编辑环境，比如 Emu8086、radasm、MasmPlus、Easy Code、Visual Studio、ASM-Tool 等。利用这些汇编语言 IDE 软件既可以进行源程序的编辑，也可以对源程序进行汇编、连接等，通过单步执行可以了解每条指令执行后 CPU 内部寄存器内存单元的情况。图 A-2 为 Emu8086 软件的运行界面。

图 A-2　Emu8086 软件的运行界面

A.1　源程序的编辑

编辑是形成源程序文件(.asm)的过程,它需要文本编辑器。例如,记事本软件或其他可编辑纯文本的开发工具都可以用来编写源文件,但生成的文件扩展名必须是.asm。

A.2　源程序的汇编

汇编是将源程序文件翻译为由机器代码组成的目标模块文件(.obj)的过程,它需要借助汇编程序完成。MASM 5.x 的汇编程序是 MASM.EXE,MASM 6.x 的汇编程序是 ML.EXE。

1) MASM 5.x 汇编的命令格式

MASM 5.x 的完整格式为:

masm /options source(.asm),[out(.obj)],[list(.lst)],[cref(.crf)][;]

其中,/options 为可选参数项,参数详细信息可通过输入 masm/ help 列出,参数项一般不用。后面依次为源文件名、生成的目标文件名、列表文件名和交叉参考文件名。[]表示其中为可选项,分号表示其后项采用默认值。

在对.asm 文件汇编中,用得最多的是不带参数启动 MASM 或"MASM 源程序文件名"格式。图 A-3 所示为不带参数启动 MASM 的运行界面。

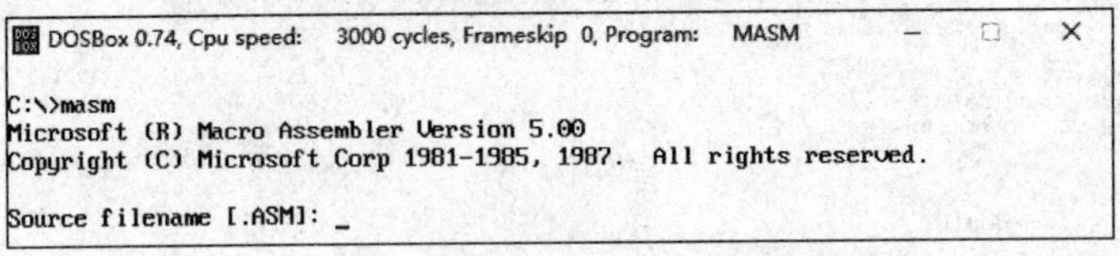

图 A-3　不带参数启动 MASM 汇编程序

"Source filename [. ASM]:"一行提示用户输入源程序文件的名字。假设用户输入的是"sum. asm",则显示"Object filename [1. OBJ]:",这一行提示用户输入汇编后要生成的目标模块文件的文件名(默认扩展名为. OBJ)。若不想再改,直接回车即可。接着出现"Source listing [NUL. LST]:",这一行提示用户输入列表文件的文件名。列表文件是一种文本文件,含有源程序和目标代码,对学习汇编语言很有用。若直接按回车,则默认不生成列表文件。之后接着出现"Cross-reference [NUL. CRF]:",这一行提示用户输入交叉索引文件的文件名。若直接按回车,则默认不生成交叉参考文件。

图 A-4 所示为通过"MASM 源程序文件名"对源文件进行汇编的运行界面。源文件的扩展名.asm 可省略。

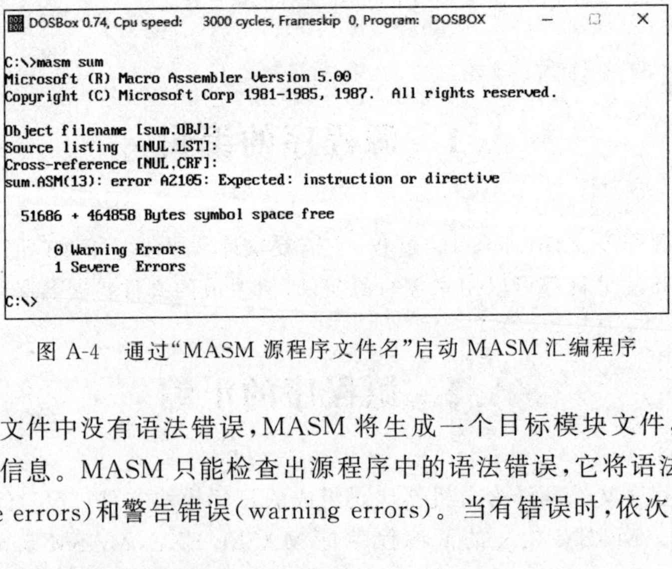

图 A-4　通过"MASM 源程序文件名"启动 MASM 汇编程序

如果源程序文件中没有语法错误,MASM 将生成一个目标模块文件,否则 MASM 将给出相应的错误信息。MASM 只能检查出源程序中的语法错误,它将语法错误分为两类:严重错误(severe errors)和警告错误(warning errors)。当有错误时,依次显示每一个错误信息和所在行。

2) MASM 6. x 汇编的命令格式

MASM 6. x 的格式如下:

ML[/参数选项]源程序文件列表[/LINK 连接参数选项]

ML 允许汇编和连接多个程序并形成一个可执行文件。ML. EXE 程序的常用参数选项如下,注意参数是区分大小写的。

(1) /c——只汇编源程序,生成二进制目标文件,但不进行自动连接(这里是小写的字母 c)。

（2）/Fl 文件名——创建一个汇编列表文件（扩展名为.lst），若无文件名则与源程序文件名相同。

（3）/Fo 文件名——根据指定的文件名生成模块文件，而不是采用默认名。

（4）/Fe 文件名——根据指定的文件名生成可执行文件，而不是采用默认名。

（5）/Fm 文件名——创建一个连接映像文件（扩展名为.map），若无文件名则与源程序文件名相同。

MASM 6.x 用得最多的格式为"ML 源程序文件名"，该格式不仅可以产生目标文件，并自动产生可执行文件。

A.3　目标文件的连接

连接是把一个或多个目标文件和库文件中的相关模块合成一个可执行文件的过程，连接需要利用连接程序 LINK.EXE。连接程序的一般格式：

> LINK［/参数］obj 文件列表［exe 文件名，map 文件名，库文件名］［;］

若将多个目标文件（obj 文件）连接起来，则目标文件用加号"+"分隔。若给出"exe 文件名"，则生成的可执行文件名替代默认文件名，默认的可执行文件名和第一个目标文件名相同。"map 文件名"将创建连接映像文件（.map）。库文件（.lib）是指连接程序需要的子程序库等，通常没有。格式中括号内的文件名是可选的，如果没有给出，则连接程序还将提示输入，通常用回车表示接受默认名。为避免频繁的键盘操作，可以用一个分号";"表示采用默认文件名，连接程序就不再提示输入。

连接程序的常用命令为"LINK obj 文件名"，如果没有严重错误，连接程序将生成一个可执行文件；否则将提示相应的错误信息。图 A-5 为对目标文件连接的运行界面。

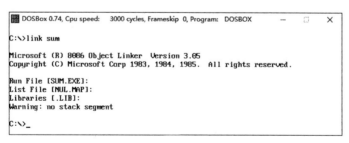

图 A-5　对目标文件连接的运行界面

A.4　可执行程序的调试

经汇编、连接生成的可执行程序在操作系统下只要输入可执行文件名就可以运行。操作系统装载该文件进入主存，开始运行。如果出现运行错误，可以从源程序开始排错，也可以利用调试程序帮助发现错误。例如,采用 DEBUG. EXE 调试程序,则可用以下格式将.
exe 文件调入内存:

DEBUG 可执行程序文件名

然后,可采用 U 命令反汇编程序静态观察,或者采用 T、P 或 G 命令动态观察。

A. 5　子程序库

库管理工具程序 LIB. EXE 帮助创建、组织和维护子程序模块库,例如增加、删除、替
换、合并库文件等。

子程序文件编写完成后,仅进行汇编形成目标文件;然后利用库管理工具程序,把子程
序目标模块逐一加入到库中。加入库文件的常用命令为:

LIB 库文件名+子程序目标文件名

使用库文件中的子程序模块的方法,是在连接程序提示输入库文件名时(Libraries
[.lib]:),输入库文件。

需要说明的是,对于 DOS 的可执行程序,通常都可以采用"程序名/?"或"程序名/help"
得到该程序的命令行使用的简要说明。

调试程序 DEBUG 的使用方法

DEBUG 是 DOS、Windows 等系统提供的实模式(8086 方式)程序下的调试工具。通过 DEBUG 程序可以查看 CPU 内部各寄存器中的内容,代码、数据及堆栈在内存的存储情况,并可在机器码级跟踪程序的运行。但对于 32 位和 64 位的 Windows 7 之上版本的操作系统,已经不支持在命令窗口中打开 DEBUG 程序。此时需要安装一些软件和程序等来实现此功能,比如 DOSBox,然后就可以运行 DEBUG 程序了,运行界面如图 B-1 所示。

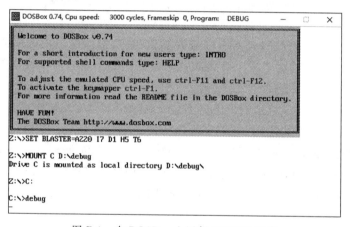

图 B-1 在 DOSBox 上运行 DEBUG 程序

B.1 DEBUG 程序的调用

在 DOS 的提示符下,可输入 DEBUG 启动调试程序:

DEBUG[文件名][参数 1][参数 2]

DEBUG 后可以不带文件名,仅运行 DEBUG 程序;需要时,再用 N 和 L 命令调入被调试程序。命令中带有被调试程序的文件名时,运行 DEBUG 的同时还将指定的程序调入主存;参数 1 和参数 2 是被调试程序所需要的参数。

注意,在 DOSBox 中 DEBUG 默认的打开方式是不带文件名的,如要打开文件进行调试,可先在命令提示符下输入 q 命令退出 DEBUG,然后再启动带文件名和参数的 DEBUG 程序即可,如图 B-2 所示。

在 DEBUG 程序调入后,会根据有无被调试程序及其类型自动设置相应寄存器的内容,具体如下:

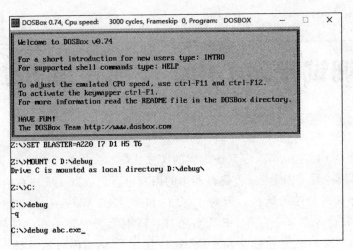

图 B-2　在 DOSBox 中运行带参数的 DEBUG 程序

(1) 如果不带被调试程序,则所有段寄存器值相等,都指向当前可用的主存段;除 SP 之外的通用寄存器都设置为 0,而 SP 指向这个段的尾部指示当前堆栈顶部;IP=0100H;状态标志位都是清 0 状态。

(2) 如果带有的被调试程序的扩展名不是. exe,则 BX 和 CX 包含被调试文件大小的字节数(BX 为高 16 位),其他与不带被调试程序的情况相同。

(3) 如果带有的被调试程序扩展名是. exe,则需要重新定位,此时,CS:IP 和 SS:IP 根据被调试程序确定,分别指向代码段和堆栈段,DS=ES 指向当前可用的主存段,BX 和 CX 包含被调试文件大小的字节数(BX 为高 16 位),其他通用寄存器为 0,状态标志位都是清 0 状态。

B.2　DEBUG 命令的格式

在 DEBUG 的命令提示符“—”后面就可用 DEBUG 命令来调试程序。

DEBUG 的命令都是一个字母,后跟一个或多个参数,格式为:字母[参数]。

使用 DEBUG 命令的注意事项如下:

(1) 字母不分大小写;

(2) 只使用 16 进制数,没有后缀字母;

(3) 分隔符(空格或逗号)只在两个数值之间是必需的,命令和参数间可无分隔符;

(4) 每个命令只有在按了 Enter 键后才有效,可以用 Ctrl+Break 键中止命令的执行;

(5) 命令如果不符合 DEBUG 的规则,则将以“error”提示,并用“^”指示错误位置。

许多命令的参数是主存逻辑地址,形式是“段基地址:偏移地址”。其中,段基地址可以是段寄存器或数值,偏移地址是数值。如果不输入段基地址,则采用默认值,可以是默认段寄存器值,如果没有提供偏移地址,则通常就是当前偏移地址。

对主存操作的命令还支持地址范围这样的参数,其形式是“开始地址 结束地址”(结束地址不能具有段基地址),或者是“开始地址 L 字节长度”。

B.3　DEBUG 的命令

1. 显示命令 D

D(dump)命令显示主存单元的内容,其格式如下(注意分号后的部分用于解释命令功能,不是命令本身,下同):

```
D[地址]          ;显示当前或指定开始地址的主存内容
D[范围]          ;显示指定范围的主存内容
```

显示内容的左边部分是主存逻辑地址,中间是连续 16B 的主存内容(16 进制数,以字节为单位),右边部分是这 16B 内容的 ASCII 字符显示,不可显示字符用点"."表示。一个 D 命令仅显示"8 行×16B"(80 列显示模式)内容。

2. 修改命令 E

E(enter)命令用于修改主存内容,它有两种格式:

```
E 地址          ;格式 1,修改指定地址的内容
E 地址 数据表    ;格式 2,用数据表的数据修改指定地址的内容
```

格式 1 是逐个单元相继修改的方法。例如,输入"E DS:100",DEBUG 显示原有内容,用户可以直接输入新数据,然后按空格键显示下一个单元的内容,或者按"—"键显示上一个单元的内容;如不需要修改可以直接按空格键或"—"键,这样用户可以不修改该单元的内容;直到按 Enter 键结束该命令为止。格式 2 可以一次修改多个单元。

3. 填充命令 F

F(fill)命令用于对一个主存区域填写内容,同时改写原来的内容,其格式为:

```
F 范围 数值表
```

该命令用数据表的数据写入指定范围的主存,如果数据个数超过指定的范围,则忽略多出的项;如果数据个数小于指定的范围,则重复使用这些数据,直到填满指定范围。

4. 寄存器命令 R

R(register)命令用于显示和修改寄存器,有三种格式。

```
R               ;格式 1,显示所有寄存器内容和标志位状态
```

显示内容中,前两行给出所有寄存器的值,包括各个标志位状态,最后一行给出当前"CS:IP"处的指令;如果涉及存储器操作数,这一行的最后还给出相应单元的内容。

R 寄存器名 ;格式 2,显示和修改指定寄存器

例如,输入"R AX",DEBUG 给出当前 AX 内容,冒号后用于输入新数据,如不修改,则按 Enter 键。

RF ;格式 3,显示和修改标志位

DEBUG 将显示当前各个标志位的状态,如表 B-1 所示。

表 B-1 标志状态的表示符号

标 志	置位符号	复位符号
溢出 OF	OV	NV
方向 DF	DN	UP
中断 IF	EI	DI
符号 SF	NG	PL
零位 ZF	ZR	NZ
辅助 AF	AC	NA
奇偶 PF	PE	PO
进位 CF	CY	NC

5. 汇编命令 A

A(assemble)命令用于将后续输入的汇编语言指令翻译成指令代码,其格式如下:

A[地址] ;从指定地址开始汇编指令

A 命令中如果没有指定地址,则接着上一个 A 命令最后一个单元开始;若还没有使用过 A 命令,则从当前"CS:IP"开始。输入 A 命令后,就可以输入 8088/8086 和 8087 指令,DEBUG 将它们汇编成机器代码,相继地存放在指定地址开始的存储区中,当不需再输入指令时,按 Enter 键即可结束 A 命令。进行汇编的步骤如下:

(1) 输入汇编命令 A[地址],按 Enter 键。DEBUG 提示地址,等待输入新指令。

(2) 输入汇编语言指令,按 Enter 键。

(3) 继续输入汇编语言指令,直到输入完所有指令。

(4) 不输入内容就按 Enter 键,结束汇编,返回 DEBUG 的提示符状态。

A 命令支持标准的 8088/8086(和 8087 浮点)指令系统以及汇编语言语句基本格式,以下一些规则:

- 所有输入的数值都是十六进制数;
- 段超越指令需要在相应指令前,单独一行输入;
- 段间(远)返回的助记符要使用 RETF;
- A 命令也支持最常用的两个伪指令 DB 和 DW。

6. 反汇编命令 U

U(unassemble)命令将指定地址的内容按 8086 和 8087 指令代码翻译成汇编语言指令

形式。

```
U[地址]      ;从指定地址开始,反汇编32B(80 列显示模式)
U 范围        ;对指定范围的主存内容进行反汇编
```

U 命令中如果没有指定地址,则接着上一个 U 命令的最后一个单元开始;若还没有使用过 U 命令,则从当前"CS:IP"开始。显示内容的左边是主存逻辑地址,中间是该命令的机器代码,右边则是对应的汇编语言指令格式。

7. 运行命令 G

G(go)命令执行指定地址的指令,直到遇到断点或程序结束返回操作系统,格式如下:

```
G[=地址][断点地址 1,断点地址 2,…,断点地址 10]
```

G 命令等号后的地址是程序段的起始地址,如不指定则从当前的"CS:IP"开始运行。断点地址如果只有偏移地址,则默认是代码段 CS;断点可以没有,但最多只能有 10 个。

G 命令输入后,遇到断点(实际上就是断点中断指令 INT 3)则停止执行,并显示当前所有寄存器和标志位的内容以及下一条将要执行的命令(显示内容同 R 命令),以便用户观察程序运行到此的情况,程序正常结束,将显示"Program terminated normally"。

注意,G、T 和 P 命令要用等号"="指定开始地址,如未指定则从当前的"CS:IP"开始执行;并要指向正确的指令代码序列,否则会出现死机等不可预测的结果。

8. 跟踪命令 T

T(trace)命令从指定地址起执行一条或数值参数指定条数的指令后停下来,格式如下:

```
T[=地址]        ;逐条指令跟踪
T[=地址][数值]  ;多条指令跟踪
```

T 命令执行每条指令后都要显示所有寄存器和标志位的值以及下一条指令。

T 命令提供了一种逐条指令运行程序的方法,因此也被称为单步命令。实际上 T 命令利用了处理器的单步中断,使程序员可以细致地观察程序的执行情况。T 命令逐条指令执行程序,遇到子程序(CALL)或中断调用(INT n)指令也不例外,也会进入到子程序或中断服务程序当中执行。

9. 继续命令 P

P(proceed)命令类似 T 命令,只是不会进入子程序或中断服务程序中。当不需要调试子程序或中断服务程序时(如：运行带有功能调用的指令序列),要用 P 命令,而不是 T 命令。格式如下:

```
P[=地址][数值]
```

10. 退出命令 Q

Q(quit)命令使 DEBUG 程序退出,返回 DOS。Q 命令并无存盘功能,若要保存程序,可先使用 W 命令存盘。

11. 命名命令 N

N(name)命令把一个或两个文件标识符存入 DEBUG 的文件控制块 FCB,以便其后用 L 或 W 命令把文件装入或存盘。文件标识符就是包含路径的文件全名。格式如下:

N[文件标识符1,文件标识符2]

12. 装入命令 L

L(load)命令将某个文件或特定磁盘扇区的内容加载到内存。格式如下:

L[地址]　;格式1,装入由 N 命令指定的文件

格式 1 的 L 命令装载一个文件(由 N 命令命名)到给定的主存地址处;如未指定地址,则装入"CS:0100H"开始的存储区。对于.com 和.exe 文件,则一定装入"CS:0100H"位置处。

L 地址 驱动器 扇区号 扇区数　;格式2,装入指定磁盘扇区范围的内容

格式 2 的 L 命令装载磁盘的若干扇区(最多 80H)到给定的主存地址处;默认段地址是CS。其中,0 表示 A 盘,1 表示 B 盘,2 表示 C 盘,……。

13. 写盘命令 W

W(write)命令将文件或特定分区写入磁盘。格式如下:

W[地址]　;格式1,将由 N 命令指定的文件写入磁盘

格式 1 的 W 命令将指定开始地址的数据写入一个文件(由 N 命令命名),如未指定地址则从"CS:0100H"开始。要写入文件的字节数应先放入 BX(高字)和 CX(低字中)。如果采用这个 W 命令保存可执行程序,扩展名应是.com;它不能写入具有.exe 和.hex 扩展名的文件。

W 地址 驱动器 扇区号 扇区数　;格式2,把数据写入指定磁盘扇区范围

格式 2 的 W 命令将指定地址的数据写入磁盘的若干扇区(最多 80H);如果没有给出段地址,则默认是 CS。其他说明同 L 命令。由于格式 2 的 W 命令直接对磁盘写入,没有经过 DOS 文件系统管理,所以一定要小心,否则可能无法利用 DOS 文件系统读写。

14. 其他命令

DEBUG 还有一些其他命令,简单罗列如下:

1) 比较命令 C(compare)

C 范围 地址   ;将指定范围的内容与指定地址的内容比较

2) 16 进制数计算命令 H(hex)

H 数字 1,数字 2   ;同时计算两个十六进制数字的和与差

3) 输入命令 I(input)

I 端口地址   ;从指定 I/O 端口输入一个字节并显示

4) 输出命令 O(output)

O 端口地址 字节数据   ;将数据输出到指定的 I/O 端口

5) 传送命令 M(move)

M 范围 地址   ;将指定范围的内容传送到指定地址处

6) 查找命令 S(search)

S 范围 数据   ;在指定范围内查找指定的数据

附 录 C

8088/8086 指令系统一览表

表 C-1   指令符号说明

符号	说　明	符号	说　明
r8	任意一个 8 位通用寄存器 AH、AL、BH、BL、CH、CL、DH、DL	src	源操作数
r16	任意一个 16 位通用寄存器 AX、BX、CX、DX、SI、DI、BP、SP	dest	目的操作数
reg	代表 r8、r16	i8	一个 8 位立即数
sreg	段寄存器 CS、DS、ES、SS	i16	一个 16 位立即数
m8	一个 8 位存储器操作数单元	imm	代表 i8、i16
m16	一个 16 位存储器操作数单元	label	标号
m32	一个 32 位存储器操作数单元	proc	子过程名
prot	8 位 I/O 端口地址		

表 C-2   指令汇编格式

指令类型	指令汇编格式	指令功能简介
传送指令	MOV reg/mem, imm	dest←src
	MOV reg/mem/sreg, reg	
	MOV reg/sreg, mem	
	MOV reg/mem, sreg	
交换指令	XCHG reg, reg/mem	reg←→reg/(mem)
	XCHG reg/mem, reg	
转换指令	XLAT label	AL←(BX+AL)
	XLAT	
堆栈指令	PUSH r16/m16/sreg	SP←SP−2,(SP+1, SP)←src
	POP r16/m16/sreg	dest←(SP+1, SP),SP←SP+2
标志传送	CLC	CF←0
	STC	CF←1
	CMC	CF←CF 位取反
	CLD	DF←0
	STD	DF←1
	CLI	IF←0
	STI	IF←1
	LAHF	AH←FLAG 低字节
	SAHF	FLAG 低字节←AH
	PUSHF	SP←SP−2,(SP+1, SP)←FLAG
	POPF	FLAGS←(SP+1, SP),SP←SP+2

· 续表

指令类型	指令汇编格式	指令功能简介
地址传送	LEA r16，mem	r16←mem 的有效地址
	LDS r16，m32	r16←(m32)，DS←(m32＋2)
	LES r16，m32	r16←(m32)，ES←(m32＋2)
输入	IN AL/AX，port	AL/AX←(port)
	OUT port，AL/AX	(port)←AL/AX
加法运算	ADD reg，imm/reg/mem	dest←dest＋src
	ADD mem，imm/reg	
	ADC reg，imm/reg/mem	dest←dest＋src＋CF
	ADC mem，imm/reg	
	INC reg/mem	reg/(mem)←reg/(mem)＋1
减法运算	SUB reg，imm/reg/mem	dest←dest-src
	SUB mem，imm/reg	
	SBB reg，imm/reg/mem	dest←dest-src-CF
	SBB mem，imm/reg	
	DEC reg/mem	reg/(mem)←reg/(mem)-1
	NEG reg/mem	reg/(mem)←0－reg/(mem)
	CMP reg，imm/reg/mem	dest-src
	CMP mem，imm/reg	
乘法运算	MUL reg/mem	AX←AL * r8/(m8) DX，AX←AX * r16/(m16)
	IMUL reg/mem	AX←AL * r8/(m8) DX，AX←AX * r16/(m16)
除法运算	DIV reg/mem	商：AL←AX/(r8/(m8))或 AX←(DX,AX)/(r16/(m16)) 余数：AH←AX/(r8/(m8))或 DX←(DX,AX)/(r16/(m16))
	IDIV reg/mem	商：AL←AX/(r8/(m8))；AX←(DX,AX)/(r16/(m16)) 余数：AH←AX/(r8/(m8))；DX←(DX,AX)/(r16/(m16))
符号扩展	CBW	把 AL 符号位扩展到 AH
	CWD	把 AX 符号位扩展到 DX
十进制调整	DAA	将 AL 中的和调整为压缩 BCD 码格式
	DAS	将 AL 中的差调整为压缩 BCD 码格式
	AAA	将 AL 中的和调整为非压缩 BCD 码格式
	AAS	将 AL 中的差调整为非压缩 BCD 码格式
	AAM	AH←(AL/10)的整数，AL←(AL/10)的余数
	AAD	AL←AH×10＋AL，AH←0
逻辑运算	AND reg，imm/reg/mem	dest←dest AND src
	AND mem，imm/reg	
	OR reg，imm/reg/mem	dest←dest OR src
	OR mem，imm/reg	
	XOR reg，imm/reg/mem	dest←dest XOR src
	XOR mem，imm/reg	
	TEST reg，imm/reg/mem	dest AND src
	TEST mem，imm/reg	
	NOT reg/mem	rem/mem←NOT reg/mem

指令类型	指令汇编格式	指令功能简介
移位	SAL reg/mem，1/CL	reg/(mem)左移 1/CL 位
	SAR reg/mem，1/CL	reg/(mem)算术右移 1/CL 位
	SHL reg/mem，1/CL	reg/(mem)左移 1/CL 位(与 SAL 相同)
	SHR reg/mem，1/CL	reg/(mem)逻辑右移 1/CL 位
	RCL reg/mem，1/CL	reg/(mem)带进位位循环左移 1/CL 位
	RCR reg/mem，1/CL	reg/(mem)带进位位循环右移 1/CL 位
	ROL reg/mem，1/CL	reg/(mem)循环左移 1/CL 位
	ROR reg/mem，1/CL	reg/(mem)循环右移 1/CL 位
串操作	MOVS[B/W]	$(ES:DI) \leftarrow (DS:SI)$，$SI \leftarrow SI \pm 1$ 或 2，$DI \leftarrow DI \pm 1$ 或 2
	LODS[B/W]	$AL/AX \leftarrow (DS:SI)$，$SI \leftarrow SI \pm 1$ 或 2
	STOS[B/W]	$(ES:DI) \leftarrow AL/AX$，$DI \leftarrow DI \pm 1$ 或 2
	CMPS[B/W]	$(ES:DI) - (DS:SI)$，$SI \leftarrow SI \pm 1$ 或 2，$DI \leftarrow DI \pm 1$ 或 2
	SCAS[B/W]	$AL/AX - (ES:DI)$，$DI \leftarrow DI \pm 1$ 或 2
	REP	若 $CX \neq 0$，则重复串操作，$CX \leftarrow CX - 1$
	REPZ/REPE	若 $CX \neq 0$ 且 $ZF = 1$，则重复串操作，$CX \leftarrow CX - 1$
	REPNZ/REPNE	若 $CX \neq 0$ 且 $ZF = 0$，则重复串操作，$CX \leftarrow CX - 1$
控制转移	JMP label	$IP \leftarrow OFFSET$ label(近跳或短跳) $IP \leftarrow OFFSET$ label，$CS \leftarrow SEG$ label(远跳)
	JMP r16/m16	$IP \leftarrow r16/(m16)$
	JMP m32	$IP \leftarrow (m32)$，$CS \leftarrow (m32+2)$
	Jcc label	根据标志位的状态跳转至 label 处
循环	LOOP label	$CX \leftarrow CX - 1$；若 $CX \neq 0$，循环
	LOOPZ/LOOPE label	$CX \leftarrow CX - 1$；若 $CX \neq 0$ 且 $ZF = 1$，循环
	LOOPNZ/LOOPNE label	$CX \leftarrow CX - 1$；若 $CX \neq 0$ 且 $ZF = 0$，循环
	JCXZ label	若 $CX = 0$，循环
子程序	CALL proc	$SP \leftarrow SP - 2$，$(SP+1, SP) \leftarrow IP$，$IP \leftarrow OFFSET \leftarrow proc$(段内) $SP \leftarrow SP - 2$，$(SP+1, SP) \leftarrow CS$，$CS \leftarrow SEG$ proc $\left.\right\}$(段间) $SP \leftarrow SP - 2$，$(SP+1, SP) \leftarrow IP$，$IP \leftarrow OFFSET$ proc
	CALL r16/m16	$SP \leftarrow SP - 2$，$(SP+1, SP) \leftarrow IP$，$IP \leftarrow r16/OFFSET \leftarrow proc$(段内) $SP \leftarrow SP - 2$，$(SP+1, SP) \leftarrow CS$，$CS \leftarrow SEG$ proc(段间)
	CALL m32	$SP \leftarrow SP - 2$，$(SP+1, SP) \leftarrow IP$，$IP \leftarrow OFFSET$ proc $SPSP - 2$，$(SP+1, SP) \leftarrow CS$，$CS \leftarrow SEG$ proc
	RET	$IP \leftarrow (SP+1, SP)$，$SP \leftarrow (SP+2)$(段内) $IP \leftarrow (SP+1, SP)$，$SP \leftarrow (SP+2)$ $\left.\right\}$(段间) $CS \leftarrow (SP+1, SP)$，$SP \leftarrow (SP+2)$
	RET i16	$P \leftarrow (SP+1, SP)$，$SP \leftarrow (SP+2) + i16$(段内) $IP \leftarrow (SP+1, SP)$，$SP \leftarrow (SP+2)$ $\left.\right\}$(段间) $CS \leftarrow (SP+1, SP)$，$SP \leftarrow (SP+2) + i16$
中断	INT i8	软件中断
	IRET	中断返回
	INTO	溢出中断($OF = 1$ 时产生)

指令类型	指令汇编格式	指令功能简介
	NOP	空操作
	HLT	CPU 暂停
处理器控制	LOCK	封锁前缀
	WAIT	等待
	ESC i8,reg/mem	换码

表 C-3　状态符号说明

符号	说　　明	符号	说　　明	符号	说　　明
—	标志位不受影响(没有改变)	×	标志位按定义功能改变	u	标志位不确定(可能为0,也可能为1)
0	标志位复位(置 0)	1	标志位置位(置 1)	#	标志位按指令的特定说明改变

表 C-4　指令对状态标志的影响(未列出的指令不影响标志)

指　　令	OF	SF	ZF	AF	PF	CF
SAHF	—	#	#	#	#	#
POPF/IRET	#	#	#	#	#	#
ADD/ADC/SUB/SBB/CMP/NEG/CMPS/SCAS	×	×	×	×	×	×
INC/DEC	×	×	×	×	×	—
MUL/IMUL	#	u	u	u	u	#
DIV/IDIV	u	u	u	u	u	u
DAA/DAS	u	×	×	×	×	×
AAA/AAS	u	u	u	×	u	×
AAM/AAD	u	×	×	u	×	u
AND/OR/XOR/TEST	0	×	×	u	×	0
SAL/SAR/SHL/SHR	#	×	×	u	×	#
ROL/ROR/RCL/RCR	#	—	—	—	—	#
CLC/STC/CMC	—	—	—	—	—	#

附录 D

常用 DOS 功能调用（INT 21H）

表 D-1 仅给出了基本功能调用，新版本 DOS 的功能有所扩展。

表 D-1　常用 DOS 功能调用（INT 21H）

功能号	功　能	入 口 参 数	出 口 参 数
00H	程序终止	CS＝程序段前缀(PSP)的段地址	
01H	键盘输入		AL＝输入的字符
02H	显示输入	DL＝输出显示的字符	
03H	串行通信输入		AL＝接收的字符
04H	串行通信输出	DL＝发送的字符	
05H	打印机输出	DL＝打印的字符	
06H	控制台输入/输出	DL＝FFH(输入)，DL＝字符(输出)	AL＝输入字符
07H	无回显键盘输入		AL＝输入字符
08H	无回显键盘输入		AL＝输入字符
09H	显示字符串	DS:DX＝字符串地址	
0AH	输入字符串	DS:DX＝缓冲区地址	
0BH	检验键盘状态		AL＝00H 有输入，AL＝FFH 无输入
0CH	清输入缓冲区，执行指定输入功能	AL＝输入功能号(1、6、7、8、0AH)	
0DH	磁盘复位		清除文件缓冲区
0EH	选择磁盘驱动器	DL＝驱动器号	AL＝驱动器数
0FH	打开文件	DS:DX＝FCB首地址	AL＝00H 成功，AL＝FFH 失败
10H	关闭文件	DS:DX＝FCB首地址	AL＝00H 成功，AL＝FFH 失败
11H	查找第一个目录项	DS:DX＝FCB首地址	AL＝00H 成功，AL＝FFH 失败
12H	查找下一个目录项	DS:DX＝FCB首地址	AL＝00H 成功，AL＝FFH 失败
13H	删除文件	DS:DX＝FCB首地址	AL＝00H 成功，AL＝FFH 失败
14H	顺序读	DS:DX＝FCB首地址	AL＝00H 读成功 AL＝01H 文件结束，记录中无数据 AL＝02H DTA 空间不够 AL＝03H 文件结束，记录不完整
15H	顺序写	DS:DX＝FCB首地址	AL＝00H 写成功 AL＝01H 盘满 AL＝02H DTA 空间不够
16H	创建文件	DS:DX＝FCB首地址	AL＝00H 成功，AL＝FFH 无磁盘空间
17H	文件改名	DS:DX＝FCB首地址 DS:DX＋1＝旧文件名 DS:DX＋17＝新文件名	AL＝00H 成功，AL＝FFH 失败

功能号	功　　能	入 口 参 数	出 口 参 数
18H	保留未用		
19H	取当前磁盘默认驱动器		AL=当前默认驱动器号 0=A,1=B,2=C,……
1AH	设置 DTA 地址	DS:DX=DTA 首地址	
1BH	取 FAT 信息		AL=每簇的扇区数,DS:DX=FAT 标识字节 CX=物理扇区的大小,CX=驱动器和簇数
21H	随机读	DS:DX=FCB 首地址	AL=00H 读成功 AL=01H 文件结束 AL=02H 缓冲区溢出 AL=03H 缓冲区不满
22H	随机写	DS:DX=FCB 首地址	AL=00H 写成功 AL=01H 盘满 AL=02H 缓冲区溢出
23H	文件长度	DS:DX=FCB 首地址	AL=00H 成功,文件长度填入 FCB AL=FFH 未找到
24H	设置随机记录号	DS:DX=FCB 首地址	
25H	设置中断向量	DS:DX=中断向量,AL=中断类型号	
26H	建立 PSP	DX=新的 PSP	
27H	随机分块读	DS:DX=FCB 首地址 CX=记录数	AL=00H 读成功 AL=01H 文件结束 AL=02H 缓冲区溢出 AL=03H 缓冲区不满
28H	随机分块写	DS:DX=FCB 首地址 CX=记录数	AL=00H 写成功 AL=01H 盘满 AL=02H 缓冲区溢出
29H	分析文件名	ES:DI=FCB 首地址 DS:SI=ASCII 串 AL=控制分析标志	AL=00H 标准文件 AL=01H 多义文件 AL=FFH 非法盘符
2AH	取日期		CX:DH:DL=年:月:日
2BH	设置日期	CX:DH:DL=年:月:日	
2CH	取时间		CH:CL=时:分,DH:DL=秒:百分秒
2DH	设置时间	CH:CL=时:分,DH:DL=秒:百分秒	
2EH	设置磁盘读写标志	AL=00 关闭标志,AL=01 打开标志	
2FH	取 DTA 地址		ES:BX=DTA 地址
30H	取 DOS 版本号		AL=主版本号,AH=辅版本号
31H	程序终止并驻留	AL=返回码,DX=驻留区大小	
33H	Ctrl-Break 检测	AL=00H 取状态,AL=01H 置状态	DL=00H 关闭,DL=01H 打开

功能号	功 能	入 口 参 数	出 口 参 数
35H	获取中断向量	AL=中断类型号	ES:BX=中断向量
36H	取可用磁盘空间	DL=驱动器号	成功:AX=每簇扇区数,BX=有效簇数,CX=每扇区字节数,DX=总簇数;失败:AX=FFFFH
38H	取国家信息	DS:DX=信息区首地址	BX=国家代码
39H	建立子目录	DS:DX=ASCII 串	AX=错误码
3AH	删除子目录	DS:DX=ASCII 串	AX=错误码
3BH	改变目录	DS:DX=ASCII 串	AX=错误码
3CH	建立文件	DS:DX=ASCII 串 CX=文件属性	成功:AX=文件号;失败:AX=错误码
3DH	打开文件	DS:DX=ASCII 串 AL=0/1/2 读/写/读写	成功:AX=文件号;失败:AX=错误码
3EH	关闭文件	BX=文件号	AX=错误码
3FH	读文件或设备	DS:DX=数据缓冲区地址 BX=文件号 CX=读取字节数	成功:AX=实际读出字节数,AX=0 已到文件尾 出错:AX=错误码
40H	写文件和设备	DS:DX=数据缓冲区地址 BX=文件号,CX=写入字节数	成功:AX=实际写入字节数 出错:AX=错误码
41H	删除文件	DS:DX=ASCII 串	成功:AX=00H 失败:AX=错误码
42H	移动文件指针	BX=文件号,CX:DX=位移量 AL=移动方式(0:从文件头;1:从当前位置;2:从文件尾)	成功:DX:AX=新指针位置 出错:AX=错误码
43H	读取/设置文件属性	DS:DX=ASCII 串 AL=0 取文件属性 AL=1 置文件属性 CX=文件属性	成功:CX=文件属性 失败:AX=错误码
44H	设备文件 I/O 控制	BX=文件号;AL=0 取状态,AL=1 置状态,AL=2 读数据,AL=3 写数据,AL=6 取输入状态,AL=7 取输出状态	DX=设备信息
45H	复制文件号	BX=文件号 1	成功:AX=文件号 2 出错:AX=错误码
46H	人工复制文件号	BX=文件号 1,CX=文件号 2	成功:AX=文件号 1 出错:AX=错误码
47H	取当前路径名	DL=驱动器号,DS:SI=ASCII 串地址	成功:DS:SI=当前路径 失败:AX=错误码
48H	分配内存空间	BX=申请内存容量	成功:AX=分配内存首址 失败:BX=最大可用空间
49H	释放内存空间	ES=内存起始段地址	失败:AX=错误码
4AH	调整分配的内存空间	ES=原内存起始地址 BX=再申请内存容量	失败:AX=错误码,BX=最大可用空间

续表

功能号	功　　能	入 口 参 数	出 口 参 数
4BH	装入/执行程序	DS:DX=ASCII 串,ES:BX=参数区首地址,AL=0 装入执行 AL=3 装入不执行	失败:AX=错误码
4CH	带返回码结束	AL=返回码	
4DH	取返回码		AL=返回码
4EH	查找第一个匹配项	DS:DX=ASCII 串,CX=属性	AX=错误码
4FH	查找下一个匹配项	DS:DX=ASCII 串	AX=错误码
54H	读取磁盘写标志		AL=当前标志值
56H	文件改名	DS:DX=ASCII 串(旧) ES:DI=ASCII 串(新)	AX=错误码
57H	设置/读取文件日期和时间	BX=文件号,AL=0 读取 AL=1 设置(DX:CX)	成功:DX:CX=日期和时间 失败:AX=错误码

参 考 文 献

[1]　聂伟荣,王芳,江小华.微型计算机原理及接口技术[M].北京:清华大学出版社,2014.

[2]　聂伟荣,王芳,江小华.微型计算机原理与应用[M].北京:清华大学出版社,2011.

[3]　王亭岭,等.微机原理与接口技术[M].北京:中国电力出版社,2016.

[4]　王克义.微机原理[M].2版.北京:清华大学出版社,2020.

[5]　彭虎,周佩玲,傅忠谦.微机原理与接口技术[M].4版.北京:电子工业出版社,2016.

[6]　李芷,等.微机原理与接口技术[M].5版.北京:电子工业出版社,2020.

[7]　MUHAMMAD A M,JANICE G M. THE 80x86 IBM PC AND COMPATIBLE COMPUTERS VOLUMES I & II:ASSEMBLY LANGUIAGE, DESIGN,AND INTERFACEING[M].4th ed. 北京:清华大学出版社,2004.

[8]　朱庆宝,张正兰,张颖超.微机原理与接口技术[M].南京:南京大学出版社,2001.